中国科学技术协会统计年鉴 *2020*（下）

中国科学技术协会　编

中国科学技术出版社
·北　京·

图书在版编目（CIP）数据

中国科学技术协会统计年鉴 . 2020. 下 / 中国科学技术协会编 . —北京：中国科学技术出版社 , 2021.9

ISBN 978-7-5046-8914-6

Ⅰ. ①中… Ⅱ. ①中… Ⅲ. ①中国科学技术协会—统计资料— 2020 —年鉴 Ⅳ.① G322.25-54

中国版本图书馆 CIP 数据核字（2020）第 218549 号

《中国科学技术协会统计年鉴 2020》编辑委员会

《中国科学技术协会统计年鉴 2020》编辑部

编印说明

一、《中国科学技术协会统计年鉴 2020（下)》（以下简称《年鉴》）是一本反映各级科协所属学会、协会、研究会（以下简称学会）事业发展情况的资料性年度出版物。《年鉴》收录了2019年度中国科协所属全国学会、省级科协所属省级学会的组织建设、为科技工作者服务、国际及港澳台地区民间科技交流、学术交流、科学普及和科技决策咨询等方面的统计数据。

二、全书内容分为7个部分：中国科协2019年度事业发展统计公报、组织建设、为科技工作者服务、国际及港澳台地区民间科技交流、学术交流、科学普及和科技决策咨询。《年鉴》后附有主要指标解释。

三、《年鉴》中有学会名称一行的数据为全国学会数据，下一阴影行的数据为各省级同名学会数据合计。

四、《年鉴》表中的符号“—”表示该项统计指标数据不详或无该项数据；“#”表示其中的主要项。

五、《年鉴》资料来源于中国科学技术协会综合统计调查制度（批准机关：国家统计局；批准文号：国统制〔2019〕216号；有效期至2022年12月)。综合统计调查年报工作由中国科学技术协会计划财务部统一组织，所有数据均由基层单位通过网络平台逐级填报、审核和汇总。《年鉴》由中国科学技术出版社出版。

由于时间紧、数据量大，难免有疏漏之处，欢迎指正。

目 录

一、中国科协 2019 年度事业发展统计公报

二、组织建设

2019 年各全国学会、省级同名学会组织建设情况 …… 13

三、为科技工作者服务

2019 年各全国学会、省级同名学会为科技工作者服务情况 …… 51

四、国际及港澳台地区民间科技交流

2019 年各全国学会、省级同名学会国际及港澳台地区民间科技交流情况 …… 113

五、学术交流

2019 年各全国学会、省级同名学会学术交流情况 …… 127

六、科学普及

2019 年各全国学会、省级同名学会科学普及情况 …… 177

七、科技决策咨询

2019 年各全国学会、省级同名学会科技决策咨询情况 …… 239

主要指标解释

一、中国科协
2019 年度事业发展统计公报

一、中国科协2019年度事业发展统计公报①

2020年6月

2019年，中国科协以习近平新时代中国特色社会主义思想为指导，全面贯彻党的十九大和十九届二中、三中、四中全会精神，紧扣庆祝中华人民共和国成立70周年主线，把强“三性”融入“四服务”，把“四个着力”工作要求贯穿始终，支撑高质量发展的组织力持续提升，为科技工作者服务持续深化，民间科技交流通道有效拓展，学术交流、科学普及、科技决策咨询等方面工作取得新进展、新成效。

一、组织建设

（一）科协组织建设

各级科协3209个，直属单位1907个。各级代表大会总人数305064人，其中委员会委员总人数81907人，常务委员会委员总人数32354人。

各级科协从业人员34491人，其中女性从业人员14968人。各级科协2019年收入②总额134.0亿元（图1）。

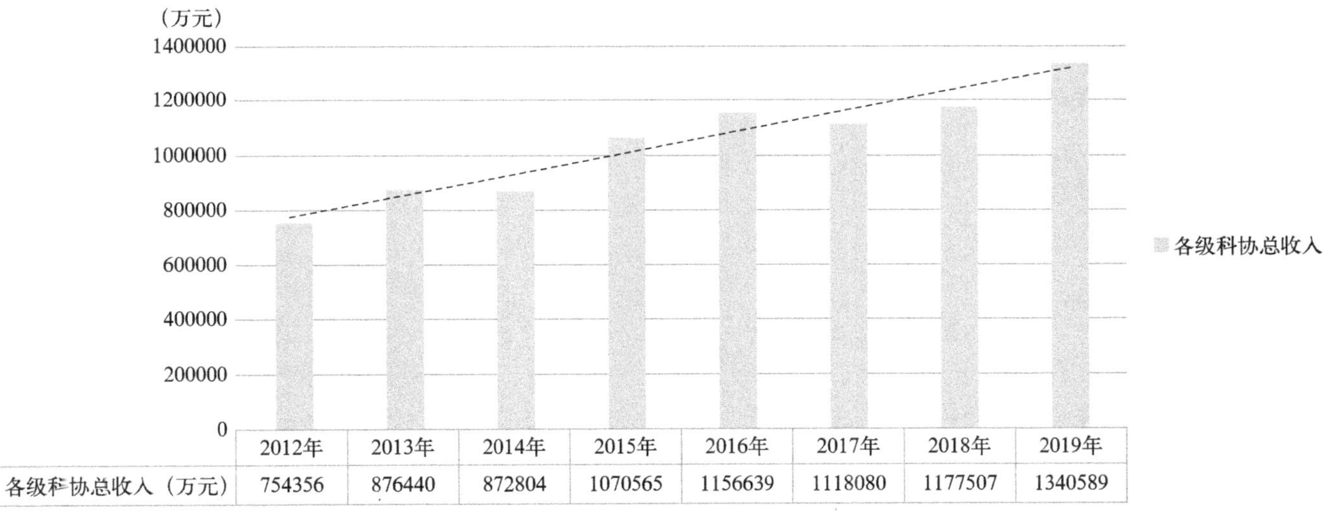

	2012年	2013年	2014年	2015年	2016年	2017年	2018年	2019年
各级科协总收入（万元）	754356	876440	872804	1070565	1156639	1118080	1177507	1340589

图1　各级科协收入情况

① 本公报中各项统计数据均未包括香港特别行政区、澳门特别行政区和台湾省。部分数据因四舍五入的原因，存在与分项合计不等的情况。
公报中各种范围所表述的含义如下：
各级科协指中国科协机关及直属单位、省级科协、副省级与省会城市科协、地市级科协、县级科协。
地方科协指省级科协、副省级与省会城市科协、地市级科协、县级科协。
学会指各级科协所属学会、协会、研究会。
两级学会指中国科协所属全国学会、省级科协所属省级学会。
全国学会指中国科协所属全国学会。
省级学会指省级科协所属省级学会。
中国科协基层组织指各级科协在科技工作者集中的企业、事业单位、高校和有条件的街道、社区、乡镇和农村等建立的科学技术协会（科学技术普及协会）等。

② 各级科协2019年收入指2019年度各级科协部门经费总收入，包括科协经费总收入和直属单位经费总收入。考虑到统计调查数据的时效性，本公报中的财务类数据均按调查单位确定的时点数据或预计数上报。

企业科协[①] 17510个，个人会员264.9万人。高校科协[②] 1437个，个人会员75.5万人。乡镇科协（街道科协）[③] 26936个，个人会员143.9万人。村科协（社区科协）[④] 26637个，个人会员39.5万人。农技协[⑤] 2.7万个，个人会员442.0万人（图2）。

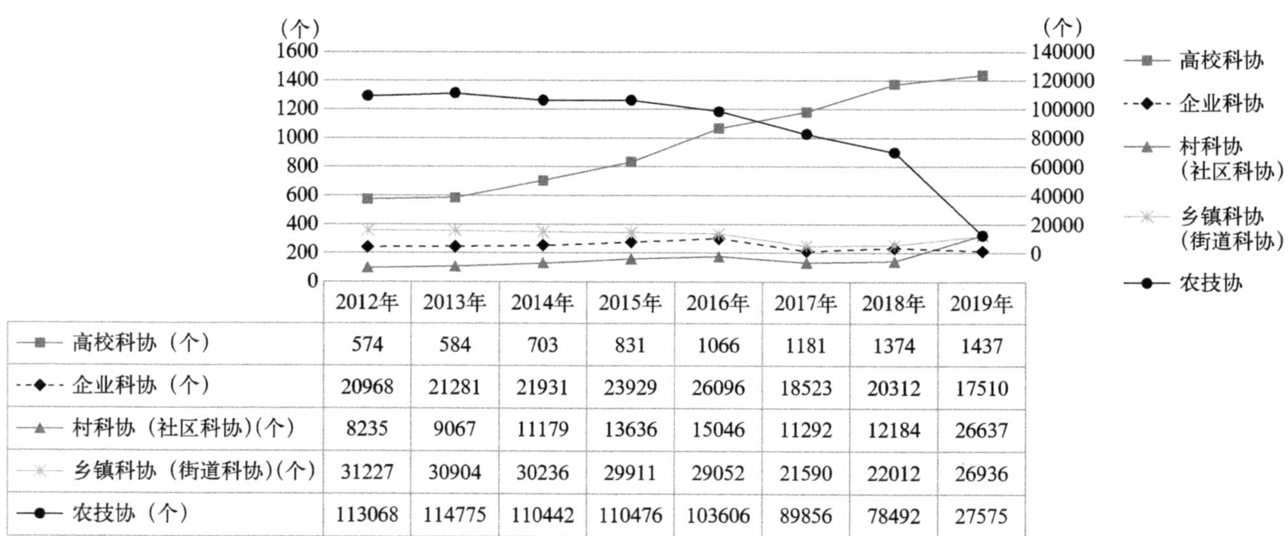

	2012年	2013年	2014年	2015年	2016年	2017年	2018年	2019年
高校科协（个）	574	584	703	831	1066	1181	1374	1437
企业科协（个）	20968	21281	21931	23929	26096	18523	20312	17510
村科协（社区科协）（个）	8235	9067	11179	13636	15046	11292	12184	26637
乡镇科协（街道科协）（个）	31227	30904	30236	29911	29052	21590	22012	26936
农技协（个）	113068	114775	110442	110476	103606	89856	78492	27575

图2 科协基层组织基本情况

（二）学会组织建设

各级科协所属学会29675个，其中中国科协所属全国学会210个，省级科协所属省级学会3848个。全国学会理事会理事[⑥] 3.1万人，省级学会理事会理事24.6万人。

两级学会从业人员50764人，其中全国学会从业人员3714人，省级学会从业人员47050人。

两级学会2019年收入总额91.8亿元，其中全国学会2019年收入总额49.6亿元（图3）。

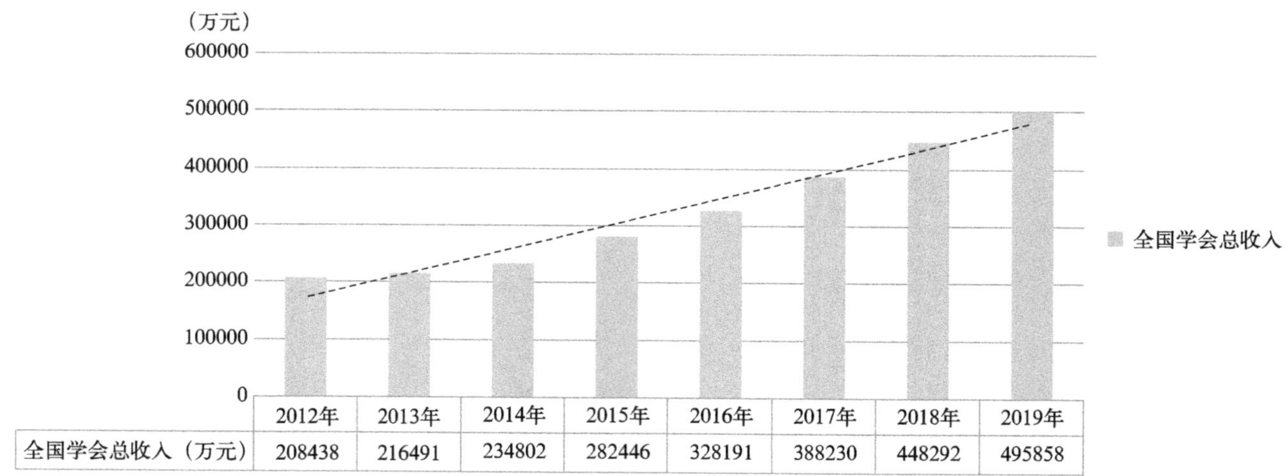

	2012年	2013年	2014年	2015年	2016年	2017年	2018年	2019年
全国学会总收入（万元）	208438	216491	234802	282446	328191	388230	448292	495858

图3 全国学会收入情况

两级学会个人会员[⑦] 1302.6万人，团体会员56.2万个。其中全国学会个人会员522.7万人，团体会员5.4万个；省级学会个人会员779.9万人，团体会员50.8万个（图4）。

① 企业科协是各级科协批复由企业成立的科协基层组织。
② 高校科协是各级科协批复由高等院校成立的科协基层组织。
③ 乡镇科协（街道科协）是乡镇、街道成立的科协基层组织。
④ 村科协（社区科协）是村、社区成立的科协基层组织。
⑤ 农技协是在民政部门登记、经本级科协正式审批接纳的农村专业技术协会（农技协）和在科协登记备案的各类农村专业技术研究会（农研会）。
⑥ 理事会理事是经学会会员代表大会选举产生的学会理事会理事。
⑦ 学会个人会员是在学会注册登记，并取得本学会会员资格的人员（包括外籍会员）。

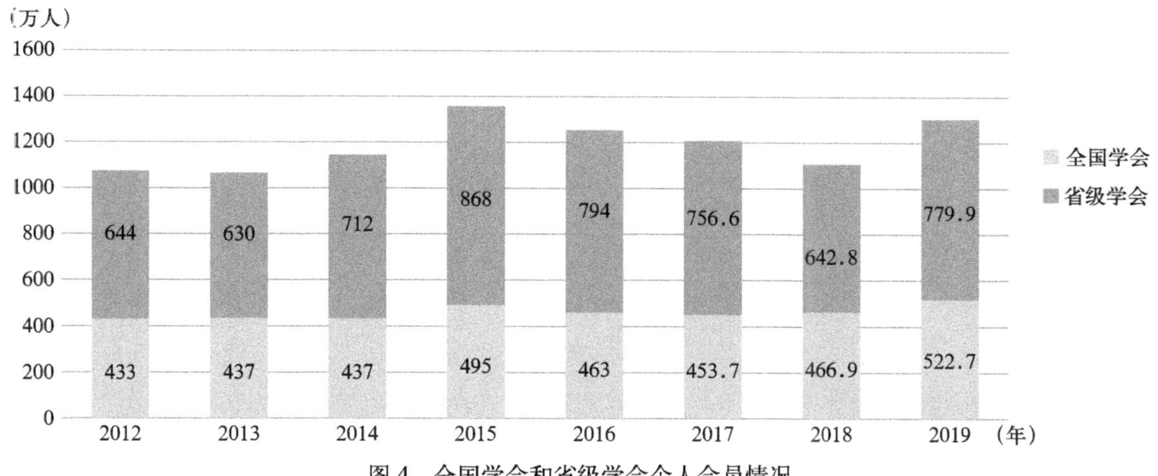

图 4　全国学会和省级学会个人会员情况

二、为科技工作者服务

（一）思想政治教育及能力提升

开展科学道德与学风建设宣讲活动[①] 18094 场次，宣讲活动受众达 566.8 万人次。

举办干部教育培训班 4949 次（期），培训 54.6 万人次。

举办继续教育培训班 21004 场次，培训 354.6 万人次。

（二）表彰举荐

各级科协和两级学会向省部级（含）以上科技奖项、人才计划（工程）举荐人才 8390 人次，向省部级（含）以上科技奖项推荐项目 3906 项。

设立科技奖项[②] 1135 项，其中全国学会设立 391 项。表彰奖励科技工作者 9.1 万人次，其中女性科技工作者 2.5 万人次，45 岁及以下科技工作者 4.8 万人次。

（三）媒体宣传

通过媒体宣传科技工作者 13.9 万人次，其中中央及省级媒体宣传科技工作者 2.9 万人次。宣传媒介呈多样化，通过电视宣传 1.5 万人次，通过纸质媒体宣传 4.0 万人次，通过网络与新媒体宣传 9.1 万人次。

（四）志愿服务

在基层直接为公众提供科技攻坚、成果转化、人才培养、科技咨询、科学普及等服务的专职科普工作者（科普工作时间占其全部工作时间 60% 以上的工作人员）6.9 万人，兼职科普工作者 83.3 万人，科技志愿者[③] 172.1 万人。

三、国际及港澳台地区民间科技交流

各级科协和两级学会加入国际民间科技组织[④] 893 个。在国际民间科技组织中任职专家 1984 人，其中担任主席、副主席、执委或相当职务的高级别任职专家 835 人，其他一般级别任职专家 1149 人。

参加国际科学计划[⑤] 185 项。参加境外科技活动 4.4 万人次，参加港澳台地区科技活动 1.8 万人次。接待

① 科学道德与学风建设宣讲活动是各级科协和两级学会主办或牵头组织宣讲科学精神、科学道德、科学伦理和科学规范等的活动。

② 科技奖项是省级及以上科协组织和两级学会设立的科技奖项，涵盖人物奖、成果奖、科技奖和科普类奖项等。不包括一般的表扬鼓励和专门针对本单位工作人员的表彰奖励。

③ 科技志愿者是不以物质报酬为目的，利用自己的时间、科技技能、科技成果、社会影响力等，自愿为社会或他人提供公益性科技类服务的科技工作者、科技爱好者和热心科技传播的人士。统计包括各级科协及学会登记注册的科技志愿者人数及原注册科普志愿者。

④ 国际民间科技组织是各级科协和两级学会代表国家、地区或学科加入的，在所在国正式注册、具有法人资质的国际民间科技组织。

⑤ 国际科学计划是各级科协、两级学会及所联系的专家参与的，由国际民间科技组织发起或主导的国际科学计划。

境外专家学者 4.4 万人次。

四、学术交流

（一）推进创新创业服务活动

开展推进创新创业活动 23884 项，其中举办竞赛、论坛、展览等活动 7344 项，开展咨询、教育、培训等活动 13468 项，开展投融资、成果转化等活动 1956 项。

（二）专家服务

各级科协指导组建专家工作站[①] 7627 个，全年组织进站（中心）专家 13.2 万人。组建专家服务团队[②] 4761 个，参加服务团队专家 17.5 万人（图 5）。

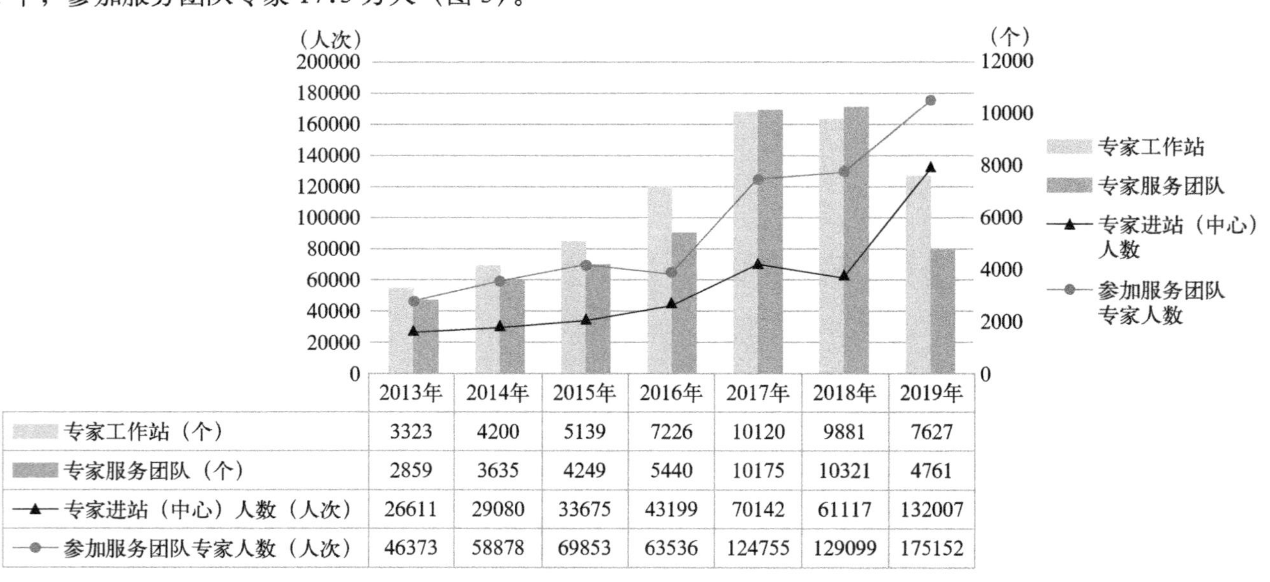

	2013年	2014年	2015年	2016年	2017年	2018年	2019年
专家工作站（个）	3323	4200	5139	7226	10120	9881	7627
专家服务团队（个）	2859	3635	4249	5440	10175	10321	4761
专家进站（中心）人数（人次）	26611	29080	33675	43199	70142	61117	132007
参加服务团队专家人数（人次）	46373	58878	69853	63536	124755	129099	175152

图 5　各级科协指导组建专家工作站、专家服务团队情况

（三）标准制定

两级学会研制技术标准[③] 452 个。两级学会研制团体标准[④] 1049 个。

（四）学术会议

各级科协和两级学会共举办学术会议 19461 场次，参加人数 635.6 万人次，交流论文 112.9 万篇。

举办国内学术会议[⑤] 17823 场次，其中举办学术年会 7208 场次。国内学术会议参加人数 496.2 万人次，交流论文 97.6 万篇。

举办境内国际学术会议[⑥] 1473 场次。境内国际学术会议参加人数 135.5 万人次，交流论文 14.3 万篇。

举办港澳台地区学术会议[⑦] 165 场次。港澳台地区学术会议参加人数 3.9 万人次，交流论文 1.0 万篇（图 6）。

---

① 专家工作站是各级科协组织和两级学会协同有关单位，为高层次专家直接参与经济建设和社会服务组建的科技服务机构。

② 专家服务团队是各级科协和两级学会根据项目合作需要，按专业特点牵头组织的专家服务团队，主要承担科学普及、科技攻关、决策咨询、工程论证、技术指导、科技扶贫等相关合作项目。

③ 技术标准是两级学会针对具有普遍性和重复出现的技术问题，对标准化领域中需要协调统一的技术事项制定的标准。

④ 团体标准是两级学会按照团体确立的标准制定程序自主制定发布，由社会自愿采用的标准。

⑤ 国内学术会议是在我国境内由各级科协和两级学会主办或牵头主办的，以学术交流为目的，由国内有关专家、学者及科技人员参加并提交学术论文的学术研讨会、交流会、报告会和论坛等。

⑥ 境内国际学术会议是在我国境内由各级科协和两级学会主办或牵头主办，受国际组织委托承办的，以学术交流为目的，与会代表来自 3 个或 3 个以上国家或地区（不含港澳台地区）的研讨会、交流会、报告会和论坛等。

⑦ 港澳台地区学术会议指由各级科协和两级学会与港澳台地区有关组织联合主办的，以学术交流为目的，来自港澳台地区的与会代表人数占总参会人数 1/3 以上的研讨会、交流会、报告会和论坛等。

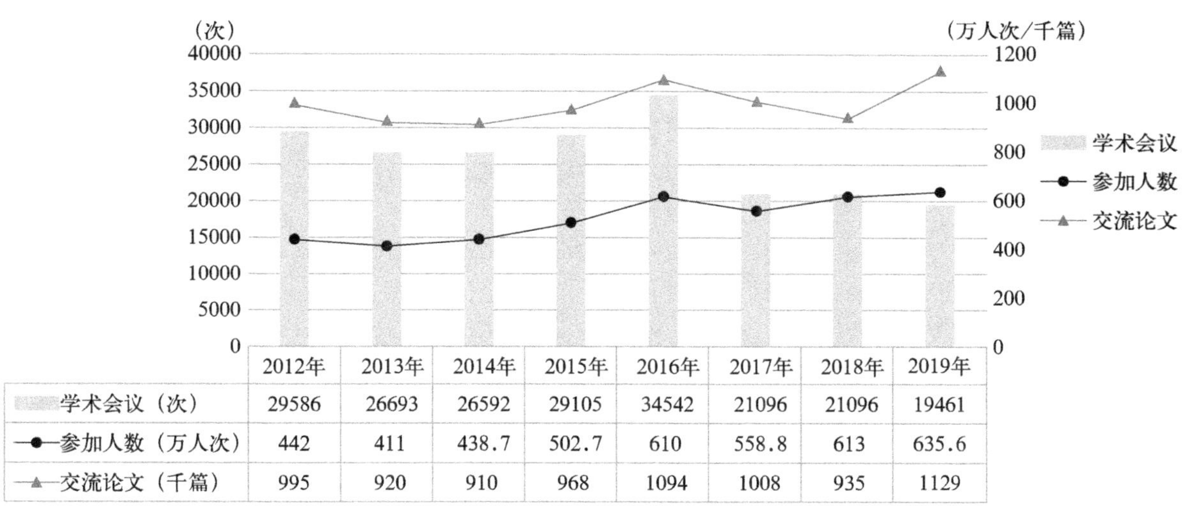

	2012年	2013年	2014年	2015年	2016年	2017年	2018年	2019年
学术会议（次）	29586	26693	26592	29105	34542	21096	21096	19461
参加人数（万人次）	442	411	438.7	502.7	610	558.8	613	635.6
交流论文（千篇）	995	920	910	968	1094	1008	935	1129

图 6　各级科协和两级学会举办学术交流情况

（五）学术期刊

各级科协和两级学会主办科技期刊[①] 1802 种。科技期刊总印数 6010.3 万册，发表论文、文章 58.4 万篇。

五、科学普及

（一）科普基础设施建设

截至 2019 年年底，各级科协拥有所有权或使用权的科技馆[②] 978 个。总建筑面积 434.2 万平方米，展厅面积 231.1 万平方米（图 7）。已实行免费开放的科技馆 870 个。科技馆全年接待参观人数 7479.4 万人次。流动科技馆 1773 个。科普活动站（中心、室）5.6 万个，全年参加活动（培训）人数 4078.3 万人次。科普画廊建筑面积（宣传栏、宣传橱窗）176.7 万平方米，全年展示面积[③] 433.7 万平方米。中国科协配发给地方科协用于科普活动的大篷车 1057 辆，科普大篷车全年下乡次数 3.5 万次。科普大篷车全年下乡行驶里程 737.8 万千米，受益人数 1834.3 万人次。

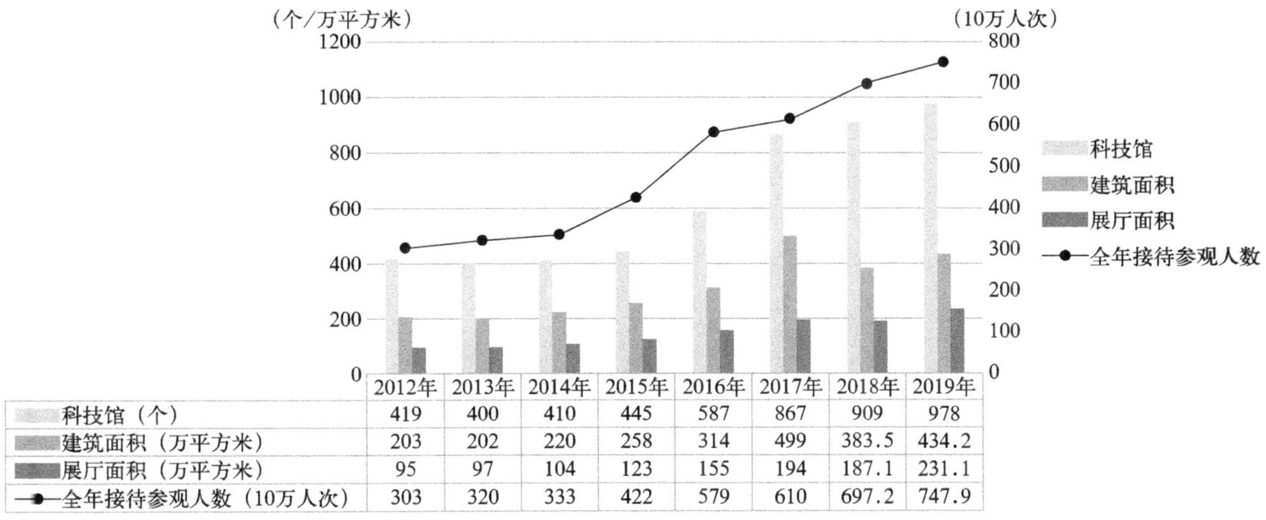

	2012年	2013年	2014年	2015年	2016年	2017年	2018年	2019年
科技馆（个）	419	400	410	445	587	867	909	978
建筑面积（万平方米）	203	202	220	258	314	499	383.5	434.2
展厅面积（万平方米）	95	97	104	123	155	194	187.1	231.1
全年接待参观人数（10万人次）	303	320	333	422	579	610	697.2	747.9

图 7　各级科协科技馆建设基本情况

① 科技期刊指由各级科协和两级学会主办或合办，具有固定刊名、刊期、年卷或年月顺序编号，以报道科学技术为主要内容的连续出版物，包括学术期刊、综合期刊、技术期刊、科普期刊和检索期刊等，不包括各类内部刊物。

② 科技馆指各级科协拥有所有权或使用权的具备展览教育、培训教育、实验教育等功能，面向公众常年开放的社会科技教育固定设施。

③ 科普画廊展示面积指各级科协和两级学会单独或牵头联合有关单位共同建设的科普画廊（宣传栏、橱窗）中，展示科学技术信息图片、文字的实际面积。按实际展示面积计算，单面的计算单面面积，双面的计算双面面积。单个年展示面积之和等于年展示总面积。单个年展示面积 = 每次展示面积 × 展示次数。

（二）科普宣讲活动

各级科协和两级学会举办科普宣讲活动[①] 25.0 万场，其中专家科普报告会 4.1 万场，专题展览 1.2 万场，科技咨询 8.1 万场。科普宣讲活动受众人数 14.4 亿人次。举办实用技术培训 8.4 万次，接受培训人数 1392.2 万人次。推广新技术、新品种 17243 项（图 8）。各类科普活动覆盖村和社区 21.5 万个。

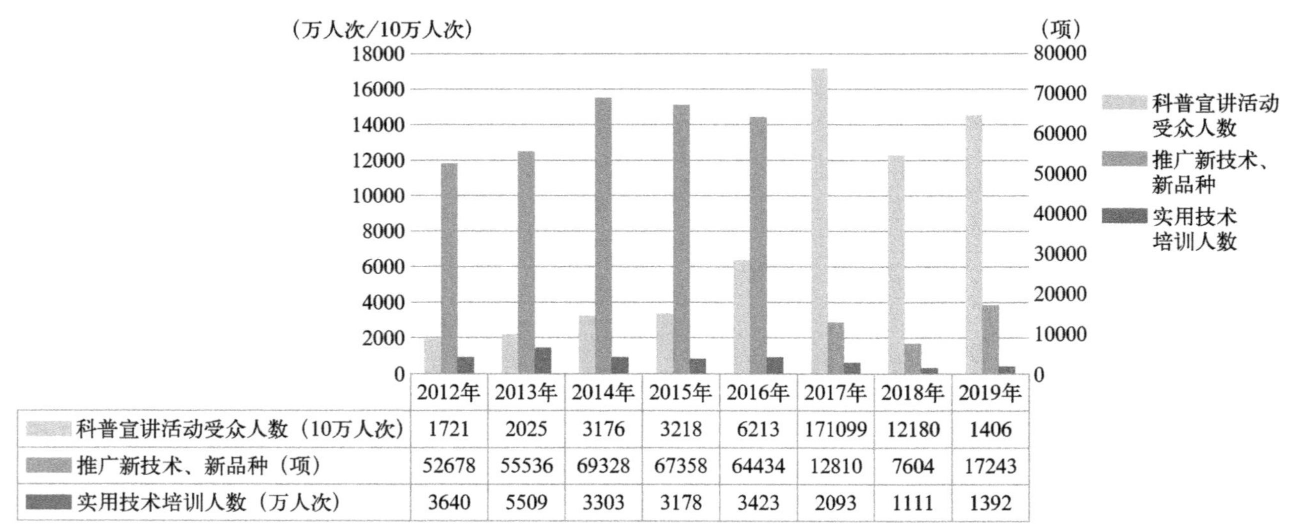

	2012年	2013年	2014年	2015年	2016年	2017年	2018年	2019年
科普宣讲活动受众人数（10万人次）	1721	2025	3176	3218	6213	171099	12180	1406
推广新技术、新品种（项）	52678	55536	69328	67358	64434	12810	7604	17243
实用技术培训人数（万人次）	3640	5509	3303	3178	3423	2093	1111	1392

图 8　各级科协和两级学会科学普及情况

（三）青少年科技教育

各级科协和两级学会举办青少年科普宣讲活动 47394 场次。青少年科普宣讲活动受众人数 1.4 亿人次。举办青少年科技竞赛 5680 项，参加竞赛的青少年 3056.5 万人次，获奖人数 141.1 万人次。举办青少年科学营[②] 1288 次，参加人数 16.0 万人次。编印青少年科技教育资料 5096 种，印数 747.8 万册。举办青少年科技教育活动和培训 43574 场次，参加培训人数 1429.3 万人次。通过中学生英才计划[③] 培养学生 6.1 万人（图 9）。

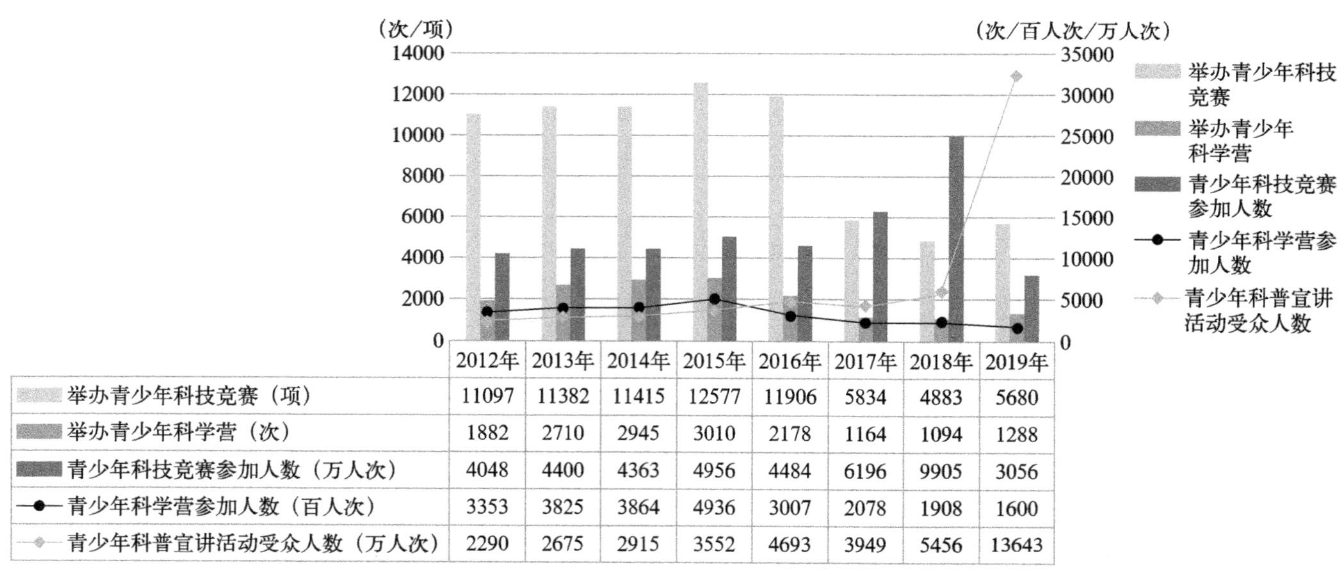

	2012年	2013年	2014年	2015年	2016年	2017年	2018年	2019年
举办青少年科技竞赛（项）	11097	11382	11415	12577	11906	5834	4883	5680
举办青少年科学营（次）	1882	2710	2945	3010	2178	1164	1094	1288
青少年科技竞赛参加人数（万人次）	4048	4400	4363	4956	4484	6196	9905	3056
青少年科学营参加人数（百人次）	3353	3825	3864	4936	3007	2078	1908	1600
青少年科普宣讲活动受众人数（万人次）	2290	2675	2915	3552	4693	3949	5456	13643

图 9　各级科协与两级学会举办的青少年科技教育活动情况

① 科普宣讲活动指各级科协和两级学会单独或牵头组织的单次或系列化的，以报告会、广播、电视、报刊、网络或其他形式举办的科普讲座和报告，以陈列实物及展示图片等形式举办的各类科普展览，以及相关专业专家组成智力团体，向社会和公众提供的智力服务等活动。

② 青少年科学营指由中国科协、教育部共同主办，旨在充分利用重点大学的科技教育资源，激发青少年对科学的兴趣，培养青少年的科学精神、创新意识和实践能力的青少年高校科学营活动。

③ 中学生英才计划指中国科协和教育部联合开展，为落实“支持有条件的高中与大学、科研院所合作开展创新人才培养研究和试验，建立创新人才培养基地”的要求，选拔一批品学兼优、学有余力，具有创新潜质的中学生走进大学，在自然科学基础学科领域著名科学家的指导下参加科学研究项目、科技社团活动、学术研讨和科研实践等活动。

（四）科普传播

各级科协和两级学会编著科技图书 4078 种，印数 1886.4 万册。制作科普挂图 58311 种，印数 1168.5 万张。

制作科技广播影视节目总时长 3.6 万小时。制作科普动漫作品总时长 2.7 万小时。

主办科普网站 1384 个，全年浏览量 116.6 亿人次。主办科普 App118 个，下载安装 949.7 万次。主办科普微信公众号 1909 个，关注数 3853.5 万个。主办科普微博 579 个，关注数 5241.3 万个。

六、科技决策咨询

（一）科技决策咨询活动

各级科协和两级学会举办决策咨询活动 4834 场次，参与专家 5.5 万人次。开展科技评估[①] 7341 项。组织参与立法咨询 439 次。组织政协科协界委员协商或调研活动 1714 场次。

（二）科技决策咨询成果

提供决策咨询报告 4353 篇，其中获上级领导同志批示的报告 456 篇。反映科技工作者建议 10554 条，其中获上级领导同志批示的建议 579 条。答复人大政协代表（委员）提案 845 件。组织政策解读活动 1855 场次。发布政策解读文章 971 篇。

① 科技评估指各级科协和两级学会独立或牵头开展，遵循一定的原则、程序和标准，运用科学、公正和可行的方法，对科技活动有关的政策、计划、项目、成果、专有技术、产品机构、人才等进行专业判断的评估活动。

二、组织建设

2019 年各全国学会、省级同名学会组织建设情况

学　会	理事会理　事（人）	#常　务理　事（人）	#女　性理　事（人）	#45 岁及以下的理事（人）
全国学会合计	**36561**	**11594**	**5234**	**6263**
省级同名学会合计	**262102**	**86745**	**53293**	**71963**
全国理科学会小计	**5533**	**1657**	**720**	**842**
省级理科学会小计	**49791**	**16482**	**10074**	**14671**
中国数学会	146	40	14	119
	1865	586	286	630
中国物理学会	100	32	10	10
	3365	1174	515	1122
中国力学学会	176	43	9	27
	1587	568	209	724
中国光学学会	146	37	24	30
	1280	357	231	411
中国声学学会	120	40	12	24
	411	113	44	140
中国化学会	179	44	14	15
	2769	966	395	945
中国天文学会	50	16	3	8
	391	113	74	151
中国气象学会	127	38	15	6
	1590	556	279	358
中国空间科学学会	136	43	0	0
	—	—	—	—
中国地质学会	175	33	6	0
	2189	833	116	272
中国地理学会	150	45	16	14
	1740	615	384	542
中国地球物理学会	150	50	10	11
	704	229	34	138
中国矿物岩石地球化学学会	99	33	6	4
	171	49	12	18
中国古生物学会	71	23	10	10
	138	52	16	29
中国海洋湖沼学会	102	34	3	22
	290	83	28	110

续表 1

学 会	理事会理事（人）	#常务理事（人）	#女性理事（人）	#45岁及以下的理事（人）
中国海洋学会	165	40	14	9
	193	56	24	45
中国地震学会	127	19	3	3
	744	259	67	147
中国动物学会	137	43	2	0
	1669	545	386	636
中国植物学会	120	40	17	4
	2165	427	302	382
中国昆虫学会	150	50	26	28
	1244	455	251	552
中国微生物学会	161	44	33	10
	1518	471	440	439
中国生物化学与分子生物学会	140	46	34	22
	888	264	240	165
中国细胞生物学学会	128	43	25	37
	373	60	108	97
中国植物生理与植物分子生物学学会	135	33	28	33
	80	26	10	16
中国生物物理学会	119	39	14	10
	324	101	76	182
中国遗传学会	148	34	28	93
	1236	445	306	472
中国心理学会	109	33	22	6
	1374	480	630	430
中国生态学学会	150	50	12	15
	537	196	89	166
中国环境科学学会	0	0	0	0
	1859	687	292	390
中国自然资源学会	150	50	27	35
	324	148	43	42
中国感光学会	90	30	16	20
	—	—	—	—
中国优选法统筹法与经济数学研究会	150	50	15	41
	81	31	16	20
中国岩石力学与工程学会	197	66	10	20
	1206	334	102	586

续表 2

学　会	理事会理事（人）	#常务理事（人）	#女性理事（人）	#45岁及以下的理事（人）
中国野生动物保护协会	124	44	22	3
	452	152	64	117
中国系统工程学会	150	50	22	40
	688	252	89	281
中国实验动物学会	117	39	16	20
	597	186	162	252
中国青藏高原研究会	110	36	0	0
	—	—	—	—
中国环境诱变剂学会	139	41	58	13
	308	85	116	111
中国运筹学会	140	44	26	26
	698	234	172	274
中国菌物学会	131	36	27	23
	78	26	38	44
中国晶体学会	—	—	—	—
	—	—	—	—
中国神经科学学会	136	42	30	25
	745	220	164	278
中国认知科学学会	55	17	5	4
	30	10	9	12
中国微循环学会	119	38	35	2
	120	31	37	50
国际数字地球协会	—	—	—	—
	—	—	—	—
国际动物学会	9	9	1	0
	1669	545	386	636
全国工科学会小计	**18337**	**5837**	**2071**	**3996**
省级工科学会小计	**76291**	**25348**	**8821**	**21896**
中国机械工程学会	190	62	8	4
	2691	1064	225	576
中国汽车工程学会	136	68	21	35
	1038	294	64	280
中国农业机械学会	148	49	12	24
	845	233	73	264

续表 3

学　会	理事会理　事（人）	#常　务理　事（人）	#女　性理　事（人）	#45 岁及以下的理事（人）
中国农业工程学会	137	46	13	40
	729	253	85	233
中国电机工程学会	195	63	14	11
	2230	703	143	284
中国电工技术学会	192	59	14	14
	881	309	90	197
中国水力发电工程学会	162	61	4	4
	997	357	65	306
中国水利学会	180	46	4	6
	2010	638	139	277
中国内燃机学会	141	44	5	14
	401	113	28	180
中国工程热物理学会	98	29	8	10
	206	72	19	74
中国空气动力学会	144	42	11	66
	—	—	—	—
中国制冷学会	135	45	15	16
	1146	336	142	378
中国真空学会	147	50	20	39
	418	120	47	198
中国自动化学会	179	60	16	39
	1935	691	278	724
中国仪器仪表学会	3491	1061	588	1594
	885	281	109	343
中国计量测试学会	191	67	25	6
	547	161	79	93
中国标准化协会	182	59	64	103
	515	175	111	132
中国图学学会	123	41	34	15
	1093	312	357	283
中国电子学会	191	62	19	13
	1784	704	244	765
中国计算机学会	170	33	3	2
	3040	1013	403	1030
中国通信学会	142	44	18	9
	1762	543	199	586

续表 4

学　会	理事会理事（人）	#常务理事（人）	#女性理事（人）	#45岁及以下的理事（人）
中国中文信息学会	134	42	29	40
	25	7	10	15
中国测绘学会	—	—	—	—
	2158	841	209	726
中国造船工程学会	123	42	11	65
	841	253	77	232
中国航海学会	131	46	7	39
	601	192	22	125
中国铁道学会	216	75	9	6
	1109	369	43	177
中国公路学会	2642	777	256	678
	2624	861	174	630
中国航空学会	214	70	7	7
	470	161	35	77
中国宇航学会	179	42	3	3
	306	106	21	77
中国兵工学会	186	59	6	1
	499	132	103	152
中国金属学会	181	57	11	10
	2312	622	101	523
中国有色金属学会	228	69	14	19
	539	185	23	111
中国稀土学会	174	54	14	18
	75	51	4	24
中国腐蚀与防护学会	150	50	32	49
	514	160	76	178
中国化工学会	183	61	17	8
	2077	697	253	543
中国核学会	150	44	5	16
	1299	405	230	423
中国石油学会	112	38	7	0
	1100	291	56	196
中国煤炭学会	179	59	25	43
	1401	425	39	457
中国可再生能源学会	136	47	10	1
	225	60	44	78

续表 5

学　会	理事会理事(人)	#常务理事(人)	#女性理事(人)	#45岁及以下的理事(人)
中国能源研究会	141	59	3	9
	647	222	61	257
中国硅酸盐学会	120	40	14	17
	1043	290	162	315
中国建筑学会	165	55	12	2
	2882	908	290	697
中国土木工程学会	170	64	13	24
	174	54	16	22
中国生物工程学会	127	35	9	5
	643	210	124	210
中国纺织工程学会	197	64	43	9
	947	328	178	231
中国造纸学会	98	32	12	13
	633	186	71	195
中国文物保护技术协会	93	27	17	18
	—	—	—	—
中国印刷技术协会	411	137	62	63
	575	152	78	126
中国材料研究学会	261	81	22	40
	157	49	8	0
中国食品科学技术学会	193	64	26	14
	1281	437	346	458
中国粮油学会	149	50	23	27
	78	21	3	14
中国职业安全健康协会	258	79	28	19
	362	153	19	106
中国烟草学会	111	32	5	3
	1346	455	146	285
中国仿真学会	139	46	21	29
	32	8	6	4
中国电影电视技术学会	128	50	13	9
	30	0	3	6
中国振动工程学会	150	49	5	30
	722	225	73	291
中国颗粒学会	144	41	17	27
	173	47	24	51

续表 6

学　会	理事会理　事（人）	# 常　务理　事（人）	# 女　性理　事（人）	#45 岁及以下的理事（人）
中国照明学会	205	64	31	53
	939	334	154	254
中国动力工程学会	119	39	9	23
	56	24	5	39
中国惯性技术学会	140	45	12	38
	51	0	3	13
中国风景园林学会	131	44	29	4
	843	321	141	136
中国电源学会	136	42	11	24
	235	62	33	98
中国复合材料学会	171	58	26	29
	406	144	33	84
中国消防协会	117	38	4	6
	1370	504	117	386
中国图象图形学学会	154	44	24	38
	80	29	16	36
中国人工智能学会	177	59	25	41
	1220	337	153	445
中国体视学学会	89	29	19	25
	27	5	12	15
中国工程机械学会	93	53	3	37
	—	—	—	—
中国海洋工程咨询协会	232	86	13	5
	—	—	—	—
中国遥感应用协会	238	87	38	30
	—	—	—	—
中国指挥与控制学会	135	36	8	36
	—	—	—	—
中国光学工程学会	167	135	9	67
	69	23	27	31
中国微米纳米技术学会	174	58	20	12
	—	—	—	—
中国密码学会	64	21	8	6
	—	—	—	—
中国大坝工程学会	178	42	8	4
	—	—	—	—
中国卫星导航定位协会	253	25	15	64
	—	—	—	—

续表 7

学　会	理事会理　事（人）	#常　务理　事（人）	#女　性理　事（人）	#45岁及以下的理事（人）
中国生物材料学会	130	42	19	13
	69	17	8	31
国际粉体检测与控制联合会	31	7	0	0
	—	—	—	—
全国农科学会小计	**2387**	**793**	**281**	**237**
省级农科学会小计	**25501**	**8746**	**4095**	**6997**
中国农学会	144	44	16	12
	2059	739	281	480
中国林学会	166	58	17	12
	3005	1056	364	506
中国土壤学会	163	49	14	9
	704	215	117	187
中国水产学会	150	48	15	8
	1209	442	164	340
中国园艺学会	150	50	23	4
	1470	505	296	339
中国畜牧兽医学会	189	73	16	5
	2410	780	343	712
中国植物病理学会	118	39	18	3
	1865	586	286	630
中国植物保护学会	149	50	12	16
	731	258	157	201
中国作物学会	150	50	9	4
	1806	553	289	466
中国热带作物学会	178	58	17	11
	369	121	31	141
中国蚕学会	130	42	20	5
	303	83	73	79
中国水土保持学会	144	44	12	19
	1073	355	131	293
中国茶叶学会	113	36	20	47
	749	259	149	261
中国草学会	208	75	31	36
	1346	455	146	285
中国植物营养与肥料学会	150	50	22	20
	37	13	4	0

续表 8

学　会	理事会理事（人）	#常务理事（人）	#女性理事（人）	#45岁及以下的理事（人）
中国农业历史学会	85	27	19	26
	68	14	1	3
全国医科学会小计	**4702**	**1500**	**1132**	**404**
省级医科学会小计	**66669**	**21269**	**21011**	**16279**
中华医学会	239	56	30	0
	139	49	37	7
中华中医药学会	332	82	53	4
	—	—	—	—
中国中西医结合学会	207	64	34	1
	2677	990	676	371
中国药学会	177	60	35	6
	7116	2200	1739	1444
中华护理学会	199	67	196	8
	—	—	—	—
中国生理学会	108	38	38	23
	1258	435	436	456
中国解剖学会	93	30	31	3
	783	282	234	199
中国生物医学工程学会	138	49	19	23
	956	336	155	212
中国病理生理学会	108	33	7	2
	456	153	177	131
中国营养学会	155	53	62	10
	1727	552	867	559
中国药理学会	139	45	49	20
	1289	424	495	372
中国针灸学会	179	60	52	2
	3157	984	897	688
中国防痨协会	145	49	47	7
	1696	446	436	599
中国麻风防治协会	136	45	14	8
	385	113	82	91
中国心理卫生协会	139	47	44	4
	1305	420	539	308

续表 9

学　会	理事会理事（人）	#常务理事（人）	#女性理事（人）	#45岁及以下的理事（人）
中国抗癌协会	285	94	43	9
	2745	796	533	401
中国体育科学学会	115	21	21	5
	1455	511	343	345
中国毒理学会	149	49	48	16
	530	209	230	171
中国康复医学会	292	91	87	204
	1771	592	551	377
中国免疫学会	129	40	43	13
	1616	607	581	553
中华预防医学会	186	60	48	20
	—	—	—	—
中国法医学会	179	52	18	0
	363	102	40	169
中华口腔医学会	202	63	43	4
	—	—	—	—
中国医学救援协会	144	55	16	11
	—	—	—	—
中国女医师协会	—	—	—	—
	62	21	62	18
中国研究型医院学会	337	137	29	1
	117	31	25	0
中国睡眠研究会	86	25	25	0
	233	81	75	124
中国卒中学会	104	35	0	0
	1203	379	328	345
全国交叉学科学会小计	**5602**	**1807**	**1030**	**784**
省级其他学科学会小计	**43850**	**14900**	**9292**	**12120**
中国自然辩证法研究会	148	48	27	29
	1161	377	225	287
中国管理现代化研究会	162	75	20	0
	765	336	164	184
中国技术经济学会	201	43	20	35
	156	28	71	68
中国现场统计研究会	—	—	—	—
	277	96	94	157

续表 10

学会	理事会理事（人）	#常务理事（人）	#女性理事（人）	#45岁及以下的理事（人）
中国未来研究会	78	30	18	12
	299	101	64	88
中国科学技术史学会	—	—	—	—
	146	27	28	62
中国科学技术情报学会	174	54	33	15
	869	314	251	271
中国图书馆学会	166	54	46	5
	1086	399	360	240
中国城市科学研究会	117	32	20	13
	448	179	104	131
中国科学学与科技政策研究会	203	64	46	0
	45	11	28	30
中国农村专业技术协会	193	59	32	36
	1589	543	260	489
中国工业设计协会	229	73	27	0
	134	77	23	26
中国工艺美术学会	149	50	19	96
	937	288	188	294
中国科普作家协会	124	43	32	30
	951	311	234	279
中国自然科学博物馆协会	135	48	30	19
	144	54	26	9
中国可持续发展研究会	76	16	9	5
	184	59	22	26
中国青少年科技辅导员协会	61	20	23	12
	502	136	95	136
中国科教电影电视协会	177	49	19	94
	105	51	29	22
中国科学技术期刊编辑学会	160	41	66	8
	832	311	281	306
中国流行色协会	110	36	55	43
	—	—	—	—
中国档案学会	99	26	28	0
	414	154	99	47
中国国土经济学会	91	20	16	22
	—	—	—	—
中国土地学会	160	60	27	9
	2277	845	214	651

续表 11

学 会	理事会理事（人）	#常务理事（人）	#女性理事（人）	#45岁及以下的理事（人）
中国科技新闻学会	152	49	33	32
	122	57	35	57
中国老科学技术工作者协会	174	69	24	1
	894	377	135	5
中国科学探险协会	96	31	6	17
	15	5	2	10
中国城市规划学会	245	58	38	14
	271	85	64	160
中国产学研合作促进会	444	158	31	0
	56	23	7	35
中国知识产权研究会	372	78	107	33
	377	147	73	126
中国发明协会	209	62	7	7
	—	—	—	—
中国工程教育专业认证协会	57	19	4	10
	—	—	—	—
中国检验检疫学会	187	121	22	39
	80	33	38	38
中国女科技工作者协会	178	42	8	4
	333	114	333	54
中国创造学会	113	38	21	15
	174	59	51	22
中国经济科技开发国际交流协会	21	15	2	2
	—	—	—	—
中国高科技产业化研究会	139	48	16	27
	—	—	—	—
中国微量元素科学研究会	59	17	19	26
	154	49	51	38
中国国际经济技术合作促进会	100	30	12	70
	—	—	—	—
中国基本建设优化研究会	62	16	1	0
	—	—	—	—
中国科技馆发展基金会	8	0	3	1
	—	—	—	—
中国生物多样性保护与绿色发展基金会	14	0	1	1
	—	—	—	—
中国反邪教协会	75	27	8	6
	1107	359	192	222

续表 12

学会	学会个人会员（人）	#女性会员（人）	#高级（资深）会员（人）	#学生会员（人）	#外籍会员（人）	#港澳台会员（人）	#交纳会费会员（人）	#党员会员（人）
全国学会合计	**5247873**	**1613110**	**318101**	**476079**	**4492**	**2305**	**981826**	**1565548**
省级同名学会合计	**7817711**	**2716288**	**841924**	**314408**	**905**	**1066**	**1795327**	**2293694**
全国理科学会小计	**972592**	**182715**	**46509**	**120934**	**1577**	**356**	**135967**	**193584**
省级理科学会小计	**773470**	**301960**	**115695**	**97268**	**163**	**85**	**118700**	**277833**
中国数学会	58550	19730	—	1215	2	1	0	22014
	28511	8343	11464	20	0	0	508	11037
中国物理学会	34304	6711	—	10200	22	25	7339	24048
	50762	8862	4648	2887	45	0	9627	10547
中国力学学会	36499	6638	1502	20697	0	10	1548	9217
	27862	5893	5941	11197	3	1	5512	7752
中国光学学会	4708	1252	3486	1064	6	5	0	3182
	9419	2816	1116	3129	2	4	1229	3201
中国声学学会	5566	1230	194	619	5	17	209	901
	3557	792	351	519	0	4	164	898
中国化学会	71444	29063	—	24830	1	0	37095	0
	37016	9306	5517	7796	237	181	4268	9722
中国天文学会	3366	844	—	0	6	12	0	0
	5209	1737	1342	985	3	0	1663	1266
中国气象学会	42140	15083	14	11	0	56	1959	26319
	34001	12568	6447	297	5	0	7258	17469
中国空间科学学会	3712	893	564	134	0	0	347	599
	—	—	—	—	—	—	—	—
中国地质学会	21435	3826	—	206	0	0	17675	13859
	53077	9893	15360	181	0	1	18620	22215
中国地理学会	14152	5256	325	1038	6	28	4880	6313
	17720	6550	2148	2755	0	0	5348	5624
中国地球物理学会	21305	3715	13	2714	7	2	3280	0
	10186	1629	1093	1564	0	0	3148	3821
中国矿物岩石地球化学学会	7820	1316	6533	10	1	3	1489	5368
	1688	361	271	221	0	2	0	214
中国古生物学会	3020	660	315	330	0	0	260	960
	1022	253	175	359	13	0	11	270
中国海洋湖沼学会	10600	2950	237	1760	3	0	45	6954
	3039	797	755	734	2	0	865	351
中国海洋学会	18198	6800	580	8900	0	0	100	8000
	2522	581	734	0	0	0	0	623

续表 13

学会	学会个人会员(人)	#女性会员(人)	#高级(资深)会员(人)	#学生会员(人)	#外籍会员(人)	#港澳台会员(人)	#交纳会费会员(人)	#党员会员(人)
中国地震学会	2581	645	1589	0	0	0	0	1721
	5526	1370	951	10	0	0	83	3036
中国动物学会	14272	3925	—	1251	0	0	0	4402
	11094	3925	1378	2283	2	4	962	3036
中国植物学会	260	86	110	0	0	0	260	151
	14143	4888	2558	1330	3	18	1020	3335
中国昆虫学会	13589	4393	—	2018	0	0	0	8378
	12174	3672	3308	1812	0	29	1852	3582
中国微生物学会	18700	8320	—	0	0	0	502	5517
	16785	6987	5049	2133	2	0	4108	6488
中国生物化学与分子生物学会	14794	7133	—	0	14	7	2598	3361
	8633	3281	1793	2577	35	0	3288	2955
中国细胞生物学学会	15000	6900	5325	4500	42	75	9750	2517
	5137	2267	678	1387	25	2	2281	1356
中国植物生理与植物分子生物学学会	6905	3233	481	2953	20	21	2152	1211
	410	181	70	120	0	0	0	152
中国生物物理学会	14563	5425	1793	3320	5	18	4152	3340
	1979	840	175	316	44	0	977	880
中国遗传学会	12105	3036	391	7520	5	0	105	3690
	9705	3562	2176	2336	5	0	2576	3567
中国心理学会	14790	10580	—	11400	0	0	14790	6600
	21303	12399	1278	4205	1	0	8507	5193
中国生态学学会	11000	3385	5520	2719	4	1	2801	2423
	4678	1430	884	634	0	0	366	1254
中国环境科学学会	—	—	—	—	—	—	—	—
	41877	9704	4221	3258	0	1	1139	10398
中国自然资源学会	8150	1819	2924	1573	1	3	2887	5200
	2179	396	236	278	0	0	205	719
中国感光学会	4532	1731	3050	715	0	0	1802	2485
	—	—	—	—	—	—	—	—
中国优选法统筹法与经济数学研究会	4388	315	2046	926	0	0	1262	1244
	2470	541	0	0	0	0	0	1755
中国岩石力学与工程学会	14221	1624	15	1440	5	4	1381	205
	5255	864	1755	860	0	0	439	1765

续表 14

学　会	学会个人会员（人）	#女性会员（人）	#高级（资深）会员（人）	#学生会员（人）	#外籍会员（人）	#港澳台会员（人）	#交纳会费会员（人）	#党员会员（人）
中国野生动物保护协会	410000	—	308	0	0	0	0	—
	24878	5321	43	9269	0	0	0	4339
中国系统工程学会	1873	400	150	30	0	0	469	700
	4078	1150	1155	666	0	0	697	1382
中国实验动物学会	3120	1226	1091	35	4	0	512	2246
	2474	1085	285	244	0	0	389	963
中国青藏高原研究会	1611	—	—	—	—	—	—	—
	—	—	—	—	—	—	—	—
中国环境诱变剂学会	5472	2823	3089	748	0	1	5472	4529
	3044	1605	552	898	0	0	701	1401
中国运筹学会	2226	683	1329	350	0	19	1428	1153
	4107	851	443	798	1	3	149	614
中国菌物学会	3836	1212	2126	82	7	7	486	1706
	359	75	80	57	0	0	0	36
中国晶体学会	—	—	—	—	—	—	—	—
	—	—	—	—	—	—	—	—
中国神经科学学会	13699	6686	24	4671	81	36	6265	1820
	6152	2309	1926	1360	1	0	2456	2083
中国认知科学学会	1560	542	512	714	631	2	637	312
	121	40	23	78	0	0	2	45
中国微循环学会	980	335	540	98	0	0	0	920
	1102	422	205	5	0	0	1013	457
国际数字地球协会	—	—	—	—	—	—	—	—
	—	—	—	—	—	—	—	—
国际动物学会	1546	291	333	143	699	3	30	19
	11094	3925	1378	2283	2	4	962	3036
全国工科学会小计	**1964229**	**376536**	**126281**	**264139**	**2624**	**1192**	**363393**	**550352**
省级工科学会小计	**1208505**	**247521**	**157103**	**107545**	**334**	**389**	**157090**	**453123**
中国机械工程学会	57208	5961	3463	10580	918	789	14043	7866
	44247	8268	1853	3392	0	0	4993	11146
中国汽车工程学会	47033	7536	52	30632	0	0	30667	2231
	10790	1805	1508	841	0	0	1938	3308
中国农业机械学会	12680	390	1302	72	1	0	0	4900
	7896	1493	3129	1779	0	0	726	2740
中国农业工程学会	12036	3811	1304	1509	0	0	2936	4493
	5699	894	996	598	12	6	108	1179

续表 15

学会	学会个人会员(人)	#女性会员(人)	#高级(资深)会员(人)	#学生会员(人)	#外籍会员(人)	#港澳台会员(人)	#交纳会费会员(人)	#党员会员(人)
中国电机工程学会	149240	23561	5452	5393	160	0	27628	35899
	91193	16326	4267	2810	0	0	19878	38849
中国电工技术学会	52713	246	2896	200	2	2	726	0
	7141	1154	1902	790	0	0	170	2313
中国水力发电工程学会	39179	7559	22612	1200	0	0	0	8000
	34734	7453	9919	2398	0	0	2727	13546
中国水利学会	88660	18678	510	18	0	0	257	545
	115548	20136	11596	622	0	0	14314	42599
中国内燃机学会	12479	1582	3104	18	0	0	0	7992
	6135	971	1344	343	0	0	416	1999
中国工程热物理学会	2797	453	0	0	0	1	0	560
	385	68	220	50	0	0	0	122
中国空气动力学会	2502	225	720	429	0	0	1002	2001
	—	—	—	—	—	—	—	—
中国制冷学会	25344	4536	1272	7907	0	0	20756	7197
	25469	5502	2097	14249	1	1	2202	5661
中国真空学会	3360	482	706	0	6	6	192	1343
	3253	770	445	642	5	0	1211	1143
中国自动化学会	43465	13565	13047	2826	0	0	26079	36176
	28688	5857	4549	5214	237	181	314	7679
中国仪器仪表学会	46647	2902	5863	6517	0	0	1080	2460
	13451	1891	631	4196	0	1	1833	4369
中国计量测试学会	647	131	—	0	0	0	186	0
	5547	1388	380	500	1	1	35	718
中国标准化协会	3072	1230	630	0	0	0	0	1568
	2307	849	224	62	0	0	1292	253
中国图学学会	102500	21692	760	27991	0	0	1894	1345
	8356	2952	1931	593	0	0	1215	3308
中国电子学会	134009	5549	15001	5948	0	0	3008	7558
	35003	5590	4780	8306	0	0	3616	10142
中国计算机学会	70000	15718	4144	33927	51	63	70000	0
	19004	4954	3003	2418	2	0	3165	5980
中国通信学会	64744	19054	8597	2846	0	0	17630	30429
	37844	10209	5237	2955	1	0	3388	13007

续表 16

学会	学会个人会员（人）	#女性会员（人）	#高级（资深）会员（人）	#学生会员（人）	#外籍会员（人）	#港澳台会员（人）	#交纳会费会员（人）	#党员会员（人）
中国中文信息学会	4916	1438	134	2258	5	35	1038	1442
	124	67	70	0	0	0	0	23
中国测绘学会	—	—	—	—	—	—	—	—
	31486	5793	1541	808	0	0	4481	12747
中国造船工程学会	31567	4572	6583	648	55	16	0	3798
	9670	2065	1733	935	0	48	106	4581
中国航海学会	4473	324	2073	16	0	0	224	3251
	13924	1594	1515	59	0	0	6295	5917
中国铁道学会	67789	5810	216	0	0	0	0	0
	36100	4984	2462	25	0	50	6567	11527
中国公路学会	73995	14205	0	931	0	3	4820	48201
	58026	11945	10304	1442	0	2	2869	24793
中国航空学会	113754	21033	892	37898	5	0	27153	23436
	28660	5732	478	3317	0	1	3226	13071
中国宇航学会	35623	13251	40	5951	0	0	0	21957
	14705	3904	341	564	0	0	1774	8615
中国兵工学会	35114	2711	762	0	0	0	27556	25611
	11925	2143	187	0	0	0	0	133
中国金属学会	91111	41201	383	2125	2	0	383	57138
	99513	17594	14381	6156	1	1	5396	49185
中国有色金属学会	43000	4984	22	169	2	0	0	26000
	10613	1887	1472	216	0	0	173	4473
中国稀土学会	5105	1084	0	440	0	0	0	0
	631	132	37	44	0	0	28	341
中国腐蚀与防护学会	4238	691	0	26	2	1	4238	2964
	2569	481	1078	251	0	1	167	883
中国化工学会	20000	7177	2242	8101	0	0	2242	3000
	33268	7776	3091	4344	16	8	3834	11844
中国核学会	10000	2258	1792	803	13	3	0	5844
	12599	3501	2466	1705	0	0	1235	4764
中国石油学会	33701	8425	112	0	0	0	0	19250
	48910	11990	9235	296	3	0	1898	23981
中国煤炭学会	21000	2980	530	6320	0	0	0	11922
	18365	1332	4317	6	0	0	0	8237
中国可再生能源学会	2840	564	0	663	3	0	696	914
	629	147	150	129	0	0	0	433

续表 17

学会	学会个人会员（人）	#女性会员（人）	#高级（资深）会员（人）	#学生会员（人）	#外籍会员（人）	#港澳台会员（人）	#交纳会费会员（人）	#党员会员（人）
中国能源研究会	2743	345	701	30	0	0	33	1894
	5026	870	1369	762	0	1	1579	1583
中国硅酸盐学会	21074	3157	—	917	0	0	0	11768
	10567	1967	920	1171	8	1	2379	1702
中国建筑学会	26337	6742	823	1782	0	26	11837	8879
	51726	9366	12756	1964	10	18	16946	15816
中国土木工程学会	44516	10182	—	332	150	136	9216	22168
	7049	1206	191	229	7	5	4032	4733
中国生物工程学会	2981	622	1519	199	0	0	1712	1110
	6663	2041	957	1851	4	0	0	1366
中国纺织工程学会	53000	1990	1942	1497	0	0	320	2060
	9421	3249	3224	550	0	0	1992	2922
中国造纸学会	12294	4610	—	0	0	0	0	5901
	3945	1199	513	803	0	1	740	1315
中国文物保护技术协会	1421	438	—	0	0	0	0	606
	—	—	—	—	—	—	—	—
中国印刷技术协会	705	143	61	0	0	0	318	247
	140	10	20	0	0	0	140	15
中国材料研究学会	6012	1610	740	2041	0	0	604	3790
	731	130	—	0	0	0	0	80
中国食品科学技术学会	732	402	667	0	0	0	580	348
	5237	1788	932	1491	0	0	795	2032
中国粮油学会	22088	9987	—	3504	0	0	3286	4100
	364	99	47	19	0	0	97	248
中国职业安全健康协会	6000	1395	101	0	0	7	0	2777
	243	75	95	0	0	0	2	129
中国烟草学会	12267	1379	1056	0	0	0	0	9890
	34502	9700	1396	0	0	0	1430	19967
中国仿真学会	22927	6224	395	11348	11	2	0	9867
	507	72	—	0	0	0	0	421
中国电影电视技术学会	3960	1120	210	1125	65	51	50	580
	659	112	220	10	0	0	5	146
中国振动工程学会	1545	193	540	226	1	2	399	768
	4569	898	999	1166	0	0	157	1652
中国颗粒学会	2670	766	740	282	0	0	0	915
	851	210	270	207	0	0	430	173

续表 18

学会	学会个人会员（人）	#女性会员（人）	#高级（资深）会员（人）	#学生会员（人）	#外籍会员（人）	#港澳台会员（人）	#交纳会费会员（人）	#党员会员（人）
中国照明学会	4100	331	627	0	0	2	210	363
	5150	1351	596	109	0	1	1130	1314
中国动力工程学会	1500	18	—	0	0	0	21	1380
	580	60	420	60	0	0	300	0
中国惯性技术学会	4463	0	226	0	0	0	0	0
	700	160	16	53	0	0	0	223
中国风景园林学会	11000	4752	276	2466	0	0	1465	2875
	5203	2139	1309	258	0	0	1611	1550
中国电源学会	9004	1567	1275	4420	5	19	2032	3341
	1047	229	178	473	0	0	47	105
中国复合材料学会	12682	2871	528	133	12	1	2375	2310
	3062	468	796	1394	0	4	1089	872
中国消防协会	2360	870	—	77	0	0	2360	0
	8256	830	541	170	0	0	3649	2604
中国图象图形学学会	5600	1246	287	1310	7	17	2744	2263
	624	223	—	62	0	0	230	229
中国人工智能学会	37207	8829	1840	17493	42	3	11732	10184
	8098	1627	825	1609	2	0	683	2878
中国体视学学会	1777	556	332	448	0	0	276	417
	150	70	80	0	0	0	0	82
中国工程机械学会	4215	320	93	300	0	0	100	350
	—	—	—	—	—	—	—	—
中国海洋工程咨询协会	—	—	—	—	—	—	—	—
	—	—	—	—	—	—	—	—
中国遥感应用协会	2431	512	—	356	0	0	1280	0
	—	—	—	—	—	—	—	—
中国指挥与控制学会	5290	926	—	800	0	0	850	3860
	—	—	—	—	—	—	—	—
中国光学工程学会	23921	9790	2789	4863	0	0	20096	10227
	269	113	—	0	0	0	0	79
中国微米纳米技术学会	2131	664	656	516	0	3	2131	1320
	—	—	—	—	—	—	—	—
中国密码学会	3690	812	197	1560	2	3	770	868
	—	—	—	—	—	—	—	—
中国大坝工程学会	15119	1820	256	52	1051	0	0	4126
	—	—	—	—	—	—	—	—
中国卫星导航定位协会	2125	420	—	0	0	0	0	525
	—	—	—	—	—	—	—	—

续表 19

学会	学会个人会员(人)	#女性会员(人)	#高级(资深)会员(人)	#学生会员(人)	#外籍会员(人)	#港澳台会员(人)	#交纳会费会员(人)	#党员会员(人)
中国生物材料学会	2368	928	143	1500	0	0	142	974
	117	75	69	12	0	0	0	55
国际粉体检测与控制联合会	1433	430	45	200	53	1	20	10
	—	—	—	—	—	—	—	—
全国农科学会小计	**219143**	**58676**	**21599**	**20688**	**84**	**249**	**30646**	**67447**
省级农科学会小计	**346228**	**79434**	**47598**	**12702**	**65**	**32**	**45445**	**121955**
中国农学会	34350	10805	9985	10045	0	0	10212	21607
	107619	15892	10493	1807	1	12	9402	36956
中国林学会	3730	624	515	581	0	0	1471	1497
	77399	21888	9243	528	0	10	12676	31419
中国土壤学会	18500	5500	—	0	0	0	41	0
	5929	1997	1086	1089	0	0	947	1539
中国水产学会	20616	5413	1610	3980	0	0	0	4307
	15112	3265	1831	289	1	0	1447	5553
中国园艺学会	9710	3277	121	102	0	0	9710	4998
	11627	3551	2090	697	0	0	4446	4276
中国畜牧兽医学会	58990	12929	2555	2536	8	242	5943	8336
	21962	5786	2933	514	2	0	4981	7314
中国植物病理学会	6653	2792	129	210	69	0	109	2992
	28511	8343	11464	20	0	0	508	11037
中国植物保护学会	22429	4668	274	400	0	0	49	9674
	7886	2876	1761	1257	0	0	600	3035
中国作物学会	5973	1832	940	173	0	0	713	557
	10765	2059	3924	435	0	0	1937	3437
中国热带作物学会	3345	712	223	33	0	0	0	1838
	1943	504	469	332	0	0	0	1141
中国蚕学会	8989	3255	3250	0	0	0	0	1297
	1831	474	321	55	0	0	262	641
中国水土保持学会	9901	2724	307	218	0	0	0	3635
	9238	2405	939	280	0	0	1182	2763
中国茶叶学会	4045	1455	—	240	7	7	1870	2330
	6906	1695	1250	373	13	3	939	1700
中国草学会	5328	747	1015	2013	0	0	378	1558
	34502	9700	1396	0	0	0	1430	19967
中国植物营养与肥料学会	5404	1763	315	157	0	0	150	2411
	306	58	201	105	0	0	37	21

续表 20

学会	学会个人会员（人）	#女性会员（人）	#高级（资深）会员（人）	#学生会员（人）	#外籍会员（人）	#港澳台会员（人）	#交纳会费会员（人）	#党员会员（人）
中国农业历史学会	1180	180	360	0	0	0	0	410
	617	221	122	357	0	0	0	221
全国医科学会小计	**1797690**	**880934**	**97744**	**64089**	**164**	**445**	**397272**	**695197**
省级医科学会小计	**2773036**	**1717157**	**263291**	**60266**	**236**	**460**	**1360122**	**820985**
中华医学会	699000	279600	—	0	0	0	0	384450
	11800	6600	1350	0	0	0	0	0
中华中医药学会	24598	10383	835	132	1	1	24468	12450
	—	—	—	—	—	—	—	—
中国中西医结合学会	115556	42488	—	0	0	11	5362	42204
	110256	39164	18822	1072	2	11	53027	32459
中国药学会	4859	1798	4323	221	36	126	2156	2065
	220761	99664	28245	2745	11	80	69179	61561
中华护理学会	160208	154188	12025	3002	0	22	130570	62093
	—	—	—	—	—	—	—	—
中国生理学会	4855	2697	546	1186	15	17	4309	1595
	9084	4104	2579	2136	0	0	3692	2677
中国解剖学会	2266	952	95	0	0	4	2266	1136
	5229	1944	1382	474	0	0	2441	2148
中国生物医学工程学会	24797	8758	2258	5278	0	38	19160	8052
	16987	5630	1080	2476	0	0	2245	5923
中国病理生理学会	9182	5245	115	2620	3	20	9182	2425
	3858	1796	1220	503	0	0	1693	792
中国营养学会	39389	27194	408	5875	8	35	37821	7457
	26505	15285	3614	4057	0	3	15150	7016
中国药理学会	11994	6964	129	71	3	28	11994	5206
	11881	5871	1181	1829	2	0	4272	4841
中国针灸学会	36105	16837	189	4200	5	25	32366	8504
	36509	16751	6055	6268	40	159	24111	8919
中国防痨协会	20324	9420	—	0	0	4	99	3419
	14691	6665	3005	0	0	0	911	5138
中国麻风防治协会	9213	4211	1459	0	0	0	0	3030
	4213	1628	396	0	0	0	0	530
中国心理卫生协会	34440	24108	—	0	0	0	0	2451
	14299	7125	2158	635	0	59	3357	1850

续表 21

学会	学会个人会员（人）	#女性会员（人）	#高级（资深）会员（人）	#学生会员（人）	#外籍会员（人）	#港澳台会员（人）	#交纳会费会员（人）	#党员会员（人）
中国抗癌协会	252785	134846	56523	31824	36	0	0	69659
	133014	54233	29329	16135	0	35	19664	40932
中国体育科学学会	3118	2210	16	1070	0	0	3118	2110
	7934	2414	1419	1270	3	2	156	2964
中国毒理学会	16061	8149	1590	170	47	16	10130	5747
	2949	1338	463	1003	2	0	959	1115
中国康复医学会	31975	15606	16	2213	5	8	4216	18603
	24771	11053	5281	109	1	0	8964	8573
中国免疫学会	11099	5905	4948	536	3	4	11099	5299
	12972	6100	4321	1698	3	0	6797	3570
中华预防医学会	111796	48627	183	203	0	8	0	122
	—	—	—	—	—	—	—	—
中国法医学会	6720	836	—	0	0	0	0	5831
	3055	594	1308	30	0	0	1042	1964
中华口腔医学会	104680	45727	—	5415	0	50	84909	35816
	—	—	—	—	—	—	—	—
中国医学救援协会	4395	1497	137	0	1	27	2	2462
	—	—	—	—	—	—	—	—
中国女医师协会	—	—	—	—	—	—	—	—
	1388	1388	1388	0	0	0	1388	125
中国研究型医院学会	13520	2704	11492	0	0	0	0	1352
	1193	446	840	0	0	0	1193	689
中国睡眠研究会	3928	1670	3	50	1	1	1730	1489
	803	380	189	0	0	0	300	367
中国卒中学会	40827	18314	454	23	0	0	2315	170
	35699	18135	1814	258	0	0	3004	23018
全国交叉学科学会小计	**294219**	**114249**	**25968**	**6229**	**43**	**63**	**54548**	**58968**
省级其他学科学会小计	**2716472**	**370216**	**258237**	**36627**	**107**	**100**	**113970**	**619798**
中国自然辩证法研究会	1890	244	24	78	1	11	96	501
	2777	931	415	915	0	0	119	1134
中国管理现代化研究会	32000	10000	0	0	0	0	11000	2500
	1978	668	307	73	0	0	140	1088
中国技术经济学会	7422	1716	4955	56	0	0	1159	5230
	156	71	28	0	0	0	0	111
中国现场统计研究会	—	—	—	—	—	—	—	—
	769	285	119	159	0	0	0	397

续表 22

学会	学会个人会员（人）	#女性会员（人）	#高级（资深）会员（人）	#学生会员（人）	#外籍会员（人）	#港澳台会员（人）	#交纳会费会员（人）	#党员会员（人）
中国未来研究会	5054	659	30	192	0	5	1954	401
	1322	392	368	223	0	0	48	473
中国科学技术史学会	—	—	—	—	—	—	—	—
	834	120	29	187	0	0	143	25
中国科学技术情报学会	25000	—	0	0	0	0	0	0
	1130	475	191	3	0	0	101	518
中国图书馆学会	21607	8639	0	0	0	0	12803	12008
	19949	11806	1483	69	0	0	11144	6676
中国城市科学研究会	3750	865	1381	14	5	19	1636	1323
	1892	440	260	44	0	0	257	859
中国科学学与科技政策研究会	4447	1716	85	1	2	1	0	2119
	70	33	29	0	0	0	70	3
中国农村专业技术协会	1012	50	0	0	0	0	1012	152
	1355142	36989	1277	663	0	0	3798	187212
中国工业设计协会	1657	272	12	96	0	2	1306	580
	1657	521	368	883	0	1	0	443
中国工艺美术学会	6116	2111	0	0	1	1	1769	1592
	6515	1417	298	207	8	2	1593	524
中国科普作家协会	4300	1200	0	60	2	0	600	787
	7937	2075	2043	632	0	0	1605	2298
中国自然科学博物馆协会	314	188	0	0	0	0	314	0
	526	304	0	0	0	0	217	269
中国可持续发展研究会	202	56	83	3	0	0	2	114
	607	138	50	27	0	0	0	198
中国青少年科技辅导员协会	7649	2317	0	92	0	0	2738	1932
	2957	1380	150	0	0	0	618	1152
中国科教电影电视协会	1077	353	53	0	0	0	0	702
	605	279	107	300	0	0	0	23
中国科学技术期刊编辑学会	9634	5098	1011	0	0	0	4554	3508
	4486	2451	286	849	0	0	2487	786
中国流行色协会	9716	6557	777	3109	12	4	451	85
	—	—	—	—	—	—	—	—
中国档案学会	8080	3579	0	0	0	0	2	7008
	8930	5616	1549	10	0	0	1686	2950
中国国土经济学会	2920	310	1600	810	0	0	0	200
	—	—	—	—	—	—	—	—
中国土地学会	8672	2487	213	0	0	0	0	4596
	14945	3581	1683	87	0	0	2	6677

续表 23

学会	学会个人会员（人）	#女性会员（人）	#高级（资深）会员（人）	#学生会员（人）	#外籍会员（人）	#港澳台会员（人）	#交纳会费会员（人）	#党员会员（人）
中国科技新闻学会	998	502	345	5	0	0	0	167
	517	90	130	6	0	0	0	169
中国老科学技术工作者协会	79196	35970	13254	0	0	0	4518	0
	152242	42982	40962	0	0	0	166	64120
中国科学探险协会	1701	703	0	2	1	3	223	110
	35	7	6	9	0	0	0	21
中国城市规划学会	8760	2560	181	115	2	2	7830	6320
	6447	1955	600	0	0	0	0	3739
中国产学研合作促进会	1766	372	151	0	0	0	0	784
	300	26	12	102	0	0	0	221
中国知识产权研究会	419	115	47	0	0	0	47	317
	856	251	35	0	0	1	0	353
中国发明协会	4224	653	0	453	2	4	378	570
	—	—	—	—	—	—	—	—
中国工程教育专业认证协会	35	2	0	0	0	0	0	33
	—	—	—	—	—	—	—	—
中国检验检疫学会	1751	455	0	0	0	0	0	1047
	149	62	30	0	0	0	98	0
中国女科技工作者协会	15119	1820	256	52	1051	0	0	4126
	1863	1863	1448	0	0	0	31	1053
中国创造学会	2159	860	0	0	0	0	0	1427
	1726	588	198	40	0	0	0	378
中国经济科技开发国际交流协会	296	67	52	11	5	3	0	233
	—	—	—	—	—	—	—	—
中国高科技产业化研究会	1562	143	1023	51	10	8	51	1012
	—	—	—	—	—	—	—	—
中国微量元素科学研究会	2742	915	0	0	0	0	0	0
	1867	843	649	32	0	5	1077	666
中国国际经济技术合作促进会	1450	300	300	800	0	0	105	80
	—	—	—	—	—	—	—	—
中国基本建设优化研究会	2710	401	317	281	0	0	0	1430
	—	—	—	—	—	—	—	—
中国科技馆发展基金会	—	—	—	—	—	—	—	—
	—	—	—	—	—	—	—	—
中国生物多样性保护与绿色发展基金会	—	—	—	—	—	—	—	—
	—	—	—	—	—	—	—	—
中国反邪教协会	131	14	74	0	0	0	0	100
	9710	1257	3443	37	0	0	0	2223

续表 24

学会	学会从业人员（人）	#女性从业人员（人）	#专职人员（人）	#社会聘用人员（人）
全国学会合计	**3704**	**2189**	**3036**	**1821**
省级同名学会合计	**60815**	**25521**	**10633**	**6243**
全国理科学会小计	**388**	**272**	**307**	**187**
省级理科学会小计	**9342**	**3234**	**2146**	**1681**
中国数学会	3	3	0	3
	47	18	7	11
中国物理学会	2	1	2	0
	1161	375	526	34
中国力学学会	18	15	18	11
	362	126	19	8
中国光学学会	7	6	4	3
	171	63	16	9
中国声学学会	7	5	7	3
	33	18	2	2
中国化学会	44	28	37	34
	585	178	25	24
中国天文学会	2	2	2	0
	31	19	8	4
中国气象学会	24	18	24	9
	174	100	89	12
中国空间科学学会	8	6	8	2
	—	—	—	—
中国地质学会	22	12	22	9
	797	103	746	34
中国地理学会	13	8	12	4
	40	22	10	10
中国地球物理学会	7	5	7	7
	71	24	12	14
中国矿物岩石地球化学学会	8	7	6	2
	8	4	0	0
中国古生物学会	—	—	—	—
	12	8	0	4
中国海洋湖沼学会	13	11	13	0
	18	8	4	12
中国海洋学会	9	7	3	6
	5	2	0	0

续表 25

学 会	学会从业人员(人)	#女性从业人员(人)	#专职人员(人)	#社会聘用人员(人)
中国地震学会	5	4	0	1
	48	25	16	2
中国动物学会	2	2	2	1
	174	68	15	17
中国植物学会	3	2	2	0
	322	88	8	5
中国昆虫学会	3	3	1	2
	1647	342	5	881
中国微生物学会	3	3	2	1
	130	70	12	10
中国生物化学与分子生物学会	4	4	4	4
	43	20	14	10
中国细胞生物学学会	9	9	9	6
	213	102	10	5
中国植物生理与植物分子生物学学会	4	4	3	1
	3	2	0	0
中国生物物理学会	12	11	12	6
	141	99	138	4
中国遗传学会	2	2	1	1
	51	16	3	7
中国心理学会	5	3	5	4
	129	50	6	14
中国生态学学会	5	5	5	5
	170	64	3	4
中国环境科学学会	—	—	—	—
	257	135	152	146
中国自然资源学会	10	1	3	3
	223	93	10	5
中国感光学会	11	6	8	6
	—	—	—	—
中国优选法统筹法与经济数学研究会	6	5	5	4
	2	0	1	1
中国岩石力学与工程学会	12	8	12	9
	40	16	8	5

续表 26

学　会	学会从业人员（人）	#女性从业人员（人）	#专职人员（人）	#社会聘用人员（人）
中国野生动物保护协会	36	19	36	17
	28	9	14	7
中国系统工程学会	9	4	2	0
	34	12	1	7
中国实验动物学会	13	11	13	8
	46	23	9	9
中国青藏高原研究会	10	6	5	0
	—	—	—	—
中国环境诱变剂学会	9	6	0	0
	12	10	3	2
中国运筹学会	6	4	1	4
	167	33	1	65
中国菌物学会	2	2	2	1
	—	—	—	—
中国晶体学会	—	—	—	—
	—	—	—	—
中国神经科学学会	7	7	6	7
	30	18	11	10
中国认知科学学会	7	3	1	1
	4	2	1	1
中国微循环学会	2	2	0	0
	—	—	—	—
国际数字地球协会	—	—	—	—
	—	—	—	—
国际动物学会	4	2	2	2
	174	68	15	17
全国工科学会小计	**1860**	**1029**	**1576**	**958**
省级工科学会小计	**13187**	**4345**	**4013**	**1649**
中国机械工程学会	46	32	46	12
	168	66	110	47
中国汽车工程学会	98	55	92	6
	120	41	33	29
中国农业机械学会	12	7	12	1
	66	25	33	21
中国农业工程学会	25	22	20	15
	372	95	13	7

续表 27

学会	学会从业人员（人）	#女性从业人员（人）	#专职人员（人）	#社会聘用人员（人）
中国电机工程学会	47	36	40	27
	193	72	144	30
中国电工技术学会	45	26	38	39
	37	17	8	10
中国水力发电工程学会	17	7	11	6
	92	45	31	15
中国水利学会	29	15	14	15
	119	67	47	35
中国内燃机学会	7	4	5	0
	20	5	4	2
中国工程热物理学会	5	4	1	1
	187	38	0	2
中国空气动力学会	3	1	2	1
	—	—	—	—
中国制冷学会	26	14	26	7
	62	31	28	27
中国真空学会	4	3	4	2
	38	15	5	9
中国自动化学会	16	13	15	14
	510	144	16	19
中国仪器仪表学会	33	18	33	18
	31	16	4	12
中国计量测试学会	33	20	23	10
	71	37	53	26
中国标准化协会	39	18	39	39
	135	70	99	65
中国图学学会	13	10	13	13
	16	8	9	3
中国电子学会	147	60	147	60
	438	193	88	73
中国计算机学会	39	26	39	39
	1192	396	131	62
中国通信学会	29	13	29	13
	120	65	83	54

续表 28

学会	学会从业人员（人）	#女性从业人员（人）	#专职人员（人）	#社会聘用人员（人）
中国中文信息学会	8	7	7	6
	—	—	—	—
中国测绘学会	—	—	—	—
	76	32	36	21
中国造船工程学会	11	6	10	4
	39	19	15	10
中国航海学会	18	14	11	11
	73	24	38	23
中国铁道学会	20	6	20	0
	83	26	18	9
中国公路学会	231	108	204	216
	417	121	152	80
中国航空学会	18	8	15	3
	43	21	21	8
中国宇航学会	33	20	29	4
	29	19	9	5
中国兵工学会	59	31	51	8
	915	8	11	7
中国金属学会	32	15	23	9
	1353	415	1277	37
中国有色金属学会	19	12	11	0
	49	19	18	11
中国稀土学会	13	5	11	0
	7	2	2	2
中国腐蚀与防护学会	9	5	9	3
	109	42	95	9
中国化工学会	16	10	16	13
	95	43	43	13
中国核学会	21	15	21	16
	72	30	9	10
中国石油学会	19	8	19	0
	51	24	24	13
中国煤炭学会	22	9	13	0
	70	26	39	15
中国可再生能源学会	18	13	18	18
	16	7	5	12

续表 29

学会	学会从业人员(人)	#女性从业人员(人)	#专职人员(人)	#社会聘用人员(人)
中国能源研究会	21	11	2	19
	278	77	25	9
中国硅酸盐学会	—	—	—	—
	59	26	20	17
中国建筑学会	33	19	33	16
	117	59	77	57
中国土木工程学会	20	15	19	1
	9	8	3	3
中国生物工程学会	5	4	3	2
	20	14	6	3
中国纺织工程学会	35	20	35	22
	51	22	24	22
中国造纸学会	7	2	6	0
	32	10	15	7
中国文物保护技术协会	1	1	0	1
	—	—	—	—
中国印刷技术协会	67	37	46	46
	23	8	14	8
中国材料研究学会	14	8	10	10
	0	0	0	0
中国食品科学技术学会	20	10	20	13
	150	57	8	4
中国粮油学会	18	15	17	1
	6	1	1	5
中国职业安全健康协会	—	—	—	—
	15	7	5	2
中国烟草学会	11	8	0	0
	523	211	98	6
中国仿真学会	6	5	6	6
	2	1	1	0
中国电影电视技术学会	8	5	6	4
	3	1	3	1
中国振动工程学会	31	6	6	0
	37	15	3	5
中国颗粒学会	6	5	6	0
	81	39	6	3

续表 30

学会	学会从业人员（人）	#女性从业人员（人）	#专职人员（人）	#社会聘用人员（人）
中国照明学会	10	5	10	10
	59	28	24	10
中国动力工程学会	8	7	2	2
	2	2	1	1
中国惯性技术学会	9	2	0	0
	12	6	0	0
中国风景园林学会	18	13	18	0
	44	27	17	23
中国电源学会	14	12	14	14
	11	5	1	1
中国复合材料学会	20	14	19	17
	14	7	3	3
中国消防协会	47	20	47	36
	264	109	220	159
中国图象图形学学会	5	5	4	5
	3	1	0	0
中国人工智能学会	11	9	7	11
	128	28	15	11
中国体视学学会	4	2	4	3
	0	0	0	0
中国工程机械学会	4	3	2	1
	—	—	—	—
中国海洋工程咨询协会	7	5	7	5
	—	—	—	—
中国遥感应用协会	16	8	4	4
	—	—	—	—
中国指挥与控制学会	11	6	10	6
	—	—	—	—
中国光学工程学会	15	10	15	15
	5	2	0	0
中国微米纳米技术学会	5	4	5	5
	—	—	—	—
中国密码学会	7	3	7	3
	—	—	—	—
中国大坝工程学会	14	7	14	5
	—	—	—	—
中国卫星导航定位协会	13	7	13	10
	—	—	—	—

续表 31

学会	学会从业人员（人）	#女性从业人员（人）	#专职人员（人）	#社会聘用人员（人）
中国生物材料学会	12	8	8	6
	1	0	1	1
国际粉体检测与控制联合会	5	3	1	4
	—	—	—	—
全国农科学会小计	**278**	**165**	**221**	**89**
省级农科学会小计	**13487**	**4579**	**838**	**383**
中国农学会	76	35	76	5
	130	73	68	40
中国林学会	39	19	33	6
	6157	2645	49	47
中国土壤学会	—	—	—	—
	227	74	6	2
中国水产学会	17	8	17	0
	115	50	20	15
中国园艺学会	6	6	6	1
	1227	26	7	14
中国畜牧兽医学会	43	27	6	33
	145	53	28	13
中国植物病理学会	5	5	4	1
	47	18	7	11
中国植物保护学会	15	13	15	8
	15	6	3	3
中国作物学会	16	15	14	8
	606	215	12	16
中国热带作物学会	14	8	9	4
	17	10	4	4
中国蚕学会	6	3	2	0
	601	159	4	4
中国水土保持学会	11	7	9	2
	59	23	16	18
中国茶叶学会	17	8	17	10
	49	31	23	16
中国草学会	6	5	6	6
	523	211	98	6
中国植物营养与肥料学会	6	5	6	5
	3	1	0	0

续表 32

学会	学会从业人员（人）	#女性从业人员（人）	#专职人员（人）	#社会聘用人员（人）
中国农业历史学会	1	1	1	0
	—	—	—	—
全国医科学会小计	**640**	**398**	**538**	**307**
省级医科学会小计	**16248**	**9446**	**2052**	**1422**
中华医学会	144	78	144	15
	15	7	14	1
中华中医药学会	50	31	50	25
	—	—	—	—
中国中西医结合学会	10	7	5	5
	926	512	55	34
中国药学会	27	15	27	7
	337	180	175	129
中华护理学会	29	22	29	21
	—	—	—	—
中国生理学会	3	2	3	2
	449	253	7	11
中国解剖学会	5	3	2	2
	88	33	3	8
中国生物医学工程学会	9	9	6	3
	46	29	12	6
中国病理生理学会	3	3	3	3
	18	9	0	5
中国营养学会	26	21	26	26
	111	68	26	43
中国药理学会	6	2	5	4
	73	45	11	16
中国针灸学会	16	8	11	6
	68	36	26	13
中国防痨协会	13	8	13	13
	86	48	34	1
中国麻风防治协会	4	2	3	1
	1109	390	1	0
中国心理卫生协会	6	5	5	2
	105	62	13	17

续表 33

学会	学会从业人员（人）	#女性从业人员（人）	#专职人员（人）	#社会聘用人员（人）
中国抗癌协会	34	29	34	23
	505	212	42	13
中国体育科学学会	19	11	11	7
	579	239	19	21
中国毒理学会	10	6	5	3
	28	14	3	7
中国康复医学会	20	9	20	17
	43	23	16	26
中国免疫学会	6	4	5	6
	391	229	350	12
中华预防医学会	53	38	51	50
	—	—	—	—
中国法医学会	8	3	5	3
	223	76	10	4
中华口腔医学会	44	30	26	20
	—	—	—	—
中国医学救援协会	7	4	7	5
	—	—	—	—
中国女医师协会	—	—	—	—
	1388	1388	2	2
中国研究型医院学会	39	16	10	0
	7	4	4	4
中国睡眠研究会	8	5	2	8
	10	3	6	3
中国卒中学会	41	27	30	30
	48	25	8	27
全国交叉学科学会小计	**538**	**325**	**394**	**280**
省级其他学科学会小计	**8551**	**3917**	**1584**	**1108**
中国自然辩证法研究会	12	4	8	4
	34	9	2	3
中国管理现代化研究会	4	3	3	4
	45	10	10	18
中国技术经济学会	11	7	8	3
	3	0	0	0
中国现场统计研究会	0	0	0	0
	1	1	0	0

续表 34

学会	学会从业人员（人）	#女性从业人员（人）	#专职人员（人）	#社会聘用人员（人）
中国未来研究会	3	2	3	0
	17	5	2	2
中国科学技术史学会	—	—	—	—
	172	43	5	6
中国科学技术情报学会	7	6	7	3
	45	23	6	3
中国图书馆学会	17	9	17	0
	61	34	16	7
中国城市科学研究会	97	57	70	27
	150	29	7	10
中国科学学与科技政策研究会	18	8	6	5
	0	0	0	0
中国农村专业技术协会	8	3	0	0
	58	25	21	15
中国工业设计协会	18	13	18	18
	15	8	4	4
中国工艺美术学会	9	6	8	4
	53	31	28	12
中国科普作家协会	13	10	1	3
	59	32	14	17
中国自然科学博物馆协会	6	3	6	0
	9	7	0	0
中国可持续发展研究会	7	4	6	6
	18	10	6	10
中国青少年科技辅导员协会	3	3	3	3
	293	156	5	5
中国科教电影电视协会	9	6	9	5
	2	0	1	2
中国科学技术期刊编辑学会	6	6	6	4
	32	20	5	12
中国流行色协会	22	15	22	17
	—	—	—	—
中国档案学会	7	2	4	3
	19	11	8	3
中国国土经济学会	20	13	1	19
	—	—	—	—
中国土地学会	8	3	3	5
	133	67	87	48

续表 35

学　会	学会从业人员（人）	#女性从业人员（人）	#专职人员（人）	#社会聘用人员（人）
中国科技新闻学会	8	6	5	7
	151	45	6	0
中国老科学技术工作者协会	11	7	7	2
	48	16	21	29
中国科学探险协会	4	2	1	1
	2	1	1	1
中国城市规划学会	15	10	10	5
	14	11	5	4
中国产学研合作促进会	16	9	13	14
	7	3	3	4
中国知识产权研究会	24	16	24	0
	26	15	14	8
中国发明协会	22	10	22	22
	—	—	—	—
中国工程教育专业认证协会	11	7	0	0
	—	—	—	—
中国检验检疫学会	18	11	18	16
	5	4	0	0
中国女科技工作者协会	14	7	14	5
	7	7	2	0
中国创造学会	5	5	0	0
	19	12	2	6
中国经济科技开发国际交流协会	5	1	3	1
	—	—	—	—
中国高科技产业化研究会	9	5	2	9
	—	—	—	—
中国微量元素科学研究会	4	1	4	4
	49	16	6	10
中国国际经济技术合作促进会	9	5	9	9
	—	—	—	—
中国基本建设优化研究会	17	8	17	17
	—	—	—	—
中国科技馆发展基金会	9	6	7	2
	—	—	—	—
中国生物多样性保护与绿色发展基金会	34	25	34	34
	—	—	—	—
中国反邪教协会	9	5	7	2
	197	65	28	14

三、为科技工作者服务

2019年各全国学会、省级同名学会为科技工作者服务情况

学　会	举办各类思想政治教育培训班及活动				举办干部教育培训班（期）	干部教育培训班参训人数（人次）
	次　数（次）	# 举办科学道德与学风建设宣讲活动（次）	各类思想政治教育培训班参训人数及活动受众人数（人次）	# 举办科学道德与学风建设宣讲活动受众人数（人次）		
全国学会合计	**529**	**299**	**111331**	**101212**	**186**	**10635**
省级同名学会合计	**9370**	**4643**	**3177235**	**3047509**	**1178**	**53102**
全国理科学会小计	**34**	**15**	**3390**	**2507**	**13**	**549**
省级理科学会小计	**706**	**416**	**57238**	**46115**	**123**	**5335**
中国数学会	0	0	0	0	0	0
	11	10	3663	3650	1	10
中国物理学会	0	0	0	0	0	0
	32	16	2255	1832	1	45
中国力学学会	2	2	500	500	0	0
	28	12	827	757	3	12
中国光学学会	3	2	200	150	4	295
	44	12	6913	2160	6	222
中国声学学会	0	0	0	0	4	4
	25	19	312	222	1	23
中国化学会	0	0	0	0	0	0
	47	23	3560	2361	14	279
中国天文学会	0	0	0	0	0	0
	20	14	1490	1269	2	100
中国气象学会	0	0	0	0	0	0
	42	36	2926	2492	11	479
中国空间科学学会	5	2	48	45	0	0
	—	—	—	—	—	—
中国地质学会	0	0	0	0	0	0
	20	9	641	308	5	422
中国地理学会	1	0	105	0	0	0
	17	12	1983	1833	3	162
中国地球物理学会	0	0	0	0	0	0
	8	4	458	331	0	0
中国矿物岩石地球化学学会	0	0	0	0	0	0
	0	0	0	0	0	0
中国古生物学会	0	0	6	0	0	0
	6	2	150	150	0	0
中国海洋湖沼学会	1	1	105	105	0	0
	3	2	98	84	0	0

续表 1

学　会	举办各类思想政治教育培训班及活动				举办干部教育培训班（期）	干部教育培训班参训人数（人次）
	次　数（次）	# 举办科学道德与学风建设宣讲活动（次）	各类思想政治教育培训班参训人数及活动受众人数（人次）	# 举办科学道德与学风建设宣讲活动受众人数（人次）		
中国海洋学会	4	0	300	0	0	0
	0	0	0	0	0	0
中国地震学会	0	0	0	0	0	0
	10	2	362	160	4	126
中国动物学会	0	0	0	0	0	0
	20	10	604	579	6	53
中国植物学会	0	0	0	0	0	0
	13	2	233	151	1	10
中国昆虫学会	0	0	0	0	0	0
	21	10	740	361	1	20
中国微生物学会	0	0	0	0	0	0
	39	19	1232	645	8	207
中国生物化学与分子生物学会	0	0	0	0	0	0
	13	7	572	517	2	60
中国细胞生物学学会	1	1	121	116	0	0
	65	53	6608	6348	0	0
中国植物生理与植物分子生物学学会	0	0	0	0	0	0
	0	0	0	0	0	0
中国生物物理学会	6	1	1129	1000	0	0
	1	1	32	32	0	0
中国遗传学会	0	0	0	0	0	0
	27	18	5330	5311	6	32
中国心理学会	0	0	0	0	0	0
	14	8	385	282	10	2037
中国生态学学会	2	1	250	200	2	120
	35	7	1200	500	0	0
中国环境科学学会	0	0	0	0	0	0
	47	26	5348	5122	35	1059
中国自然资源学会	2	0	200	0	2	100
	8	5	772	456	1	10
中国感光学会	0	0	0	0	0	0
	—	—	—	—	—	—
中国优选法统筹法与经济数学研究会	1	1	180	180	0	0
	0	0	0	0	0	0
中国岩石力学与工程学会	1	1	40	40	0	0
	14	7	53	46	3	73

续表 2

学会	举办各类思想政治教育培训班及活动				举办干部教育培训班（期）	干部教育培训班参训人数（人次）
	次数（次）	#举办科学道德与学风建设宣讲活动（次）	各类思想政治教育培训班参训人数及活动受众人数（人次）	#举办科学道德与学风建设宣讲活动受众人数（人次）		
中国野生动物保护协会	0	0	0	0	0	0
	0	0	0	0	0	0
中国系统工程学会	0	0	0	0	0	0
	2	2	242	242	0	0
中国实验动物学会	0	0	0	0	0	0
	6	2	21	4	2	2
中国青藏高原研究会	0	0	0	0	0	0
	—	—	—	—	—	—
中国环境诱变剂学会	2	0	35	0	0	0
	4	4	1016	1010	0	0
中国运筹学会	1	1	100	100	1	30
	1	1	95	90	0	0
中国菌物学会	0	0	0	0	0	0
	1	1	20	20	0	0
中国晶体学会	0	0	0	0	0	0
	—	—	—	—	—	—
中国神经科学学会	0	0	0	0	0	0
	2	1	219	200	0	0
中国认知科学学会	1	1	50	50	0	0
	10	2	180	180	0	0
中国微循环学会	0	0	0	0	0	0
	2	1	67	65	1	40
国际数字地球协会	0	0	0	0	0	0
	—	—	—	—	—	—
国际动物学会	1	1	21	21	0	0
	20	10	604	579	6	53
全国工科学会小计	**283**	**153**	**29291**	**23083**	**107**	**2520**
省级工科学会小计	**1042**	**463**	**98117**	**79206**	**382**	**16231**
中国机械工程学会	8	4	350	280	0	0
	24	12	4493	3173	2	100
中国汽车工程学会	7	5	400	396	3	12
	8	8	793	793	1	32
中国农业机械学会	1	1	200	200	0	0
	10	4	203	197	3	124

续表 3

学　会	举办各类思想政治教育培训班及活动				举办干部教育培训班（期）	干部教育培训班参训人数（人次）
	次数（次）	# 举办科学道德与学风建设宣讲活动（次）	各类思想政治教育培训班参训人数及活动受众人数（人次）	# 举办科学道德与学风建设宣讲活动受众人数（人次）		
中国农业工程学会	2	2	323	323	0	0
	7	2	440	370	2	115
中国电机工程学会	3	0	137	0	1	120
	9	4	681	501	2	19
中国电工技术学会	1	1	70	70	0	0
	1	1	42	42	0	0
中国水力发电工程学会	0	0	0	0	0	0
	14	5	516	368	2	120
中国水利学会	27	27	1188	1188	39	840
	28	9	802	619	7	323
中国内燃机学会	0	0	4	0	0	0
	4	3	164	97	0	0
中国工程热物理学会	3	2	351	350	1	20
	2	0	0	0	0	0
中国空气动力学会	0	0	0	0	0	0
	—	—	—	—	—	—
中国制冷学会	0	0	0	0	0	0
	14	5	345	285	4	268
中国真空学会	0	0	1	0	0	0
	8	6	476	458	0	0
中国自动化学会	7	3	272	252	4	100
	24	9	1797	778	13	270
中国仪器仪表学会	11	4	2104	64	2	10
	14	9	1111	1031	1	5
中国计量测试学会	0	0	0	0	0	0
	9	5	121	25	2	60
中国标准化协会	1	1	39	39	3	20
	37	1	340	51	13	1000
中国图学学会	1	0	13	0	0	0
	16	7	891	771	2	67
中国电子学会	39	4	1870	245	9	92
	36	13	1175	434	16	320
中国计算机学会	0	0	0	0	0	0
	39	21	6974	1586	19	627
中国通信学会	1	1	2	2	2	6
	23	7	1146	903	2	21

续表 4

学　会	举办各类思想政治教育培训班及活动				举办干部教育培训班（期）	干部教育培训班参训人数（人次）
	次　数（次）	# 举办科学道德与学风建设宣讲活动（次）	各类思想政治教育培训班参训人数及活动受众人数（人次）	# 举办科学道德与学风建设宣讲活动受众人数（人次）		
中国中文信息学会	1	1	400	400	0	0
	4	0	23	0	0	0
中国测绘学会	—	—	—	—	—	—
	18	10	2491	2021	0	0
中国造船工程学会	2	1	63	45	1	30
	43	5	270	213	18	2300
中国航海学会	4	4	220	220	23	128
	17	6	626	422	3	113
中国铁道学会	0	0	0	0	0	0
	15	8	1103	833	3	67
中国公路学会	8	2	452	260	3	495
	31	12	831	198	4	110
中国航空学会	8	8	4205	4200	0	0
	4	2	150	50	2	22
中国宇航学会	1	1	3000	3000	1	9
	0	0	0	0	0	0
中国兵工学会	0	0	0	0	1	21
	1	1	100	100	29	29
中国金属学会	7	5	1330	1330	0	0
	23	8	966	755	21	205
中国有色金属学会	0	0	0	0	0	0
	2	0	32	0	0	0
中国稀土学会	0	0	0	0	0	0
	3	3	160	160	0	0
中国腐蚀与防护学会	0	0	0	0	0	0
	9	6	376	330	5	46
中国化工学会	18	12	1872	1355	9	302
	18	14	7799	7626	9	621
中国核学会	0	0	0	0	0	0
	15	8	1725	1433	6	100
中国石油学会	0	0	0	0	0	0
	30	9	40025	38468	8	220
中国煤炭学会	7	7	2154	2150	0	0
	5	5	543	543	2	0
中国可再生能源学会	5	0	400	0	0	0
	6	2	81	40	0	0

续表 5

学　会	举办各类思想政治教育培训班及活动				举办干部教育培训班（期）	干部教育培训班参训人数（人次）
	次　数（次）	# 举办科学道德与学风建设宣讲活动（次）	各类思想政治教育培训班参训人数及活动受众人数（人次）	# 举办科学道德与学风建设宣讲活动受众人数（人次）		
中国能源研究会	0	0	0	0	0	0
	15	7	775	729	2	300
中国硅酸盐学会	0	0	0	0	0	0
	5	3	54	42	1	25
中国建筑学会	0	0	0	0	1	220
	17	10	723	525	0	0
中国土木工程学会	0	0	0	0	0	0
	5	4	50	5	3	80
中国生物工程学会	0	0	0	0	0	0
	2	2	150	150	0	0
中国纺织工程学会	3	1	215	95	0	0
	25	9	638	400	11	378
中国造纸学会	0	0	0	0	0	0
	7	3	253	250	0	0
中国文物保护技术协会	0	0	0	0	0	0
	—	—	—	—	—	—
中国印刷技术协会	2	2	100	100	0	0
	6	1	136	1	1	60
中国材料研究学会	31	27	2028	1888	1	30
	1	0	20	0	0	0
中国食品科学技术学会	0	0	0	0	0	0
	8	1	285	180	2	60
中国粮油学会	0	0	0	0	0	0
	0	0	0	0	0	0
中国职业安全健康协会	21	12	840	450	0	0
	3	3	20	20	0	0
中国烟草学会	0	0	0	0	0	0
	26	5	1024	500	19	1399
中国仿真学会	0	0	0	0	0	0
	1	0	1	0	0	0
中国电影电视技术学会	0	0	0	0	0	0
	0	0	0	0	0	0
中国振动工程学会	0	0	0	0	0	0
	12	12	1668	1668	0	0
中国颗粒学会	0	0	0	0	0	0
	2	1	0	0	0	0

续表 6

学会	举办各类思想政治教育培训班及活动				举办干部教育培训班（期）	干部教育培训班参训人数（人次）
	次数（次）	# 举办科学道德与学风建设宣讲活动（次）	各类思想政治教育培训班参训人数及活动受众人数（人次）	# 举办科学道德与学风建设宣讲活动受众人数（人次）		
中国照明学会	0	0	0	0	1	8
	10	9	412	411	4	470
中国动力工程学会	0	0	0	0	0	0
	0	0	0	0	0	0
中国惯性技术学会	8	7	151	150	0	0
	0	0	0	0	0	0
中国风景园林学会	0	0	0	0	0	0
	11	5	221	119	2	190
中国电源学会	1	0	18	0	0	0
	1	1	30	30	1	100
中国复合材料学会	1	1	3000	3000	0	0
	6	5	210	204	1	5
中国消防协会	0	0	0	0	0	0
	29	4	121	59	0	0
中国图象图形学学会	0	0	0	0	0	0
	5	1	20	2	0	0
中国人工智能学会	4	4	695	695	0	0
	24	5	344	237	5	79
中国体视学学会	1	0	67	0	0	0
	2	0	37	0	1	26
中国工程机械学会	0	0	0	0	0	0
	—	—	—	—	—	—
中国海洋工程咨询协会	0	0	0	0	0	0
	—	—	—	—	—	—
中国遥感应用协会	17	0	300	0	0	0
	—	—	—	—	—	—
中国指挥与控制学会	0	0	0	0	1	50
	—	—	—	—	—	—
中国光学工程学会	4	1	56	56	0	0
	13	11	161	138	3	13
中国微米纳米技术学会	0	0	0	0	0	0
	—	—	—	—	—	—
中国密码学会	0	0	0	0	0	0
	—	—	—	—	—	—
中国大坝工程学会	13	1	180	60	1	7
	—	—	—	—	—	—
中国卫星导航定位协会	0	0	0	0	0	0
	—	—	—	—	—	—

续表 7

学 会	举办各类思想政治教育培训班及活动				举办干部教育培训班(期)	干部教育培训班参训人数(人次)
	次数(次)	#举办科学道德与学风建设宣讲活动(次)	各类思想政治教育培训班参训人数及活动受众人数(人次)	#举办科学道德与学风建设宣讲活动受众人数(人次)		
中国生物材料学会	4	1	221	220	0	0
	0	0	0	0	0	0
国际粉体检测与控制联合会	0	0	0	0	0	0
	—	—	—	—	—	—
全国农科学会小计	**58**	**28**	**6863**	**5484**	**16**	**1272**
省级农科学会小计	**5570**	**2839**	**1213504**	**1199777**	**151**	**6075**
中国农学会	14	4	967	656	3	470
	51	27	23520	16363	26	1414
中国林学会	0	0	0	0	0	0
	5150	2619	1171047	1170653	10	468
中国土壤学会	0	0	0	0	0	0
	37	24	2494	1986	31	829
中国水产学会	12	2	1426	728	10	686
	54	26	442	332	3	82
中国园艺学会	3	3	350	282	2	100
	42	25	3379	2308	9	41
中国畜牧兽医学会	3	3	452	452	1	16
	13	8	1983	1678	4	28
中国植物病理学会	1	0	91	0	0	0
	11	10	3663	3650	1	10
中国植物保护学会	0	0	0	0	0	0
	3	2	162	122	2	6
中国作物学会	10	9	430	430	0	0
	32	19	756	479	3	3
中国热带作物学会	3	1	700	700	0	0
	5	1	105	25	0	0
中国蚕学会	0	0	0	0	0	0
	0	0	0	0	0	0
中国水土保持学会	0	0	0	0	0	0
	10	9	802	288	3	771
中国茶叶学会	6	3	390	230	0	0
	9	4	298	270	1	10
中国草学会	4	2	208	206	0	0
	26	5	1024	500	19	1399
中国植物营养与肥料学会	2	1	1849	1800	0	0
	3	2	100	70	0	0

续表 8

学会	举办各类思想政治教育培训班及活动				举办干部教育培训班（期）	干部教育培训班参训人数（人次）
	次数（次）	# 举办科学道德与学风建设宣讲活动（次）	各类思想政治教育培训班参训人数及活动受众人数（人次）	# 举办科学道德与学风建设宣讲活动受众人数（人次）		
中国农业历史学会	0	0	0	0	0	0
	0	0	0	0	0	0
全国医科学会小计	**56**	**37**	**32327**	**30911**	**27**	**5180**
省级医科学会小计	**908**	**516**	**1624651**	**1615613**	**307**	**12162**
中华医学会	2	2	150	150	0	0
	0	0	0	0	0	0
中华中医药学会	0	0	0	0	1	50
	—	—	—	—	—	—
中国中西医结合学会	0	0	0	0	0	0
	98	91	39402	39132	7	301
中国药学会	12	9	4903	4128	3	4128
	67	46	7540	6551	22	1446
中华护理学会	2	2	1352	1352	0	0
	—	—	—	—	—	—
中国生理学会	1	1	220	220	0	0
	7	3	263	171	0	0
中国解剖学会	1	0	59	0	0	0
	20	11	1472	1111	4	115
中国生物医学工程学会	6	3	1030	950	0	0
	11	5	620	570	0	0
中国病理生理学会	4	1	266	167	9	800
	1	0	2	0	0	0
中国营养学会	1	1	118	118	2	52
	17	8	1085	772	8	108
中国药理学会	5	1	12233	11994	0	0
	14	9	1630	1565	3	46
中国针灸学会	0	0	0	0	0	0
	18	10	1976	1715	1	3
中国防痨协会	6	2	1300	1200	12	150
	4	3	151	129	1	90
中国麻风防治协会	3	3	55	55	0	0
	32	32	200	200	2	29
中国心理卫生协会	0	0	0	0	0	0
	3	3	6052	6052	0	0

续表 9

学会	举办各类思想政治教育培训班及活动				举办干部教育培训班（期）	干部教育培训班参训人数（人次）
	次数（次）	# 举办科学道德与学风建设宣讲活动（次）	各类思想政治教育培训班参训人数及活动受众人数（人次）	# 举办科学道德与学风建设宣讲活动受众人数（人次）		
中国抗癌协会	1	1	150	150	0	0
	26	17	1504452	1503910	4	77
中国体育科学学会	0	0	0	0	0	0
	39	14	1019	604	25	2342
中国毒理学会	6	6	7424	7420	0	0
	8	8	847	847	1	0
中国康复医学会	0	0	0	0	0	0
	50	7	610	390	3	40
中国免疫学会	1	0	60	0	0	0
	11	6	1018	554	5	124
中华预防医学会	0	0	0	0	0	0
	—	—	—	—	—	—
中国法医学会	0	0	0	0	0	0
	6	2	40	35	0	0
中华口腔医学会	3	3	3000	3000	0	0
	—	—	—	—	—	—
中国医学救援协会	0	0	0	0	0	0
	—	—	—	—	—	—
中国女医师协会	0	0	0	0	0	0
	0	0	0	0	0	0
中国研究型医院学会	0	0	0	0	0	0
	0	0	0	0	2	12
中国睡眠研究会	2	2	7	7	0	0
	1	0	0	0	0	0
中国卒中学会	0	0	0	0	0	0
	20	13	1058	635	16	263
全国交叉学科学会小计	**98**	**66**	**39460**	**39227**	**23**	**1114**
省级其他学科学会小计	**1144**	**409**	**183725**	**106798**	**215**	**13299**
中国自然辩证法研究会	5	5	1300	1300	0	0
	32	18	15422	5422	13	1200
中国管理现代化研究会	0	0	0	0	1	30
	4	2	287	222	2	2
中国技术经济学会	0	0	0	0	0	0
	6	6	30	30	0	0
中国现场统计研究会	0	0	0	0	0	0
	1	1	28	28	0	0

续表 10

学会	举办各类思想政治教育培训班及活动				举办干部教育培训班（期）	干部教育培训班参训人数（人次）
	次数（次）	# 举办科学道德与学风建设宣讲活动（次）	各类思想政治教育培训班参训人数及活动受众人数（人次）	# 举办科学道德与学风建设宣讲活动受众人数（人次）		
中国未来研究会	0	0	0	0	0	0
	11	5	500	220	2	52
中国科学技术史学会	0	0	0	0	0	0
	1	0	200	180	0	0
中国科学技术情报学会	0	0	0	0	0	0
	21	18	1073	1071	14	608
中国图书馆学会	0	0	0	0	0	0
	5	2	562	372	4	215
中国城市科学研究会	2	2	35	35	0	0
	5	3	120	115	3	70
中国科学学与科技政策研究会	0	0	0	0	0	0
	0	0	0	0	0	0
中国农村专业技术协会	0	0	0	0	0	0
	317	7	40445	325	6	1020
中国工业设计协会	0	0	0	0	0	0
	10	10	1500	1500	1	0
中国工艺美术学会	0	0	0	0	0	0
	2	0	260	0	0	0
中国科普作家协会	0	0	0	0	0	0
	15	7	3600	427	4	30
中国自然科学博物馆协会	0	0	0	0	0	0
	1	1	130	130	0	0
中国可持续发展研究会	0	0	0	0	0	0
	6	2	320	210	0	0
中国青少年科技辅导员协会	0	0	0	0	0	0
	1	0	41	0	0	0
中国科教电影电视协会	0	0	0	0	0	0
	42	10	5000	2139	10	0
中国科学技术期刊编辑学会	5	5	515	515	0	0
	12	7	657	653	1	33
中国流行色协会	3	0	40	0	0	0
	—	—	—	—	—	—
中国档案学会	0	0	0	0	0	0
	0	0	0	0	1	170
中国国土经济学会	2	0	42	0	1	40
	—	—	—	—	—	—
中国土地学会	0	0	0	0	0	0
	10	3	171	50	0	0

续表 11

学会	举办各类思想政治教育培训班及活动				举办干部教育培训班（期）	干部教育培训班参训人数（人次）
	次数（次）	# 举办科学道德与学风建设宣讲活动（次）	各类思想政治教育培训班参训人数及活动受众人数（人次）	# 举办科学道德与学风建设宣讲活动受众人数（人次）		
中国科技新闻学会	0	0	0	0	0	0
	5	0	5	0	0	0
中国老科学技术工作者协会	0	0	0	0	5	291
	0	0	0	0	0	0
中国科学探险协会	0	0	0	0	0	0
	0	0	0	0	0	0
中国城市规划学会	7	7	34793	34793	5	600
	3	1	98	26	0	0
中国产学研合作促进会	8	1	36	32	1	32
	12	6	84	42	1	7
中国知识产权研究会	24	10	226	84	4	30
	2	2	200	200	2	60
中国发明协会	21	21	462	462	1	82
	—	—	—	—	—	—
中国工程教育专业认证协会	0	0	0	0	0	0
	—	—	—	—	—	—
中国检验检疫学会	0	0	0	0	0	0
	0	0	0	0	0	0
中国女科技工作者协会	13	1	180	60	1	7
	4	4	145	145	0	0
中国创造学会	0	0	0	0	0	0
	42	0	12150	10000	35	2665
中国经济科技开发国际交流协会	0	0	0	0	0	0
	—	—	—	—	—	—
中国高科技产业化研究会	0	0	0	0	0	0
	—	—	—	—	—	—
中国微量元素科学研究会	0	0	0	0	0	0
	10	6	541	394	1	32
中国国际经济技术合作促进会	0	0	0	0	0	0
	—	—	—	—	—	—
中国基本建设优化研究会	0	0	0	0	0	0
	—	—	—	—	—	—
中国科技馆发展基金会	0	0	0	0	0	0
	—	—	—	—	—	—
中国生物多样性保护与绿色发展基金会	17	11	11	6	5	9
	—	—	—	—	—	—
中国反邪教协会	0	0	0	0	0	0
	6	0	2030	0	2	125

续表 12

学会	举办继续教育培训班				向省部级（含）以上科技奖项、人才计划（工程）举荐的人才数（人次）	向省部级（含）以上科技奖项推荐项目数（项）
	期数（期）	#举办技术创新方法培训班（期）	继续教育培训班参训人数（人次）	#技术创新方法培训班参训人数（人次）		
全国学会合计	**1982**	**545**	**461120**	**88614**	**1011**	**440**
省级同名学会合计	**14133**	**3403**	**2642110**	**1230946**	**5319**	**2420**
全国理科学会小计	**119**	**48**	**14450**	**3690**	**171**	**98**
省级理科学会小计	**536**	**281**	**77135**	**41296**	**855**	**266**
中国数学会	0	0	0	0	15	1
	5	3	911	156	29	6
中国物理学会	11	0	852	0	3	1
	19	14	1293	940	46	12
中国力学学会	2	0	195	0	6	2
	12	4	2152	151	42	7
中国光学学会	0	0	0	0	6	5
	35	14	3280	1130	33	15
中国声学学会	6	6	267	267	3	0
	5	5	818	818	1	0
中国化学会	0	0	0	0	23	6
	126	12	1676	708	88	36
中国天文学会	0	0	0	0	8	0
	20	4	353	40	11	1
中国气象学会	2	2	150	150	5	0
	8	2	1500	0	85	20
中国空间科学学会	0	0	0	0	2	0
	—	—	—	—	—	—
中国地质学会	0	0	0	0	0	11
	24	14	2555	1229	171	62
中国地理学会	5	1	570	200	2	0
	13	1	536	18	31	4
中国地球物理学会	1	0	85	0	2	0
	6	6	420	338	14	11
中国矿物岩石地球化学学会	5	5	360	360	0	0
	2	0	2	0	6	0
中国古生物学会	0	0	0	0	4	0
	0	0	0	0	3	3
中国海洋湖沼学会	5	2	1056	380	1	2
	3	3	146	146	6	5

续表 13

学　会	举办继续教育培训班				向省部级（含）以上科技奖项、人才计划（工程）举荐的人才数（人次）	向省部级（含）以上科技奖项推荐项目数（项）
	期　数（期）	# 举办技术创新方法培训班（期）	继续教育培训班参训人数（人次）	# 技术创新方法培训班参训人数（人次）		
中国海洋学会	1	1	52	12	5	30
	0	0	0	0	9	3
中国地震学会	0	0	0	0	4	0
	2	2	110	110	15	3
中国动物学会	1	0	170	0	7	1
	23	14	3579	1856	15	5
中国植物学会	0	0	0	0	8	0
	11	10	766	640	18	8
中国昆虫学会	1	1	80	80	3	0
	41	35	5571	4885	7	2
中国微生物学会	2	0	150	0	2	0
	83	68	18606	16453	36	5
中国生物化学与分子生物学会	3	0	671	0	10	5
	3	1	150	150	23	7
中国细胞生物学学会	5	5	180	180	10	4
	13	11	1742	1642	34	5
中国植物生理与植物分子生物学学会	1	0	55	0	6	3
	0	0	0	0	1	0
中国生物物理学会	2	2	95	95	1	0
	0	0	0	0	4	0
中国遗传学会	0	0	0	0	3	0
	29	21	3755	1941	15	5
中国心理学会	0	0	0	0	0	0
	48	17	5165	1882	3	5
中国生态学学会	10	8	1185	735	4	0
	4	2	302	150	1	1
中国环境科学学会	0	0	0	0	0	0
	78	8	16675	875	75	21
中国自然资源学会	3	1	220	120	0	0
	1	1	0	0	2	0
中国感光学会	0	0	0	0	3	0
	—	—	—	—	—	—
中国优选法统筹法与经济数学研究会	0	0	0	0	1	0
	0	0	0	0	0	0
中国岩石力学与工程学会	6	5	542	473	3	2
	5	3	176	117	38	17

续表 14

学　会	举办继续教育培训班				向省部级（含）以上科技奖项、人才计划（工程）举荐的人才数（人次）	向省部级（含）以上科技奖项推荐项目数（项）
	期　数（期）	# 举办技术创新方法培训班（期）	继续教育培训班参训人数（人次）	# 技术创新方法培训班参训人数（人次）		
中国野生动物保护协会	0	0	0	0	0	0
	0	0	0	0	0	1
中国系统工程学会	0	0	0	0	2	1
	0	0	0	0	2	1
中国实验动物学会	17	3	1267	250	6	0
	17	9	2364	704	1	0
中国青藏高原研究会	0	0	0	0	0	0
	—	—	—	—	—	—
中国环境诱变剂学会	2	2	118	118	0	0
	1	1	160	160	3	0
中国运筹学会	1	1	40	40	5	19
	2	2	446	446	2	0
中国菌物学会	0	0	0	0	0	0
	2	2	100	100	0	0
中国晶体学会	0	0	0	0	0	0
	—	—	—	—	—	—
中国神经科学学会	24	0	5860	0	4	0
	25	3	3820	860	0	0
中国认知科学学会	2	2	200	200	2	5
	0	0	0	0	0	0
中国微循环学会	0	0	0	0	0	0
	10	3	1850	561	0	0
国际数字地球协会	0	0	0	0	0	0
	—	—	—	—	—	—
国际动物学会	1	1	30	30	2	0
	23	14	3579	1856	15	5
全国工科学会小计	**632**	**215**	**86900**	**20289**	**425**	**237**
省级工科学会小计	**3110**	**1162**	**159074**	**71908**	**2014**	**1102**
中国机械工程学会	44	0	5184	0	7	6
	192	44	11128	3587	92	90
中国汽车工程学会	16	0	1112	0	0	0
	24	10	2571	759	51	12
中国农业机械学会	1	1	70	70	2	0
	18	8	1800	620	19	7

续表 15

学会	举办继续教育培训班				向省部级（含）以上科技奖项、人才计划（工程）举荐的人才数（人次）	向省部级（含）以上科技奖项推荐项目数（项）
	期数（期）	#举办技术创新方法培训班（期）	继续教育培训班参训人数（人次）	#技术创新方法培训班参训人数（人次）		
中国农业工程学会	0	0	0	0	0	0
	0	0	0	0	4	2
中国电机工程学会	1	1	85	85	12	7
	19	12	1590	1200	151	56
中国电工技术学会	21	13	1969	1288	5	9
	2	1	68	68	13	5
中国水力发电工程学会	16	0	1244	0	0	0
	10	2	1601	893	22	3
中国水利学会	12	4	771	400	14	1
	30	5	9974	771	35	15
中国内燃机学会	0	0	0	0	0	0
	5	1	99	1	21	2
中国工程热物理学会	0	0	0	0	1	1
	0	0	0	0	1	0
中国空气动力学会	0	0	0	0	4	0
	—	—	—	—	—	—
中国制冷学会	4	0	140	0	5	0
	46	8	1199	223	14	4
中国真空学会	3	3	110	110	0	0
	5	3	206	100	12	2
中国自动化学会	18	2	1870	100	34	15
	117	6	1151	405	56	25
中国仪器仪表学会	77	27	5043	1372	22	15
	7	2	318	80	13	4
中国计量测试学会	0	0	0	0	1	0
	55	28	3453	1040	4	4
中国标准化协会	23	14	2000	980	0	0
	29	3	2906	26	2	0
中国图学学会	0	0	0	0	2	0
	13	13	1398	1386	17	10
中国电子学会	118	82	11835	9320	21	26
	37	24	2703	1250	76	30
中国计算机学会	12	0	1164	0	0	0
	32	25	6937	4906	23	9
中国通信学会	0	0	0	0	12	2
	21	12	2322	1000	63	37

续表 16

学　会	举办继续教育培训班				向省部级（含）以上科技奖项、人才计划（工程）举荐的人才数（人次）	向省部级（含）以上科技奖项推荐项目数（项）
	期　数（期）	#举办技术创新方法培训班（期）	继续教育培训班参训人数（人次）	#技术创新方法培训班参训人数（人次）		
中国中文信息学会	6	0	3000	0	0	0
	0	0	0	0	0	0
中国测绘学会	—	—	—	—	—	—
	81	63	13066	9500	28	64
中国造船工程学会	5	4	55	40	7	5
	18	1	1386	41	12	4
中国航海学会	3	3	172	172	9	73
	23	1	2053	512	31	2
中国铁道学会	0	0	0	0	5	0
	4	1	280	45	43	11
中国公路学会	15	3	4500	900	13	27
	58	44	8961	5874	131	116
中国航空学会	0	0	0	0	18	2
	84	81	3300	3256	30	15
中国宇航学会	1	0	5	0	11	1
	1	0	50	0	19	1
中国兵工学会	14	3	1465	177	11	0
	0	0	0	0	15	9
中国金属学会	15	0	586	0	15	0
	1328	300	6360	1000	65	69
中国有色金属学会	45	0	3060	0	9	0
	22	8	2068	500	2	2
中国稀土学会	0	0	0	0	0	0
	1	1	80	80	1	0
中国腐蚀与防护学会	10	0	260	0	15	0
	3	3	164	92	2	1
中国化工学会	18	11	1733	998	16	10
	43	10	4191	937	106	19
中国核学会	0	0	0	0	6	2
	77	53	7380	5140	17	51
中国石油学会	18	1	2015	210	1	0
	76	39	7260	3600	120	23
中国煤炭学会	7	1	770	90	12	0
	28	4	695	385	11	6
中国可再生能源学会	7	4	735	735	0	0
	0	0	0	0	4	0

续表 17

学　会	举办继续教育培训班				向省部级（含）以上科技奖项、人才计划（工程）举荐的人才数（人次）	向省部级（含）以上科技奖项推荐项目数（项）
	期　数（期）	# 举办技术创新方法培训班（期）	继续教育培训班参训人数（人次）	# 技术创新方法培训班参训人数（人次）		
中国能源研究会	0	0	0	0	1	0
	2	2	150	150	8	2
中国硅酸盐学会	0	0	0	0	16	3
	3	0	146	0	16	3
中国建筑学会	8	1	450	70	0	0
	46	30	6417	2983	54	85
中国土木工程学会	0	0	0	0	0	0
	0	0	0	0	4	3
中国生物工程学会	0	0	0	0	0	0
	2	2	160	160	5	0
中国纺织工程学会	4	0	281	0	3	0
	28	15	1362	879	31	10
中国造纸学会	0	0	0	0	0	0
	13	12	696	674	7	3
中国文物保护技术协会	0	0	0	0	1	0
	—	—	—	—	—	—
中国印刷技术协会	1	0	400	0	2	1
	3	2	100	20	5	1
中国材料研究学会	2	1	357	30	19	9
	1	1	50	50	84	9
中国食品科学技术学会	3	1	280	2	2	0
	1	0	150	0	6	5
中国粮油学会	0	0	0	0	10	0
	2	2	60	60	0	0
中国职业安全健康协会	0	0	0	0	0	0
	6	3	939	330	0	22
中国烟草学会	1	0	27	0	2	0
	8	2	710	300	22	9
中国仿真学会	0	0	0	0	0	0
	0	0	0	0	0	0
中国电影电视技术学会	2	0	210	0	0	0
	1	1	120	120	0	0
中国振动工程学会	6	6	622	622	0	0
	0	0	0	0	12	2
中国颗粒学会	0	0	0	0	2	0
	3	3	143	23	5	5

续表 18

学　会	举办继续教育培训班				向省部级（含）以上科技奖项、人才计划（工程）举荐的人才数（人次）	向省部级（含）以上科技奖项推荐项目数（项）
	期　数（期）	#举办技术创新方法培训班（期）	继续教育培训班参训人数（人次）	#技术创新方法培训班参训人数（人次）		
中国照明学会	4	1	2038	306	1	3
	7	5	830	480	7	12
中国动力二程学会	0	0	0	0	0	0
	0	0	0	0	0	0
中国惯性技术学会	7	2	26650	10	23	2
	2	2	35	35	0	0
中国风景园林学会	1	1	38	38	0	0
	3	0	1760	0	1	3
中国电源学会	6	5	358	270	3	0
	4	3	525	320	4	3
中国复合材料学会	4	0	170	0	3	2
	2	2	0	0	5	4
中国消防协会	0	0	0	0	0	0
	2	0	100	0	7	5
中国图象图形学学会	6	0	710	0	2	0
	0	0	0	0	1	0
中国人工智能学会	4	2	722	270	3	1
	16	16	618	618	13	15
中国体视学学会	24	4	900	370	0	0
	0	0	0	0	0	0
中国工程机械学会	0	0	0	0	0	0
	—	—	—	—	—	—
中国海洋工程咨询协会	0	0	0	0	2	3
	—	—	—	—	—	—
中国遥感应用协会	0	0	0	0	6	2
	—	—	—	—	—	—
中国指挥与控制学会	4	4	210	210	0	0
	—	—	—	—	—	—
中国光学工程学会	4	4	427	427	3	2
	12	9	131	97	0	0
中国微米纳米技术学会	4	4	286	286	0	0
	—	—	—	—	—	—
中国密码学会	2	0	330	0	4	1
	—	—	—	—	—	—
中国大坝工程学会	0	0	0	0	3	3
	—	—	—	—	—	—
中国卫星导航定位协会	0	0	0	0	5	0
	—	—	—	—	—	—

续表 19

学　会	举办继续教育培训班				向省部级（含）以上科技奖项、人才计划（工程）举荐的人才数（人次）	向省部级（含）以上科技奖项推荐项目数（项）
	期　数（期）	# 举办技术创新方法培训班（期）	继续教育培训班参训人数（人次）	# 技术创新方法培训班参训人数（人次）		
中国生物材料学会	0	0	0	0	13	1
	0	0	0	0	0	0
国际粉体检测与控制联合会	0	0	0	0	0	0
	—	—	—	—	—	—
全国农科学会小计	**145**	**101**	**16037**	**9154**	**273**	**46**
省级农科学会小计	**950**	**206**	**36408**	**15474**	**584**	**273**
中国农学会	22	13	3337	2715	119	6
	28	14	2584	1934	84	46
中国林学会	60	60	3000	3000	6	2
	42	9	6564	580	155	91
中国土壤学会	2	0	320	0	7	0
	34	20	2781	1782	22	10
中国水产学会	0	0	0	0	0	0
	30	17	1811	1106	70	28
中国园艺学会	19	8	2853	1329	27	8
	23	19	1254	937	46	19
中国畜牧兽医学会	4	2	521	484	6	2
	30	8	3198	513	15	18
中国植物病理学会	0	0	0	0	0	0
	5	3	911	156	29	6
中国植物保护学会	0	0	0	0	6	2
	22	16	1006	640	6	2
中国作物学会	18	16	1451	1146	95	24
	26	5	2317	546	34	14
中国热带作物学会	0	0	0	0	0	0
	0	0	0	0	5	8
中国蚕学会	0	0	0	0	0	0
	9	9	0	0	0	0
中国水土保持学会	7	2	3100	480	5	2
	561	3	3556	891	15	12
中国茶叶学会	8	0	655	0	0	0
	5	1	1435	35	7	2
中国草学会	5	0	800	0	0	0
	8	2	710	300	22	9
中国植物营养与肥料学会	0	0	0	0	2	0
	1	1	60	60	1	0

续表 20

学会	举办继续教育培训班				向省部级（含）以上科技奖项、人才计划（工程）举荐的人才数（人次）	向省部级（含）以上科技奖项推荐项目数（项）
	期数（期）	#举办技术创新方法培训班（期）	继续教育培训班参训人数（人次）	#技术创新方法培训班参训人数（人次）		
中国农业历史学会	0	0	0	0	0	0
	0	0	0	0	0	0
全国医科学会小计	**810**	**126**	**272304**	**49873**	**101**	**35**
省级医科学会小计	**8939**	**1466**	**2266739**	**1067853**	**1278**	**558**
中华医学会	56	6	18169	1082	15	4
	0	0	0	0	2	1
中华中医药学会	24	1	3900	580	14	4
	—	—	—	—	—	—
中国中西医结合学会	41	0	12500	0	6	6
	536	84	86268	12480	65	33
中国药学会	58	27	63637	32374	8	1
	1013	171	186025	23473	282	143
中华护理学会	30	9	5500	1463	0	0
	—	—	—	—	—	—
中国生理学会	0	0	0	0	6	0
	6	0	1070	133	11	3
中国解剖学会	6	0	520	0	0	0
	7	5	432	230	10	3
中国生物医学工程学会	21	8	5997	500	16	5
	47	10	9153	1228	6	1
中国病理生理学会	9	3	2898	2000	7	7
	2	0	400	0	2	0
中国营养学会	13	1	4820	70	1	0
	38	19	4376	2231	21	7
中国药理学会	8	1	1540	100	2	0
	54	19	8003	1970	46	10
中国针灸学会	6	0	444	0	3	2
	113	39	13845	3404	21	12
中国防痨协会	12	2	3000	700	0	6
	69	12	11214	1431	2	4
中国麻风防治协会	1	0	898	0	1	0
	11	3	1045	118	0	0
中国心理卫生协会	0	0	0	0	0	0
	85	18	9531	1373	1	0

续表 21

学　会	举办继续教育培训班				向省部级（含）以上科技奖项、人才计划（工程）举荐的人才数（人次）	向省部级（含）以上科技奖项推荐项目数（项）
	期　数（期）	# 举办技术创新方法培训班（期）	继续教育培训班参训人数（人次）	# 技术创新方法培训班参训人数（人次）		
中国抗癌协会	79	0	35084	0	7	0
	378	147	95301	41158	71	19
中国体育科学学会	36	4	5579	310	1	0
	34	13	2656	1870	20	4
中国毒理学会	6	2	568	300	0	0
	6	5	615	452	5	2
中国康复医学会	38	30	9287	3442	0	0
	108	70	13580	8111	34	11
中国免疫学会	2	0	300	0	0	0
	25	12	2553	602	20	6
中华预防医学会	74	0	38945	0	9	0
	—	—	—	—	—	—
中国法医学会	0	0	0	0	0	0
	17	10	1520	1170	4	3
中华口腔医学会	275	32	58509	6952	0	0
	—	—	—	—	—	—
中国医学救援协会	5	0	199	0	0	0
	—	—	—	—	—	—
中国女医师协会	0	0	0	0	0	0
	0	0	0	0	0	0
中国研究型医院学会	0	0	0	0	5	0
	1	1	500	500	3	0
中国睡眠研究会	10	0	10	0	0	0
	3	1	1000	500	0	0
中国卒中学会	0	0	0	0	0	0
	120	64	10972	4764	5	2
全国交叉学科学会小计	**276**	**55**	**71429**	**5608**	**41**	**24**
省级其他学科学会小计	**598**	**288**	**102754**	**34415**	**588**	**221**
中国自然辩证法研究会	0	0	0	0	0	0
	8	4	360	120	2	1
中国管理现代化研究会	0	0	0	0	0	0
	3	3	32	32	0	0
中国技术经济学会	0	0	0	0	1	0
	0	0	0	0	0	0
中国现场统计研究会	0	0	0	0	0	0
	0	0	0	0	0	0

续表 22

学会	举办继续教育培训班 期数（期）	#举办技术创新方法培训班（期）	继续教育培训班参训人数（人次）	#技术创新方法培训班参训人数（人次）	向省部级（含）以上科技奖项、人才计划（工程）举荐的人才数（人次）	向省部级（含）以上科技奖项推荐项目数（项）
中国未来研究会	4	0	963	0	1	0
	0	0	0	0	2	2
中国科学技术史学会	0	0	0	0	0	0
	0	0	0	0	0	0
中国科学技术情报学会	3	0	285	0	2	0
	6	5	340	220	29	5
中国图书馆学会	16	0	2585	0	0	0
	26	1	3319	130	1	1
中国城市科学研究会	0	0	0	0	2	0
	1	1	20	20	3	0
中国科学学与科技政策研究会	6	3	598	598	5	4
	0	0	0	0	0	0
中国农村专业技术协会	0	0	0	0	0	1
	9	6	3033	1684	25	9
中国工业设计协会	0	0	0	0	0	0
	1	0	58	0	2	0
中国工艺美术学会	0	0	0	0	0	0
	2	2	123	123	71	7
中国科普作家协会	15	0	1500	0	2	5
	4	3	122	80	2	5
中国自然科学博物馆协会	3	2	434	184	0	0
	2	0	600	0	3	1
中国可持续发展研究会	0	0	0	0	0	0
	1	1	0	0	2	0
中国青少年科技辅导员协会	75	0	53293	0	0	0
	15	6	1432	500	8	8
中国科教电影电视协会	0	0	0	0	0	0
	0	0	3600	2000	12	8
中国科学技术期刊编辑学会	3	0	455	0	0	0
	11	4	1530	815	7	3
中国流行色协会	109	33	1469	114	1	3
	—	—	—	—	—	—
中国档案学会	0	0	0	0	0	0
	7	0	1482	0	0	6
中国国土经济学会	0	0	0	0	0	0
	—	—	—	—	—	—
中国土地学会	4	0	2308	0	0	1
	25	8	9601	2100	87	8

续表 23

学　会	举办继续教育培训班				向省部级（含）以上科技奖项、人才计划（工程）举荐的人才数（人次）	向省部级（含）以上科技奖项推荐项目数（项）
	期　数（期）	# 举办技术创新方法培训班（期）	继续教育培训班参训人数（人次）	# 技术创新方法培训班参训人数（人次）		
中国科技新闻学会	3	0	420	0	0	0
	0	0	0	0	0	0
中国老科学技术工作者协会	0	0	0	0	0	0
	0	0	0	0	17	17
中国科学探险协会	0	0	0	0	0	0
	0	0	0	0	0	0
中国城市规划学会	4	4	2638	2638	7	0
	10	5	1665	565	3	1
中国产学研合作促进会	0	0	0	0	9	4
	1	1	105	105	4	0
中国知识产权研究会	0	0	0	0	0	1
	33	5	20823	506	1	0
中国发明协会	1	1	72	72	6	5
	—	—	—	—	—	—
中国工程教育专业认证协会	21	10	4200	2000	0	0
	—	—	—	—	—	—
中国检验检疫学会	0	0	0	0	0	0
	0	0	0	0	0	0
中国女科技工作者协会	0	0	0	0	3	3
	0	0	0	0	7	3
中国创造学会	0	0	0	0	1	0
	3	3	75	75	0	0
中国经济科技开发国际交流协会	0	0	0	0	0	0
	—	—	—	—	—	—
中国高科技产业化研究会	0	0	0	0	4	0
	—	—	—	—	—	—
中国微量元素科学研究会	0	0	0	0	0	0
	3	3	485	485	3	1
中国国际经济技术合作促进会	0	0	0	0	0	0
	—	—	—	—	—	—
中国基本建设优化研究会	2	1	200	0	0	0
	—	—	—	—	—	—
中国科技馆发展基金会	0	0	0	0	0	0
	—	—	—	—	—	—
中国生物多样性保护与绿色发展基金会	7	1	9	2	0	0
	—	—	—	—	—	—
中国反邪教协会	0	0	0	0	0	0
	0	0	0	0	0	0

续表 24

学　会	设立科技奖项			表彰奖励科技工作者		
	个　数（个）	# 人物类奖项数（个）	# 成果类奖项数（个）	人　数（人次）	# 表彰奖励女性科技工作者（人次）	# 表彰奖励45岁及以下科技工作者（人次）
全国学会合计	**376**	**216**	**146**	**26920**	**6188**	**12996**
省级同名学会合计	**1117**	**502**	**522**	**57930**	**17075**	**32799**
全国理科学会小计	**80**	**58**	**19**	**1556**	**256**	**636**
省级理科学会小计	**219**	**111**	**93**	**4991**	**1538**	**3983**
中国数学会	3	3	0	8	1	4
	3	0	1	2	0	2
中国物理学会	7	7	0	13	2	6
	15	7	8	820	236	784
中国力学学会	10	6	4	103	12	97
	9	6	2	94	29	60
中国光学学会	3	2	1	42	7	42
	4	2	2	129	58	93
中国声学学会	2	2	0	2	0	0
	4	4	0	6	2	6
中国化学会	1	1	0	10	4	10
	15	8	4	131	41	78
中国天文学会	3	3	0	3	0	2
	3	1	1	6	0	0
中国气象学会	4	2	2	0	0	0
	30	9	19	570	225	299
中国空间科学学会	1	1	0	2	0	0
	—	—	—	—	—	—
中国地质学会	3	2	1	350	66	197
	44	27	17	612	103	534
中国地理学会	3	3	0	139	18	11
	4	2	2	75	25	67
中国地球物理学会	2	1	1	128	14	78
	1	0	1	40	10	37
中国矿物岩石地球化学学会	0	0	0	0	0	0
	2	0	2	0	0	0
中国古生物学会	2	1	1	8	1	0
	0	0	0	0	0	0
中国海洋湖沼学会	2	2	0	2	1	2
	6	2	3	109	35	24

续表 25

学　会	设立科技奖项			表彰奖励科技工作者		
	个　数（个）	# 人物类奖项数（个）	# 成果类奖项数（个）	人　数（人次）	# 表彰奖励女性科技工作者（人次）	# 表彰奖励45岁及以下科技工作者（人次）
中国海洋学会	1	0	1	411	0	0
	0	0	0	0	0	0
中国地震学会	2	1	1	25	12	12
	1	0	1	55	10	50
中国动物学会	2	2	0	32	18	14
	4	2	2	168	39	103
中国植物学会	2	2	0	3	0	2
	3	1	1	13	2	7
中国昆虫学会	1	1	0	10	3	10
	2	1	1	35	8	23
中国微生物学会	0	0	0	0	0	0
	5	2	2	54	21	50
中国生物化学与分子生物学会	5	0	5	60	31	60
	6	3	2	68	32	68
中国细胞生物学学会	1	1	0	8	1	5
	20	15	5	88	36	34
中国植物生理与植物分子生物学学会	2	2	0	5	2	5
	0	0	0	0	0	0
中国生物物理学会	3	2	1	14	3	10
	1	1	0	2	1	2
中国遗传学会	0	0	0	0	0	0
	2	1	1	75	41	59
中国心理学会	2	2	0	17	4	0
	6	4	2	128	89	98
中国生态学学会	0	0	0	0	0	0
	0	0	0	0	0	0
中国环境科学学会	0	0	0	0	0	0
	13	5	8	466	116	315
中国自然资源学会	0	0	0	0	0	0
	2	1	1	21	10	11
中国感光学会	3	3	0	13	2	5
	—	—	—	—	—	—
中国优选法统筹法与经济数学研究会	2	0	0	113	48	54
	0	0	0	0	0	0
中国岩石力学与工程学会	1	0	1	0	0	0
	5	4	1	162	20	118

续表 26

学会	设立科技奖项			表彰奖励科技工作者		
	个数（个）	# 人物类奖项数（个）	# 成果类奖项数（个）	人数（人次）	# 表彰奖励女性科技工作者（人次）	# 表彰奖励45岁及以下科技工作者（人次）
中国野生动物保护协会	0	0	0	0	0	0
	1	1	0	19	3	4
中国系统工程学会	0	0	0	0	0	0
	2	0	1	15	3	10
中国实验动物学会	1	1	0	0	0	0
	1	1	0	27	13	19
中国青藏高原研究会	1	1	0	10	2	10
	—	—	—	—	—	—
中国环境诱变剂学会	0	0	0	0	0	0
	0	0	0	0	0	0
中国运筹学会	1	1	0	0	0	0
	0	0	0	0	0	0
中国菌物学会	0	0	0	0	0	0
	0	0	0	0	0	0
中国晶体学会	0	0	0	0	0	0
	—	—	—	—	—	—
中国神经科学学会	0	0	0	0	0	0
	5	3	1	28	18	28
中国认知科学学会	1	0	0	0	0	0
	0	0	0	0	0	0
中国微循环学会	3	3	0	25	4	0
	0	0	0	0	0	0
国际数字地球协会	0	0	0	0	0	0
	—	—	—	—	—	—
国际动物学会	0	0	0	0	0	0
	4	2	2	168	39	103
全国工科学会小计	**189**	**96**	**84**	**17763**	**3563**	**9011**
省级工科学会小计	**451**	**199**	**229**	**32742**	**7135**	**19211**
中国机械工程学会	3	1	2	381	60	105
	29	15	10	283	93	126
中国汽车工程学会	1	0	1	5	2	3
	8	4	4	521	146	434
中国农业机械学会	1	0	1	0	0	0
	4	0	4	310	53	213

续表 27

学　会	设立科技奖项			表彰奖励科技工作者		
	个　数（个）	# 人物类奖项数（个）	# 成果类奖项数（个）	人　数（人次）	# 表彰奖励女性科技工作者（人次）	# 表彰奖励45岁及以下科技工作者（人次）
中国农业工程学会	0	0	0	0	0	0
	0	0	0	0	0	0
中国电机工程学会	5	2	3	111	5	71
	20	10	9	502	71	287
中国电工技术学会	2	1	1	261	29	174
	1	0	1	8	2	8
中国水力发电工程学会	3	2	1	407	34	197
	8	3	3	193	23	108
中国水利学会	2	1	1	34	15	34
	17	2	15	1858	392	1097
中国内燃机学会	3	2	1	43	2	36
	1	1	0	1	0	1
中国工程热物理学会	3	2	1	46	3	44
	3	1	2	30	9	29
中国空气动力学会	3	2	1	12	0	2
	—	—	—	—	—	—
中国制冷学会	4	2	2	113	11	85
	5	3	1	39	17	29
中国真空学会	0	0	0	0	0	0
	6	3	2	25	6	23
中国自动化学会	14	6	5	457	89	264
	7	1	4	50	16	40
中国仪器仪表学会	10	4	6	247	53	142
	4	2	2	47	6	14
中国计量测试学会	1	0	1	160	40	74
	1	0	1	152	42	24
中国标准化协会	0	0	0	0	0	0
	3	1	2	115	58	55
中国图学学会	4	2	2	36	8	20
	1	1	0	7	2	3
中国电子学会	3	2	1	1216	173	198
	11	6	5	1256	314	760
中国计算机学会	12	11	1	30	5	16
	11	2	9	341	87	270
中国通信学会	1	0	1	287	53	216
	10	3	6	1100	363	648

续表 28

学　会	设立科技奖项			表彰奖励科技工作者		
	个　数（个）	# 人物类奖项数（个）	# 成果类奖项数（个）	人　数（人次）	# 表彰奖励女性科技工作者（人次）	# 表彰奖励 45 岁及以下科技工作者（人次）
中国中文信息学会	2	1	1	7	1	7
	0	0	0	0	0	0
中国测绘学会	—	—	—	—	—	—
	22	6	16	1400	345	881
中国造船工程学会	0	0	0	0	0	0
	7	2	5	140	25	105
中国航海学会	11	7	2	88	10	0
	9	6	2	165	21	65
中国铁道学会	1	0	1	2421	281	1404
	2	2	0	71	9	22
中国公路学会	1	0	1	110	10	46
	34	19	14	1646	246	927
中国航空学会	3	2	1	54	1	10
	7	4	3	224	89	151
中国宇航学会	1	1	0	4	0	2
	3	1	2	234	61	137
中国兵工学会	1	1	0	12	0	12
	0	0	0	0	0	0
中国金属学会	3	1	2	15	1	15
	11	5	4	1619	260	1018
中国有色金属学会	1	0	1	0	0	0
	1	0	0	70	25	40
中国稀土学会	1	0	1	10	2	3
	0	0	0	0	0	0
中国腐蚀与防护学会	7	4	0	227	46	64
	2	1	0	10	3	10
中国化工学会	2	1	1	282	47	152
	18	14	4	2787	1118	1063
中国核学会	4	3	1	10	4	5
	5	4	1	22	8	15
中国石油学会	0	0	0	0	0	0
	7	5	2	495	133	365
中国煤炭学会	6	5	1	3546	654	2459
	6	1	4	213	26	125
中国可再生能源学会	1	0	1	29	2	26
	2	1	0	3	1	3

续表 29

学 会	设立科技奖项			表彰奖励科技工作者		
	个 数(个)	# 人物类奖项数(个)	# 成果类奖项数(个)	人 数(人次)	# 表彰奖励女性科技工作者(人次)	# 表彰奖励45岁及以下科技工作者(人次)
中国能源研究会	2	1	1	32	4	32
	5	2	2	105	7	70
中国硅酸盐学会	0	0	0	0	0	0
	5	3	2	21	11	11
中国建筑学会	2	2	0	31	4	29
	27	11	16	6108	900	3086
中国土木工程学会	0	0	0	0	0	0
	3	1	2	348	92	153
中国生物工程学会	1	1	0	7	2	7
	2	1	1	6	2	5
中国纺织工程学会	4	1	3	109	30	68
	4	1	3	460	165	395
中国造纸学会	0	0	0	0	0	0
	2	0	1	88	13	50
中国文物保护技术协会	0	0	0	0	0	0
	—	—	—	—	—	—
中国印刷技术协会	1	1	0	20	3	5
	0	0	0	0	0	0
中国材料研究学会	3	2	1	83	25	68
	0	0	0	0	0	0
中国食品科学技术学会	3	1	1	27	4	19
	10	3	7	72	32	45
中国粮油学会	1	0	1	0	0	0
	2	2	0	221	30	133
中国职业安全健康协会	1	0	1	947	274	198
	0	0	0	0	0	0
中国烟草学会	1	1	0	0	0	0
	10	2	8	721	116	454
中国仿真学会	1	0	1	63	6	0
	0	0	0	0	0	0
中国电影电视技术学会	6	1	5	3670	1261	1700
	0	0	0	0	0	0
中国振动工程学会	2	1	1	80	6	52
	1	1	0	30	6	20
中国颗粒学会	1	1	0	0	0	0
	2	1	1	6	3	5

续表 30

学会	设立科技奖项			表彰奖励科技工作者		
	个数（个）	# 人物类奖项数（个）	# 成果类奖项数（个）	人数（人次）	# 表彰奖励女性科技工作者（人次）	# 表彰奖励 45 岁及以下科技工作者（人次）
中国照明学会	0	0	0	0	0	0
	6	5	1	158	53	60
中国动力工程学会	1	1	0	7	2	7
	0	0	0	0	0	0
中国惯性技术学会	1	0	1	0	0	0
	0	0	0	0	0	0
中国风景园林学会	1	1	0	30	6	8
	3	2	1	357	4	98
中国电源学会	5	2	3	5	1	4
	0	0	0	0	0	0
中国复合材料学会	4	3	1	12	2	10
	2	1	1	40	5	29
中国消防协会	3	0	3	201	16	111
	5	1	3	42	3	27
中国图象图形学学会	0	0	0	0	0	0
	0	0	0	0	0	0
中国人工智能学会	3	2	1	217	23	149
	0	0	0	0	0	0
中国体视学学会	1	0	1	22	3	17
	0	0	0	0	0	0
中国工程机械学会	0	0	0	0	0	0
	—	—	—	—	—	—
中国海洋工程咨询协会	0	0	0	0	0	0
	—	—	—	—	—	—
中国遥感应用协会	1	0	1	0	0	0
	—	—	—	—	—	—
中国指挥与控制学会	6	4	2	32	0	2
	—	—	—	—	—	—
中国光学工程学会	2	0	2	146	27	138
	0	0	0	0	0	0
中国微米纳米技术学会	0	0	0	0	0	0
	—	—	—	—	—	—
中国密码学会	0	0	0	0	0	0
	—	—	—	—	—	—
中国大坝工程学会	5	1	4	566	63	306
	—	—	—	—	—	—
中国卫星导航定位协会	2	1	1	726	150	150
	—	—	—	—	—	—

续表 31

学 会	设立科技奖项			表彰奖励科技工作者		
	个 数（个）	# 人物类奖项数（个）	# 成果类奖项数（个）	人 数（人次）	# 表彰奖励女性科技工作者（人次）	# 表彰奖励45岁及以下科技工作者（人次）
中国生物材料学会	1	0	1	41	7	17
	0	0	0	0	0	0
国际粉体检测与控制联合会	0	0	0	0	0	0
	—	—	—	—	—	—
全国农科学会小计	**31**	**17**	**13**	**3779**	**930**	**1781**
省级农科学会小计	**81**	**34**	**39**	**5186**	**1635**	**2171**
中国农学会	2	1	1	2197	550	1057
	5	2	2	159	25	111
中国林学会	4	2	1	948	238	436
	10	2	8	3237	948	1326
中国土壤学会	3	1	2	40	7	19
	4	2	2	10	3	10
中国水产学会	1	0	1	0	0	0
	3	3	0	14	2	7
中国园艺学会	2	0	2	14	5	10
	6	4	2	118	10	13
中国畜牧兽医学会	0	0	0	0	0	0
	14	8	6	911	356	305
中国植物病理学会	0	0	0	0	0	0
	3	0	1	2	0	2
中国植物保护学会	1	0	1	0	0	0
	0	0	0	0	0	0
中国作物学会	3	3	0	11	2	10
	6	2	4	25	4	25
中国热带作物学会	3	2	1	71	24	20
	3	1	2	23	3	23
中国蚕学会	0	0	0	0	0	0
	0	0	0	0	0	0
中国水土保持学会	4	2	2	290	59	199
	6	3	3	239	82	187
中国茶叶学会	2	1	1	18	3	13
	3	0	2	42	15	39
中国草学会	4	4	0	179	36	6
	10	2	8	721	116	454
中国植物营养与肥料学会	2	1	1	11	6	11
	0	0	0	0	0	0

续表 32

学　会	设立科技奖项			表彰奖励科技工作者		
	个　数（个）	# 人物类奖项数（个）	# 成果类奖项数（个）	人　数（人次）	# 表彰奖励女性科技工作者（人次）	# 表彰奖励45 岁及以下科技工作者（人次）
中国农业历史学会	0	0	0	0	0	0
	0	0	0	0	0	0
全国医科学会小计	**40**	**20**	**20**	**2959**	**1245**	**1182**
省级医科学会小计	**229**	**94**	**106**	**11017**	**5369**	**5343**
中华医学会	6	2	4	800	305	208
	0	0	0	0	0	0
中华中医药学会	2	1	1	746	249	261
	—	—	—	—	—	—
中国中西医结合学会	1	0	1	0	0	0
	4	2	2	156	70	23
中国药学会	6	5	1	114	49	42
	54	30	19	2658	1305	1427
中华护理学会	2	1	1	105	101	28
	—	—	—	—	—	—
中国生理学会	0	0	0	0	0	0
	4	1	2	26	14	26
中国解剖学会	0	0	0	0	0	0
	3	1	2	10	5	10
中国生物医学工程学会	1	0	1	0	0	0
	4	0	1	23	9	20
中国病理生理学会	2	1	1	27	18	27
	1	0	1	16	10	16
中国营养学会	1	0	1	83	53	41
	7	3	1	71	48	38
中国药理学会	0	0	0	0	0	0
	6	1	4	316	164	290
中国针灸学会	1	0	1	222	92	80
	3	1	2	107	43	60
中国防痨协会	1	0	1	0	0	0
	1	0	0	0	0	0
中国麻风防治协会	0	0	0	0	0	0
	1	0	0	23	14	23
中国心理卫生协会	0	0	0	0	0	0
	0	0	0	0	0	0

续表 33

学会	设立科技奖项			表彰奖励科技工作者		
	个数(个)	# 人物类奖项数(个)	# 成果类奖项数(个)	人数(人次)	# 表彰奖励女性科技工作者(人次)	# 表彰奖励45岁及以下科技工作者(人次)
中国抗癌协会	1	0	1	115	34	65
	3	0	3	115	38	76
中国体育科学学会	1	0	1	0	0	0
	1	0	1	0	0	0
中国毒理学会	4	4	0	5	2	0
	1	1	0	2	1	1
中国康复医学会	1	0	1	258	122	173
	9	5	4	259	122	140
中国免疫学会	1	1	0	13	3	10
	1	1	0	1	0	1
中华预防医学会	1	0	1	281	113	98
	—	—	—	—	—	—
中国法医学会	0	0	0	0	0	0
	0	0	0	10	4	10
中华口腔医学会	1	0	1	175	99	149
	—	—	—	—	—	—
中国医学救援协会	0	0	0	0	0	0
	—	—	—	—	—	—
中国女医师协会	0	0	0	0	0	0
	0	0	0	0	0	0
中国研究型医院学会	2	1	1	0	0	0
	0	0	0	0	0	0
中国睡眠研究会	0	0	0	0	0	0
	0	0	0	0	0	0
中国卒中学会	5	4	1	15	5	0
	0	0	0	0	0	0
全国交叉学科学会小计	**36**	**25**	**10**	**863**	**194**	**386**
省级其他学科学会小计	**137**	**64**	**55**	**3994**	**1398**	**2091**
中国自然辩证法研究会	0	0	0	0	0	0
	1	0	1	3	1	3
中国管理现代化研究会	1	1	0	3	0	3
	0	0	0	0	0	0
中国技术经济学会	3	0	3	16	5	10
	0	0	0	0	0	0
中国现场统计研究会	0	0	0	0	0	0
	0	0	0	0	0	0

续表 34

学会	设立科技奖项			表彰奖励科技工作者		
	个数（个）	# 人物类奖项数（个）	# 成果类奖项数（个）	人数（人次）	# 表彰奖励女性科技工作者（人次）	# 表彰奖励45岁及以下科技工作者（人次）
中国未来研究会	0	0	0	0	0	0
	0	0	0	0	0	0
中国科学技术史学会	0	0	0	0	0	0
	0	0	0	0	0	0
中国科学技术情报学会	4	3	1	14	6	8
	5	2	2	104	35	56
中国图书馆学会	0	0	0	0	0	0
	9	4	5	313	231	179
中国城市科学研究会	1	0	0	0	0	0
	1	1	0	42	19	11
中国科学学与科技政策研究会	3	3	0	5	2	1
	0	0	0	0	0	0
中国农村专业技术协会	0	0	0	0	0	0
	1	0	1	34	17	34
中国工业设计协会	0	0	0	0	0	0
	0	0	0	0	0	0
中国工艺美术学会	0	0	0	0	0	0
	6	4	1	15	2	4
中国科普作家协会	1	0	1	0	0	0
	4	4	0	51	17	28
中国自然科学博物馆协会	0	0	0	0	0	0
	1	1	0	48	29	39
中国可持续发展研究会	0	0	0	0	0	0
	0	0	0	0	0	0
中国青少年科技辅导员协会	0	0	0	0	0	0
	1	1	0	200	90	109
中国科教电影电视协会	0	0	0	0	0	0
	0	0	0	0	0	0
中国科学技术期刊编辑学会	3	3	0	0	0	0
	6	4	2	151	108	89
中国流行色协会	2	2	0	40	26	16
	—	—	—	—	—	—
中国档案学会	0	0	0	0	0	0
	1	0	1	15	5	10
中国国土经济学会	0	0	0	0	0	0
	—	—	—	—	—	—
中国土地学会	1	0	1	0	0	0
	7	0	6	784	226	555

续表 35

学　会	设立科技奖项			表彰奖励科技工作者		
	个　数（个）	# 人物类奖项数（个）	# 成果类奖项数（个）	人　数（人次）	# 表彰奖励女性科技工作者（人次）	# 表彰奖励45岁及以下科技工作者（人次）
中国科技新闻学会	2	2	0	180	55	148
	0	0	0	0	0	0
中国老科学技术工作者协会	1	1	0	185	23	0
	3	1	1	113	15	0
中国科学探险协会	2	2	0	2	0	0
	0	0	0	0	0	0
中国城市规划学会	7	5	2	22	3	16
	2	0	2	73	13	55
中国产学研合作促进会	1	1	0	234	46	152
	1	0	1	20	2	18
中国知识产权研究会	0	0	0	0	0	0
	0	0	0	0	0	0
中国发明协会	1	1	0	100	3	32
	—	—	—	—	—	—
中国工程教育专业认证协会	0	0	0	0	0	0
	—	—	—	—	—	—
中国检验检疫学会	0	0	0	0	0	0
	0	0	0	0	0	0
中国女科技工作者协会	5	1	4	566	63	306
	0	0	0	0	0	0
中国创造学会	1	0	1	0	0	0
	0	0	0	0	0	0
中国经济科技开发国际交流协会	0	0	0	0	0	0
	—	—	—	—	—	—
中国高科技产业化研究会	0	0	0	0	0	0
	—	—	—	—	—	—
中国微量元素科学研究会	0	0	0	0	0	0
	4	1	3	24	8	3
中国国际经济技术合作促进会	0	0	0	0	0	0
	—	—	—	—	—	—
中国基本建设优化研究会	0	0	0	0	0	0
	—	—	—	—	—	—
中国科技馆发展基金会	1	0	1	54	17	0
	—	—	—	—	—	—
中国生物多样性保护与绿色发展基金会	0	0	0	0	0	0
	—	—	—	—	—	—
中国反邪教协会	0	0	0	0	0	0
	0	0	0	0	0	0

续表 36

学　会	通过媒体宣传科技工作者（人次）	# 中央及省级媒体宣传科技工作者（人次）	# 广播电视宣传科技工作者（人次）	# 纸质媒体宣传科技工作者（人次）	# 网络与新媒体宣传科技工作者（人次）
全国学会合计	**23719**	**9538**	**1308**	**7415**	**17196**
省级同名学会合计	**36994**	**10630**	**3699**	**7166**	**26575**
全国理科学会小计	**747**	**152**	**59**	**156**	**662**
省级理科学会小计	**3068**	**814**	**289**	**326**	**2538**
中国数学会	0	0	0	0	0
	8	0	0	2	6
中国物理学会	0	0	0	0	0
	95	49	16	31	59
中国力学学会	2	2	0	2	2
	28	6	5	11	17
中国光学学会	7	1	1	0	6
	230	30	31	44	143
中国声学学会	0	0	0	0	0
	1	0	0	1	0
中国化学会	118	0	0	0	118
	201	87	59	54	85
中国天文学会	0	0	0	0	0
	113	79	31	14	59
中国气象学会	28	5	2	12	13
	379	80	92	45	225
中国空间科学学会	65	43	6	13	46
	—	—	—	—	—
中国地质学会	120	0	0	60	120
	167	123	4	88	155
中国地理学会	7	0	0	0	7
	13	7	5	3	7
中国地球物理学会	0	0	0	0	0
	16	8	1	5	13
中国矿物岩石地球化学学会	2	0	0	0	2
	3	2	1	1	2
中国古生物学会	50	50	40	40	40
	1	0	0	0	1
中国海洋湖沼学会	34	0	0	0	34
	13	3	1	0	8

续表 37

学　会	通过媒体宣传科技工作者（人次）	# 中央及省级媒体宣传科技工作者（人次）	# 广播电视宣传科技工作者（人次）	# 纸质媒体宣传科技工作者（人次）	# 网络与新媒体宣传科技工作者（人次）
中国海洋学会	4	3	0	2	2
	0	0	0	0	0
中国地震学会	1	0	0	0	1
	45	8	3	14	23
中国动物学会	0	0	0	0	0
	56	27	9	18	40
中国植物学会	62	24	2	7	52
	34	18	8	8	27
中国昆虫学会	0	0	0	0	0
	57	16	11	11	38
中国微生物学会	0	0	0	0	0
	52	32	16	8	27
中国生物化学与分子生物学会	0	0	0	0	0
	23	8	3	3	20
中国细胞生物学学会	105	22	8	9	88
	25	19	10	6	7
中国植物生理与植物分子生物学学会	0	0	0	0	0
	0	0	0	0	0
中国生物物理学会	14	2	0	0	14
	8	0	0	3	3
中国遗传学会	0	0	0	0	0
	40	15	3	10	33
中国心理学会	78	0	0	0	78
	22	6	2	4	22
中国生态学学会	18	0	0	0	18
	16	0	7	4	2
中国环境科学学会	0	0	0	0	0
	314	67	1	9	299
中国自然资源学会	0	0	0	0	0
	4	4	2	0	2
中国感光学会	0	0	0	0	0
	—	—	—	—	—
中国优选法统筹法与经济数学研究会	0	0	0	0	0
	0	0	0	0	0
中国岩石力学与工程学会	15	0	0	11	4
	170	139	0	0	140

续表 38

学　会	通过媒体宣传科技工作者（人次）	# 中央及省级媒体宣传科技工作者（人次）	# 广播电视宣传科技工作者（人次）	# 纸质媒体宣传科技工作者（人次）	# 网络与新媒体宣传科技工作者（人次）
中国野生动物保护协会	0	0	0	0	0
	0	0	0	0	0
中国系统工程学会	0	0	0	0	0
	2	2	2	1	0
中国实验动物学会	1	0	0	0	1
	15	1	3	0	11
中国青藏高原研究会	0	0	0	0	0
	—	—	—	—	—
中国环境诱变剂学会	1	0	0	0	1
	0	0	0	0	0
中国运筹学会	0	0	0	0	0
	6	1	0	0	6
中国菌物学会	13	0	0	0	13
	3	1	1	1	1
中国晶体学会	0	0	0	0	0
	—	—	—	—	—
中国神经科学学会	1	0	0	0	1
	30	3	0	0	30
中国认知科学学会	0	0	0	0	0
	2	0	0	0	2
中国微循环学会	0	0	0	0	0
	10	3	3	3	4
国际数字地球协会	0	0	0	0	0
	—	—	—	—	—
国际动物学会	1	0	0	0	1
	56	27	9	18	40
全国工科学会小计	**7731**	**1211**	**237**	**1771**	**5565**
省级工科学会小计	**10700**	**1662**	**478**	**2267**	**7677**
中国机械工程学会	76	5	4	27	62
	181	45	7	118	148
中国汽车工程学会	0	0	0	0	0
	39	8	2	11	22
中国农业机械学会	2	0	0	0	2
	237	10	1	27	208

续表 39

学　会	通过媒体宣传科技工作者（人次）	#中央及省级媒体宣传科技工作者（人次）	#广播电视宣传科技工作者（人次）	#纸质媒体宣传科技工作者（人次）	#网络与新媒体宣传科技工作者（人次）
中国农业工程学会	6	0	0	0	6
	5	1	0	0	5
中国电机工程学会	111	0	0	0	111
	1756	78	237	248	1218
中国电工技术学会	35	3	1	12	19
	0	0	0	0	0
中国水力发电工程学会	13	10	2	6	5
	108	5	0	45	43
中国水利学会	19	0	4	4	12
	161	12	0	5	156
中国内燃机学会	0	0	0	0	0
	50	20	0	0	50
中国工程热物理学会	0	0	0	0	0
	0	0	0	0	0
中国空气动力学会	0	0	0	0	0
	—	—	—	—	—
中国制冷学会	0	0	0	0	0
	9	1	4	3	5
中国真空学会	0	0	0	0	0
	17	0	0	3	17
中国自动化学会	106	61	26	52	40
	160	66	37	53	51
中国仪器仪表学会	405	2	3	4	398
	37	26	1	19	34
中国计量测试学会	0	0	0	0	0
	21	0	1	1	21
中国标准化协会	0	0	0	0	0
	27	16	4	0	27
中国图学学会	0	0	0	0	0
	5	1	0	1	4
中国电子学会	283	144	46	121	251
	150	81	5	13	147
中国计算机学会	0	0	0	0	0
	24	11	4	0	17
中国通信学会	43	0	0	0	43
	66	10	2	9	58

续表 40

学　会	通过媒体宣传科技工作者（人次）	#中央及省级媒体宣传科技工作者（人次）	#广播电视宣传科技工作者（人次）	#纸质媒体宣传科技工作者（人次）	#网络与新媒体宣传科技工作者（人次）
中国中文信息学会	1	1	0	0	1
	0	0	0	0	0
中国测绘学会	—	—	—	—	—
	42	9	4	16	26
中国造船工程学会	88	85	5	8	60
	31	7	1	14	20
中国航海学会	186	78	0	84	172
	19	16	2	13	14
中国铁道学会	0	0	0	0	0
	47	11	4	20	9
中国公路学会	261	41	7	64	184
	130	15	2	66	77
中国航空学会	50	5	1	4	45
	37	12	0	1	24
中国宇航学会	2	0	0	2	2
	5	3	3	0	2
中国兵工学会	0	0	0	0	0
	19	8	3	11	14
中国金属学会	93	93	0	25	68
	369	15	5	54	342
中国有色金属学会	9	9	0	9	0
	278	11	0	0	278
中国稀土学会	70	0	0	70	0
	0	0	0	0	0
中国腐蚀与防护学会	224	0	0	126	98
	200	0	0	0	1
中国化工学会	122	11	0	8	114
	118	14	25	37	59
中国核学会	1200	180	60	650	510
	44	13	11	13	41
中国石油学会	0	0	0	0	0
	58	10	4	5	45
中国煤炭学会	1962	30	13	83	1962
	20	2	0	10	8
中国可再生能源学会	30	0	0	1	30
	5	0	1	2	5

续表 41

学　会	通过媒体宣传科技工作者(人次)	# 中央及省级媒体宣传科技工作者(人次)	# 广播电视宣传科技工作者(人次)	# 纸质媒体宣传科技工作者(人次)	# 网络与新媒体宣传科技工作者(人次)
中国能源研究会	32	1	0	32	32
	16	2	2	3	10
中国硅酸盐学会	1	0	0	0	1
	41	6	4	8	28
中国建筑学会	33	3	3	1	29
	3308	255	1	271	2785
中国土木工程学会	0	0	0	0	0
	530	231	0	275	275
中国生物工程学会	0	0	0	0	0
	2	0	0	0	2
中国纺织工程学会	266	266	0	260	266
	492	18	1	416	60
中国造纸学会	3	0	0	3	3
	26	6	0	10	7
中国文物保护技术协会	0	0	0	0	0
	—	—	—	—	—
中国印刷技术协会	76	5	20	35	50
	5	0	0	0	5
中国材料研究学会	79	15	5	15	58
	1	0	0	0	1
中国食品科学技术学会	39	39	0	27	12
	603	550	50	0	503
中国粮油学会	10	0	0	0	10
	0	0	0	0	0
中国职业安全健康协会	26	10	4	6	6
	2	0	0	0	2
中国烟草学会	0	0	0	0	0
	329	58	0	136	226
中国仿真学会	0	0	0	0	0
	0	0	0	0	0
中国电影电视技术学会	0	0	0	0	0
	0	0	0	0	0
中国振动工程学会	1	1	0	0	1
	14	0	0	0	14
中国颗粒学会	0	0	0	0	0
	3	2	0	0	2

续表 42

学 会	通过媒体宣传科技工作者（人次）	#中央及省级媒体宣传科技工作者（人次）	#广播电视宣传科技工作者（人次）	#纸质媒体宣传科技工作者（人次）	#网络与新媒体宣传科技工作者（人次）
中国照明学会	0	0	0	0	0
	140	76	11	38	56
中国动力工程学会	2	0	0	0	2
	0	0	0	0	0
中国惯性技术学会	0	0	0	0	0
	0	0	0	0	0
中国风景园林学会	0	0	0	0	0
	9	1	2	1	7
中国电源学会	5	0	0	0	5
	0	0	0	0	0
中国复合材料学会	6	6	4	2	0
	21	0	0	0	21
中国消防协会	1	0	0	0	1
	18	5	0	4	9
中国图象图形学学会	61	0	0	0	61
	1	0	1	1	1
中国人工智能学会	786	36	21	2	763
	87	27	8	6	79
中国体视学学会	1	0	0	1	1
	0	0	0	0	0
中国工程机械学会	0	0	0	0	0
	—	—	—	—	—
中国海洋工程咨询协会	0	0	0	0	0
	—	—	—	—	—
中国遥感应用协会	7	7	1	0	6
	—	—	—	—	—
中国指挥与控制学会	6	2	0	0	6
	—	—	—	—	—
中国光学工程学会	0	0	0	0	0
	24	0	0	0	13
中国微米纳米技术学会	5	0	0	0	5
	—	—	—	—	—
中国密码学会	4	4	0	0	4
	—	—	—	—	—
中国大坝工程学会	55	9	5	11	30
	—	—	—	—	—
中国卫星导航定位协会	759	0	0	0	0
	—	—	—	—	—

续表 43

学　会	通过媒体宣传科技工作者（人次）	#中央及省级媒体宣传科技工作者（人次）	#广播电视宣传科技工作者（人次）	#纸质媒体宣传科技工作者（人次）	#网络与新媒体宣传科技工作者（人次）
中国生物材料学会	28	14	2	12	14
	0	0	0	0	0
国际粉体检测与控制联合会	0	0	0	0	0
	—	—	—	—	—
全国农科学会小计	**7923**	**4505**	**118**	**3121**	**4639**
省级农科学会小计	**5241**	**1743**	**306**	**611**	**3445**
中国农学会	5860	2860	65	2207	3613
	117	29	19	13	84
中国林学会	1	0	0	0	1
	86	39	7	38	32
中国土壤学会	0	0	0	0	0
	87	45	12	30	31
中国水产学会	1558	1558	0	779	779
	140	21	11	9	90
中国园艺学会	141	42	37	35	77
	163	55	53	36	77
中国畜牧兽医学会	120	3	1	75	44
	3432	788	24	388	2267
中国植物病理学会	0	0	0	0	0
	8	0	0	2	6
中国植物保护学会	0	0	0	0	0
	59	11	6	8	34
中国作物学会	140	31	9	18	35
	47	28	4	7	35
中国热带作物学会	11	11	3	3	5
	0	0	0	0	0
中国蚕学会	0	0	0	0	0
	12	1	1	1	9
中国水土保持学会	0	0	0	0	0
	15	2	0	0	15
中国茶叶学会	81	0	3	4	74
	49	14	3	10	34
中国草学会	11	0	0	0	11
	329	58	0	136	226
中国植物营养与肥料学会	0	0	0	0	0
	15	0	5	5	5

续表 44

学　会	通过媒体宣传科技工作者（人次）	#中央及省级媒体宣传科技工作者（人次）	#广播电视宣传科技工作者（人次）	#纸质媒体宣传科技工作者（人次）	#网络与新媒体宣传科技工作者（人次）
中国农业历史学会	0	0	0	0	0
	0	0	0	0	0
全国医科学会小计	**3284**	**964**	**860**	**805**	**2928**
省级医科学会小计	**12303**	**4303**	**1563**	**1706**	**9219**
中华医学会	34	0	0	13	21
	0	0	0	0	0
中华中医药学会	1649	438	395	154	1498
	—	—	—	—	—
中国中西医结合学会	0	0	0	0	0
	422	103	86	80	166
中国药学会	709	30	0	75	630
	2028	1135	202	432	1247
中华护理学会	105	105	105	105	105
	—	—	—	—	—
中国生理学会	0	0	0	0	0
	63	11	11	12	60
中国解剖学会	5	1	2	3	5
	7	1	3	2	5
中国生物医学工程学会	70	13	19	8	40
	78	3	5	15	51
中国病理生理学会	8	2	4	2	2
	1	0	0	1	1
中国营养学会	85	83	83	85	83
	1108	140	129	145	847
中国药理学会	0	0	0	0	0
	70	9	5	1	65
中国针灸学会	0	0	0	0	0
	39	7	4	4	34
中国防痨协会	206	117	117	206	206
	203	38	29	22	154
中国麻风防治协会	1	1	0	0	1
	2	2	2	2	1
中国心理卫生协会	0	0	0	0	0
	63	40	26	22	15

续表 45

学　会	通过媒体宣传科技工作者（人次）	#中央及省级媒体宣传科技工作者（人次）	#广播电视宣传科技工作者（人次）	#纸质媒体宣传科技工作者（人次）	#网络与新媒体宣传科技工作者（人次）
中国抗癌协会	2	0	0	0	2
	374	189	134	74	165
中国体育科学学会	24	11	4	3	19
	75	8	7	12	36
中国毒理学会	0	0	0	0	0
	5	0	0	1	4
中国康复医学会	182	15	10	20	135
	1210	3	74	16	1118
中国免疫学会	1	1	0	0	0
	10	5	5	8	5
中华预防医学会	0	0	0	0	0
	—	—	—	—	—
中国法医学会	0	0	0	0	0
	3	1	1	1	3
中华口腔医学会	148	142	121	124	133
	—	—	—	—	—
中国医学救援协会	0	0	0	0	0
	—	—	—	—	—
中国女医师协会	0	0	0	0	0
	0	0	0	0	0
中国研究型医院学会	55	5	0	7	48
	8	0	0	0	8
中国睡眠研究会	0	0	0	0	0
	3	1	1	1	1
中国卒中学会	0	0	0	0	0
	952	54	130	85	762
全国交叉学科学会小计	**4034**	**2706**	**34**	**1562**	**3402**
省级其他学科学会小计	**5682**	**2108**	**1063**	**2256**	**3696**
中国自然辩证法研究会	0	0	0	0	0
	11	2	2	0	9
中国管理现代化研究会	0	0	0	0	0
	0	0	0	0	0
中国技术经济学会	0	0	0	0	0
	5	0	0	0	5
中国现场统计研究会	0	0	0	0	0
	0	0	0	0	0

续表 46

学　会	通过媒体宣传科技工作者（人次）	#中央及省级媒体宣传科技工作者（人次）	#广播电视宣传科技工作者（人次）	#纸质媒体宣传科技工作者（人次）	#网络与新媒体宣传科技工作者（人次）
中国未来研究会	0	0	0	0	0
	60	0	2	1	10
中国科学技术史学会	0	0	0	0	0
	3	0	0	0	3
中国科学技术情报学会	0	0	0	0	0
	29	0	1	1	27
中国图书馆学会	0	0	0	0	0
	3	0	3	3	3
中国城市科学研究会	40	0	5	5	30
	0	0	0	0	0
中国科学学与科技政策研究会	0	0	0	0	0
	0	0	0	0	0
中国农村专业技术协会	275	0	0	0	275
	191	143	60	14	127
中国工业设计协会	0	0	0	0	0
	0	0	0	0	0
中国工艺美术学会	0	0	0	0	0
	105	10	13	37	78
中国科普作家协会	500	0	10	1	300
	177	102	14	83	74
中国自然科学博物馆协会	0	0	0	0	0
	0	0	0	0	0
中国可持续发展研究会	0	0	0	0	0
	49	2	1	4	44
中国青少年科技辅导员协会	0	0	0	0	0
	1	1	1	1	1
中国科教电影电视协会	0	0	0	0	0
	267	25	120	89	139
中国科学技术期刊编辑学会	0	0	0	0	0
	91	40	0	50	41
中国流行色协会	51	0	0	0	51
	—	—	—	—	—
中国档案学会	0	0	0	0	0
	0	0	0	0	0
中国国土经济学会	20	18	0	18	10
	—	—	—	—	—
中国土地学会	0	0	0	0	0
	25	2	0	6	19

续表 47

学　会	通过媒体宣传科技工作者（人次）	# 中央及省级媒体宣传科技工作者（人次）	# 广播电视宣传科技工作者（人次）	# 纸质媒体宣传科技工作者（人次）	# 网络与新媒体宣传科技工作者（人次）
中国科技新闻学会	230	230	0	21	209
	81	25	0	80	25
中国老科学技术工作者协会	185	0	0	185	185
	161	17	0	55	60
中国科学探险协会	0	0	0	0	0
	0	0	0	0	0
中国城市规划学会	2446	2446	14	1130	2260
	1	5	0	0	1
中国产学研合作促进会	198	0	0	198	0
	1	1	1	1	1
中国知识产权研究会	36	0	0	0	36
	12	0	2	2	7
中国发明协会	11	11	4	4	4
	—	—	—	—	—
中国工程教育专业认证协会	0	0	0	0	0
	—	—	—	—	—
中国检验检疫学会	0	0	0	0	0
	0	0	0	0	0
中国女科技工作者协会	55	9	5	11	30
	59	59	5	5	59
中国创造学会	0	0	0	0	0
	0	0	0	0	0
中国经济科技开发国际交流协会	0	0	0	0	0
	—	—	—	—	—
中国高科技产业化研究会	0	0	0	0	0
	—	—	—	—	—
中国微量元素科学研究会	0	0	0	0	0
	53	22	24	7	22
中国国际经济技术合作促进会	0	0	0	0	0
	—	—	—	—	—
中国基本建设优化研究会	0	0	0	0	0
	—	—	—	—	—
中国科技馆发展基金会	1	1	1	0	1
	—	—	—	—	—
中国生物多样性保护与绿色发展基金会	0	0	0	0	0
	—	—	—	—	—
中国反邪教协会	0	0	0	0	0
	121	4	117	4	0

续表 48

学　会	举办科技志愿服务活动（次）	参与科技志愿服务活动人数（人次）	科技志愿服务组织（个）	科技志愿者（人）	专职科普人员（人）	兼职科普人员（人）
全国学会合计	**2736**	**457469**	**1423**	**56585**	**689**	**9574**
省级同名学会合计	**27337**	**1606797**	**3201**	**192558**	**8321**	**144522**
全国理科学会小计	**779**	**76996**	**225**	**10464**	**119**	**2306**
省级理科学会小计	**1827**	**54747**	**371**	**8925**	**503**	**7986**
中国数学会	0	0	0	0	0	0
	5	27	2	18	0	65
中国物理学会	0	0	0	0	0	39
	47	1365	15	179	9	252
中国力学学会	1	300	1	1520	3	5
	6	35	2	58	0	111
中国光学学会	13	150	3	200	2	300
	27	15238	10	295	1	167
中国声学学会	8	1116	2	450	5	36
	8	70	3	40	0	28
中国化学会	0	0	0	0	1	0
	38	1750	7	612	17	564
中国天文学会	0	0	0	0	0	0
	64	1555	10	280	104	237
中国气象学会	5	205	0	15	7	110
	343	14812	52	2359	155	2042
中国空间科学学会	0	0	0	0	1	0
	—	—	—	—	—	—
中国地质学会	0	0	0	100	0	202
	39	1383	7	397	39	314
中国地理学会	0	0	0	0	2	7
	13	106	7	130	2	173
中国地球物理学会	0	0	0	0	0	0
	13	299	6	55	7	99
中国矿物岩石地球化学学会	3	38	0	0	0	16
	61	67	21	152	2	66
中国古生物学会	0	0	0	50	30	60
	8	150	1	30	1	36
中国海洋湖沼学会	12	23000	8	224	4	220
	0	0	1	10	2	34

续表 49

学 会	举办科技志愿服务活动（次）	参与科技志愿服务活动人数（人次）	科技志愿服务组织（个）	科技志愿者（人）	专职科普人员（人）	兼职科普人员（人）
中国海洋学会	3	20	5	300	7	200
	0	0	0	0	0	64
中国地震学会	0	0	0	0	0	59
	9	2055	8	254	14	175
中国动物学会	1	7	0	0	2	146
	45	978	31	364	13	204
中国植物学会	13	6	1	27	0	85
	163	1563	6	162	7	179
中国昆虫学会	4	18	1	12	0	6
	151	4260	3	134	5	173
中国微生物学会	0	0	0	0	0	0
	46	454	10	383	8	631
中国生物化学与分子生物学会	0	0	0	0	0	0
	28	202	1	7	6	45
中国细胞生物学学会	222	1698	1	10	1	37
	62	865	24	568	13	545
中国植物生理与植物分子生物学学会	8	50	0	103	3	30
	0	0	1	20	1	5
中国生物物理学会	22	230	9	160	2	0
	6	403	3	15	0	12
中国遗传学会	0	0	1	0	0	22
	50	252	9	121	5	75
中国心理学会	450	600	2	400	40	350
	30	937	5	190	8	253
中国生态学学会	0	0	0	0	0	0
	22	796	3	65	1	229
中国环境科学学会	0	0	0	0	0	0
	105	5214	85	1185	75	853
中国自然资源学会	0	0	0	0	0	5
	5	90	1	67	0	20
中国感光学会	2	12	1	18	0	15
	—	—	—	—	—	—
中国优选法统筹法与经济数学研究会	0	0	0	0	0	0
	0	0	0	0	0	0
中国岩石力学与工程学会	1	98	0	0	0	0
	9	176	3	33	4	130

续表 50

学　会	举办科技志愿服务活动（次）	参与科技志愿服务活动人数（人次）	科技志愿服务组织（个）	科　技志愿者（人）	专　职科　普人　员（人）	兼　职科　普人　员（人）
中国野生动物保护协会	2	49000	188	4674	6	2
	41	1800	5	91	0	40
中国系统工程学会	0	0	0	0	0	0
	5	218	4	4	0	1
中国实验动物学会	0	0	0	0	3	15
	3	11	1	62	0	18
中国青藏高原研究会	0	0	0	0	0	0
	—	—	—	—	—	—
中国环境诱变剂学会	0	0	0	0	0	195
	4	18	2	28	0	61
中国运筹学会	2	60	1	10	0	10
	2	10	0	10	1	22
中国菌物学会	0	0	0	0	0	8
	2	20	1	20	0	20
中国晶体学会	0	0	0	0	0	0
	—	—	—	—	—	—
中国神经科学学会	1	200	0	200	0	0
	15	521	3	75	5	95
中国认知科学学会	2	20	1	10	0	5
	0	0	0	0	0	0
中国微循环学会	4	168	0	1980	0	120
	2	36	0	30	0	10
国际数字地球协会	0	0	0	0	0	0
	—	—	—	—	—	—
国际动物学会	0	0	0	1	0	1
	45	978	31	364	13	204
全国工科学会小计	**588**	**321033**	**123**	**5536**	**193**	**2768**
省级工科学会小计	**1187**	**854919**	**503**	**13329**	**760**	**7761**
中国机械工程学会	15	190	6	88	4	19
	19	505	9	195	12	56
中国汽车工程学会	0	0	0	0	8	0
	8	271	3	265	8	125
中国农业机械学会	0	0	0	0	0	11
	5	191	0	142	15	147

续表 51

学　会	举办科技志愿服务活动（次）		科技志愿服务组织（个）	科　技志愿者（人）	专　职科　普人　员（人）	兼　职科　普人　员（人）
		参与科技志愿服务活动人数（人次）				
中国农业工程学会	26	41512	14	14	0	5
	3	36	1	10	0	15
中国电机工程学会	5	910	1	457	5	490
	45	2233	16	3779	21	162
中国电工技术学会	14	730	4	194	10	229
	7	608	4	103	28	39
中国水力发电工程学会	4	45	1	31	3	6
	6	125	3	79	23	37
中国水利学会	13	127	2	29	0	121
	34	885	7	761	8	2980
中国内燃机学会	1	8	1	19	0	19
	0	0	2	80	1	26
中国工程热物理学会	0	0	0	0	0	0
	0	0	0	0	0	5
中国空气动力学会	9	8800	3	180	0	80
	—	—	—	—	—	—
中国制冷学会	0	0	0	0	2	35
	34	4793	212	627	18	240
中国真空学会	0	0	0	0	0	0
	0	0	0	45	4	1
中国自动化学会	21	1636	2	127	4	165
	25	1664	6	552	7	532
中国仪器仪表学会	29	839	13	221	21	187
	6	202	3	110	2	107
中国计量测试学会	1	10	1	10	2	0
	13	512	4	93	21	82
中国标准化协会	2	120	0	0	0	5
	8	470	1	27	5	0
中国图学学会	0	0	1	4	1	12
	4	64	1	23	0	162
中国电子学会	36	968	3	356	9	90
	37	1545	7	543	42	209
中国计算机学会	0	0	0	0	0	0
	29	357	6	127	31	145
中国通信学会	0	0	0	0	0	0
	16	2546	5	285	13	186

续表 52

学　会	举办科技志愿服务活动（次）	参与科技志愿服务活动人数（人次）	科技志愿服务组织（个）	科　技志愿者（人）	专　职科　普人　员（人）	兼　职科　普人　员（人）
中国中文信息学会	1	50	1	10	0	0
	1	50	1	50	0	0
中国测绘学会	—	—	—	—	—	—
	11	238	2	185	0	84
中国造船工程学会	7	122	1	78	9	57
	2	6	2	53	8	56
中国航海学会	9	135	3	151	6	68
	33	284	9	138	19	145
中国铁道学会	0	0	0	0	0	0
	29	1215	6	511	4	234
中国公路学会	4	1200	2	90	2	40
	24	1334	14	992	5	60
中国航空学会	110	55000	5	1100	3	2
	17	3782	1	43	5	51
中国宇航学会	5	200	0	60	5	0
	11	711	1	84	3	49
中国兵工学会	0	0	0	0	3	0
	2	52	1	60	0	0
中国金属学会	0	0	0	0	0	0
	10	252	2	105	3	92
中国有色金属学会	1	11	0	0	3	0
	0	0	0	0	0	0
中国稀土学会	1	12	0	0	3	0
	0	0	0	0	0	18
中国腐蚀与防护学会	2	50	1	50	1	0
	4	365	1	24	0	29
中国化工学会	21	745	6	158	12	48
	47	776	20	194	6	119
中国核学会	96	200	0	5	2	3
	54	3521	13	388	55	198
中国石油学会	0	0	0	0	0	0
	134	10243	8	502	13	337
中国煤炭学会	2	535	0	0	0	0
	3	90	2	78	4	104
中国可再生能源学会	0	0	0	0	4	17
	2	60	1	19	0	59

续表 53

学会	举办科技志愿服务活动（次）	参与科技志愿服务活动人数（人次）	科技志愿服务组织（个）	科技志愿者（人）	专职科普人员（人）	兼职科普人员（人）
中国能源研究会	2	400	29	300	2	9
	3	48	0	11	7	39
中国硅酸盐学会	0	0	0	0	0	0
	5	43	2	85	2	48
中国建筑学会	0	0	0	100	3	5
	5	360	2	143	1	30
中国土木工程学会	0	0	0	0	0	0
	10	320	0	0	0	10
中国生物工程学会	0	0	0	0	0	0
	5	20	0	20	0	45
中国纺织工程学会	8	608	1	27	5	22
	5	55	3	60	4	101
中国造纸学会	0	0	0	2	0	2
	41	29	0	36	6	562
中国文物保护技术协会	0	0	0	0	0	0
	—	—	—	—	—	—
中国印刷技术协会	0	0	1	20	2	30
	0	0	0	0	0	0
中国材料研究学会	91	509	3	133	11	103
	0	0	0	20	0	125
中国食品科学技术学会	1	30	1	9	3	15
	71	990	11	325	6	226
中国粮油学会	0	0	0	0	0	0
	3	56	2	45	0	45
中国职业安全健康协会	5	200000	5	850	6	5
	0	0	0	1	1	5
中国烟草学会	0	0	0	0	0	2
	70	4744	22	415	47	242
中国仿真学会	0	0	0	0	0	0
	0	0	0	0	0	0
中国电影电视技术学会	0	0	0	0	1	5
	0	0	0	0	0	0
中国振动工程学会	1	10	0	0	0	12
	4	6	0	0	0	10
中国颗粒学会	0	0	0	0	0	0
	0	0	0	20	2	35

续表 54

学　会	举办科技志愿服务活动（次）	参与科技志愿服务活动人数（人次）	科技志愿服务组织（个）	科　技志愿者（人）	专　职科　普人　员（人）	兼　职科　普人　员（人）
中国照明学会	1	20	1	20	2	18
	5	331	2	64	16	71
中国动力工程学会	2	65	1	20	0	2
	0	0	0	0	0	0
中国惯性技术学会	1	3	0	50	0	20
	1	12	0	15	0	16
中国风景园林学会	2	45	1	8	0	1
	6	520	1	53	0	12
中国电源学会	0	0	0	0	1	0
	3	55	1	46	0	18
中国复合材料学会	3	120	1	35	2	110
	7	81	2	32	2	97
中国消防协会	0	0	1	15	0	0
	125	570030	1	107	141	67
中国图象图形学学会	0	0	1	30	1	0
	1	20	0	23	0	1
中国人工智能学会	8	178	1	243	11	232
	14	370	8	203	56	130
中国体视学学会	8	1000	0	120	0	14
	26	120	1	50	0	50
中国工程机械学会	0	0	0	0	0	0
	—	—	—	—	—	—
中国海洋工程咨询协会	0	0	0	0	0	0
	—	—	—	—	—	—
中国遥感应用协会	2	50	0	20	10	300
	—	—	—	—	—	—
中国指挥与控制学会	0	0	0	0	0	0
	—	—	—	—	—	—
中国光学工程学会	0	0	0	0	4	69
	7	57	1	63	0	63
中国微米纳米技术学会	2	150	1	20	1	21
	—	—	—	—	—	—
中国密码学会	2	300	0	20	0	3
	—	—	—	—	—	—
中国大坝工程学会	2	60	1	7	2	10
	—	—	—	—	—	—
中国卫星导航定位协会	2	30	1	0	0	1
	—	—	—	—	—	—

续表 55

学 会	举办科技志愿服务活动（次）	参与科技志愿服务活动人数（人次）	科技志愿服务组织（个）	科技志愿者（人）	专职科普人员（人）	兼职科普人员（人）
中国生物材料学会	7	2000	1	45	1	38
	2	10	0	0	0	0
国际粉体检测与控制联合会	2	200	1	10	0	10
	—	—	—	—	—	—
全国农科学会小计	**367**	**12575**	**45**	**3895**	**27**	**847**
省级农科学会小计	**1037**	**52089**	**349**	**6876**	**380**	**8233**
中国农学会	67	2478	1	3040	5	132
	115	1397	11	638	65	809
中国林学会	50	200	0	0	4	10
	62	1177	22	356	13	373
中国土壤学会	0	0	0	0	0	0
	41	642	28	182	3	364
中国水产学会	20	210	14	188	5	183
	20	473	4	107	3	121
中国园艺学会	153	5515	17	134	7	154
	40	1077	6	701	1	718
中国畜牧兽医学会	27	1085	1	42	2	40
	28	238	2	297	0	525
中国植物病理学会	0	0	0	0	0	0
	5	27	2	18	0	65
中国植物保护学会	4	15	4	76	0	18
	10	142	3	79	0	105
中国作物学会	27	2860	1	191	0	194
	171	128	4	119	11	160
中国热带作物学会	3	116	1	116	0	116
	0	0	1	25	0	5
中国蚕学会	0	0	0	0	0	0
	2	31	1	31	0	0
中国水土保持学会	0	0	0	0	2	0
	10	640	2	164	0	179
中国茶叶学会	16	96	6	108	2	0
	26	867	25	242	25	294
中国草学会	0	0	0	0	0	0
	70	4744	22	415	47	242
中国植物营养与肥料学会	0	0	0	0	0	0
	1	30	0	30	5	5

续表 56

学 会	举办科技志愿服务活动（次）	参与科技志愿服务活动人数（人次）	科技志愿服务组织（个）	科 技 志愿者（人）	专 职 科 普 人 员（人）	兼 职 科 普 人 员（人）
中国农业历史学会	0	0	0	0	0	0
	0	0	0	0	0	0
全国医科学会小计	**132**	**25841**	**343**	**11174**	**204**	**1032**
省级医科学会小计	**11216**	**387739**	**1381**	**118235**	**1776**	**109863**
中华医学会	0	0	0	0	3	0
	0	0	0	0	0	0
中华中医药学会	3	600	12	334	2	0
	—	—	—	—	—	—
中国中西医结合学会	0	0	0	0	0	0
	129	1578	195	1402	1	882
中国药学会	6	1613	306	8000	14	4
	738	17758	275	46076	727	44953
中华护理学会	0	0	0	0	1	14
	—	—	—	—	—	—
中国生理学会	0	0	0	0	0	0
	29	303	1	53	5	38
中国解剖学会	37	15100	9	1220	35	80
	35	200	4	150	11	265
中国生物医学工程学会	17	454	1	60	10	67
	0	0	1	60	0	11
中国病理生理学会	9	60	2	40	0	2
	4	210	0	0	0	3
中国营养学会	0	0	0	150	3	130
	685	10667	35	941	50	2805
中国药理学会	15	6170	8	88	1	89
	28	367	0	81	2	198
中国针灸学会	2	60	1	30	1	10
	229	16091	13	197	1	236
中国防痨协会	3	206	1	117	117	0
	95	35475	4	201	1	616
中国麻风防治协会	0	0	0	0	0	0
	8	120	1	67	11	58
中国心理卫生协会	0	0	0	0	0	0
	1	1	0	0	95	122

续表 57

学　会	举办科技志愿服务活动（次）	参与科技志愿服务活动人数（人次）	科技志愿服务组织（个）	科　技志愿者（人）	专　职科　普人　员（人）	兼　职科　普人　员（人）
中国抗癌协会	1	20	0	0	1	6
	224	15297	68	693	54	512
中国体育科学学会	0	0	0	0	0	0
	92	4100	72	415	18	124
中国毒理学会	1	50	1	50	5	45
	21	87	3	45	0	30
中国康复医学会	22	856	1	567	8	559
	107	20778	46	2217	5	166
中国免疫学会	0	0	0	0	0	0
	21	2298	10	239	1	261
中华预防医学会	0	0	0	0	0	0
	—	—	—	—	—	—
中国法医学会	0	0	0	0	0	0
	0	0	0	14	0	20
中华口腔医学会	8	143	0	416	1	2
	—	—	—	—	—	—
中国医学救援协会	5	500	0	100	0	20
	—	—	—	—	—	—
中国女医师协会	0	0	0	0	0	0
	0	0	0	0	0	0
中国研究型医院学会	0	0	0	0	0	0
	0	0	0	0	0	0
中国睡眠研究会	3	9	1	2	2	4
	1	50	0	0	0	0
中国卒中学会	0	0	0	0	0	0
	82	1871	4	413	26	910
全国交叉学科学会小计	**870**	**21024**	**687**	**25516**	**146**	**2621**
省级其他学科学会小计	**12070**	**257303**	**597**	**45193**	**4902**	**10679**
中国自然辩证法研究会	0	0	0	0	0	0
	10	70	0	80	0	21
中国管理现代化研究会	0	0	0	0	0	0
	2	2	1	30	0	14
中国技术经济学会	0	0	0	0	0	0
	3	50	1	5	0	3
中国现场统计研究会	0	0	0	0	0	0
	0	0	0	0	0	0

续表 58

学　会	举办科技志愿服务活动（次）	参与科技志愿服务活动人数（人次）	科技志愿服务组织（个）	科　技志愿者（人）	专　职科　普人　员（人）	兼　职科　普人　员（人）
中国未来研究会	0	0	0	0	0	0
	7	580	1	35	2	60
中国科学技术史学会	0	0	0	0	0	0
	0	0	0	0	0	0
中国科学技术情报学会	0	0	1	30	0	2
	6	42	17	60	0	11
中国图书馆学会	621	11576	671	24792	2	404
	14	1172	2	94	3	40
中国城市科学研究会	0	0	0	0	0	0
	1	5	1	15	0	15
中国科学学与科技政策研究会	0	0	0	0	0	306
	0	0	0	0	0	0
中国农村专业技术协会	25	5000	1	193	7	193
	100	11678	34	1398	62	990
中国工业设计协会	0	0	0	0	0	0
	0	0	0	0	0	0
中国工艺美术学会	0	0	0	0	0	0
	20	185	5	183	3	163
中国科普作家协会	0	0	0	0	0	0
	28	1505	9	224	39	90
中国自然科学博物馆协会	1	3	0	0	0	0
	9	10	0	5	0	265
中国可持续发展研究会	0	0	0	0	0	0
	9	60	1	6	2	12
中国青少年科技辅导员协会	0	0	0	0	0	0
	5	146	8	78	1	77
中国科教电影电视协会	0	0	0	0	0	0
	0	0	0	0	3200	200
中国科学技术期刊编辑学会	0	0	0	0	0	13
	3	94	2	53	3	148
中国流行色协会	30	110	1	30	7	0
	—	—	—	—	—	—
中国档案学会	0	0	0	0	0	0
	7	25	1	35	3	30
中国国土经济学会	0	0	2	15	1	14
	—	—	—	—	—	—
中国土地学会	0	0	0	0	0	0
	8	1341	135	1309	1	144

续表 59

学　会	举办科技志愿服务活动（次）	参与科技志愿服务活动人数（人次）	科技志愿服务组织（个）	科　技志愿者（人）	专　职科　普人　员（人）	兼　职科　普人　员（人）
中国科技新闻学会	0	0	0	0	0	0
	3	550	3	80	19	0
中国老科学技术工作者协会	0	0	0	0	0	0
	394	13380	1	24	5	17
中国科学探险协会	0	0	0	0	0	0
	0	0	0	0	0	0
中国城市规划学会	6	1630	0	137	2	910
	1	20	1	37	2	37
中国产学研合作促进会	19	209	1	11	117	530
	6	20	1	20	3	17
中国知识产权研究会	0	0	0	0	0	0
	3	201	0	15	0	3
中国发明协会	0	0	0	0	0	0
	—	—	—	—	—	—
中国工程教育专业认证协会	0	0	0	0	0	0
	—	—	—	—	—	—
中国检验检疫学会	0	0	0	0	6	3
	0	0	0	0	0	0
中国女科技工作者协会	2	60	1	7	2	10
	8	2026	2	346	0	346
中国创造学会	0	0	0	0	0	2
	3	300	1	800	0	15
中国经济科技开发国际交流协会	0	0	0	0	0	0
	—	—	—	—	—	—
中国高科技产业化研究会	0	0	0	0	0	15
	—	—	—	—	—	—
中国微量元素科学研究会	0	0	0	0	0	0
	41	213	4	46	3	37
中国国际经济技术合作促进会	0	0	0	0	0	0
	—	—	—	—	—	—
中国基本建设优化研究会	0	0	0	0	0	0
	—	—	—	—	—	—
中国科技馆发展基金会	161	161	1	168	0	168
	—	—	—	—	—	—
中国生物多样性保护与绿色发展基金会	4	35	0	0	4	60
	—	—	—	—	—	—
中国反邪教协会	0	0	0	0	0	1
	15	210	1	100	0	448

四、国际及港澳台地区民间科技交流

2019年各全国学会、省级同名学会国际及港澳台地区民间科技交流情况

学会	加入国际民间科技组织（个）	任职专家（位）	#高级别任职专家（位）	#一般级别任职专家（位）	参加大陆境外科技活动人数（人次）	#参加港澳台地区科技活动人数（人次）	接待大陆境外专家学者（人次）	#接待港澳台地区专家学者（人次）
全国学会合计	**590**	**1170**	**440**	**596**	**12732**	**1939**	**14384**	**2559**
省级同名学会合计	**273**	**768**	**428**	**160**	**27940**	**13701**	**17361**	**5007**
全国理科学会小计	**88**	**215**	**85**	**128**	**2415**	**496**	**2855**	**238**
省级理科学会小计	**71**	**148**	**37**	**35**	**4875**	**2751**	**2958**	**661**
中国数学会	2	2	2	0	25	0	164	12
	1	0	0	0	154	43	194	60
中国物理学会	6	20	4	16	68	7	55	9
	1	1	0	1	118	36	231	33
中国力学学会	5	22	4	18	40	0	11	2
	0	0	0	0	230	97	40	14
中国光学学会	2	2	1	1	32	9	6	4
	5	12	12	0	274	56	142	34
中国声学学会	4	3	2	1	70	0	9	0
	2	1	0	1	11	0	31	25
中国化学会	7	27	3	24	15	1	201	43
	9	32	4	4	200	24	306	164
中国天文学会	1	3	0	3	58	58	169	39
	4	5	1	4	85	8	172	95
中国气象学会	1	1	1	0	92	9	84	1
	2	0	0	0	24	12	93	78
中国空间科学学会	1	4	1	3	2	0	0	0
	—	—	—	—	—	—	—	—
中国地质学会	3	13	3	10	0	0	30	2
	1	0	0	0	35	23	68	68
中国地理学会	3	8	2	6	145	0	89	5
	5	5	2	3	75	14	135	13
中国地球物理学会	0	0	0	0	0	0	0	0
	0	0	0	0	16	3	20	3
中国矿物岩石地球化学学会	2	2	2	0	672	325	108	23
	12	12	10	2	154	18	187	14
中国古生物学会	2	5	4	1	120	10	80	6
	0	0	0	0	0	0	25	0
中国海洋湖沼学会	0	0	0	0	13	0	5	0
	1	0	0	0	345	0	137	0

续表 1

学会	加入国际民间科技组织（个）	任职专家（位）	# 高级别任职专家（位）	# 一般级别任职专家（位）	参加大陆境外科技活动人数（人次）	# 参加港澳台地区科技活动人数（人次）	接待大陆境外专家学者（人次）	# 接待港澳台地区专家学者（人次）
中国海洋学会	0	0	0	0	0	0	0	0
	8	9	2	7	0	0	0	0
中国地震学会	0	0	0	0	25	0	15	0
	1	9	0	0	3	0	20	10
中国动物学会	5	14	6	8	97	0	385	19
	1	5	1	4	39	0	70	12
中国植物学会	1	0	0	0	0	0	0	0
	1	2	2	0	20	2	43	2
中国昆虫学会	2	5	0	5	0	0	6	6
	0	0	0	0	170	6	169	21
中国微生物学会	1	1	1	0	0	0	0	0
	2	4	4	1	78	21	111	9
中国生物化学与分子生物学会	2	2	2	0	4	0	3	0
	0	0	0	0	1	0	41	0
中国细胞生物学学会	3	9	5	4	17	1	108	5
	3	3	0	0	95	15	33	10
中国植物生理与植物分子生物学学会	1	1	1	0	9	0	9	5
	0	0	0	0	0	0	0	0
中国生物物理学会	2	3	3	0	46	4	749	23
	0	0	0	0	0	0	0	0
中国遗传学会	0	0	0	0	2	0	0	0
	11	14	3	10	212	40	302	33
中国心理学会	4	4	3	1	206	0	4	0
	0	0	0	0	69	18	66	17
中国生态学学会	2	3	3	0	249	0	150	0
	0	0	0	0	20	0	44	6
中国环境科学学会	0	0	0	0	0	0	0	0
	0	0	0	0	14	11	50	0
中国自然资源学会	0	0	0	0	30	0	0	0
	5	64	0	0	26	4	29	19
中国感光学会	2	6	4	2	44	40	49	0
	—	—	—	—	—	—	—	—
中国优选法统筹法与经济数学研究会	4	20	10	10	98	0	86	9
	0	0	0	0	0	0	0	0
中国岩石力学与工程学会	5	15	4	11	155	6	78	5
	2	1	1	0	46	2	47	0

续表 2

学会	加入国际民间科技组织（个）	任职专家（位）	# 高级别任职专家（位）	# 一般级别任职专家（位）	参加大陆境外科技活动人数（人次）	# 参加港澳台地区科技活动人数（人次）	接待大陆境外专家学者（人次）	# 接待港澳台地区专家学者（人次）
中国野生动物保护协会	0	0	0	0	3	2	35	10
	0	0	0	0	6	1	2	0
中国系统工程学会	1	3	3	0	0	0	0	0
	0	0	0	0	13	4	13	2
中国实验动物学会	2	1	1	0	12	0	28	0
	0	0	0	0	1	0	4	0
中国青藏高原研究会	0	0	0	0	0	0	0	0
	—	—	—	—	—	—	—	—
中国环境诱变剂学会	2	6	6	0	0	0	22	0
	0	0	0	0	66	28	99	26
中国运筹学会	2	4	0	4	0	0	0	0
	0	0	0	0	45	5	84	25
中国菌物学会	2	4	2	0	0	0	0	0
	0	0	0	0	0	0	0	0
中国晶体学会	0	0	0	0	0	0	0	0
	—	—	—	—	—	—	—	—
中国神经科学学会	2	0	0	0	10	0	92	0
	0	0	0	0	162	9	88	10
中国认知科学学会	1	0	0	0	4	4	5	2
	0	0	0	0	0	0	14	0
中国微循环学会	2	2	2	0	20	20	8	8
	0	0	0	0	0	0	6	1
国际数字地球协会	0	0	0	0	0	0	0	0
	—	—	—	—	—	—	—	—
国际动物学会	1	0	0	0	32	0	12	0
	1	5	1	4	39	0	70	12
全国工科学会小计	**315**	**661**	**217**	**329**	**5521**	**767**	**6273**	**1069**
省级工科学会小计	**73**	**192**	**35**	**87**	**4490**	**2082**	**3398**	**1075**
中国机械工程学会	9	31	9	22	470	42	128	15
	1	2	0	0	74	14	73	12
中国汽车工程学会	1	1	1	0	23	0	6	0
	1	0	0	0	5	0	11	1
中国农业机械学会	2	6	4	2	2	0	6	0
	0	0	0	0	14	0	15	0
中国农业工程学会	1	10	5	5	36	0	68	0
	0	0	0	0	71	0	78	6

续表 3

学会	加入国际民间科技组织（个）	任职专家（位）	#高级别任职专家（位）	#一般级别任职专家（位）	参加大陆境外科技活动人数（人次）	#参加港澳台地区科技活动人数（人次）	接待大陆境外专家学者（人次）	#接待港澳台地区专家学者（人次）
中国电机工程学会	4	34	4	0	289	37	40	8
	18	83	4	52	335	2	118	53
中国电工技术学会	13	43	3	2	335	7	160	4
	0	0	0	0	59	0	6	6
中国水力发电工程学会	3	3	3	0	14	0	15	0
	2	0	0	0	5	1	24	2
中国水利学会	7	9	9	0	498	78	567	51
	2	0	0	0	18	18	15	0
中国内燃机学会	1	3	1	2	102	0	85	0
	0	0	0	0	4	0	5	0
中国工程热物理学会	3	4	0	0	86	0	16	5
	0	0	0	0	6	0	8	0
中国空气动力学会	0	0	0	0	0	0	257	54
	—	—	—	—	—	—	—	—
中国制冷学会	1	30	1	29	143	25	96	17
	2	1	0	1	66	13	16	6
中国真空学会	1	10	2	8	5	0	0	0
	1	1	0	0	149	0	19	2
中国自动化学会	18	67	11	14	134	36	329	53
	8	8	4	4	163	24	181	87
中国仪器仪表学会	7	6	0	6	290	25	193	73
	1	2	1	1	20	3	11	5
中国计量测试学会	1	1	1	0	7	0	270	0
	0	0	0	0	27	7	22	19
中国标准化协会	1	1	1	0	0	0	0	0
	0	0	0	0	1	0	11	0
中国图学学会	1	1	1	0	0	0	60	3
	2	18	7	11	42	12	54	16
中国电子学会	5	4	2	2	342	18	237	23
	2	2	0	0	155	44	185	78
中国计算机学会	0	0	0	0	0	0	13	1
	3	2	2	0	950	935	40	18
中国通信学会	0	0	0	0	3	0	0	0
	0	0	0	0	31	21	17	7

续表 4

学会	加入国际民间科技组织（个）	任职专家（位）	# 高级别任职专家（位）	# 一般级别任职专家（位）	参加大陆境外科技活动人数（人次）	# 参加港澳台地区科技活动人数（人次）	接待大陆境外专家学者（人次）	# 接待港澳台地区专家学者（人次）
中国中文信息学会	1	1	0	1	0	0	50	20
	0	0	0	0	0	0	0	0
中国测绘学会	—	—	—	—	—	—	—	—
	0	0	0	0	69	56	57	56
中国造船工程学会	5	5	2	3	27	2	17	3
	1	2	0	2	7	7	38	38
中国航海学会	3	3	2	1	264	221	242	180
	0	0	0	0	110	110	36	36
中国铁道学会	3	2	2	0	0	0	128	0
	0	0	0	0	0	0	0	0
中国公路学会	3	5	3	2	166	3	292	48
	1	1	0	1	337	292	136	122
中国航空学会	2	14	2	12	120	2	32	0
	0	0	0	0	194	40	192	41
中国宇航学会	3	41	6	34	100	0	70	0
	0	0	0	0	0	0	18	1
中国兵工学会	1	2	2	0	23	0	5	0
	0	0	0	0	0	0	0	0
中国金属学会	3	2	2	0	62	0	530	0
	0	0	0	0	28	0	43	3
中国有色金属学会	2	2	2	0	116	0	46	20
	0	0	0	0	0	0	13	0
中国稀土学会	1	1	1	0	1	0	10	0
	0	0	0	0	15	0	6	0
中国腐蚀与防护学会	6	6	3	3	69	6	17	3
	2	1	1	0	17	0	15	2
中国化工学会	4	8	6	2	190	9	218	26
	1	1	1	0	45	9	104	23
中国核学会	4	4	3	1	15	15	15	15
	1	0	0	0	68	5	114	9
中国石油学会	0	0	0	0	54	0	25	0
	0	0	0	0	85	0	123	0
中国煤炭学会	1	5	5	0	68	0	86	1
	0	0	0	0	0	0	11	0
中国可再生能源学会	12	14	12	2	63	3	169	6
	1	0	0	0	20	0	1	0

续表 5

学会	加入国际民间科技组织（个）	任职专家（位）	#高级别任职专家（位）	#一般级别任职专家（位）	参加大陆境外科技活动人数（人次）	#参加港澳台地区科技活动人数（人次）	接待大陆境外专家学者（人次）	#接待港澳台地区专家学者（人次）
中国能源研究会	1	0	0	0	3	0	3	0
	0	0	0	0	16	1	59	12
中国硅酸盐学会	10	13	4	9	105	2	16	2
	1	1	0	1	63	8	25	7
中国建筑学会	4	23	1	22	57	3	32	14
	1	3	4	0	98	76	133	61
中国土木工程学会	7	4	4	0	0	0	0	0
	0	0	0	0	0	0	61	0
中国生物工程学会	0	0	0	0	0	0	0	0
	0	0	0	0	0	0	41	0
中国纺织工程学会	1	2	1	1	35	8	71	21
	1	3	1	2	36	4	34	3
中国造纸学会	0	0	0	0	2	0	76	0
	0	0	0	0	31	0	12	0
中国文物保护技术协会	1	6	6	0	6	0	0	0
	—	—	—	—	—	—	—	—
中国印刷技术协会	4	19	4	15	42	0	95	45
	0	0	0	0	0	0	0	0
中国材料研究学会	8	21	9	12	443	88	355	108
	0	0	0	0	0	0	0	0
中国食品科学技术学会	1	2	2	0	39	0	53	5
	0	0	0	0	20	15	93	35
中国粮油学会	2	4	2	2	2	0	8	0
	0	0	0	0	0	0	0	0
中国职业安全健康协会	0	0	0	0	5	5	261	25
	0	0	0	0	0	0	2	2
中国烟草学会	2	3	3	0	65	0	0	0
	0	0	0	0	7	0	0	0
中国仿真学会	0	0	0	0	0	0	0	0
	0	0	0	0	1	0	0	0
中国电影电视技术学会	1	1	1	0	0	0	28	0
	0	0	0	0	0	0	0	0
中国振动工程学会	0	0	0	0	12	0	0	0
	1	1	0	1	213	5	67	6
中国颗粒学会	0	0	0	0	0	0	0	0
	0	0	0	0	10	2	6	0

续表 6

学会	加入国际民间科技组织（个）	任职专家（位）	# 高级别任职专家（位）	# 一般级别任职专家（位）	参加大陆境外科技活动人数（人次）	# 参加港澳台地区科技活动人数（人次）	接待大陆境外专家学者（人次）	# 接待港澳台地区专家学者（人次）
中国照明学会	1	8	2	6	83	0	50	50
	1	1	0	1	8	1	3	3
中国动力工程学会	0	0	0	0	0	0	0	0
	0	0	0	0	0	0	0	0
中国惯性技术学会	0	0	0	0	27	0	0	0
	0	0	0	0	0	0	0	0
中国风景园林学会	1	1	0	1	7	0	1	0
	1	1	0	0	3	0	12	0
中国电源学会	1	2	2	0	1	0	7	0
	0	0	0	0	57	8	10	1
中国复合材料学会	2	3	2	1	47	0	40	14
	0	0	0	0	106	80	41	15
中国消防协会	1	1	1	0	0	0	30	0
	0	0	0	0	0	0	7	0
中国图象图形学学会	0	0	0	0	0	0	31	0
	0	0	0	0	2	0	2	0
中国人工智能学会	126	132	55	77	6	0	0	0
	2	7	1	6	88	2	367	8
中国体视学学会	1	1	1	0	30	0	5	0
	0	0	0	0	0	0	0	0
中国工程机械学会	0	0	0	0	5	0	0	0
	—	—	—	—	—	—	—	—
中国海洋工程咨询协会	0	0	0	0	0	0	0	0
	—	—	—	—	—	—	—	—
中国遥感应用协会	0	0	0	0	3	2	6	2
	—	—	—	—	—	—	—	—
中国指挥与控制学会	0	0	0	0	0	0	0	0
	—	—	—	—	—	—	—	—
中国光学工程学会	0	0	0	0	0	0	200	50
	0	0	0	0	11	3	7	3
中国微米纳米技术学会	0	0	0	0	0	0	50	50
	—	—	—	—	—	—	—	—
中国密码学会	0	0	0	0	11	0	127	2
	—	—	—	—	—	—	—	—
中国大坝工程学会	1	24	2	22	88	0	94	1
	—	—	—	—	—	—	—	—
中国卫星导航定位协会	0	0	0	0	8	0	0	0
	—	—	—	—	—	—	—	—

续表 7

学　会	加入国际民间科技组织（个）	任职专家（位）	#高级别任职专家（位）	#一般级别任职专家（位）	参加大陆境外科技活动人数（人次）	#参加港澳台地区科技活动人数（人次）	接待大陆境外专家学者（人次）	#接待港澳台地区专家学者（人次）
中国生物材料学会	2	3	1	2	120	10	90	50
	0	0	0	0	0	0	0	0
国际粉体检测与控制联合会	0	0	0	0	0	0	46	1
	—	—	—	—	—	—	—	—
全国农科学会小计	**43**	**63**	**28**	**31**	**1386**	**84**	**1957**	**87**
省级农科学会小计	**21**	**18**	**10**	**2**	**1487**	**379**	**2014**	**495**
中国农学会	8	9	3	6	147	0	474	0
	1	0	0	0	137	96	139	65
中国林学会	2	2	2	0	13	0	31	11
	6	1	0	0	94	90	135	114
中国土壤学会	1	5	2	3	281	20	500	30
	4	4	4	0	44	17	397	8
中国水产学会	3	3	1	2	2	0	8	0
	0	0	0	0	36	12	21	8
中国园艺学会	12	19	8	6	172	38	206	13
	0	0	0	0	52	3	106	4
中国畜牧兽医学会	2	1	1	0	108	4	120	24
	1	1	1	0	66	4	128	1
中国植物病理学会	2	8	1	7	135	0	109	0
	1	0	0	0	154	43	194	60
中国植物保护学会	1	2	1	1	41	10	1	0
	0	0	0	0	26	0	30	5
中国作物学会	7	7	7	1	194	9	242	7
	0	0	0	0	549	18	217	11
中国热带作物学会	0	0	0	0	0	0	2	0
	0	0	0	0	23	6	22	3
中国蚕学会	1	2	1	1	0	0	4	0
	0	0	0	0	0	0	0	0
中国水土保持学会	1	2	1	1	7	3	0	0
	0	0	0	0	22	13	106	52
中国茶叶学会	0	0	0	0	1	0	74	2
	0	0	0	0	67	0	31	17
中国草学会	3	3	0	3	285	0	152	0
	0	0	0	0	7	0	0	0
中国植物营养与肥料学会	0	0	0	0	0	0	4	0
	0	0	0	0	2	0	10	0

续表 8

学　会	加入国际民间科技组织（个）	任职专家（位）	#高级别任职专家（位）	#一般级别任职专家（位）	参加大陆境外科技活动人数（人次）	#参加港澳台地区科技活动人数（人次）	接待大陆境外专家学者（人次）	#接待港澳台地区专家学者（人次）
中国农业历史学会	0	0	0	0	0	0	30	0
	0	0	0	0	0	0	0	0
全国医科学会小计	**105**	**153**	**84**	**66**	**2990**	**555**	**2150**	**474**
省级医科学会小计	**86**	**130**	**74**	**28**	**3996**	**1130**	**4563**	**1203**
中华医学会	41	14	5	9	539	5	399	37
	0	0	0	0	0	0	0	0
中华中医药学会	4	16	10	6	7	3	42	35
	—	—	—	—	—	—	—	—
中国中西医结合学会	0	0	0	0	0	0	0	0
	1	2	0	2	138	88	133	68
中国药学会	4	6	0	6	21	0	81	0
	7	6	2	1	371	176	530	197
中华护理学会	7	9	6	3	38	0	64	12
	—	—	—	—	—	—	—	—
中国生理学会	2	3	3	0	1	0	65	32
	0	0	0	0	13	5	30	9
中国解剖学会	2	2	0	2	150	0	27	21
	2	3	2	1	39	1	53	4
中国生物医学工程学会	2	6	2	4	340	36	234	37
	14	8	4	0	420	314	124	44
中国病理生理学会	7	15	10	5	0	0	42	28
	0	0	0	0	0	0	2	0
中国营养学会	2	1	1	0	352	15	43	7
	0	0	0	0	250	81	69	17
中国药理学会	2	10	3	7	260	19	228	22
	3	17	1	3	59	2	156	12
中国针灸学会	1	8	8	0	500	420	70	50
	1	6	0	0	21	1	15	8
中国防痨协会	2	2	2	0	50	0	22	2
	1	0	0	0	85	62	11	3
中国麻风防治协会	1	2	2	0	44	0	0	0
	0	0	0	0	2	0	0	0
中国心理卫生协会	0	0	0	0	0	0	0	0
	0	0	0	0	14	0	48	18

续表 9

学会	加入国际民间科技组织（个）	任职专家（位）	#高级别任职专家（位）	#一般级别任职专家（位）	参加大陆境外科技活动人数（人次）	#参加港澳台地区科技活动人数（人次）	接待大陆境外专家学者（人次）	#接待港澳台地区专家学者（人次）
中国抗癌协会	3	7	7	0	200	0	71	42
	3	2	6	1	191	16	510	71
中国体育科学学会	3	7	4	3	24	2	55	16
	0	0	0	0	14	0	38	14
中国毒理学会	2	9	3	5	26	0	44	12
	1	1	1	0	80	1	9	4
中国康复医学会	5	11	5	6	112	0	162	33
	0	0	0	0	6	0	51	13
中国免疫学会	2	6	6	0	20	8	243	8
	1	3	0	3	134	17	85	17
中华预防医学会	2	2	0	0	8	0	10	6
	—	—	—	—	—	—	—	—
中国法医学会	0	0	0	0	0	0	0	0
	0	0	0	0	1	0	0	0
中华口腔医学会	9	13	5	8	268	47	173	28
	—	—	—	—	—	—	—	—
中国医学救援协会	0	0	0	0	0	0	30	20
	—	—	—	—	—	—	—	—
中国女医师协会	0	0	0	0	0	0	0	0
	0	0	0	0	0	0	0	0
中国研究型医院学会	0	0	0	0	0	0	12	0
	0	0	0	0	0	0	1	0
中国睡眠研究会	2	4	2	2	30	0	33	26
	0	0	0	0	0	0	1	0
中国卒中学会	0	0	0	0	0	0	0	0
	1	1	0	1	129	25	41	8
全国交叉学科学会小计	**39**	**78**	**26**	**42**	**420**	**37**	**1149**	**691**
省级其他学科学会小计	**21**	**280**	**272**	**8**	**13092**	**7359**	**4428**	**1573**
中国自然辩证法研究会	1	0	0	0	0	0	0	0
	0	0	0	0	5	0	2	0
中国管理现代化研究会	0	0	0	0	0	0	0	0
	0	0	0	0	60	60	60	60
中国技术经济学会	0	0	0	0	0	0	0	0
	0	0	0	0	0	0	0	0
中国现场统计研究会	0	0	0	0	0	0	0	0
	0	0	0	0	10	3	39	4

续表 10

学会	加入国际民间科技组织（个）	任职专家（位）	# 高级别任职专家（位）	# 一般级别任职专家（位）	参加大陆境外科技活动人数（人次）	# 参加港澳台地区科技活动人数（人次）	接待大陆境外专家学者（人次）	# 接待港澳台地区专家学者（人次）
中国未来研究会	1	1	1	0	35	0	11	0
	0	0	0	0	0	0	0	0
中国科学技术史学会	0	0	0	0	0	0	0	0
	0	0	0	0	11	2	5	2
中国科学技术情报学会	0	0	0	0	0	0	0	0
	1	0	0	0	5	5	69	0
中国图书馆学会	1	40	1	39	109	0	32	5
	1	4	4	0	0	0	0	0
中国城市科学研究会	0	0	0	0	0	0	0	0
	0	0	0	0	2	0	0	0
中国科学学与科技政策研究会	1	4	2	2	171	5	158	54
	0	0	0	0	0	0	0	0
中国农村专业技术协会	0	0	0	0	0	0	0	0
	1	1	1	0	90	75	102	97
中国工业设计协会	1	0	0	0	0	0	130	50
	0	0	0	0	45	15	10	5
中国工艺美术学会	0	0	0	0	0	0	0	0
	1	0	0	0	137	78	5	5
中国科普作家协会	0	0	0	0	0	0	37	30
	0	0	0	0	0	0	1	1
中国自然科学博物馆协会	0	0	0	0	0	0	0	0
	0	0	0	0	0	0	1	1
中国可持续发展研究会	0	0	0	0	0	0	0	0
	0	0	0	0	5	0	1	1
中国青少年科技辅导员协会	0	0	0	0	0	0	0	0
	1	0	0	0	28	28	2	2
中国科教电影电视协会	0	0	0	0	0	0	12	0
	0	0	0	0	0	0	0	0
中国科学技术期刊编辑学会	0	0	0	0	3	0	0	0
	0	0	0	0	0	0	0	0
中国流行色协会	1	1	0	0	3	0	18	3
	—	—	—	—	—	—	—	—
中国档案学会	2	1	0	1	0	0	13	13
	0	0	0	0	9	9	0	0
中国国土经济学会	0	0	0	0	0	0	0	0
	—	—	—	—	—	—	—	—
中国土地学会	2	1	0	0	0	0	30	30
	1	0	0	0	41	41	200	200

续表 11

学会	加入国际民间科技组织（个）	任职专家（位）	#高级别任职专家（位）	#一般级别任职专家（位）	参加大陆境外科技活动人数（人次）	#参加港澳台地区科技活动人数（人次）	接待大陆境外专家学者（人次）	#接待港澳台地区专家学者（人次）
中国科技新闻学会	1	0	0	0	0	0	5	0
	1	0	0	0	0	0	0	0
中国老科学技术工作者协会	0	0	0	0	0	0	0	0
	0	0	0	0	0	0	0	0
中国科学探险协会	0	0	0	0	0	0	0	0
	0	0	0	0	0	0	0	0
中国城市规划学会	1	0	0	0	3	0	162	33
	0	0	0	0	0	0	2	0
中国产学研合作促进会	0	0	0	0	9	9	148	126
	0	0	0	0	0	0	0	0
中国知识产权研究会	0	0	0	0	1	0	29	0
	0	0	0	0	0	0	0	0
中国发明协会	1	2	2	0	77	20	338	338
	—	—	—	—	—	—	—	—
中国工程教育专业认证协会	1	0	0	0	8	3	4	0
	—	—	—	—	—	—	—	—
中国检验检疫学会	0	0	0	0	0	0	0	0
	0	0	0	0	0	0	0	0
中国女科技工作者协会	20	24	2	22	88	0	94	1
	0	0	0	0	50	0	6	0
中国创造学会	0	0	0	0	0	0	0	0
	0	0	0	0	0	0	0	0
中国经济科技开发国际交流协会	0	0	0	0	0	0	22	9
	—	—	—	—	—	—	—	—
中国高科技产业化研究会	0	0	0	0	0	0	0	0
	—	—	—	—	—	—	—	—
中国微量元素科学研究会	0	0	0	0	0	0	0	0
	2	2	2	0	39	3	5	2
中国国际经济技术合作促进会	0	0	0	0	0	0	0	0
	—	—	—	—	—	—	—	—
中国基本建设优化研究会	0	0	0	0	0	0	0	0
	—	—	—	—	—	—	—	—
中国科技馆发展基金会	0	0	0	0	0	0	0	0
	—	—	—	—	—	—	—	—
中国生物多样性保护与绿色发展基金会	4	2	2	0	0	0	0	0
	—	—	—	—	—	—	—	—
中国反邪教协会	0	0	0	0	0	0	0	0
	0	0	0	0	0	0	0	0

五、学术交流

2019年各全国学会、省级同名学会学术交流情况

学会	开展推进创新创业活动					专家服务工作站（中心）数（个）	专家进站（中心）人数（人次）
	项数（项）	#举办竞赛、论坛、展览等（场次）	#开展咨询、教育、培训等（场次）	#开展投融资、成果转化等（项）	参与服务活动的科技工作者（人次）		
全国学会合计	**2328**	**688**	**1368**	**283**	**156389**	**256**	**63259**
省级同名学会合计	**12173**	**3356**	**7480**	**896**	**552497**	**660**	**22514**
全国理科学会小计	**56**	**31**	**25**	**1**	**1750**	**14**	**136**
省级理科学会小计	**1231**	**474**	**563**	**66**	**34188**	**101**	**1088**
中国数学会	0	0	0	0	0	0	0
	27	18	9	0	386	0	0
中国物理学会	0	0	0	0	0	0	0
	64	41	25	2	765	4	32
中国力学学会	4	2	2	0	230	0	0
	33	15	4	11	596	5	17
中国光学学会	23	15	8	0	300	0	0
	29	17	8	3	1786	10	88
中国声学学会	9	3	6	0	150	0	0
	11	6	5	0	30	1	8
中国化学会	2	2	0	0	750	1	3
	146	37	18	92	1014	4	90
中国天文学会	0	0	0	0	0	0	0
	85	23	62	0	708	3	115
中国气象学会	4	0	3	1	57	0	0
	78	47	29	2	2872	1	7
中国空间科学学会	1	1	0	0	25	0	0
	—	—	—	—	—	—	—
中国地质学会	0	0	0	0	0	0	0
	45	18	25	2	2389	4	17
中国地理学会	3	3	0	0	0	0	0
	38	5	35	0	125	1	3
中国地球物理学会	0	0	0	0	0	7	87
	20	10	8	2	445	1	3
中国矿物岩石地球化学学会	0	0	0	0	0	0	0
	2	0	2	0	7	0	0
中国古生物学会	0	0	0	0	0	0	0
	8	6	2	0	35	0	0
中国海洋湖沼学会	0	0	0	0	0	0	0
	8	4	5	0	68	1	0

续表 1

学　会	开展推进创新创业活动					专家服务工作站(中心)数(个)	专家进站(中心)人数(人次)
	项数(项)	# 举办竞赛、论坛、展览等(场次)	# 开展咨询、教育、培训等(场次)	# 开展投融资、成果转化等(项)	参与服务活动的科技工作者(人次)		
中国海洋学会	0	0	0	0	0	0	0
	0	0	0	0	0	0	0
中国地震学会	0	0	0	0	0	0	0
	6	3	2	1	127	0	0
中国动物学会	0	0	0	0	0	0	0
	73	13	62	0	310	0	0
中国植物学会	2	0	2	0	22	0	0
	24	20	3	0	91	3	10
中国昆虫学会	0	0	0	0	0	0	0
	25	12	13	0	170	9	104
中国微生物学会	0	0	0	0	0	0	0
	44	18	19	7	800	5	28
中国生物化学与分子生物学会	0	0	0	0	0	0	0
	27	11	11	3	4729	2	26
中国细胞生物学学会	2	1	1	0	4	0	0
	57	9	46	1	1813	1	7
中国植物生理与植物分子生物学学会	0	0	0	0	0	2	15
	0	0	0	0	0	0	0
中国生物物理学会	0	0	0	0	0	0	0
	2	1	1	0	13	0	0
中国遗传学会	0	0	0	0	0	0	0
	60	46	12	2	325	12	101
中国心理学会	0	0	0	0	0	0	0
	23	6	17	1	774	0	0
中国生态学学会	1	1	0	0	0	3	30
	13	5	4	1	276	0	0
中国环境科学学会	0	0	0	0	0	0	0
	215	24	49	11	3865	28	380
中国自然资源学会	0	0	0	0	0	0	0
	2	0	2	0	2	0	0
中国感光学会	0	0	0	0	0	1	1
	—	—	—	—	—	—	—
中国优选法统筹法与经济数学研究会	1	1	1	0	0	0	0
	0	0	0	0	0	0	0
中国岩石力学与工程学会	1	1	0	0	12	0	0
	21	11	6	2	1844	1	63

续表 2

学　会	开展推进创新创业活动					专家服务工作站（中心）数（个）	专家进站（中心）人数（人次）
	项数（项）	# 举办竞赛、论坛、展览等（场次）	# 开展咨询、教育、培训等（场次）	# 开展投融资、成果转化等（项）	参与服务活动的科技工作者（人次）		
中国野生动物保护协会	0	0	0	0	0	0	0
	1	0	1	0	1	0	0
中国系统工程学会	0	0	0	0	0	0	0
	11	8	2	1	32	1	3
中国实验动物学会	0	0	0	0	0	0	0
	20	4	17	0	20	0	0
中国青藏高原研究会	0	0	0	0	0	0	0
	—	—	—	—	—	—	—
中国环境诱变剂学会	0	0	0	0	0	0	0
	3	2	0	1	11	2	9
中国运筹学会	0	0	0	0	0	0	0
	9	5	3	1	1481	1	1
中国菌物学会	0	0	0	0	0	0	0
	1	0	1	0	4	0	0
中国晶体学会	0	0	0	0	0	0	0
	—	—	—	—	—	—	—
中国神经科学学会	1	1	0	0	0	0	0
	4	1	3	0	6	0	0
中国认知科学学会	2	0	2	0	200	0	0
	0	0	0	0	0	0	0
中国微循环学会	0	0	0	0	0	0	0
	1	0	1	0	8	3	6
国际数字地球协会	0	0	0	0	0	0	0
	—	—	—	—	—	—	—
国际动物学会	0	0	0	0	0	0	0
	73	13	62	0	310	0	0
全国工科学会小计	**819**	**351**	**342**	**137**	**102302**	**87**	**955**
省级工科学会小计	**3797**	**1308**	**2054**	**346**	**159953**	**277**	**5929**
中国机械工程学会	5	5	1	0	10075	5	25
	327	88	228	10	11003	15	180
中国汽车工程学会	0	0	0	0	0	0	0
	30	22	8	2	2581	5	114
中国农业机械学会	2	1	1	1	20	2	28
	27	7	18	3	2032	2	84
中国农业工程学会	6	6	0	0	42560	0	0
	38	8	27	3	1148	1	18

续表 3

学会	开展推进创新创业活动					专家服务工作站(中心)数(个)	专家进站(中心)人数(人次)
	项数(项)	# 举办竞赛、论坛、展览等(场次)	# 开展咨询、教育、培训等(场次)	# 开展投融资、成果转化等(项)	参与服务活动的科技工作者(人次)		
中国电机工程学会	34	12	20	2	1645	1	8
	90	29	43	2	12070	5	63
中国电工技术学会	9	6	3	0	51	1	32
	6	5	1	0	70	2	7
中国水力发电工程学会	0	0	0	0	0	0	0
	7	4	3	0	1030	2	1
中国水利学会	27	10	14	1	349	0	0
	191	87	90	14	7775	3	8
中国内燃机学会	0	0	0	0	0	0	0
	8	8	0	0	52	0	0
中国工程热物理学会	3	1	1	1	0	0	0
	4	1	3	0	8	0	0
中国空气动力学会	0	0	0	0	0	0	0
	—	—	—	—	—	—	—
中国制冷学会	15	11	4	0	112	1	10
	41	24	17	0	644	3	36
中国真空学会	0	0	0	0	0	0	0
	18	9	7	2	309	0	0
中国自动化学会	59	34	12	11	3864	5	0
	119	21	10	89	253	4	90
中国仪器仪表学会	140	47	87	6	6807	1	1
	22	13	17	7	1010	2	12
中国计量测试学会	1	1	0	0	50	2	70
	63	4	59	0	2948	1	10
中国标准化协会	0	0	0	0	0	0	0
	34	6	28	0	252	5	750
中国图学学会	9	4	5	0	0	0	0
	49	16	33	0	417	1	20
中国电子学会	60	46	9	7	3281	0	0
	135	72	58	5	6214	8	167
中国计算机学会	0	0	0	0	0	0	0
	105	52	50	3	14258	9	424
中国通信学会	0	0	0	0	0	0	0
	32	18	14	0	4297	2	9

续表 4

学会	开展推进创新创业活动					专家服务工作站(中心)数(个)	专家进站(中心)人数(人次)
	项数(项)	#举办竞赛、论坛、展览等(场次)	#开展咨询、教育、培训等(场次)	#开展投融资、成果转化等(项)	参与服务活动的科技工作者(人次)		
中国中文信息学会	23	15	8	0	8000	0	0
	4	1	3	0	0	0	0
中国测绘学会	—	—	—	—	—	—	—
	56	19	22	11	2407	5	32
中国造船工程学会	21	5	21	2	78	0	0
	59	23	30	5	1352	4	315
中国航海学会	14	4	10	0	155	0	0
	23	8	16	1	1318	12	182
中国铁道学会	0	0	0	0	0	0	0
	76	29	41	0	1564	1	0
中国公路学会	16	4	6	6	3180	0	0
	109	18	56	35	8352	11	1389
中国航空学会	13	13	0	0	1000	0	0
	64	33	29	2	3568	5	67
中国宇航学会	3	1	0	2	180	0	0
	2	1	0	0	220	0	0
中国兵工学会	0	0	0	0	0	16	86
	9	2	2	6	15	0	0
中国金属学会	1	1	1	0	5	2	30
	109	30	48	8	3246	5	47
中国有色金属学会	0	0	0	0	0	0	0
	11	5	5	1	30	2	10
中国稀土学会	0	0	0	0	0	0	0
	0	0	0	0	0	0	0
中国腐蚀与防护学会	73	0	12	61	24	0	0
	75	65	10	3	563	2	8
中国化工学会	51	22	16	15	698	8	259
	69	32	31	9	2643	26	124
中国核学会	0	0	0	0	0	0	0
	19	15	4	0	495	3	142
中国石油学会	0	0	0	0	0	1	5
	32	16	10	6	4614	2	27
中国煤炭学会	7	1	7	1	220	2	23
	11	8	3	0	1179	1	17
中国可再生能源学会	1	1	0	0	0	3	29
	5	4	0	1	21	1	4

续表 5

学会	开展推进创新创业活动					专家服务工作站(中心)数(个)	专家进站(中心)人数(人次)
	项数(项)	#举办竞赛、论坛、展览等(场次)	#开展咨询、教育、培训等(场次)	#开展投融资、成果转化等(项)	参与服务活动的科技工作者(人次)		
中国能源研究会	1	0	1	0	42	0	0
	15	7	9	2	111	2	25
中国硅酸盐学会	28	24	0	4	1072	0	0
	31	10	12	7	110	3	18
中国建筑学会	0	0	0	0	0	0	0
	554	76	466	8	11825	35	249
中国土木工程学会	0	0	0	0	0	0	0
	0	0	0	0	0	0	0
中国生物工程学会	0	0	0	0	0	0	0
	9	6	2	1	1060	2	10
中国纺织工程学会	61	2	59	0	281	9	60
	45	12	24	4	835	18	250
中国造纸学会	9	2	2	5	6	1	25
	25	2	18	5	217	0	0
中国文物保护技术协会	0	0	0	0	0	0	0
	—	—	—	—	—	—	—
中国印刷技术协会	7	2	3	2	20	4	19
	7	4	3	0	20	0	0
中国材料研究学会	22	10	10	2	330	3	98
	3	1	2	0	15	1	36
中国食品科学技术学会	2	1	0	1	20	0	0
	56	41	12	3	806	14	74
中国粮油学会	5	5	0	0	1000	0	0
	10	4	4	2	86	0	0
中国职业安全健康协会	8	6	2	0	1200	0	0
	155	2	113	0	460	0	0
中国烟草学会	0	0	0	0	0	0	0
	35	16	19	0	1495	1	60
中国仿真学会	0	0	0	0	0	0	0
	0	0	0	0	0	0	0
中国电影电视技术学会	0	0	0	0	0	0	0
	0	0	0	0	0	0	0
中国振动工程学会	0	0	0	0	0	0	0
	30	10	10	10	100	1	8
中国颗粒学会	0	0	0	0	0	0	0
	6	2	3	1	205	3	18

续表 6

学　会	开展推进创新创业活动					专家服务工作站（中心）数（个）	专家进站（中心）人数（人次）
	项数（项）	#举办竞赛、论坛、展览等（场次）	#开展咨询、教育、培训等（场次）	#开展投融资、成果转化等（项）	参与服务活动的科技工作者（人次）		
中国照明学会	0	0	0	0	0	0	0
	20	13	8	1	407	2	9
中国动力工程学会	0	0	0	0	0	0	0
	0	0	0	0	0	0	0
中国惯性技术学会	0	0	0	0	0	0	0
	2	0	2	0	35	0	0
中国风景园林学会	6	5	1	0	6	0	0
	66	4	60	1	750	0	0
中国电源学会	1	0	0	1	180	0	0
	18	6	9	5	860	0	0
中国复合材料学会	8	2	3	3	10000	13	74
	3	1	2	0	53	1	4
中国消防协会	0	0	0	0	0	0	0
	37	0	37	0	1464	1	5
中国图象图形学学会	1	1	0	0	7	0	0
	2	1	1	0	22	0	0
中国人工智能学会	15	10	5	0	70	2	10
	93	62	25	6	15141	0	0
中国体视学学会	0	0	0	0	0	0	0
	0	0	0	0	0	0	0
中国工程机械学会	0	0	0	0	0	0	0
	—	—	—	—	—	—	—
中国海洋工程咨询协会	11	6	5	0	0	0	0
	—	—	—	—	—	—	—
中国遥感应用协会	3	3	0	0	0	0	0
	—	—	—	—	—	—	—
中国指挥与控制学会	0	0	0	0	0	1	3
	—	—	—	—	—	—	—
中国光学工程学会	10	5	3	2	1500	1	60
	6	5	1	0	159	0	0
中国微米纳米技术学会	10	5	4	1	2410	0	0
	—	—	—	—	—	—	—
中国密码学会	5	3	2	0	150	0	0
	—	—	—	—	—	—	—
中国大坝工程学会	7	3	4	0	968	0	0
	—	—	—	—	—	—	—
中国卫星导航定位协会	1	1	0	0	5	0	0
	—	—	—	—	—	—	—

续表 7

学　会	开展推进创新创业活动					专家服务工作站(中心)数(个)	
	项　数(项)	# 举办竞赛、论坛、展览等(场次)	# 开展咨询、教育、培训等(场次)	# 开展投融资、成果转化等(项)	参与服务活动的科技工作者(人次)		专家进站(中心)人数(人次)
中国生物材料学会	0	0	0	0	0	0	0
	0	0	0	0	0	0	0
国际粉体检测与控制联合会	2	1	0	0	680	0	0
	—	—	—	—	—	—	—
全国农科学会小计	**750**	**85**	**580**	**86**	**8031**	**51**	**376**
省级农科学会小计	**1630**	**263**	**1273**	**65**	**18068**	**98**	**822**
中国农学会	143	1	142	0	3685	8	63
	559	14	531	9	2781	12	90
中国林学会	160	40	60	60	1000	5	47
	197	51	136	7	6486	3	18
中国土壤学会	0	0	0	0	0	0	0
	37	13	24	0	1103	1	20
中国水产学会	0	0	0	0	0	16	50
	35	11	21	3	523	12	70
中国园艺学会	404	31	364	9	1245	5	26
	73	17	43	8	745	8	74
中国畜牧兽医学会	3	1	1	0	20	2	14
	35	12	22	3	311	22	121
中国植物病理学会	0	0	0	0	0	0	0
	27	18	9	0	386	0	0
中国植物保护学会	0	0	0	0	0	0	0
	21	5	16	0	451	2	6
中国作物学会	38	10	13	17	1556	3	18
	39	10	23	8	681	10	53
中国热带作物学会	0	0	0	0	0	4	110
	3	0	3	0	0	2	11
中国蚕学会	1	1	0	0	25	0	0
	2	0	2	0	0	0	0
中国水土保持学会	0	0	0	0	0	0	0
	9	3	6	0	454	0	0
中国茶叶学会	1	1	0	0	500	8	48
	75	16	59	0	930	7	88
中国草学会	0	0	0	0	0	0	0
	35	16	19	0	1495	1	60
中国植物营养与肥料学会	0	0	0	0	0	0	0
	12	1	10	1	30	0	0

续表 8

学　会	开展推进创新创业活动					专家服务工作站（中心）数（个）	专家进站（中心）人数（人次）
	项　数（项）	# 举办竞赛、论坛、展览等（场次）	# 开展咨询、教育、培训等（场次）	# 开展投融资、成果转化等（项）	参与服务活动的科技工作者（人次）		
中国农业历史学会	0	0	0	0	0	0	0
	1	1	0	0	0	0	0
全国医科学会小计	**552**	**165**	**335**	**52**	**38881**	**46**	**55067**
省级医科学会小计	**2749**	**665**	**2009**	**36**	**151393**	**120**	**2528**
中华医学会	0	0	0	0	0	0	0
	0	0	0	0	0	0	0
中华中医药学会	467	150	269	48	27672	29	54933
	—	—	—	—	—	—	—
中国中西医结合学会	0	0	0	0	0	0	0
	61	26	45	0	665	5	23
中国药学会	33	0	33	0	1532	2	6
	250	71	175	4	9234	29	825
中华护理学会	0	0	0	0	0	0	0
	—	—	—	—	—	—	—
中国生理学会	0	0	0	0	0	0	0
	23	4	17	1	243	1	7
中国解剖学会	0	0	0	0	0	0	0
	15	7	7	1	135	0	0
中国生物医学工程学会	0	0	0	0	0	1	30
	14	6	8	0	823	1	8
中国病理生理学会	0	0	0	0	0	0	0
	2	2	0	0	165	0	0
中国营养学会	4	3	1	0	3100	4	33
	289	15	268	6	1969	23	89
中国药理学会	16	0	16	0	4175	0	0
	18	5	13	0	1148	2	2
中国针灸学会	0	0	0	0	0	10	65
	45	8	39	0	2008	1	7
中国防痨协会	11	3	4	4	400	0	0
	5	2	3	0	894	2	10
中国麻风防治协会	0	0	0	0	0	0	0
	10	1	9	0	595	10	20
中国心理卫生协会	0	0	0	0	0	0	0
	36	2	35	0	80	1	4

续表 9

学会	开展推进创新创业活动					专家服务工作站（中心）数（个）	专家进站（中心）人数（人次）
	项数（项）	# 举办竞赛、论坛、展览等（场次）	# 开展咨询、教育、培训等（场次）	# 开展投融资、成果转化等（项）	参与服务活动的科技工作者（人次）		
中国抗癌协会	0	0	0	0	0	0	0
	62	20	43	0	2030	1	1
中国体育科学学会	0	0	0	0	0	0	0
	30	16	14	0	826	2	4
中国毒理学会	0	0	0	0	0	0	0
	8	8	3	0	985	0	0
中国康复医学会	0	0	0	0	0	0	0
	94	74	80	0	31654	0	0
中国免疫学会	0	0	0	0	0	0	0
	17	1	16	1	934	0	0
中华预防医学会	0	0	0	0	0	0	0
	—	—	—	—	—	—	—
中国法医学会	0	0	0	0	0	0	0
	15	6	9	0	520	0	0
中华口腔医学会	4	2	2	0	0	0	0
	—	—	—	—	—	—	—
中国医学救援协会	6	1	5	0	2000	0	0
	—	—	—	—	—	—	—
中国女医师协会	0	0	0	0	0	0	0
	0	0	0	0	0	0	0
中国研究型医院学会	0	0	0	0	0	0	0
	7	3	3	1	500	0	0
中国睡眠研究会	11	6	5	0	2	0	0
	2	1	1	0	0	1	0
中国卒中学会	0	0	0	0	0	0	0
	91	28	58	3	301	0	0
全国交叉学科学会小计	**151**	**56**	**86**	**7**	**5425**	**58**	**6725**
省级其他学科学会小计	**2766**	**646**	**1581**	**383**	**188895**	**64**	**12147**
中国自然辩证法研究会	0	0	0	0	0	0	0
	19	9	9	1	123	0	0
中国管理现代化研究会	8	4	2	0	2845	0	0
	5	1	4	0	68	0	0
中国技术经济学会	0	0	0	0	0	0	0
	0	1	0	0	70	0	0
中国现场统计研究会	0	0	0	0	0	0	0
	0	0	0	0	0	0	0

续表 10

学会	开展推进创新创业活动					专家服务工作站（中心）数（个）	专家进站（中心）人数（人次）
	项数（项）	#举办竞赛、论坛、展览等（场次）	#开展咨询、教育、培训等（场次）	#开展投融资、成果转化等（项）	参与服务活动的科技工作者（人次）		
中国未来研究会	0	0	0	0	0	0	0
	7	0	7	0	0	0	0
中国科学技术史学会	0	0	0	0	0	0	0
	5	3	2	0	0	1	2
中国科学技术情报学会	6	3	3	0	20	0	0
	152	33	119	1	1299	0	0
中国图书馆学会	0	0	0	0	0	0	0
	19	11	8	0	925	0	0
中国城市科学研究会	7	4	3	0	40	0	0
	7	4	4	0	108	1	5
中国科学学与科技政策研究会	21	10	7	4	0	1	5
	0	0	0	0	0	0	0
中国农村专业技术协会	0	0	0	0	0	26	26
	133	8	56	4	280	7	76
中国工业设计协会	3	1	2	0	0	0	0
	6	2	4	0	10	1	0
中国工艺美术学会	0	0	0	0	0	0	0
	78	43	18	1	345	1	0
中国科普作家协会	17	2	15	0	1000	1	6547
	23	15	8	0	1171	0	0
中国自然科学博物馆协会	0	0	0	0	0	0	0
	7	3	4	0	960	1	2
中国可持续发展研究会	0	0	0	0	0	0	0
	14	5	8	5	425	0	0
中国青少年科技辅导员协会	5	5	0	0	0	0	0
	93	25	68	0	425	0	0
中国科教电影电视协会	0	0	0	0	0	0	0
	0	0	0	0	0	0	0
中国科学技术期刊编辑学会	0	0	0	0	0	0	0
	13	4	7	2	562	1	4
中国流行色协会	40	4	36	0	84	5	47
	—	—	—	—	—	—	—
中国档案学会	0	0	0	0	0	0	0
	2	2	0	0	320	0	0
中国国土经济学会	0	0	0	0	0	2	6
	—	—	—	—	—	—	—
中国土地学会	5	1	4	0	0	0	0
	29	13	16	0	1274	1	0

续表 11

学会	开展推进创新创业活动					专家服务	
	项数(项)	# 举办竞赛、论坛、展览等(场次)	# 开展咨询、教育、培训等(场次)	# 开展投融资、成果转化等(项)	参与服务活动的科技工作者(人次)	工作站(中心)数(个)	专家进站(中心)人数(人次)
中国科技新闻学会	1	1	0	0	0	1	30
	11	0	10	1	2300	0	0
中国老科学技术工作者协会	0	0	0	0	0	0	0
	6	1	4	1	50	6	50
中国科学探险协会	0	0	0	0	0	0	0
	0	0	0	0	0	0	0
中国城市规划学会	17	7	8	2	530	2	29
	6	1	5	0	0	0	0
中国产学研合作促进会	0	0	0	0	0	0	0
	2	1	0	0	100	0	0
中国知识产权研究会	0	0	0	0	0	0	0
	5	2	2	1	223	0	0
中国发明协会	4	2	1	1	6	10	3
	—	—	—	—	—	—	—
中国工程教育专业认证协会	0	0	0	0	0	0	0
	—	—	—	—	—	—	—
中国检验检疫学会	4	3	1	0	0	0	0
	0	0	0	0	0	0	0
中国女科技工作者协会	7	3	4	0	968	0	0
	11	7	10	3	3026	0	0
中国创造学会	8	4	4	0	320	1	0
	12	1	11	0	511	2	80
中国经济科技开发国际交流协会	3	3	0	0	360	0	0
	—	—	—	—	—	—	—
中国高科技产业化研究会	0	0	0	0	0	8	32
	—	—	—	—	—	—	—
中国微量元素科学研究会	0	0	0	0	0	0	0
	26	16	11	1	301	0	0
中国国际经济技术合作促进会	0	0	0	0	0	0	0
	—	—	—	—	—	—	—
中国基本建设优化研究会	2	2	0	0	220	0	0
	—	—	—	—	—	—	—
中国科技馆发展基金会	0	0	0	0	0	0	0
	—	—	—	—	—	—	—
中国生物多样性保护与绿色发展基金会	0	0	0	0	0	0	0
	—	—	—	—	—	—	—
中国反邪教协会	0	0	0	0	0	0	0
	13	0	13	0	56	0	0

续表 12

学会	专家服务团队（个）	参加服务团队专家人数（人次）	国内学术会议			
			次数（次）	#学术年会（次）	参加人数（人次）	交流论文、报告数（篇）
全国学会合计	**453**	**76705**	**4362**	**1915**	**1762085**	**644865**
省级同名学会合计	**1585**	**47049**	**11897**	**4823**	**2646256**	**319551**
全国理科学会小计	**40**	**590**	**752**	**323**	**258446**	**111637**
省级理科学会小计	**266**	**4874**	**980**	**494**	**183744**	**39977**
中国数学会	0	0	7	4	2360	496
	1	0	17	12	4234	1060
中国物理学会	0	0	66	17	21846	9778
	16	372	102	37	14094	2697
中国力学学会	2	15	55	42	15315	8333
	4	72	55	37	9182	3146
中国光学学会	0	0	27	4	8287	3361
	9	317	49	21	8207	1051
中国声学学会	0	0	8	1	1850	740
	3	28	25	14	3085	1014
中国化学会	0	0	44	17	45253	34643
	15	378	86	36	14377	3905
中国天文学会	0	0	12	1	1539	653
	5	291	22	6	1274	338
中国气象学会	1	8	19	7	2891	1693
	7	207	54	30	7559	4804
中国空间科学学会	1	4	15	11	2716	1628
	—	—	—	—	—	—
中国地质学会	0	0	17	1	6467	3035
	20	358	41	13	6091	972
中国地理学会	3	62	49	39	21578	8542
	8	45	26	16	7240	2550
中国地球物理学会	8	82	33	1	5997	3235
	0	0	24	8	2950	728
中国矿物岩石地球化学学会	0	0	7	1	3980	1623
	5	5	12	3	1928	231
中国古生物学会	0	0	3	2	552	400
	0	0	6	6	665	171
中国海洋湖沼学会	6	134	5	0	1673	1031
	1	0	4	2	366	38

续表 13

学会	专家服务团队（个）	参加服务团队专家人数（人次）	国内学术会议 次数（次）	#学术年会（次）	参加人数（人次）	交流论文、报告数（篇）
中国海洋学会	0	0	11	1	2086	223
	0	0	2	2	812	168
中国地震学会	3	34	21	11	5976	3043
	1	40	16	3	7537	288
中国动物学会	0	0	16	13	5035	2008
	10	163	38	24	5214	1838
中国植物学会	0	0	6	4	3492	668
	18	196	34	15	6562	1128
中国昆虫学会	0	0	11	1	2905	757
	18	354	25	15	5130	872
中国微生物学会	0	0	13	8	7430	2092
	10	78	48	20	10306	3159
中国生物化学与分子生物学会	0	0	19	14	6410	1457
	4	114	28	15	4372	560
中国细胞生物学学会	0	0	15	3	6074	945
	70	745	55	39	7972	751
中国植物生理与植物分子生物学学会	0	0	8	5	4600	1171
	1	20	2	1	310	21
中国生物物理学会	5	120	10	8	3150	670
	1	2	7	5	2179	206
中国遗传学会	0	0	6	5	3311	1390
	11	332	27	16	7074	2484
中国心理学会	0	0	40	27	12368	4498
	0	0	35	25	6517	1594
中国生态学学会	9	101	32	12	9356	4000
	0	0	11	5	1655	183
中国环境科学学会	0	0	0	0	0	0
	20	355	46	22	15735	889
中国自然资源学会	0	0	29	6	6196	1270
	3	112	3	3	450	98
中国感光学会	1	15	6	1	1171	380
	—	—	—	—	—	—
中国优选法统筹法与经济数学研究会	0	0	27	13	5292	938
	0	0	0	0	0	0
中国岩石力学与工程学会	0	0	6	1	4236	816
	7	166	18	10	8073	1207

续表 14

学　会	专家服务团队（个）	参加服务团队专家人数（人次）	国内学术会议 次数（次）	#学术年会（次）	参加人数（人次）	交流论文、报告数（篇）
中国野生动物保护协会	2	15	3	0	561	58
	0	0	0	0	0	0
中国系统工程学会	0	0	10	5	2907	1889
	0	0	13	8	2577	253
中国实验动物学会	0	0	18	4	3227	711
	4	120	13	8	1306	211
中国青藏高原研究会	0	0	0	0	0	0
	—	—	—	—	—	—
中国环境诱变剂学会	0	0	11	5	1712	362
	1	55	15	7	1242	462
中国运筹学会	0	0	14	12	2789	654
	0	0	19	9	3421	554
中国菌物学会	0	0	1	1	900	240
	0	0	0	0	0	0
中国晶体学会	0	0	0	0	0	0
	—	—	—	—	—	—
中国神经科学学会	0	0	33	6	10433	1806
	0	0	33	10	9746	992
中国认知科学学会	0	0	1	1	400	40
	0	0	2	1	250	24
中国微循环学会	0	0	13	8	3690	380
	4	37	10	9	3209	209
国际数字地球协会	0	0	0	0	0	0
	—	—	—	—	—	—
国际动物学会	0	0	0	0	0	0
	10	163	38	24	5214	1838
全国工科学会小计	**148**	**7638**	**2036**	**772**	**573906**	**108059**
省级工科学会小计	**429**	**11996**	**2451**	**842**	**450422**	**54112**
中国机械工程学会	4	172	88	37	18886	3650
	32	455	125	74	26921	4475
中国汽车工程学会	0	0	0	0	0	0
	8	455	26	8	5482	552
中国农业机械学会	1	18	26	6	5322	268
	5	212	19	9	2608	201
中国农业工程学会	0	0	19	6	4369	1263
	9	194	11	6	2440	219

续表 15

学　会	专家服务团队（个）	参加服务团队专家人数（人次）	国内学术会议 次数（次）	#学术年会（次）	参加人数（人次）	交流论文、报告数（篇）
中国电机工程学会	3	394	112	39	19662	4549
	23	483	166	26	16461	2632
中国电工技术学会	4	109	76	37	14068	3890
	0	0	17	7	2939	191
中国水力发电工程学会	2	541	24	20	3741	1576
	3	36	51	29	6535	2903
中国水利学会	10	926	61	32	13674	2250
	6	170	74	10	9615	1160
中国内燃机学会	0	0	12	12	1763	596
	0	0	15	6	1359	409
中国工程热物理学会	1	4	5	5	5330	2462
	1	10	7	2	650	206
中国空气动力学会	0	0	16	7	2083	1567
	—	—	—	—	—	—
中国制冷学会	0	0	6	3	2424	675
	11	158	41	18	11341	869
中国真空学会	0	0	2	1	421	92
	1	4	22	8	3160	899
中国自动化学会	6	352	69	29	24124	5826
	12	280	45	25	8697	2545
中国仪器仪表学会	5	190	49	25	10102	1702
	4	17	13	5	1600	203
中国计量测试学会	2	70	16	1	3570	200
	1	20	14	6	1190	140
中国标准化协会	0	0	4	1	840	187
	5	71	17	4	1176	77
中国图学学会	4	97	15	8	2557	198
	8	191	12	10	1319	81
中国电子学会	4	48	92	49	40367	5213
	8	189	59	21	22946	538
中国计算机学会	0	0	33	33	17286	2554
	12	196	105	32	17155	1159
中国通信学会	0	0	42	11	24687	1069
	13	348	56	18	11393	753

续表 16

学会	专家服务团队（个）	参加服务团队专家人数（人次）	国内学术会议 次数（次）	#学术年会（次）	参加人数（人次）	交流论文、报告数（篇）
中国中文信息学会	0	0	12	1	4096	700
	0	0	2	0	240	14
中国测绘学会	—	—	—	—	—	—
	6	218	52	12	8918	541
中国造船工程学会	0	0	45	20	4640	1710
	6	145	28	11	3274	556
中国航海学会	2	1240	17	9	1272	654
	6	90	27	12	2846	500
中国铁道学会	0	0	58	6	7265	2027
	1	0	7	2	1154	474
中国公路学会	7	630	43	16	22340	1215
	9	1658	112	15	17479	1336
中国航空学会	0	0	24	15	3700	2856
	25	479	30	7	3562	453
中国宇航学会	0	0	61	17	13585	2796
	0	0	39	9	3138	915
中国兵工学会	1	25	40	23	4639	2070
	0	0	6	3	1648	241
中国金属学会	3	22	68	32	13017	1999
	8	105	93	51	12333	3306
中国有色金属学会	0	0	33	1	10532	4591
	3	22	22	12	1923	309
中国稀土学会	0	0	6	0	1670	380
	0	0	4	2	374	127
中国腐蚀与防护学会	3	32	17	11	2992	1118
	2	10	16	4	1469	436
中国化工学会	11	549	72	43	18449	6816
	14	141	88	20	14279	2427
中国核学会	0	0	2	1	1150	1416
	7	131	31	22	5607	1510
中国石油学会	1	20	49	10	13960	5868
	3	29	27	4	3863	973
中国煤炭学会	2	145	40	19	5511	1027
	0	0	16	11	2174	1066
中国可再生能源学会	2	20	13	3	3178	930
	2	59	4	1	806	108

续表 17

学　会	专家服务团队（个）	参加服务团队专家人数（人次）	国内学术会议 次数（次）	#学术年会（次）	参加人数（人次）	交流论文、报告数（篇）
中国能源研究会	0	0	9	1	1565	38
	5	83	30	7	4828	394
中国硅酸盐学会	0	0	17	13	4591	1016
	4	98	35	13	5569	1174
中国建筑学会	0	0	39	15	15363	1068
	28	2003	221	59	47872	2093
中国土木工程学会	6	101	64	6	22674	2698
	0	0	25	4	5425	1089
中国生物工程学会	0	0	0	0	0	0
	0	0	11	5	1781	324
中国纺织工程学会	21	77	28	4	7530	1612
	24	325	30	12	3716	713
中国造纸学会	0	0	4	2	2272	360
	1	6	9	5	1299	287
中国文物保护技术协会	0	0	2	0	216	35
	—	—	—	—	—	—
中国印刷技术协会	2	87	0	0	0	0
	0	0	0	0	0	0
中国材料研究学会	7	563	41	31	18954	7533
	1	10	5	1	1400	382
中国食品科学技术学会	1	9	3	1	3960	782
	12	510	15	6	3469	480
中国粮油学会	0	0	12	11	3011	338
	3	19	2	2	203	88
中国职业安全健康协会	7	586	1	1	400	75
	0	0	0	0	0	0
中国烟草学会	1	22	0	0	0	0
	2	65	19	13	1883	1370
中国仿真学会	0	0	12	12	1873	284
	0	0	1	0	76	4
中国电影电视技术学会	0	0	15	5	3109	149
	0	0	4	1	376	9
中国振动工程学会	0	0	15	6	3945	1683
	1	4	11	7	1546	431
中国颗粒学会	0	0	10	7	2194	861
	5	53	8	2	718	160

续表 18

学会	专家服务团队（个）	参加服务团队专家人数（人次）	国内学术会议			
			次数（次）	#学术年会（次）	参加人数（人次）	交流论文、报告数（篇）
中国照明学会	0	0	13	1	3510	153
	8	133	21	10	5051	248
中国动力工程学会	0	0	9	9	659	254
	0	0	0	0	0	0
中国惯性技术学会	0	0	11	1	825	343
	0	0	2	2	188	53
中国风景园林学会	1	12	17	17	6720	214
	3	170	26	7	4605	183
中国电源学会	0	0	9	1	3160	849
	0	0	4	2	580	92
中国复合材料学会	6	340	44	3	5780	1766
	0	0	6	2	1210	396
中国消防协会	0	0	1	1	300	112
	3	37	7	4	1337	171
中国图象图形学学会	1	35	6	0	2809	396
	0	0	0	0	0	0
中国人工智能学会	5	84	152	10	44822	3465
	0	0	24	12	6505	305
中国体视学学会	0	0	9	2	2205	357
	0	0	0	0	0	0
中国工程机械学会	0	0	11	5	2433	77
	—	—	—	—	—	—
中国海洋工程咨询协会	0	0	0	0	0	0
	—	—	—	—	—	—
中国遥感应用协会	0	0	12	2	2160	111
	—	—	—	—	—	—
中国指挥与控制学会	3	82	34	5	31300	983
	—	—	—	—	—	—
中国光学工程学会	5	47	18	6	9130	1356
	0	0	0	0	0	0
中国微米纳米技术学会	1	8	3	0	840	167
	—	—	—	—	—	—
中国密码学会	0	0	0	0	0	0
	—	—	—	—	—	—
中国大坝工程学会	1	28	8	1	1866	698
	—	—	—	—	—	—
中国卫星导航定位协会	0	0	2	1	8358	162
	—	—	—	—	—	—

续表 19

学会	专家服务团队（个）	参加服务团队专家人数（人次）	国内学术会议 次数（次）	#学术年会（次）	参加人数（人次）	交流论文、报告数（篇）
中国生物材料学会	2	54	13	3	7531	4093
	0	0	0	0	0	0
国际粉体检测与控制联合会	0	0	5	0	819	46
	—	—	—	—	—	—
全国农科学会小计	**94**	**3730**	**319**	**171**	**97597**	**25229**
省级农科学会小计	**236**	**5612**	**447**	**160**	**74357**	**9050**
中国农学会	18	2251	34	20	6785	2552
	10	656	69	17	9704	706
中国林学会	1	39	35	25	11111	5226
	7	254	67	18	9403	1682
中国土壤学会	0	0	19	13	6061	1985
	5	58	12	6	2463	210
中国水产学会	14	479	12	10	2603	1394
	35	376	33	11	5661	779
中国园艺学会	32	422	38	28	12322	1231
	7	717	26	12	3417	417
中国畜牧兽医学会	6	124	52	22	18316	5567
	26	592	36	17	13341	1643
中国植物病理学会	0	0	12	1	4455	1103
	1	0	17	12	4234	1060
中国植物保护学会	0	0	25	7	4653	815
	18	310	12	10	1463	163
中国作物学会	14	235	46	20	20929	2258
	21	384	41	10	4532	829
中国热带作物学会	6	86	21	17	3639	690
	10	149	12	4	1059	120
中国蚕学会	1	15	5	0	928	366
	3	58	9	5	916	106
中国水土保持学会	0	0	11	2	2012	843
	3	178	15	3	1378	107
中国茶叶学会	1	71	4	2	560	224
	18	221	11	5	2360	224
中国草学会	1	8	1	1	1000	391
	2	65	19	13	1883	1370
中国植物营养与肥料学会	0	0	2	2	2050	520
	0	0	0	0	0	0

续表 20

学　会	专家服务团队（个）	参加服务团队专家人数（人次）	国内学术会议 次数（次）	#学术年会（次）	参加人数（人次）	交流论文、报告数（篇）
中国农业历史学会	0	0	1	1	150	64
	0	0	1	1	100	60
全国医科学会小计	**107**	**57056**	**997**	**577**	**770140**	**390080**
省级医科学会小计	**414**	**10718**	**7249**	**3077**	**1791577**	**201517**
中华医学会	0	0	184	71	286487	230839
	0	0	27	23	14620	1195
中华中医药学会	61	55699	88	76	34883	9899
	—	—	—	—	—	—
中国中西医结合学会	0	0	66	64	36050	16640
	9	608	791	413	149794	14455
中国药学会	9	156	56	35	33573	6275
	35	1894	1400	417	228445	18239
中华护理学会	0	0	36	36	34040	61282
	—	—	—	—	—	—
中国生理学会	0	0	11	4	2940	1065
	2	72	30	23	8870	1195
中国解剖学会	0	0	5	3	1670	1150
	1	8	26	15	3296	750
中国生物医学工程学会	1	49	47	15	12489	3152
	3	21	94	27	19462	1915
中国病理生理学会	0	0	15	14	6180	618
	0	0	11	11	2670	264
中国营养学会	5	127	18	7	6838	1567
	13	458	39	20	8481	815
中国药理学会	2	41	34	24	12359	5318
	2	65	73	32	16173	2658
中国针灸学会	0	0	6	1	3600	463
	2	190	38	32	8614	731
中国防痨协会	0	0	34	0	6396	453
	3	100	39	21	7967	294
中国麻风防治协会	7	211	1	1	728	191
	1	10	1	1	42	25
中国心理卫生协会	0	0	5	4	6800	169
	0	20	20	8	4007	139

续表 21

学　会	专家服务团队（个）	参加服务团队专家人数（人次）	国内学术会议			
			次数（次）	#学术年会（次）	参加人数（人次）	交流论文、报告数（篇）
中国抗癌协会	0	0	19	19	46400	17550
	5	104	640	203	156397	9663
中国体育科学学会	0	0	45	18	9658	7645
	9	167	14	3	1575	431
中国毒理学会	3	72	22	13	7417	1662
	2	17	7	7	834	108
中国康复医学会	0	0	40	35	37278	3236
	0	0	167	54	33074	1342
中国免疫学会	0	0	2	0	76	34
	0	0	57	25	12823	1580
中华预防医学会	0	0	131	13	40252	1593
	—	—	—	—	—	—
中国法医学会	0	0	0	0	0	0
	0	10	8	2	931	25
中华口腔医学会	17	500	24	23	17552	6128
	—	—	—	—	—	—
中国医学救援协会	0	0	0	0	0	0
	—	—	—	—	—	—
中国女医师协会	0	0	0	0	0	0
	0	0	0	0	0	0
中国研究型医院学会	1	201	89	85	40858	12132
	0	0	0	0	0	0
中国睡眠研究会	1	1	5	5	2908	583
	1	0	2	2	1000	37
中国卒中学会	0	0	0	0	0	0
	3	122	78	56	18988	1403
全国交叉学科学会小计	**64**	**7691**	**258**	**72**	**61996**	**9860**
省级其他学科学会小计	**240**	**13849**	**770**	**250**	**146156**	**14895**
中国自然辩证法研究会	0	0	15	1	1415	555
	2	3	14	9	1161	485
中国管理现代化研究会	0	0	19	7	4160	1846
	0	0	9	2	660	143
中国技术经济学会	0	0	1	1	300	48
	0	0	0	0	0	0
中国现场统计研究会	0	0	0	0	0	0
	0	0	4	0	142	36

续表 22

学会	专家服务团队（个）	参加服务团队专家人数（人次）	国内学术会议			
			次数（次）	#学术年会（次）	参加人数（人次）	交流论文、报告数（篇）
中国未来研究会	1	22	8	1	1500	46
	2	9	7	4	1390	524
中国科学技术史学会	0	0	0	0	0	0
	0	0	4	1	603	130
中国科学技术情报学会	0	0	10	2	1585	337
	1	0	21	4	2545	566
中国图书馆学会	1	7	43	7	7692	1853
	3	52	59	7	15700	794
中国城市科学研究会	0	0	8	4	2650	980
	0	0	11	4	1105	79
中国科学学与科技政策研究会	6	27	14	9	3610	1016
	0	0	1	1	70	7
中国农村专业技术协会	23	276	0	0	0	0
	26	1455	9	3	1610	197
中国工业设计协会	1	99	0	0	0	0
	0	0	2	1	260	18
中国工艺美术学会	0	0	4	2	726	147
	4	41	11	6	3928	69
中国科普作家协会	1	6547	7	1	2283	151
	1	5	19	6	2542	294
中国自然科学博物馆协会	0	0	0	0	0	0
	1	5	1	1	260	0
中国可持续发展研究会	1	4	1	1	300	30
	0	0	0	0	0	0
中国青少年科技辅导员协会	4	25	1	1	1000	27
	1	38	0	0	0	0
中国科教电影电视协会	0	0	0	0	0	0
	0	0	0	0	0	0
中国科学技术期刊编辑学会	0	0	4	1	3945	274
	1	10	14	4	2222	356
中国流行色协会	1	10	1	1	250	0
	—	—	—	—	—	—
中国档案学会	0	0	8	0	1760	66
	0	0	12	3	1392	180
中国国土经济学会	0	0	8	1	1300	78
	—	—	—	—	—	—
中国土地学会	0	0	5	1	1942	206
	4	80	27	11	6813	403

续表 23

学 会	专家服务团队(个)	参加服务团队专家人数(人次)	国内学术会议			
			次数(次)	#学术年会(次)	参加人数(人次)	交流论文、报告数(篇)
中国科技新闻学会	1	20	9	1	901	48
	0	0	1	1	200	32
中国老科学技术工作者协会	0	0	0	0	0	0
	14	549	5	2	560	69
中国科学探险协会	0	0	0	0	0	0
	0	0	0	0	0	0
中国城市规划学会	11	349	44	24	16067	2149
	0	0	9	2	1250	79
中国产学研合作促进会	1	117	3	1	2400	21
	6	60	5	1	350	132
中国知识产权研究会	0	0	13	0	130	16
	0	0	13	8	2550	26
中国发明协会	1	30	1	0	350	30
	—	—	—	—	—	—
中国工程教育专业认证协会	1	110	0	0	0	0
	—	—	—	—	—	—
中国检验检疫学会	0	0	3	0	950	0
	0	0	0	0	0	0
中国女科技工作者协会	1	28	8	1	1866	698
	1	8	1	1	70	3
中国创造学会	1	0	1	1	322	41
	1	11	1	1	98	66
中国经济科技开发国际交流协会	0	0	1	0	119	12
	—	—	—	—	—	—
中国高科技产业化研究会	8	32	12	1	1613	181
	—	—	—	—	—	—
中国微量元素科学研究会	0	0	0	0	0	0
	1	5	9	6	3315	313
中国国际经济技术合作促进会	0	0	5	1	900	16
	—	—	—	—	—	—
中国基本建设优化研究会	1	20	6	1	976	68
	—	—	—	—	—	—
中国科技馆发展基金会	0	0	0	0	0	0
	—	—	—	—	—	—
中国生物多样性保护与绿色发展基金会	0	0	2	1	820	6
	—	—	—	—	—	—
中国反邪教协会	0	0	0	0	0	0
	0	0	6	4	640	233

续表 24

学会	境内国际学术会议				港澳台地区学术会议		
	次数（次）	参加人数（人次）	#境外专家学者（人次）	交流论文、报告数（篇）	次数（次）	参加人数（人次）	交流论文、报告数（篇）
全国学会合计	**578**	**507694**	**17936**	**80519**	**33**	**5698**	**1476**
省级同名学会合计	**775**	**415075**	**14735**	**56079**	**104**	**24387**	**6216**
全国理科学会小计	**143**	**39684**	**4723**	**16586**	**9**	**950**	**212**
省级理科学会小计	**120**	**112559**	**2754**	**9268**	**15**	**4240**	**1494**
中国数学会	3	1060	100	260	0	0	0
	1	219	5	15	0	0	0
中国物理学会	18	3029	694	1960	1	40	26
	7	1113	28	536	2	330	143
中国力学学会	15	3199	345	1317	0	0	0
	7	1582	155	964	3	2279	965
中国光学学会	6	2590	360	2149	0	0	0
	11	66494	1933	803	1	50	30
中国声学学会	4	1870	42	396	0	0	0
	3	1450	120	530	0	0	0
中国化学会	3	1066	0	903	0	0	0
	14	7125	128	3736	0	0	0
中国天文学会	2	190	94	109	1	96	62
	2	60	0	11	2	91	2
中国气象学会	3	218	58	142	0	0	0
	1	150	0	110	1	245	113
中国空间科学学会	1	110	45	26	0	0	0
	—	—	—	—	—	—	—
中国地质学会	1	300	30	544	0	0	0
	4	1700	13	357	0	0	0
中国地理学会	4	220	58	66	0	0	0
	4	705	7	183	0	0	0
中国地球物理学会	1	280	25	120	0	0	0
	1	360	0	260	0	0	0
中国矿物岩石地球化学学会	5	1166	241	354	0	0	0
	5	890	6	181	1	160	40
中国古生物学会	2	560	0	351	0	0	0
	0	0	0	0	0	0	0
中国海洋湖沼学会	2	300	9	24	0	0	0
	1	80	0	6	0	0	0

续表 25

学　会	境内国际学术会议				港澳台地区学术会议		
	次　数（次）	参　加人　数（人次）	#境　外专　家学　者（人次）	交流论文、报告数（篇）	次　数（次）	参　加人　数（人次）	交流论文、报告数（篇）
中国海洋学会	2	330	25	40	1	50	20
	0	0	0	0	0	0	0
中国地震学会	1	80	5	22	0	0	0
	2	195	3	44	1	80	25
中国动物学会	2	1429	355	444	0	0	0
	5	800	38	266	1	190	143
中国植物学会	1	96	5	25	0	0	0
	2	553	9	54	0	0	0
中国昆虫学会	4	1414	160	751	0	0	0
	2	312	11	53	1	30	10
中国微生物学会	1	500	0	119	0	0	0
	8	1897	54	289	0	0	0
中国生物化学与分子生物学会	1	400	3	152	0	0	0
	2	2620	0	25	0	0	0
中国细胞生物学学会	5	1370	0	278	0	0	0
	4	1460	0	46	1	500	15
中国植物生理与植物分子生物学学会	1	300	0	107	0	0	0
	1	150	2	0	0	0	0
中国生物物理学会	10	4432	746	1536	0	0	0
	0	0	0	0	0	0	0
中国遗传学会	2	1707	0	773	0	0	0
	6	1150	151	393	0	0	0
中国心理学会	2	340	17	95	0	0	0
	3	595	4	64	1	300	30
中国生态学学会	11	3589	658	1678	0	0	0
	3	603	34	4	0	0	0
中国环境科学学会	0	0	0	0	0	0	0
	5	1260	9	95	0	0	0
中国自然资源学会	2	241	18	23	0	0	0
	0	0	0	0	0	0	0
中国感光学会	1	705	36	126	1	84	12
	—	—	—	—	—	—	—
中国优选法统筹法与经济数学研究会	8	1621	305	844	0	0	0
	0	0	0	0	0	0	0
中国岩石力学与工程学会	1	400	28	16	0	0	0
	3	3210	2	523	1	1	1

续表 26

学 会	境内国际学术会议				港澳台地区学术会议		
	次 数（次）	参 加 人 数（人次）	#境 外 专 家 学 者（人次）	交流论文、报告数（篇）	次 数（次）	参 加 人 数（人次）	交流论文、报告数（篇）
中国野生动物保护协会	0	0	0	0	4	280	62
	0	0	0	0	0	0	0
中国系统工程学会	1	280	1	100	0	0	0
	1	500	30	94	1	235	6
中国实验动物学会	2	700	13	52	0	0	0
	1	360	5	45	0	0	0
中国青藏高原研究会	0	0	0	0	0	0	0
	—	—	—	—	—	—	—
中国环境诱变剂学会	1	256	19	47	0	0	0
	2	153	0	55	0	0	0
中国运筹学会	3	830	23	167	0	0	0
	0	0	0	0	1	35	8
中国菌物学会	1	250	80	75	0	0	0
	0	0	0	0	0	0	0
中国晶体学会	0	0	0	0	0	0	0
	—	—	—	—	—	—	—
中国神经科学学会	6	1302	92	218	0	0	0
	9	2724	9	347	0	0	0
中国认知科学学会	3	800	15	68	0	0	0
	1	200	12	30	0	0	0
中国微循环学会	0	0	0	0	1	400	30
	1	610	6	50	0	0	0
国际数字地球协会	0	0	0	0	0	0	0
	—	—	—	—	—	—	—
国际动物学会	2	184	123	129	0	0	0
	5	800	38	266	1	190	143
全国工科学会小计	**316**	**397733**	**10808**	**37438**	**14**	**3042**	**691**
省级工科学会小计	**215**	**62147**	**2350**	**13580**	**33**	**4603**	**1001**
中国机械工程学会	24	12167	576	1378	2	350	131
	11	2652	149	244	1	200	35
中国汽车工程学会	3	5349	413	600	0	0	0
	7	2755	82	511	0	0	0
中国农业机械学会	3	439	32	93	0	0	0
	0	0	0	0	0	0	0
中国农业工程学会	3	772	65	193	0	0	0
	3	415	30	130	0	0	0

续表 27

学　会	境内国际学术会议				港澳台地区学术会议		
	次　数（次）	参　加人　数（人次）	#境　外专　家学　者（人次）	交流论文、报告数（篇）	次　数（次）	参　加人　数（人次）	交流论文、报告数（篇）
中国电机工程学会	9	4816	345	2409	1	200	74
	7	4585	1078	100	1	200	88
中国电工技术学会	15	3411	192	2573	0	0	0
	2	230	0	6	0	0	0
中国水力发电工程学会	5	448	39	133	0	0	0
	1	200	0	65	0	0	0
中国水利学会	4	392	2	68	0	0	0
	4	625	6	524	1	100	2
中国内燃机学会	6	1137	0	68	0	0	0
	0	0	0	0	0	0	0
中国工程热物理学会	1	454	46	72	0	0	0
	2	320	13	114	0	0	0
中国空气动力学会	1	454	0	212	0	0	0
	—	—	—	—	—	—	—
中国制冷学会	2	2187	824	406	1	222	61
	1	40	0	3	0	0	0
中国真空学会	1	158	0	27	0	0	0
	3	370	0	242	0	0	0
中国自动化学会	13	3797	80	1343	0	0	0
	5	4015	36	2829	0	0	0
中国仪器仪表学会	10	5300	193	1350	0	0	0
	0	0	0	0	0	0	0
中国计量测试学会	3	800	262	549	0	0	0
	1	200	0	130	1	120	47
中国标准化协会	0	0	0	0	0	0	0
	5	249	6	9	0	0	0
中国图学学会	3	631	60	134	0	0	0
	0	0	0	0	0	0	0
中国电子学会	15	265428	322	1625	0	0	0
	9	6650	73	397	1	100	50
中国计算机学会	2	350	13	59	0	0	0
	5	780	51	471	2	265	58
中国通信学会	8	3800	215	775	4	1200	85
	3	750	38	48	1	300	13

续表 28

学　会	境内国际学术会议				港澳台地区学术会议		
	次　数（次）	参　加人　数（人次）	#境　外专　家学　者（人次）	交流论文、报告数（篇）	次　数（次）	参　加人　数（人次）	交流论文、报告数（篇）
中国中文信息学会	2	380	22	45	0	0	0
	0	0	0	0	0	0	0
中国测绘学会	—	—	—	—	—	—	—
	4	570	3	35	4	510	66
中国造船工程学会	2	809	50	200	0	0	0
	1	130	0	4	0	0	0
中国航海学会	4	1190	196	328	0	0	0
	1	100	1	0	1	80	81
中国铁道学会	3	641	128	335	0	0	0
	0	0	0	0	0	0	0
中国公路学会	7	8867	297	1814	0	0	0
	4	650	8	66	3	700	205
中国航空学会	7	5080	619	798	0	0	0
	14	2600	0	201	0	0	0
中国宇航学会	9	1940	190	467	0	0	0
	1	75	0	2	0	0	0
中国兵工学会	4	553	32	148	0	0	0
	0	0	0	0	0	0	0
中国金属学会	2	1640	530	1240	0	0	0
	3	3000	6	337	0	0	0
中国有色金属学会	1	260	1	40	0	0	0
	1	2500	0	301	0	0	0
中国稀土学会	2	820	13	374	0	0	0
	1	70	6	15	0	0	0
中国腐蚀与防护学会	3	990	100	125	0	0	0
	3	270	6	61	0	0	0
中国化工学会	15	3600	585	1402	0	0	0
	9	1638	28	273	0	0	0
中国核学会	2	1090	35	34	0	0	0
	3	540	0	160	0	0	0
中国石油学会	4	1270	78	335	0	0	0
	5	2610	39	2038	0	0	0
中国煤炭学会	3	705	92	97	0	0	0
	2	470	3	249	0	0	0
中国可再生能源学会	4	3670	684	720	0	0	0
	2	150	11	21	0	0	0

续表 29

学会	境内国际学术会议				港澳台地区学术会议		
	次数(次)	参加人数(人次)	#境外专家学者(人次)	交流论文、报告数(篇)	次数(次)	参加人数(人次)	交流论文、报告数(篇)
中国能源研究会	0	0	0	0	0	0	0
	1	500	0	290	2	130	15
中国硅酸盐学会	4	2697	303	1419	0	0	0
	6	1508	168	237	1	40	6
中国建筑学会	5	3060	32	168	0	0	0
	10	2470	12	93	1	120	5
中国土木工程学会	4	1960	48	140	1	300	79
	3	1830	0	127	0	0	0
中国生物工程学会	0	0	0	0	0	0	0
	3	526	7	148	0	0	0
中国纺织工程学会	1	1200	205	614	0	0	0
	2	138	0	15	0	0	0
中国造纸学会	6	1654	106	314	0	0	0
	2	520	0	274	0	0	0
中国文物保护技术协会	1	235	12	48	0	0	0
	—	—	—	—	—	—	—
中国印刷技术协会	1	120	7	22	0	0	0
	0	0	0	0	0	0	0
中国材料研究学会	24	5851	806	2545	1	300	105
	0	0	0	0	0	0	0
中国食品科学技术学会	2	1200	30	110	0	0	0
	9	4560	77	828	0	0	0
中国粮油学会	2	500	8	57	0	0	0
	0	0	0	0	0	0	0
中国职业安全健康协会	2	356	207	157	0	0	0
	0	0	0	0	0	0	0
中国烟草学会	0	0	0	0	0	0	0
	0	0	0	0	0	0	0
中国仿真学会	1	500	4	303	0	0	0
	0	0	0	0	0	0	0
中国电影电视技术学会	1	200	5	11	0	0	0
	0	0	0	0	0	0	0
中国振动工程学会	2	380	11	116	0	0	0
	4	450	2	133	0	0	0
中国颗粒学会	2	530	200	438	0	0	0
	1	260	0	136	0	0	0

续表 30

学　会	境内国际学术会议				港澳台地区学术会议		
	次　数（次）	参　加 人　数（人次）	#境　外 专　家 学　者（人次）	交流论文、报告数（篇）	次　数（次）	参　加 人　数（人次）	交流论文、报告数（篇）
中国照明学会	1	500	0	30	1	190	18
	1	4	6	2	0	0	0
中国动力工程学会	7	1699	0	523	0	0	0
	0	0	0	0	0	0	0
中国惯性技术学会	0	0	0	0	0	0	0
	0	0	0	0	0	0	0
中国风景园林学会	1	400	2	5	0	0	0
	1	330	0	6	0	0	0
中国电源学会	0	0	0	0	0	0	0
	0	0	0	0	0	0	0
中国复合材料学会	6	6640	42	4926	0	0	0
	5	2100	173	1065	1	240	133
中国消防协会	1	200	29	30	0	0	0
	0	0	0	0	0	0	0
中国图象图形学学会	2	1000	15	330	0	0	0
	1	120	1	34	0	0	0
中国人工智能学会	11	7237	290	991	0	0	0
	2	1125	35	205	0	0	0
中国体视学学会	1	1000	200	9	0	0	0
	0	0	0	0	0	0	0
中国工程机械学会	1	560	32	28	0	0	0
	—	—	—	—	—	—	—
中国海洋工程咨询协会	0	0	0	0	0	0	0
	—	—	—	—	—	—	—
中国遥感应用协会	1	2000	5	78	1	60	8
	—	—	—	—	—	—	—
中国指挥与控制学会	1	250	100	181	0	0	0
	—	—	—	—	—	—	—
中国光学工程学会	7	2700	122	808	0	0	0
	0	0	0	0	0	0	0
中国微米纳米技术学会	1	680	110	484	1	100	25
	—	—	—	—	—	—	—
中国密码学会	0	0	0	0	0	0	0
	—	—	—	—	—	—	—
中国大坝工程学会	2	160	94	91	0	0	0
	—	—	—	—	—	—	—
中国卫星导航定位协会	0	0	0	0	0	0	0
	—	—	—	—	—	—	—

续表 31

学　会	境内国际学术会议				港澳台地区学术会议		
	次　数（次）	参　加人　数（人次）	#境　外专　家学　者（人次）	交流论文、报告数（篇）	次　数（次）	参　加人　数（人次）	交流论文、报告数（篇）
中国生物材料学会	3	1000	90	354	0	0	0
	0	0	0	0	0	0	0
国际粉体检测与控制联合会	2	900	42	30	0	0	0
	—	—	—	—	—	—	—
全国农科学会小计	**24**	**5523**	**301**	**1510**	**1**	**200**	**88**
省级农科学会小计	**77**	**18543**	**532**	**2526**	**7**	**1132**	**402**
中国农学会	7	925	0	68	0	0	0
	7	1930	34	114	1	276	60
中国林学会	0	0	0	0	0	0	0
	3	580	0	137	1	120	33
中国土壤学会	1	600	150	534	0	0	0
	3	1104	5	369	1	410	200
中国水产学会	1	500	20	8	0	0	0
	1	23	0	8	1	80	21
中国园艺学会	4	667	20	163	0	0	0
	5	421	43	39	0	0	0
中国畜牧兽医学会	0	0	0	0	0	0	0
	4	2130	0	55	0	0	0
中国植物病理学会	0	0	0	0	0	0	0
	1	219	5	15	0	0	0
中国植物保护学会	3	621	0	80	0	0	0
	6	456	2	59	0	0	0
中国作物学会	4	1285	40	431	0	0	0
	3	706	44	110	0	0	0
中国热带作物学会	0	0	0	0	0	0	0
	0	0	0	0	0	0	0
中国蚕学会	0	0	0	0	0	0	0
	0	0	0	0	0	0	0
中国水土保持学会	1	50	15	27	1	200	88
	3	1025	56	68	1	120	63
中国茶叶学会	2	750	56	109	0	0	0
	2	350	80	12	0	0	0
中国草学会	0	0	0	0	0	0	0
	0	0	0	0	0	0	0
中国植物营养与肥料学会	0	0	0	0	0	0	0
	0	0	0	0	0	0	0

续表 32

学　会	境内国际学术会议				港澳台地区学术会议		
	次　数（次）	参　加人　数（人次）	#境　外专　家学　者（人次）	交流论文、报告数（篇）	次　数（次）	参　加人　数（人次）	交流论文、报告数（篇）
中国农业历史学会	1	125	0	90	0	0	0
	0	0	0	0	0	0	0
全国医科学会小计	**72**	**57641**	**1741**	**22563**	**4**	**613**	**240**
省级医科学会小计	**273**	**182961**	**1551**	**27214**	**39**	**12807**	**3035**
中华医学会	8	7943	743	5740	0	0	0
	0	0	0	0	0	0	0
中华中医药学会	17	9615	125	1527	0	0	0
	—	—	—	—	—	—	—
中国中西医结合学会	1	4500	10	4500	0	0	0
	15	16411	7	6445	7	1563	300
中国药学会	4	4001	64	826	0	0	0
	95	25749	397	2907	2	90	13
中华护理学会	2	2571	60	2603	0	0	0
	—	—	—	—	—	—	—
中国生理学会	1	20	5	5	0	0	0
	2	776	0	171	0	0	0
中国解剖学会	1	100	10	16	1	150	20
	2	835	0	37	0	0	0
中国生物医学工程学会	0	0	0	0	1	48	18
	10	4763	99	413	1	200	20
中国病理生理学会	3	1270	12	65	1	270	137
	1	741	0	164	0	0	0
中国营养学会	4	1338	98	267	1	145	65
	6	4839	10	298	0	0	0
中国药理学会	5	3436	227	313	0	0	0
	7	2325	0	703	0	0	0
中国针灸学会	0	0	0	0	0	0	0
	2	1020	22	45	0	0	0
中国防痨协会	1	280	6	18	0	0	0
	1	345	0	30	0	0	0
中国麻风防治协会	0	0	0	0	0	0	0
	0	0	0	0	0	0	0
中国心理卫生协会	0	0	0	0	0	0	0
	2	700	17	6	0	0	0

续表 33

学　会	境内国际学术会议				港澳台地区学术会议		
	次　数（次）	参　加人　数（人次）	#境　外专　家学　者（人次）	交流论文、报告数（篇）	次　数（次）	参　加人　数（人次）	交流论文、报告数（篇）
中国抗癌协会	2	5200	22	729	0	0	0
	19	17192	20	792	0	0	0
中国体育科学学会	10	1832	81	889	0	0	0
	5	1310	11	55	0	0	0
中国毒理学会	2	210	12	56	0	0	0
	2	600	35	55	3	170	3
中国康复医学会	1	625	15	91	0	0	0
	1	322	3	37	0	0	0
中国免疫学会	3	7056	243	3555	0	0	0
	8	2250	6096	414	0	0	0
中华预防医学会	1	1500	15	263	0	0	0
	—	—	—	—	—	—	—
中国法医学会	0	0	0	0	0	0	0
	0	0	0	0	0	0	0
中华口腔医学会	5	5796	137	1014	0	0	0
	—	—	—	—	—	—	—
中国医学救援协会	0	0	0	0	0	0	0
	—	—	—	—	—	—	—
中国女医师协会	0	0	0	0	0	0	0
	0	0	0	0	0	0	0
中国研究型医院学会	0	0	0	0	0	0	0
	0	0	0	0	0	0	0
中国睡眠研究会	1	348	29	86	0	0	0
	0	0	0	0	0	0	0
中国卒中学会	0	0	0	0	0	0	0
	6	1820	41	306	0	0	0
全国交叉学科学会小计	**23**	**7113**	**363**	**2422**	**5**	**893**	**245**
省级其他学科学会小计	**90**	**38865**	**7548**	**3491**	**10**	**1605**	**284**
中国自然辩证法研究会	0	0	0	0	0	0	0
	1	30	1	2	0	0	0
中国管理现代化研究会	3	650	20	152	0	0	0
	0	0	0	0	0	0	0
中国技术经济学会	0	0	0	0	0	0	0
	0	0	0	0	0	0	0
中国现场统计研究会	0	0	0	0	0	0	0
	1	20	0	8	0	0	0

续表 34

学会	境内国际学术会议				港澳台地区学术会议		
	次数（次）	参加人数（人次）	#境外专家学者（人次）	交流论文、报告数（篇）	次数（次）	参加人数（人次）	交流论文、报告数（篇）
中国未来研究会	2	140	0	0	0	0	0
	1	250	0	100	0	0	0
中国科学技术史学会	0	0	0	0	0	0	0
	1	100	0	17	0	0	0
中国科学技术情报学会	0	0	0	0	0	0	0
	0	0	0	0	0	0	0
中国图书馆学会	0	0	0	0	0	0	0
	1	120	19	14	0	0	0
中国城市科学研究会	5	4000	250	1852	0	0	0
	0	0	0	0	1	500	19
中国科学学与科技政策研究会	1	345	16	200	1	98	60
	0	0	0	0	0	0	0
中国农村专业技术协会	0	0	0	0	1	200	90
	2	200	0	20	1	120	19
中国工业设计协会	0	0	0	0	0	0	0
	0	0	0	0	0	0	0
中国工艺美术学会	1	300	1	27	1	80	3
	0	0	0	0	0	0	0
中国科普作家协会	0	0	0	0	0	0	0
	0	0	0	0	0	0	0
中国自然科学博物馆协会	1	300	0	42	0	0	0
	0	0	0	0	0	0	0
中国可持续发展研究会	1	30	2	10	0	0	0
	0	0	0	0	0	0	0
中国青少年科技辅导员协会	0	0	0	0	0	0	0
	0	0	0	0	0	0	0
中国科教电影电视协会	1	111	12	12	0	0	0
	0	0	0	0	0	0	0
中国科学技术期刊编辑学会	0	0	0	0	0	0	0
	3	2826	38	156	0	0	0
中国流行色协会	1	500	10	0	0	0	0
	—	—	—	—	—	—	—
中国档案学会	0	0	0	0	1	109	17
	0	0	0	0	0	0	0
中国国土经济学会	0	0	0	0	0	0	0
	—	—	—	—	—	—	—
中国土地学会	0	0	0	0	1	406	75
	0	0	0	0	1	200	78

续表 35

学　会	境内国际学术会议				港澳台地区学术会议		
	次　数（次）	参　加人　数（人次）	#境　外专　家学　者（人次）	交流论文、报告数（篇）	次　数（次）	参　加人　数（人次）	交流论文、报告数（篇）
中国科技新闻学会	0	0	0	0	0	0	0
	0	0	0	0	0	0	0
中国老科学技术工作者协会	0	0	0	0	0	0	0
	1	150	0	11	0	0	0
中国科学探险协会	0	0	0	0	0	0	0
	0	0	0	0	0	0	0
中国城市规划学会	1	203	31	127	0	0	0
	1	400	3	3	0	0	0
中国产学研合作促进会	0	0	0	0	0	0	0
	3	1050	0	194	0	0	0
中国知识产权研究会	1	200	29	12	0	0	0
	2	270	10	13	0	0	0
中国发明协会	0	0	0	0	0	0	0
	—	—	—	—	—	—	—
中国工程教育专业认证协会	0	0	0	0	0	0	0
	—	—	—	—	—	—	—
中国检验检疫学会	0	0	0	0	0	0	0
	0	0	0	0	0	0	0
中国女科技工作者协会	2	160	94	91	0	0	0
	0	0	0	0	0	0	0
中国创造学会	0	0	0	0	0	0	0
	1	600	10	90	0	0	0
中国经济科技开发国际交流协会	2	184	12	0	0	0	0
	—	—	—	—	—	—	—
中国高科技产业化研究会	0	0	0	0	0	0	0
	—	—	—	—	—	—	—
中国微量元素科学研究会	0	0	0	0	0	0	0
	0	0	0	0	0	0	0
中国国际经济技术合作促进会	0	0	0	0	0	0	0
	—	—	—	—	—	—	—
中国基本建设优化研究会	0	0	0	0	0	0	0
	—	—	—	—	—	—	—
中国科技馆发展基金会	0	0	0	0	0	0	0
	—	—	—	—	—	—	—
中国生物多样性保护与绿色发展基金会	0	0	0	0	0	0	0
	—	—	—	—	—	—	—
中国反邪教协会	0	0	0	0	0	0	0
	0	0	0	0	0	0	0

续表 36

学会	主办科技期刊（种）	编委会成员人数（人）	#两院院士人数（人）	#国际编委人数（人）	编辑部总人数（人）	#高级技术职称人数（人）	#硕士、博士及以上学位人数（人）	科技期刊印刷（册）	科技期刊发表文章数（篇）
全国学会合计	**993**	**77854**	**4459**	**7468**	**7135**	**2721**	**3467**	**26340842**	**2567278**
省级同名学会合计	**742**	**25166**	**624**	**645**	**4616**	**2326**	**1909**	**11195191**	**309587**
全国理科学会小计	**210**	**13333**	**1193**	**2311**	**958**	**510**	**694**	**7055339**	**2052863**
省级理科学会小计	**112**	**3211**	**129**	**304**	**451**	**254**	**212**	**528616**	**12987**
中国数学会	9	298	34	26	40	16	25	204570	2148
	4	49	1	0	13	11	9	184200	774
中国物理学会	11	545	112	102	68	56	46	194382	3106
	7	259	17	7	74	44	25	33200	741
中国力学学会	18	899	94	184	95	45	65	83700	2467
	3	99	1	48	23	7	12	4804	470
中国光学学会	12	751	101	175	88	42	68	641140	2913
	4	88	9	45	37	18	26	1300	1117
中国声学学会	1	67	0	0	9	7	4	5400	270
	3	72	0	2	10	4	3	6500	122
中国化学会	15	1402	184	170	68	35	56	90430	3153
	6	150	6	0	33	15	10	66100	1242
中国天文学会	4	119	7	13	18	11	14	191320	529
	1	0	0	0	0	0	0	0	0
中国气象学会	4	297	24	61	19	12	6	48060	431
	16	555	24	4	52	43	23	60400	1335
中国空间科学学会	1	69	8	7	3	3	2	4200	93
	—	—	—	—	—	—	—	—	—
中国地质学会	3	207	26	21	8	4	7	1610	446
	10	407	16	0	62	42	27	57484	1333
中国地理学会	19	1001	64	146	103	41	73	4945730	2714
	2	0	0	0	0	0	0	3100	0
中国地球物理学会	4	255	32	43	15	11	9	18600	807
	0	0	0	0	0	0	0	0	0
中国矿物岩石地球化学学会	7	358	41	13	27	13	18	11200	2019721
	3	129	14	1	9	7	5	2600	203
中国古生物学会	1	43	2	7	4	3	4	5000	47
	0	0	0	0	0	0	0	0	0
中国海洋湖沼学会	5	303	16	29	18	10	16	17827	818
	2	0	0	0	0	0	0	0	0

续表 37

学会	主办科技期刊(种)	编委会成员人数(人)	#两院院士数(人)	#国际编委人数(人)	编辑部总人数(人)	#高级技术职称人数(人)	#硕士、博士及以上学位人数(人)	科技期刊印刷(册)	科技期刊发表文章数(篇)
中国海洋学会	10	587	66	28	57	31	45	40900	1040
	2	113	15	0	7	4	6	2200	109
中国地震学会	3	201	17	30	8	3	4	11700	368
	5	140	0	0	22	14	10	7100	248
中国动物学会	9	427	19	106	19	12	11	12870	791
	3	104	1	0	9	4	7	10800	194
中国植物学会	9	697	56	135	25	12	20	127840	1084
	7	350	14	33	20	10	12	14819	772
中国昆虫学会	7	406	9	79	20	11	19	36280	699
	5	194	2	8	15	4	14	9400	381
中国微生物学会	7	581	38	63	25	15	16	48800	1292
	5	126	0	0	6	5	1	13812	284
中国生物化学与分子生物学会	2	156	9	11	11	9	7	13500	370
	2	0	0	0	0	0	0	0	0
中国细胞生物学学会	5	352	32	159	21	14	21	15000	616
	2	239	6	150	21	2	6	48000	1279
中国植物生理与植物分子生物学学会	2	194	8	80	11	3	8	3220	318
	0	0	0	0	0	0	0	0	0
中国生物物理学会	3	199	23	83	11	4	8	13800	267
	0	0	0	0	0	0	0	0	0
中国遗传学会	4	355	29	76	12	9	11	13840	317
	0	0	0	0	0	0	0	0	0
中国心理学会	2	119	0	6	10	5	8	59050	330
	1	0	0	0	0	0	0	0	0
中国生态学学会	7	658	37	155	35	17	30	29820	2167
	0	0	0	0	0	0	0	0	0
中国环境科学学会	0	0	0	0	0	0	0	0	0
	4	59	0	0	10	2	4	28000	393
中国自然资源学会	2	138	12	3	7	3	5	24000	333
	1	28	0	0	10	6	3	8400	382
中国感光学会	2	53	1	0	9	6	5	9500	204
	—	—	—	—	—	—	—	—	—
中国优选法统筹法与经济数学研究会	1	39	1	4	7	6	4	26400	246
	0	0	0	0	0	0	0	0	0
中国岩石力学与工程学会	3	290	30	59	24	10	18	14280	594
	5	112	4	10	29	21	17	15020	597

续表 38

学　会	主办科技期刊（种）	编委会成员人数（人）	#两院院士人数（人）	#国际编委人数（人）	编辑部总人数（人）	#高级技术职称人数（人）	#硕士、博士及以上学位人数（人）	科技期刊印刷（册）	科技期刊发表文章数（篇）
中国野生动物保护协会	3	76	6	0	19	5	8	179346	1182
	0	0	0	0	0	0	0	0	0
中国系统工程学会	5	329	15	74	26	14	18	44770	636
	0	0	0	0	0	0	0	0	0
中国实验动物学会	3	324	18	48	7	2	4	2300	440
	1	59	0	0	4	2	2	6000	104
中国青藏高原研究会	0	0	0	0	0	0	0	0	0
	—	—	—	—	—	—	—	—	—
中国环境诱变剂学会	1	108	1	7	3	0	2	6000	96
	1	0	0	0	0	0	0	0	0
中国运筹学会	3	124	2	15	12	7	8	21900	378
	3	0	0	0	0	0	0	8	2006
中国菌物学会	3	166	7	2	6	4	1	7200	252
	0	0	0	0	0	0	0	0	0
中国晶体学会	0	0	0	0	0	0	0	0	0
	—	—	—	—	—	—	—	—	—
中国神经科学学会	1	113	10	47	3	2	3	1000	123
	1	126	0	0	4	1	4	24000	140
中国认知科学学会	0	0	0	0	0	0	0	0	0
	0	0	0	0	0	0	0	0	0
中国微循环学会	0	0	0	0	0	0	0	0	0
	1	104	0	0	6	3	3	12000	230
国际数字地球协会	0	0	0	0	0	0	0	0	0
	—	—	—	—	—	—	—	—	—
国际动物学会	1	63	3	44	4	1	4	3000	52
	3	104	1	0	9	4	7	10800	194
全国工科学会小计	**316**	**20468**	**1917**	**2225**	**2013**	**1012**	**1096**	**9855827**	**376142**
省级工科学会小计	**289**	**6977**	**215**	**79**	**2105**	**1135**	**766**	**3138990**	**46916**
中国机械工程学会	33	2292	232	186	223	108	102	1472790	11300
	12	283	4	0	47	15	15	132255	3699
中国汽车工程学会	3	111	12	51	23	6	12	509456	355
	5	54	0	0	203	131	79	32000	270
中国农业机械学会	1	116	7	10	6	5	4	3600	579
	4	44	0	0	19	5	1	16472	1333
中国农业工程学会	3	580	13	258	42	11	22	58980	2276
	1	6	0	0	4	1	0	300000	200

续表 39

学会	主办科技期刊（种）	编委会成员人数（人）	#两院院士人数（人）	#国际编委人数（人）	编辑部总人数（人）	#高级技术职称人数（人）	#硕士、博士及以上学位人数（人）	科技期刊印刷（册）	科技期刊发表文章数（篇）
中国电机工程学会	14	809	63	72	94	40	58	1404568	3462
	16	421	23	0	149	52	74	217311	2286
中国电工技术学会	5	199	20	20	25	12	12	64465	949
	3	12	0	0	12	4	8	380	300
中国水力发电工程学会	1	30	6	13	13	10	12	6000	162
	7	212	3	0	47	30	13	92700	1176
中国水利学会	17	1107	84	63	128	77	46	325714	2853
	13	360	1	0	96	52	40	96280	959
中国内燃机学会	3	109	4	0	17	12	9	33900	259
	1	0	0	0	6	5	3	15000	99
中国工程热物理学会	1	72	17	0	3	2	3	12000	720
	1	25	0	0	3	2	2	2500	241
中国空气动力学会	3	199	6	31	11	6	8	12000	225
	—	—	—	—	—	—	—	—	—
中国制冷学会	2	86	5	2	8	3	7	105250	209
	5	130	0	0	20	5	10	55000	156
中国真空学会	1	45	2	0	6	3	0	18000	216
	0	0	0	0	0	0	0	0	0
中国自动化学会	15	711	46	62	83	36	66	105044	3192
	4	130	6	0	29	14	8	65800	1142
中国仪器仪表学会	16	1320	65	109	135	57	68	219301	4346
	1	33	3	0	3	0	0	25300	220
中国计量测试学会	1	40	6	0	4	3	2	3600	187
	1	25	0	0	6	1	1	17400	116
中国标准化协会	5	255	10	1	17	1	6	353100	923
	2	37	0	0	21	0	3	100950	0
中国图学学会	3	163	2	25	9	1	3	9134	325
	0	0	0	0	0	0	0	0	0
中国电子学会	13	635	92	133	84	42	57	280980	8506
	6	171	3	0	37	9	9	111200	3096
中国计算机学会	5	425	47	50	17	7	8	44388	949
	6	114	11	4	36	15	17	59200	1824
中国通信学会	1	111	6	24	5	2	3	9900	200
	13	131	0	0	49	34	12	151100	2863

续表 40

学 会	主办科技期刊（种）	编委会成员人数（人）	#两院院士人数（人）	#国际编委人数（人）	编辑部总人数（人）	#高级技术职称人数（人）	#硕士、博士及以上学位人数（人）	科技期刊印刷（册）	科技期刊发表文章数（篇）
中国中文信息学会	1	67	7	8	6	4	5	15000	195
	1	0	0	0	0	0	0	0	0
中国测绘学会	—	—	—	—	—	—	—	—	—
	11	324	4	3	95	67	26	63400	1451
中国造船工程学会	15	987	42	8	105	73	53	47012	3309
	4	105	0	0	46	33	6	39480	322
中国航海学会	3	64	0	0	7	0	3	7850	354
	7	157	2	0	34	12	5	64600	614
中国铁道学会	3	135	18	2	25	14	12	199200	543
	11	120	0	0	40	23	4	46600	965
中国公路学会	2	165	18	10	20	9	14	17000	532
	15	323	2	0	156	115	62	135600	2131
中国航空学会	7	493	72	72	46	17	33	953150	1560
	2	67	4	0	11	5	5	1087	163
中国宇航学会	3	159	32	27	16	7	11	19600	547
	1	21	0	0	2	0	2	1200	88
中国兵工学会	13	698	70	84	78	47	37	862600	1749
	1	200	11	1	10	6	3	12000	573
中国金属学会	7	536	43	89	29	15	21	57208	1427
	14	644	30	11	71	49	31	84700	1309
中国有色金属学会	9	713	192	122	55	33	36	55620	2078
	6	362	22	8	27	18	12	29800	406
中国稀土学会	2	142	36	36	8	6	4	5400	285
	1	0	0	0	3	3	0	1800	360
中国腐蚀与防护学会	3	221	15	9	10	6	7	159000	405
	4	76	4	3	7	2	5	280	190
中国化工学会	20	1341	99	68	116	77	53	402903	4542
	13	279	13	0	39	26	12	119900	3495
中国核学会	2	107	6	1	12	9	7	6000	221
	3	85	2	2	13	7	6	11142	69
中国石油学会	8	639	80	57	63	41	35	128600	1218
	2	96	11	2	31	21	9	20000	595
中国煤炭学会	3	146	24	20	24	10	18	39900	879
	6	256	8	0	38	16	12	99517	2325
中国可再生能源学会	2	220	8	0	24	4	4	27600	702
	2	34	0	0	6	3	5	15000	260

续表 41

学会	主办科技期刊(种)	编委会成员人数(人)	#两院院士人数(人)	#国际编委人数(人)	编辑部总人数(人)	#高级技术职称人数(人)	#硕士、博士及以上学位人数(人)	科技期刊印刷(册)	科技期刊发表文章数(篇)
中国能源研究会	1	264	12	9	6	2	3	62000	260
	5	94	0	1	34	17	12	36300	762
中国硅酸盐学会	3	124	6	29	17	12	13	8920	355
	1	10	0	0	5	1	0	12000	1152
中国建筑学会	3	153	24	9	30	6	20	213048	850
	13	402	27	2	132	82	45	163150	2214
中国土木工程学会	1	71	16	4	5	1	0	35000	146
	0	0	0	0	0	0	0	0	0
中国生物工程学会	0	0	0	0	0	0	0	0	0
	1	0	0	0	0	0	0	9000	140
中国纺织工程学会	2	103	8	14	10	4	5	20000	594
	5	86	1	4	47	19	14	75000	300
中国造纸学会	5	367	0	54	20	13	12	58000	1251
	2	35	0	0	5	3	3	9200	110
中国文物保护技术协会	0	0	0	0	0	0	0	0	0
	—	—	—	—	—	—	—	—	—
中国印刷技术协会	2	56	0	0	6	2	0	44000	134
	1	0	0	0	4	3	1	300	0
中国材料研究学会	10	673	136	133	61	33	36	55000	1728
	0	0	0	0	0	0	0	0	0
中国食品科学技术学会	2	61	5	1	14	5	10	50000	988
	2	70	1	2	25	14	23	512	290
中国粮油学会	2	111	1	1	12	6	6	29400	382
	1	20	20	0	20	12	0	60000	144
中国职业安全健康协会	1	65	12	3	11	7	8	550	360
	0	0	0	0	0	0	0	0	0
中国烟草学会	1	45	1	0	6	1	6	18000	103
	10	152	0	0	91	33	17	183500	1455
中国仿真学会	1	88	0	0	6	3	2	3800	332
	0	0	0	0	0	0	0	0	0
中国电影电视技术学会	0	0	0	0	0	0	0	0	0
	0	0	0	0	0	0	0	0	0
中国振动工程学会	2	212	16	0	11	3	5	18144	1038
	1	108	3	0	15	5	4	12744	912
中国颗粒学会	2	102	3	30	10	7	6	9600	180
	1	24	0	0	4	1	0	0	0

续表 42

学会	主办科技期刊（种）	编委会成员人数（人）	#两院院士人数（人）	#国际编委人数（人）	编辑部总人数（人）	#高级技术职称人数（人）	#硕士、博士及以上学位人数（人）	科技期刊印刷（册）	科技期刊发表文章数（篇）
中国照明学会	1	81	2	7	9	6	7	12000	177
	2	21	0	0	12	5	2	36000	168
中国动力工程学会	1	25	0	0	6	1	4	27000	152
	0	0	0	0	0	0	0	0	0
中国惯性技术学会	2	51	8	0	11	4	6	126600	247
	1	0	0	0	0	0	0	0	0
中国风景园林学会	1	122	0	11	7	1	5	87800	300
	2	103	0	0	11	4	4	16200	104
中国电源学会	2	104	7	10	6	3	2	15000	181
	0	0	0	0	0	0	0	0	0
中国复合材料学会	2	158	18	12	10	4	6	308400	300800
	0	0	0	0	0	0	0	0	0
中国消防协会	1	10	0	0	46	20	8	61000	550
	3	32	0	0	26	8	7	11060	400
中国图象图形学学会	1	84	8	0	5	2	4	17400	180
	0	0	0	0	0	0	0	0	0
中国人工智能学会	2	210	18	89	7	2	5	36000	180
	1	10	0	0	10	10	8	1	5
中国体视学学会	1	98	1	5	3	2	2	4000	40
	0	0	0	0	0	0	0	0	0
中国工程机械学会	1	62	0	0	5	3	2	9000	108
	—	—	—	—	—	—	—	—	—
中国海洋工程咨询协会	0	0	0	0	0	0	0	0	0
	—	—	—	—	—	—	—	—	—
中国遥感应用协会	2	124	21	0	12	9	12	40000	318
	—	—	—	—	—	—	—	—	—
中国指挥与控制学会	1	81	26	6	8	5	3	2500	49
	—	—	—	—	—	—	—	—	—
中国光学工程学会	1	129	18	9	8	3	5	7500	578
	0	0	0	0	0	0	0	0	0
中国微米纳米技术学会	2	116	10	23	10	5	5	9952	333
	—	—	—	—	—	—	—	—	—
中国密码学会	0	0	0	0	0	0	0	0	0
	—	—	—	—	—	—	—	—	—
中国大坝工程学会	2	168	15	9	23	13	9	357200	334
	—	—	—	—	—	—	—	—	—
中国卫星导航定位协会	1	51	9	0	2	1	1	3000	89
	—	—	—	—	—	—	—	—	—

续表 43

学会	主办科技期刊（种）	编委会成员人数（人）	#两院院士人数（人）	#国际编委人数（人）	编辑部总人数（人）	#高级技术职称人数（人）	#硕士、博士及以上学位人数（人）	科技期刊印刷（册）	科技期刊发表文章数（篇）
中国生物材料学会	1	54	5	38	7	1	7	0	37
	0	0	0	0	0	0	0	0	0
国际粉体检测与控制联合会	0	0	0	0	0	0	0	0	0
	—	—	—	—	—	—	—	—	—
全国农科学会小计	**53**	**3636**	**248**	**631**	**291**	**142**	**209**	**574895**	**10382**
省级农科学会小计	**93**	**1910**	**38**	**27**	**521**	**291**	**256**	**1260727**	**17525**
中国农学会	9	872	65	206	61	34	37	68600	2172
	11	262	11	0	102	59	57	156812	2023
中国林学会	1	94	8	4	7	5	2	12000	235
	18	537	3	12	95	55	55	109640	1973
中国土壤学会	5	313	17	92	23	6	22	17118	917
	1	58	13	0	4	1	2	9840	282
中国水产学会	4	252	27	24	25	12	22	310200	971
	9	225	5	1	34	21	11	315825	1477
中国园艺学会	7	208	7	32	32	18	18	38300	575
	2	3	0	0	4	2	1	8000	2000
中国畜牧兽医学会	6	467	35	111	40	16	22	54520	1986
	12	235	0	0	77	43	45	326700	3611
中国植物病理学会	2	91	7	26	3	2	2	3950	132
	4	49	1	0	13	11	9	184200	774
中国植物保护学会	2	130	11	7	11	4	11	14337	462
	0	0	0	0	0	0	0	0	196
中国作物学会	5	481	44	87	30	12	24	7320	731
	8	176	4	3	37	25	16	38800	479
中国热带作物学会	1	54	1	2	7	4	6	3000	341
	3	59	0	0	25	19	11	15800	225
中国蚕学会	1	55	0	0	5	2	5	6600	130
	3	38	0	0	7	6	6	4500	30
中国水土保持学会	1	73	1	5	3	2	3	850	109
	1	19	0	0	3	3	0	6000	65
中国茶叶学会	1	46	2	6	4	2	3	12000	77
	5	104	2	3	50	28	17	29000	2702
中国草学会	5	355	22	23	28	12	20	4990	1052
	10	152	0	0	91	33	17	183500	1455
中国植物营养与肥料学会	2	116	1	2	7	7	7	13910	411
	0	0	0	0	0	0	0	0	0

续表 44

学会	主办科技期刊（种）	编委会成员人数（人）	#两院院士人数（人）	#国际编委人数（人）	编辑部总人数（人）	#高级技术职称人数（人）	#硕士、博士及以上学位人数（人）	科技期刊印刷（册）	科技期刊发表文章数（篇）
中国农业历史学会	1	29	0	4	5	4	5	7200	81
	0	0	0	0	0	0	0	0	0
全国医科学会小计	**364**	**38631**	**1011**	**2246**	**3498**	**920**	**1293**	**6695674**	**112933**
省级医科学会小计	**144**	**11327**	**151**	**222**	**961**	**420**	**462**	**4164824**	**52301**
中华医学会	187	20689	413	1010	1093	412	623	3468110	38637
	0	0	0	0	0	0	0	0	0
中华中医药学会	37	3524	98	122	323	107	160	804760	27077
	—	—	—	—	—	—	—	—	—
中国中西医结合学会	10	1123	39	84	84	36	50	102	3344
	7	442	7	60	30	11	22	158888	2073
中国药学会	25	3205	201	213	1206	66	89	387268	8338
	23	1471	8	13	107	45	39	385430	7580
中华护理学会	3	444	0	32	13	4	13	224429	806
	—	—	—	—	—	—	—	—	—
中国生理学会	3	171	4	15	15	12	13	15700	337
	0	0	0	0	0	0	0	0	0
中国解剖学会	7	564	9	7	60	35	46	30070	1089
	2	151	4	2	11	4	7	24000	390
中国生物医学工程学会	4	246	4	22	20	13	14	20300	411
	5	464	18	5	19	9	6	34000	465
中国病理生理学会	2	463	6	5	18	9	10	60000	684
	0	0	0	0	0	0	0	0	0
中国营养学会	2	110	0	28	7	2	7	10600	229
	2	5	0	0	7	5	2	2000	40
中国药理学会	7	735	47	54	42	25	36	95300	1826
	7	548	35	20	41	18	24	834100	2579
中国针灸学会	3	240	2	47	22	10	16	69800	606
	2	66	0	0	8	3	4	14000	316
中国防痨协会	2	381	0	6	14	4	2	51200	305
	1	34	0	0	8	4	4	4000	55
中国麻风防治协会	1	59	0	0	8	3	4	6600	239
	0	0	0	0	0	0	0	0	0
中国心理卫生协会	3	23	0	0	45	0	0	600000	28
	1	0	0	0	0	0	0	0	0

续表 45

学会	主办科技期刊（种）	编委会成员人数（人）	#两院院士人数（人）	#国际编委人数（人）	编辑部总人数（人）	#高级技术职称人数（人）	#硕士、博士及以上学位人数（人）	科技期刊印刷（册）	科技期刊发表文章数（篇）
中国抗癌协会	7	928	65	197	49	12	29	50150	1095
	8	485	11	20	44	21	18	480736	10419
中国体育科学学会	2	107	0	9	11	4	5	72400	295
	4	101	0	0	26	17	19	23000	726
中国毒理学会	3	71	1	3	17	11	3	16000	180
	0	0	0	0	0	0	0	0	0
中国康复医学会	8	816	12	168	105	14	19	194800	10490
	2	65	0	0	8	3	2	4200	192
中国免疫学会	6	560	43	81	32	15	21	76650	1313
	2	41	0	1	4	2	4	9000	103
中华预防医学会	35	3637	52	71	269	105	105	397836	14891
	—	—	—	—	—	—	—	—	—
中国法医学会	1	59	2	9	9	3	4	36000	185
	1	0	0	0	0	0	0	0	0
中华口腔医学会	0	0	0	0	0	0	0	0	0
	—	—	—	—	—	—	—	—	—
中国医学救援协会	0	0	0	0	0	0	0	0	0
	—	—	—	—	—	—	—	—	—
中国女医师协会	0	0	0	0	0	0	0	0	0
	0	0	0	0	0	0	0	0	0
中国研究型医院学会	1	40	0	0	5	0	2	13400	78
	0	0	0	0	0	0	0	0	0
中国睡眠研究会	0	0	0	0	0	0	0	0	0
	1	0	0	0	0	0	0	0	0
中国卒中学会	0	0	0	0	0	0	0	0	0
	0	0	0	0	0	0	0	0	0
全国交叉学科学会小计	**50**	**1786**	**90**	**55**	**375**	**137**	**175**	**2159107**	**14958**
省级其他学科学会小计	**104**	**1741**	**91**	**13**	**578**	**226**	**213**	**2102034**	**179858**
中国自然辩证法研究会	2	243	7	2	13	3	10	74400	725
	1	40	0	0	6	4	6	2180	128
中国管理现代化研究会	2	18	0	0	13	3	6	217070	290
	0	0	0	0	0	0	0	0	0
中国技术经济学会	3	97	22	0	16	6	10	40560	2454
	0	0	0	0	0	0	0	0	0
中国现场统计研究会	0	0	0	0	0	0	0	0	0
	0	0	0	0	0	0	0	0	0

续表 46

学会	主办科技期刊（种）	编委会成员人数（人）	#两院院士人数（人）	#国际编委人数（人）	编辑部总人数（人）	#高级技术职称人数（人）	#硕士、博士及以上学位人数（人）	科技期刊印刷（册）	科技期刊发表文章数（篇）
中国未来研究会	2	43	1	0	15	6	1	328800	1104
	0	0	0	0	0	0	0	0	0
中国科学技术史学会	0	0	0	0	0	0	0	0	0
	1	10	0	0	2	2	0	1000	30
中国科学技术情报学会	2	78	0	10	13	10	10	25800	199
	7	104	0	1	43	22	26	23220	843
中国图书馆学会	1	29	0	3	3	2	3	24300	54
	8	138	0	2	49	27	24	166400	1475
中国城市科学研究会	2	107	5	2	14	9	7	70500	780
	3	53	2	0	30	15	17	8000	135
中国科学学与科技政策研究会	4	128	1	23	26	14	19	21200	678
	0	0	0	0	0	0	0	0	0
中国农村专业技术协会	0	0	0	0	0	0	0	0	0
	1	0	0	0	0	0	0	0	0
中国工业设计协会	1	89	0	0	7	2	3	250000	842
	0	0	0	0	0	0	0	0	0
中国工艺美术学会	1	28	0	2	10	3	4	18400	34
	1	6	0	0	6	2	1	2000	1
中国科普作家协会	2	66	3	0	21	9	14	10200	160
	3	28	0	0	26	8	6	942000	168098
中国自然科学博物馆协会	1	30	2	0	5	1	4	18000	70
	1	4	0	0	4	2	2	2000	0
中国可持续发展研究会	1	25	5	0	8	6	5	30000	224
	0	0	0	0	0	0	0	0	0
中国青少年科技辅导员协会	1	10	0	0	4	1	3	66000	399
	1	0	0	0	0	0	0	0	0
中国科教电影电视协会	2	52	0	0	2	2	0	4900	505
	0	0	0	0	0	0	0	0	0
中国科学技术期刊编辑学会	1	42	0	0	3	1	2	14400	312
	2	2	0	0	5	2	2	151000	480
中国流行色协会	1	20	0	0	5	2	2	12000	328
	—	—	—	—	—	—	—	—	—
中国档案学会	1	20	0	0	5	2	0	18600	125
	0	0	0	0	0	0	0	0	0
中国国土经济学会	1	104	0	0	4	2	0	13200	78
	—	—	—	—	—	—	—	—	—
中国土地学会	1	73	2	0	9	4	8	1060	152
	8	228	0	0	43	13	9	81550	365

续表 47

学会	主办科技期刊（种）	编委会成员人数（人）	#两院院士人数（人）	#国际编委人数（人）	编辑部总人数（人）	#高级技术职称人数（人）	#硕士、博士及以上学位人数（人）	科技期刊印刷（册）	科技期刊发表文章数（篇）
中国科技新闻学会	8	88	29	0	113	24	26	563400	4305
	0	0	0	0	0	0	0	0	0
中国老科学技术工作者协会	0	0	0	0	0	0	0	0	0
	3	73	0	0	17	9	6	23000	740
中国科学探险协会	1	10	2	0	8	0	0	10000	0
	0	0	0	0	0	0	0	0	0
中国城市规划学会	5	227	10	13	42	20	27	143457	577
	0	0	0	0	0	0	0	0	0
中国产学研合作促进会	1	33	0	0	3	0	2	100000	18
	0	0	0	0	0	0	0	0	0
中国知识产权研究会	1	39	1	0	5	3	5	50000	106
	0	0	0	0	0	0	0	0	0
中国发明协会	1	0	0	0	6	2	3	32400	258
	—	—	—	—	—	—	—	—	—
中国工程教育专业认证协会	0	0	0	0	0	0	0	0	0
	—	—	—	—	—	—	—	—	—
中国检验检疫学会	1	87	0	0	2	0	1	460	180
	0	0	0	0	0	0	0	0	0
中国女科技工作者协会	2	168	15	9	23	13	9	357200	334
	0	0	0	0	0	0	0	0	0
中国创造学会	0	0	0	0	0	0	0	0	0
	0	0	0	0	0	0	0	0	0
中国经济科技开发国际交流协会	0	0	0	0	0	0	0	0	0
	—	—	—	—	—	—	—	—	—
中国高科技产业化研究会	0	0	0	0	0	0	0	0	0
	—	—	—	—	—	—	—	—	—
中国微量元素科学研究会	0	0	0	0	0	0	0	0	0
	1	0	0	0	0	0	0	0	0
中国国际经济技术合作促进会	0	0	0	0	0	0	0	0	0
	—	—	—	—	—	—	—	—	—
中国基本建设优化研究会	0	0	0	0	0	0	0	0	0
	—	—	—	—	—	—	—	—	—
中国科技馆发展基金会	0	0	0	0	0	0	0	0	0
	—	—	—	—	—	—	—	—	—
中国生物多样性保护与绿色发展基金会	0	0	0	0	0	0	0	0	0
	—	—	—	—	—	—	—	—	—
中国反邪教协会	0	0	0	0	0	0	0	0	0
	2	0	0	0	0	0	0	0	0

六、科学普及

2019 年各全国学会、省级同名学会科学普及情况

学会	举办科普宣讲活动								
	次数（次）	#专家科普报告会（次）	#专题展览（次）	#开展科技咨询（次）	#全国科普日、科普周活动（次）	#青少年科普活动（次）	科普活动受众人数（人次）	#全国科普日、科普周活动受众人数（人次）	#青少年科普活动受众人数（人次）
全国学会合计	**87584**	**7034**	**2756**	**42114**	**15468**	**7700**	**851803770**	**81422050**	**36294703**
省级同名学会合计	**40606**	**13281**	**2721**	**8897**	**8504**	**7567**	**63427124**	**31656999**	**5505033**
全国理科学会小计	**2080**	**1049**	**167**	**202**	**391**	**1056**	**4080090**	**613510**	**1615159**
省级理科学会小计	**6203**	**2381**	**571**	**943**	**856**	**2296**	**2479917**	**904990**	**987359**
中国数学会	0	0	0	0	0	0	0	0	0
	34	28	0	0	1	7	7450	0	6500
中国物理学会	12	2	0	0	0	1	18766	0	150
	377	215	7	19	47	142	117904	29318	81456
中国力学学会	20	0	1	0	1	10	50000	9400	48300
	51	19	4	13	5	9	9044	2922	5171
中国光学学会	13	5	1	0	6	12	105500	102900	105440
	52	18	5	14	9	20	23150	6500	15650
中国声学学会	48	6	2	1	4	3	11771	2725	1000
	19	2	3	6	4	7	2690	620	970
中国化学会	6	1	2	0	2	1	200000	120000	80000
	113	66	8	10	12	32	25838	4890	18688
中国天文学会	4	4	0	0	0	0	900	0	0
	401	171	36	96	84	248	161360	29380	144530
中国气象学会	300	93	6	142	49	16	1123634	82800	123469
	762	218	83	215	188	222	539014	300271	141082
中国空间科学学会	55	53	2	0	5	5	26730	320	15100
	—	—	—	—	—	—	—	—	—
中国地质学会	2	1	2	0	1	2	1500	500	1000
	287	132	21	32	45	179	199980	130210	64800
中国地理学会	29	29	0	0	1	0	7000	200	0
	110	35	1	5	6	71	28920	7000	19220
中国地球物理学会	85	82	3	0	18	60	13000	3000	12000
	74	23	4	16	10	42	51406	9380	33856
中国矿物岩石地球化学学会	44	30	3	5	3	3	48000	2600	680
	81	27	4	1	5	24	25872	10350	2350
中国古生物学会	6	4	1	0	4	2	1200	800	400
	55	16	2	1	13	23	32420	10692	21728
中国海洋湖沼学会	12	10	1	0	6	6	23000	7000	16000
	13	4	3	3	2	3	3495	2233	1000

续表 1

学会	举办科普宣讲活动								
	次数（次）	#专家科普报告会（次）	#专题展览（次）	#开展技术咨询（次）	#全国科普日、科普周活动（次）	#青少年科普活动（次）	科普活动受众人数（人次）	#全国科普日、科普周活动受众人数（人次）	#青少年科普活动受众人数（人次）
中国海洋学会	186	74	50	9	43	145	223880	38601	123630
	8	1	2	0	1	4	2050	500	920
中国地震学会	10	6	1	0	0	3	513312	0	1092
	293	64	14	14	119	132	219200	124900	46300
中国动物学会	66	59	1	2	50	64	649500	136	649364
	331	76	40	28	40	220	49456	15644	20258
中国植物学会	159	159	0	0	30	141	36000	9000	32000
	645	201	58	102	32	279	258280	120420	117310
中国昆虫学会	7	0	0	0	4	3	1400	800	600
	273	75	18	93	12	74	297383	18511	158906
中国微生物学会	87	87	0	0	40	85	30235	12300	30100
	145	80	11	88	12	32	16789	6855	7454
中国生物化学与分子生物学会	70	0	0	0	70	0	10000	10000	0
	32	10	9	10	6	9	54820	2252	1018
中国细胞生物学学会	54	15	0	27	24	41	45862	19285	34485
	171	26	1	21	84	38	35333	7806	2197
中国植物生理与植物分子生物学学会	17	12	6	0	8	17	120000	100000	120000
	3	0	0	1	0	2	200	0	200
中国生物物理学会	62	40	0	0	2	20	8000	2500	1000
	14	8	0	0	4	3	1800	270	330
中国遗传学会	0	0	0	0	0	0	0	0	0
	50	27	8	12	7	10	7717	2405	2669
中国心理学会	90	50	15	3	5	17	65000	15000	30000
	514	415	3	34	25	22	68873	6200	12800
中国生态学学会	301	194	60	5	3	165	265114	43250	169343
	81	66	16	3	6	63	15276	2700	10913
中国环境科学学会	0	0	0	0	0	0	0	0	0
	616	35	26	25	38	146	151230	24504	30156
中国自然资源学会	18	4	1	0	2	5	4705	300	2891
	6	4	2	0	1	1	500	100	200
中国感光学会	11	5	2	0	1	4	9000	6000	200
	—	—	—	—	—	—	—	—	—
中国优选法统筹法与经济数学研究会	0	0	0	0	0	0	0	0	0
	0	0	0	0	0	0	0	0	0
中国岩石力学与工程学会	3	0	1	2	0	0	10821	0	0
	20	8	2	5	2	4	2295	900	695

续表 2

学会	举办科普宣讲活动								
	次数（次）	#专家科普报告会（次）	#专题展览（次）	#开展科技咨询（次）	#全国科普日、科普周活动（次）	#青少年科普活动（次）	科普活动受众人数（人次）	#全国科普日、科普周活动受众人数（人次）	#青少年科普活动受众人数（人次）
中国野生动物保护协会	271	9	4	0	5	220	26998	2548	15660
	6	1	0	0	4	2	1000	500	500
中国系统工程学会	0	0	0	0	0	0	0	0	0
	5	1	0	1	1	3	460	200	260
中国实验动物学会	3	2	0	0	0	1	720	0	400
	6	1	0	0	5	0	330	330	0
中国青藏高原研究会	0	0	0	0	0	0	0	0	0
	—	—	—	—	—	—	—	—	—
中国环境诱变剂学会	7	4	1	0	1	0	160000	20000	0
	7	4	3	4	3	1	3880	1580	2000
中国运筹学会	5	4	0	0	0	1	700	0	200
	4	4	0	0	0	0	830	0	0
中国菌物学会	0	0	0	0	0	0	0	0	0
	0	0	0	0	0	0	0	0	0
中国晶体学会	0	0	0	0	0	0	0	0	0
	—	—	—	—	—	—	—	—	—
中国神经科学学会	7	2	1	0	2	2	1200	1045	155
	26	6	1	8	13	0	4260	2040	0
中国认知科学学会	3	2	0	0	1	1	1000	500	500
	0	0	0	0	0	0	0	0	0
中国微循环学会	5	0	0	5	0	0	265600	0	0
	6	5	0	0	2	1	60	0	60
国际数字地球协会	0	0	0	0	0	0	0	0	0
	—	—	—	—	—	—	—	—	—
国际动物学会	2	1	0	1	0	0	42	0	0
	331	76	40	28	40	220	49456	15644	20258
全国工科学会小计	**3206**	**1202**	**188**	**377**	**1081**	**670**	**44637170**	**41854824**	**2259844**
省级工科学会小计	**3682**	**1157**	**428**	**760**	**961**	**684**	**15997999**	**14687269**	**782948**
中国机械工程学会	18	18	0	0	1	0	16423	16243	0
	134	41	9	54	8	16	51388	31251	1080
中国汽车工程学会	12	4	2	0	1	5	96000	87700	8500
	17	6	0	5	4	3	4100	3200	2300
中国农业机械学会	120	56	12	15	0	0	11000	0	0
	27	15	4	6	2	1	16012	642	68
中国农业工程学会	24	23	1	0	0	0	55262	0	0
	33	5	4	21	3	6	1090	220	250

续表 3

学会	举办科普宣讲活动								
	次数(次)	#专家科普报告会(次)	#专题展览(次)	#开展科技咨询(次)	#全国科普日、科普周活动(次)	#青少年科普活动(次)	科普活动受众人数(人次)	#全国科普日、科普周活动受众人数(人次)	#青少年科普活动受众人数(人次)
中国电机工程学会	31	17	4	1	10	8	11682	8727	5245
	117	12	44	6	49	25	13090	9320	3859
中国电工技术学会	109	22	15	64	7	7	13292	5350	1940
	6	2	0	2	3	2	310	200	200
中国水力发电工程学会	1	0	0	0	1	0	30	30	0
	20	2	3	2	7	8	4778	1585	988
中国水利学会	75	22	14	6	22	14	15300	7500	3900
	127	50	14	20	39	16	110176	40836	14000
中国内燃机学会	2	0	0	0	2	0	220	220	0
	5	2	3	1	0	3	620	0	620
中国工程热物理学会	1	0	0	0	1	0	1000	1000	0
	5	4	0	0	1	0	190	60	0
中国空气动力学会	20	0	0	0	6	5	8800	5000	1200
	—	—	—	—	—	—	—	—	—
中国制冷学会	86	0	0	0	68	18	17600	14600	3000
	88	23	4	14	42	27	12970	8390	1765
中国真空学会	0	0	0	0	0	0	0	0	0
	17	11	0	3	1	3	3318	1000	1945
中国自动化学会	17	7	2	1	1	11	2120	600	1371
	34	15	1	2	5	19	8990	3800	3740
中国仪器仪表学会	144	70	10	36	58	39	65030	56562	38068
	28	15	3	4	4	3	4050	1810	3060
中国计量测试学会	163	3	0	0	60	100	15000	8000	6000
	25	6	3	10	6	6	54352	1087	3400
中国标准化协会	4	0	1	0	0	1	800	0	800
	47	15	1	32	2	0	580	580	0
中国图学学会	2	2	0	0	0	0	480	0	0
	21	1	0	0	0	0	2200	200	0
中国电子学会	85	17	8	16	10	49	53139	12451	37659
	100	58	18	6	17	42	14560	3233	4371
中国计算机学会	0	0	0	0	0	0	0	0	0
	58	41	2	2	5	25	8520	2600	4440
中国通信学会	28	15	4	3	2	4	635000	53000	373500
	118	56	13	20	14	16	526120	38060	491400

续表 4

学会	举办科普宣讲活动								
	次数（次）	#专家科普报告会（次）	#专题展览（次）	#开展科技咨询（次）	#全国科普日、科普周活动（次）	#青少年科普活动（次）	科普活动受众人数（人次）	#全国科普日、科普周活动受众人数（人次）	#青少年科普活动受众人数（人次）
中国中文信息学会	1	1	0	0	0	0	150	0	0
	0	0	0	0	0	0	0	0	0
中国测绘学会	—	—	—	—	—	—	—	—	—
	20	4	7	1	7	5	4372	2960	1350
中国造船工程学会	50	25	0	22	0	21	20500	0	20300
	26	13	0	0	6	12	8340	2410	5520
中国航海学会	91	9	7	5	30	40	514450	461600	32350
	39	10	10	3	6	18	23230	9510	7170
中国铁道学会	159	118	40	1	159	30	53705	53705	16110
	99	4	20	3	62	12	241677	208654	21071
中国公路学会	236	12	1	10	213	0	358975	355000	0
	90	25	12	7	45	9	17124	9364	3337
中国航空学会	0	0	0	0	0	0	0	0	0
	75	45	19	0	5	30	25287	3800	18477
中国宇航学会	37	20	5	2	2	8	350000	50000	300000
	37	21	1	0	4	27	13300	3600	10700
中国兵工学会	41	34	2	0	0	19	3900	0	3900
	7	1	0	0	2	0	20436	6000	200
中国金属学会	6	2	3	2	2	0	11000	10200	0
	60	20	9	15	21	2	21105	6780	1190
中国有色金属学会	0	0	0	0	0	0	0	0	0
	7	5	3	1	0	0	350	50	0
中国稀土学会	13	0	1	12	0	0	500	0	0
	0	0	0	0	0	0	0	0	0
中国腐蚀与防护学会	3	0	1	0	2	0	3129	2000	0
	60	20	12	16	5	5	5000	2820	1715
中国化工学会	34	12	3	9	2	13	4257	2877	1212
	54	22	6	8	9	16	5690	1350	3620
中国核学会	14	10	1	0	1	2	740000	100000	640000
	136	72	29	12	30	55	47410	32550	18100
中国石油学会	13	6	6	3	8	1	43930	42000	150
	57	7	16	6	14	37	23760	11030	14445
中国煤炭学会	12	7	0	0	5	0	1241	541	0
	21	8	3	4	2	3	3093	2243	350
中国可再生能源学会	4	0	0	0	0	4	420	0	420
	0	0	0	0	0	0	140	0	140

续表 5

学会	举办科普宣讲活动								
	次数(次)	#专家科普报告会(次)	#专题展览(次)	#开展科技咨询(次)	#全国科普日、科普周活动(次)	#青少年科普活动(次)	科普活动受众人数(人次)	#全国科普日、科普周活动受众人数(人次)	#青少年科普活动受众人数(人次)
中国能源研究会	2	1	0	0	2	2	400	400	400
	21	8	5	1	5	6	5414	2045	1550
中国硅酸盐学会	114	11	0	100	1	2	2850	300	150
	19	2	5	0	4	4	11654	10448	946
中国建筑学会	30	23	2	0	0	5	0	0	0
	109	90	2	9	7	6	14575	1810	686
中国土木工程学会	0	0	0	0	0	0	0	0	0
	0	0	0	0	0	0	0	0	0
中国生物工程学会	0	0	0	0	0	0	0	0	0
	9	1	6	2	1	0	830	200	550
中国纺织工程学会	25	17	1	17	4	4	11277	138	143
	75	47	12	7	7	1	3615	1846	200
中国造纸学会	0	0	0	0	0	0	0	0	0
	25	1	0	21	1	2	1450	1340	110
中国文物保护技术协会	1	0	0	0	0	0	450	0	0
	—	—	—	—	—	—	—	—	—
中国印刷技术协会	23	3	2	5	12	1	9200	9000	200
	1	1	0	0	0	0	0	0	0
中国材料研究学会	76	40	0	7	1	8	24353	2000	2253
	6	4	0	0	2	1	2330	700	2000
中国食品科学技术学会	5	4	1	0	1	1	40000000	40000000	4000
	28	7	3	9	10	2	1680	770	80
中国粮油学会	65	31	15	18	8	1	205035	6900	70
	3	0	0	3	3	0	260	220	0
中国职业安全健康协会	3	2	2	3	1	2	200000	800	200000
	7	2	0	3	2	0	1000	400	0
中国烟草学会	17	0	2	0	17	0	60000	60000	0
	77	20	20	26	31	0	40724	8085	0
中国仿真学会	0	0	0	0	0	0	0	0	0
	0	0	0	0	0	0	0	0	0
中国电影电视技术学会	3	1	0	1	1	3	2000	200	800
	0	0	0	0	0	0	0	0	0
中国振动工程学会	0	0	0	0	0	0	0	0	0
	5	4	0	0	1	1	140	100	0
中国颗粒学会	0	0	0	0	0	0	0	0	0
	7	2	0	1	2	2	1717	480	1047

续表 6

学会	举办科普宣讲活动								
	次数（次）	#专家科普报告会（次）	#专题展览（次）	#开展科技咨询（次）	#全国科普日、科普周活动（次）	#青少年科普活动（次）	科普活动受众人数（人次）	#全国科普日、科普周活动受众人数（人次）	#青少年科普活动受众人数（人次）
中国照明学会	6	0	0	0	0	0	200	0	0
	15	3	4	5	3	3	7540	2800	280
中国动力工程学会	2	0	0	0	0	2	56	0	56
	0	0	0	0	0	0	0	0	0
中国惯性技术学会	9	8	0	0	1	1	500	30	300
	7	6	0	0	0	1	217	0	35
中国风景园林学会	3	1	1	1	0	0	1200	0	0
	75	10	1	0	8	5	33485	3230	1600
中国电源学会	2	2	0	0	2	0	200	200	0
	6	0	0	1	0	5	875	0	875
中国复合材料学会	3	0	2	1	1	1	2000	1000	1000
	10	0	0	6	1	3	1000	400	600
中国消防协会	1000	460	0	0	340	200	443000	400000	43000
	633	2	52	253	374	15	160000	71000	19000
中国图象图形学学会	8	6	0	0	2	6	1450	650	800
	2	0	0	0	0	1	160	0	40
中国人工智能学会	64	30	7	1	0	5	7711	0	2036
	45	19	1	10	2	16	9680	2050	4500
中国体视学学会	39	14	1	7	2	20	3000	200	1500
	27	0	0	0	27	0	34000	4000	30000
中国工程机械学会	0	0	0	0	0	0	0	0	0
	—	—	—	—	—	—	—	—	—
中国海洋工程咨询协会	0	0	0	0	0	0	0	0	0
	—	—	—	—	—	—	—	—	—
中国遥感应用协会	1	1	1	0	0	0	0	0	0
	—	—	—	—	—	—	—	—	—
中国指挥与控制学会	0	0	0	0	0	0	0	0	0
	—	—	—	—	—	—	—	—	—
中国光学工程学会	2	2	0	0	0	1	400005	0	400005
	8	3	1	2	1	1	700	500	300
中国微米纳米技术学会	1	0	0	0	1	0	100	100	0
	—	—	—	—	—	—	—	—	—
中国密码学会	5	4	1	0	0	0	9000	1000	0
	—	—	—	—	—	—	—	—	—
中国大坝工程学会	9	5	2	0	3	2	20000	15000	5000
	—	—	—	—	—	—	—	—	—
中国卫星导航定位协会	4	0	0	0	0	0	100202	0	100000
	—	—	—	—	—	—	—	—	—

续表 7

学会	举办科普宣讲活动								
	次数(次)	#专家科普报告会(次)	#专题展览(次)	#开展科技咨询(次)	#全国科普日、科普周活动(次)	#青少年科普活动(次)	科普活动受众人数(人次)	#全国科普日、科普周活动受众人数(人次)	#青少年科普活动受众人数(人次)
中国生物材料学会	17	2	2	3	7	3	4900	2000	1160
	1	1	0	0	0	0	0	0	0
国际粉体检测与控制联合会	10	2	3	5	0	0	2400	0	0
	—	—	—	—	—	—	—	—	—
全国农科学会小计	**878**	**172**	**46**	**534**	**74**	**106**	**10369280**	**5298870**	**1211965**
省级农科学会小计	**2913**	**937**	**135**	**1379**	**375**	**305**	**2181130**	**683778**	**1286884**
中国农学会	51	22	10	2	40	0	5250200	5250000	0
	426	61	14	245	50	67	96273	31407	22638
中国林学会	6	2	0	0	2	2	10000	5000	3000
	202	37	5	41	26	31	1366613	103901	1217178
中国土壤学会	5	1	0	1	1	0	710	200	0
	120	21	4	53	16	20	15345	9100	4730
中国水产学会	20	8	2	10	12	0	50000	25000	0
	28	5	5	5	10	7	4820	1380	870
中国园艺学会	402	39	9	336	8	19	14700	3800	3900
	280	39	3	241	11	8	22790	1210	391
中国畜牧兽医学会	19	12	1	11	1	1	3210	210	200
	218	154	11	59	47	9	42906	33417	2128
中国植物病理学会	0	0	0	0	0	0	0	0	0
	34	28	0	0	1	7	7450	0	6500
中国植物保护学会	8	4	1	2	0	1	3930	0	600
	143	3	4	133	2	7	2115	60	405
中国作物学会	227	49	8	163	6	8	19730	9060	1415
	282	88	8	136	9	2	20702	5780	3360
中国热带作物学会	20	1	2	2	2	10	4550	3550	1850
	47	5	2	29	9	0	11550	5780	3000
中国蚕学会	0	0	0	0	0	0	0	0	0
	4	0	0	2	1	1	832	261	82
中国水土保持学会	12	0	1	0	1	10	2250	50	1000
	26	3	5	8	9	6	5000	4630	370
中国茶叶学会	23	15	1	7	0	0	3010000	0	0
	149	31	3	17	104	33	439088	422588	30
中国草学会	0	0	0	0	0	0	0	0	0
	77	20	20	26	31	0	40724	8085	0
中国植物营养与肥料学会	0	0	0	0	0	0	0	0	0
	17	5	5	5	1	1	2000	1950	50

续表 8

学会	举办科普宣讲活动								
	次数（次）	#专家科普报告会（次）	#专题展览（次）	#开展科技咨询（次）	#全国科普日、科普周活动（次）	#青少年科普活动（次）	科普活动受众人数（人次）	#全国科普日、科普周活动受众人数（人次）	#青少年科普活动受众人数（人次）
中国农业历史学会	85	19	11	0	1	55	2000000	2000	1200000
	0	0	0	0	0	0	0	0	0
全国医科学会小计	**47966**	**4192**	**2329**	**40990**	**13905**	**5584**	**559926418**	**33230732**	**867196**
省级医科学会小计	**17235**	**4902**	**1008**	**3561**	**4914**	**1414**	**35606241**	**13893907**	**1409944**
中华医学会	13	13	0	0	0	0	2146	0	0
	10	8	0	0	0	0	7000	7000	0
中华中医药学会	37	0	0	0	37	0	9000	9000	0
	—	—	—	—	—	—	—	—	—
中国中西医结合学会	258	33	0	0	37	2	363769	10843	231
	842	242	12	141	61	26	164197	47998	2383
中国药学会	17	5	2	2	5	0	48891000	32398500	0
	1412	359	88	446	172	67	10498934	2115982	60173
中华护理学会	42566	1309	1924	39333	13638	5370	22030434	124132	232263
	—	—	—	—	—	—	—	—	—
中国生理学会	3	3	0	0	0	0	500	0	0
	42	15	6	18	4	13	19775	8122	10498
中国解剖学会	161	2	5	3	15	68	921000	281000	420000
	65	10	24	6	8	31	81162	12750	18692
中国生物医学工程学会	125	100	5	6	56	9	15000	4450	2088
	27	20	3	3	0	1	18300	16000	300
中国病理生理学会	22	10	1	6	3	2	4000	1200	2800
	3	3	0	0	1	2	235	20	220
中国营养学会	38	1	0	30	1	6	470000000	300000	499
	5720	801	33	914	3075	320	12465546	3288504	236540
中国药理学会	15	4	0	3	8	0	6170	4100	0
	113	70	0	38	14	3	9490	1340	370
中国针灸学会	339	207	0	213	0	0	101410	0	0
	331	256	20	40	26	16	44239	6480	1550
中国防痨协会	18	13	13	11	2	0	2000000	600	200000
	61	20	4	9	17	20	2234172	124840	768814
中国麻风防治协会	4	0	0	4	2	0	2400	2400	0
	11	3	0	1	6	1	503361	502231	1130
中国心理卫生协会	0	0	0	0	0	0	0	0	0
	329	205	0	67	30	33	65951	2781	1785

续表 9

学会	举办科普宣讲活动								
	次数(次)	#专家科普报告会(次)	#专题展览(次)	#开展科技咨询(次)	#全国科普日、科普周活动(次)	#青少年科普活动(次)	科普活动受众人数(人次)	#全国科普日、科普周活动受众人数(人次)	#青少年科普活动受众人数(人次)
中国抗癌协会	3750	2216	245	1289	46	5	13500000	21000	1200
	498	239	23	68	214	0	1798420	1747926	10900
中国体育科学学会	92	0	0	0	2	90	5800	0	2500
	115	53	7	34	19	6	42859	13665	3924
中国毒理学会	49	0	40	8	1	0	29850	500	0
	236	10	1	203	3	9	12954	600	4210
中国康复医学会	97	43	29	60	42	24	20150	8150	2460
	132	22	2	47	29	39	31994	29570	1844
中国免疫学会	0	0	0	0	0	0	0	0	0
	47	26	3	6	6	3	7857	3410	430
中华预防医学会	166	91	54	15	6	0	0	0	0
	—	—	—	—	—	—	—	—	—
中国法医学会	0	0	0	0	0	0	0	0	0
	9	2	1	5	0	1	1100	0	100
中华口腔医学会	28	0	2	1	1	5	1960089	10200	2255
	—	—	—	—	—	—	—	—	—
中国医学救援协会	5	1	1	0	0	0	2500	0	0
	—	—	—	—	—	—	—	—	—
中国女医师协会	0	0	0	0	0	0	0	0	0
	0	0	0	0	0	0	0	0	0
中国研究型医院学会	110	98	3	5	1	3	7000	1600	900
	2	0	0	2	0	0	100	0	0
中国睡眠研究会	53	43	5	1	2	0	54200	53057	0
	5	3	1	2	2	0	2100	1100	500
中国卒中学会	0	0	0	0	0	0	0	0	0
	281	268	37	158	20	1	39500	25950	500
全国交叉学科学会小计	**33454**	**419**	**26**	**11**	**17**	**284**	**232790812**	**424114**	**30340539**
省级其他学科学会小计	**10573**	**3904**	**579**	**2254**	**1398**	**2868**	**7161837**	**1487055**	**1037898**
中国自然辩证法研究会	0	0	0	0	0	0	0	0	0
	59	39	1	9	3	7	3612	550	2760
中国管理现代化研究会	0	0	0	0	0	0	0	0	0
	3	0	0	0	1	0	400	200	400
中国技术经济学会	0	0	0	0	0	0	0	0	0
	0	0	0	0	0	0	0	0	0
中国现场统计研究会	0	0	0	0	0	0	0	0	0
	0	0	0	0	0	0	0	0	0

续表 10

学　会	举办科普宣讲活动								
	次　数（次）	#专　家科　普报告会（次）	#专　题展　览（次）	#开　展科　技咨　询（次）	#全　国科普日、科普周活　动（次）	#青少年科　普活　动（次）	科　普活　动受　众人　数（人次）	#全　国科普日、科普周活动受众人　数（人次）	#青少年科　普活动受众人　数（人次）
中国未来研究会	1	0	0	1	0	0	200	0	0
	7	1	0	3	2	1	390	190	90
中国科学技术史学会	0	0	0	0	0	0	0	0	0
	2	1	1	0	0	0	1000	0	0
中国科学技术情报学会	3	0	1	0	1	1	13000	3000	10000
	845	275	3	566	833	0	66322	50322	9000
中国图书馆学会	0	0	0	0	0	0	0	0	0
	99	64	17	5	5	6	31900	4770	8868
中国城市科学研究会	1	0	0	0	0	1	300	0	300
	1	0	0	0	1	0	200	200	0
中国科学学与科技政策研究会	0	0	0	0	0	0	0	0	0
	0	0	0	0	0	0	0	0	0
中国农村专业技术协会	30	30	0	0	0	0	3000	0	0
	142	28	8	102	6	0	17100	8000	0
中国工业设计协会	0	0	0	0	0	0	0	0	0
	0	0	0	0	0	0	0	0	0
中国工艺美术学会	11	0	10	0	1	0	32000	32000	0
	1197	1184	4	0	6	798	41549	1900	25176
中国科普作家协会	50	50	0	0	1	10	170000	10000	160000
	427	40	7	2	15	382	205871	105350	73571
中国自然科学博物馆协会	0	0	0	0	0	0	0	0	0
	339	8	19	1	10	317	1230260	50000	56000
中国可持续发展研究会	0	0	0	0	0	0	0	0	0
	13	1	0	12	1	1	500	0	200
中国青少年科技辅导员协会	12	11	1	0	0	0	2200	0	0
	536	473	9	0	5	79	375550	30700	341460
中国科教电影电视协会	0	0	0	0	0	0	0	0	0
	0	0	0	0	0	0	0	0	0
中国科学技术期刊编辑学会	19	15	0	0	0	4	1500	0	1500
	37	15	5	5	7	5	9954	5614	1530
中国流行色协会	40	10	0	0	0	30	11307	0	1307
	—	—	—	—	—	—	—	—	—
中国档案学会	0	0	0	0	0	0	0	0	0
	7	2	6	5	3	0	6300	4500	2800
中国国土经济学会	3	0	0	0	3	0	376000	376000	0
	—	—	—	—	—	—	—	—	—
中国土地学会	3	0	0	0	3	0	3000	3000	0
	23	1	3	3	16	3	22750	13710	520

续表 11

学 会	举办科普宣讲活动								
	次 数（次）	#专家科普报告会（次）	#专题展览（次）	#开展科技咨询（次）	#全国科普日、科普周活动（次）	#青少年科普活动（次）	科普活动受众人数（人次）	#全国科普日、科普周活动受众人数（人次）	#青少年科普活动受众人数（人次）
中国科技新闻学会	6	6	0	0	0	1	325	0	200
	2	2	0	0	0	0	170	0	0
中国老科学技术工作者协会	261	261	0	0	0	205	169200	0	11160
	398	256	3	68	20	38	81370	11100	25000
中国科学探险协会	0	0	0	0	0	0	0	0	0
	0	0	0	0	0	0	0	0	0
中国城市规划学会	7	5	4	0	0	0	200050440	0	0
	1	0	0	0	1	0	76	76	0
中国产学研合作促进会	20	0	0	0	1	19	30001515	11	30000000
	3	1	2	0	0	0	0	0	0
中国知识产权研究会	0	0	0	0	0	0	0	0	0
	4	1	0	1	0	2	390	0	340
中国发明协会	0	0	0	0	0	0	0	0	0
	—	—	—	—	—	—	—	—	—
中国工程教育专业认证协会	0	0	0	0	0	0	0	0	0
	—	—	—	—	—	—	—	—	—
中国检验检疫学会	25	0	0	0	3	0	150	0	0
	0	0	0	0	0	0	0	0	0
中国女科技工作者协会	9	5	2	0	3	2	20000	15000	5000
	15	11	3	6	3	1	500280	300200	50000
中国创造学会	0	0	0	0	0	0	0	0	0
	5	1	0	0	1	4	8542	8542	8000
中国经济科技开发国际交流协会	0	0	0	0	0	0	0	0	0
	—	—	—	—	—	—	—	—	—
中国高科技产业化研究会	48	27	10	10	0	0	352092	0	152092
	—	—	—	—	—	—	—	—	—
中国微量元素科学研究会	0	0	0	0	0	0	0	0	0
	106	50	7	26	6	4	4000	700	500
中国国际经济技术合作促进会	0	0	0	0	0	0	0	0	0
	—	—	—	—	—	—	—	—	—
中国基本建设优化研究会	6	0	0	0	4	2	283	103	180
	—	—	—	—	—	—	—	—	—
中国科技馆发展基金会	3	0	0	0	0	0	500	0	0
	—	—	—	—	—	—	—	—	—
中国生物多样性保护与绿色发展基金会	7	0	0	0	0	7	500	0	500
	—	—	—	—	—	—	—	—	—
中国反邪教协会	32894	0	0	0	0	0	1600000	0	0
	725	276	255	178	222	96	3373508	341600	81400

续表 12

学　会	举办实用技术培训（次）	实用技术培训人数（人次）	推　广新技术、新品种（项）	举办青少年科技竞赛（项）	参加人数（人次）	获奖人数（人次）
全国学会合计	**2013**	**200553**	**876**	**124**	**1904853**	**81963**
省级同名学会合计	**20317**	**2473810**	**4925**	**637**	**2317242**	**244709**
全国理科学会小计	**131**	**10817**	**27**	**32**	**840980**	**47508**
省级理科学会小计	**924**	**88618**	**269**	**231**	**1247554**	**113641**
中国数学会	0	0	0	4	180300	2361
	0	0	0	29	90652	25836
中国物理学会	0	0	0	3	392788	370
	22	890	5	48	466758	34010
中国力学学会	0	0	0	2	27010	6025
	2	76	0	9	9091	2608
中国光学学会	5	870	0	1	5000	200
	7	200	1	6	1820	490
中国声学学会	1	100	2	0	0	0
	24	1045	2	0	0	0
中国化学会	0	0	0	2	80348	13390
	8	480	14	12	29691	8385
中国天文学会	0	0	0	2	316	122
	15	678	0	10	11026	1920
中国气象学会	4	236	0	1	3330	372
	35	1762	9	17	2696	373
中国空间科学学会	0	0	0	0	0	0
	—	—	—	—	—	—
中国地质学会	0	0	0	0	0	0
	105	6370	10	6	1547	231
中国地理学会	0	0	0	1	88700	14288
	2	90	0	5	598	178
中国地球物理学会	0	0	0	0	0	0
	16	610	5	1	12	9
中国矿物岩石地球化学学会	1	65	0	0	0	0
	2	43	0	0	0	0
中国古生物学会	0	0	0	0	0	0
	0	0	0	2	260	22
中国海洋湖沼学会	62	3576	15	1	50	40
	1	200	0	1	280	50

续表 13

学　会	举办实用技术培训（次）	实用技术培训人数（人次）	推　广新技术、新品种（项）	举办青少年科技竞赛（项）	参加人数（人次）	获奖人数（人次）
中国海洋学会	2	130	0	2	655	293
	0	0	0	0	0	0
中国地震学会	3	200	0	1	182	182
	0	0	0	7	28703	560
中国动物学会	0	0	0	1	500	240
	19	1854	2	22	309250	6076
中国植物学会	0	0	0	2	54	4
	12	692	3	11	65396	7090
中国昆虫学会	0	0	0	0	0	0
	333	30545	54	4	1253	182
中国微生物学会	2	150	0	0	0	0
	91	9915	29	5	20954	3385
中国生物化学与分子生物学会	0	0	0	0	0	0
	3	224	1	6	34430	1788
中国细胞生物学学会	1	5	0	0	0	0
	9	1130	14	0	0	0
中国植物生理与植物分子生物学学会	0	0	0	0	0	0
	3	200	0	0	0	0
中国生物物理学会	3	300	0	0	0	0
	0	0	0	0	0	0
中国遗传学会	1	250	0	0	0	0
	44	3829	19	1	500	45
中国心理学会	12	1500	0	1	500	100
	22	1440	3	2	74	25
中国生态学学会	10	865	8	4	41363	1730
	15	680	0	2	10	1
中国环境科学学会	0	0	0	0	0	0
	93	18915	44	4	18369	534
中国自然资源学会	3	256	0	1	1500	20
	0	0	0	0	0	0
中国感光学会	0	0	0	0	0	0
	—	—	—	—	—	—
中国优选法统筹法与经济数学研究会	0	0	0	3	18384	7771
	0	0	0	1	16000	850
中国岩石力学与工程学会	9	1560	2	0	0	0
	1	200	0	1	38	15

续表 14

学　会	举办实用技术培训（次）	实用技术培训人数（人次）	推　广新技术、新品种（项）	举办青少年科技竞赛（项）	参加人数（人次）	获奖人数（人次）
中国野生动物保护协会	1	114	0	0	0	0
	0	0	0	0	0	0
中国系统工程学会	0	0	0	0	0	0
	0	0	0	2	1200	800
中国实验动物学会	0	0	0	0	0	0
	3	204	0	0	0	0
中国青藏高原研究会	0	0	0	0	0	0
	—	—	—	—	—	—
中国环境诱变剂学会	0	0	0	0	0	0
	0	0	0	0	0	0
中国运筹学会	1	40	0	0	0	0
	1	30	0	0	0	0
中国菌物学会	0	0	0	0	0	0
	1	100	0	0	0	0
中国晶体学会	0	0	0	0	0	0
	—	—	—	—	—	—
中国神经科学学会	0	0	0	0	0	0
	1	300	0	0	0	0
中国认知科学学会	0	0	0	0	0	0
	0	0	0	0	0	0
中国微循环学会	10	600	0	0	0	0
	1	50	1	0	0	0
国际数字地球协会	0	0	0	0	0	0
	—	—	—	—	—	—
国际动物学会	0	0	0	0	0	0
	19	1854	2	22	309250	6076
全国工科学会小计	**345**	**26502**	**216**	**72**	**866310**	**27851**
省级工科学会小计	**1303**	**92542**	**723**	**212**	**304025**	**39602**
中国机械工程学会	0	0	0	5	10075	6000
	31	3952	41	6	3200	1340
中国汽车工程学会	4	350	0	5	7204	2622
	6	396	0	2	354	203
中国农业机械学会	0	0	0	0	0	0
	22	3478	14	0	0	0
中国农业工程学会	3	286	1	0	0	0
	18	401	13	1	62	15

续表 15

学　会	举办实用技术培训（次）	实用技术培训人数（人次）	推　广新技术、新品种（项）	举办青少年科技竞赛（项）	参加人数（人次）	获奖人数（人次）
中国电机工程学会	5	380	5	1	15258	3343
	17	350	0	1	60	10
中国电工技术学会	15	2850	36	0	0	0
	1	12	1	0	0	0
中国水力发电工程学会	0	0	0	0	0	0
	5	426	0	2	526	26
中国水利学会	10	512	2	1	10	3
	33	4866	71	0	0	0
中国内燃机学会	0	0	0	0	0	0
	1	300	0	1	1200	200
中国工程热物理学会	0	0	0	0	0	0
	0	0	0	1	28	6
中国空气动力学会	0	0	0	0	0	0
	—	—	—	—	—	—
中国制冷学会	1	20	1	1	211	122
	20	674	11	1	100	20
中国真空学会	0	0	0	0	0	0
	1	50	0	1	40	7
中国自动化学会	1	300	2	5	3272	2560
	3	170	10	6	1830	333
中国仪器仪表学会	35	4016	14	1	100	20
	0	0	0	3	1400	192
中国计量测试学会	0	0	0	0	0	0
	58	5337	0	1	260	100
中国标准化协会	25	2000	0	0	0	0
	308	514	0	0	0	0
中国图学学会	4	423	0	0	0	0
	3	140	2	3	1383	454
中国电子学会	3	420	0	4	48130	1810
	33	2730	9	23	12081	2619
中国计算机学会	0	0	0	1	309	263
	13	863	7	46	69746	7872
中国通信学会	0	0	0	4	25116	2790
	13	1540	4	0	0	0

续表 16

学　会	举办实用技术培训（次）	实用技术培训人数（人次）	推　广新技术、新品种（项）	举办青少年科技竞赛（项）	参加人数（人次）	获奖人数（人次）
中国中文信息学会	0	0	0	2	2208	216
	0	0	0	0	0	0
中国测绘学会	—	—	—	—	—	—
	27	7548	0	6	968	225
中国造船工程学会	0	0	0	3	1260	110
	17	766	2	4	2400	140
中国航海学会	9	360	1	4	1450	88
	6	410	0	4	838	126
中国铁道学会	109	5857	0	0	0	0
	7	779	7	3	199	3
中国公路学会	7	890	0	1	1179	380
	21	2845	46	1	60	40
中国航空学会	0	0	0	4	2800	1300
	8	437	0	12	4800	1176
中国宇航学会	0	0	0	0	0	0
	2	100	0	8	20592	1429
中国兵工学会	0	0	0	0	0	0
	1	60	0	0	0	0
中国金属学会	0	0	0	0	0	0
	25	897	32	1	78	16
中国有色金属学会	0	0	0	0	0	0
	12	500	19	0	0	0
中国稀土学会	0	0	0	0	0	0
	0	0	0	0	0	0
中国腐蚀与防护学会	0	0	0	0	0	0
	41	830	152	1	81	20
中国化工学会	9	550	12	4	24590	889
	38	1777	16	18	150815	18538
中国核学会	0	0	0	1	640000	500
	75	7645	7	1	100	18
中国石油学会	0	0	0	0	0	0
	3	270	0	1	80	20
中国煤炭学会	2	220	0	0	0	0
	0	0	0	1	200	3
中国可再生能源学会	2	95	0	0	0	0
	0	0	0	0	0	0

续表 17

学　会	举办实用技术培训（次）	实用技术培训人数（人次）	推　广新技术、新品种（项）	举办青少年科技竞赛（项）	参加人数（人次）	获奖人数（人次）
中国能源研究会	0	0	0	0	0	0
	6	466	3	0	0	0
中国硅酸盐学会	7	900	27	0	0	0
	8	615	3	0	0	0
中国建筑学会	20	200	0	2	600	0
	53	5652	26	13	5836	595
中国土木工程学会	0	0	0	0	0	0
	0	0	0	0	0	0
中国生物工程学会	0	0	0	0	0	0
	2	61	1	0	0	0
中国纺织工程学会	3	240	2	0	0	0
	24	1088	18	0	0	0
中国造纸学会	0	0	0	0	0	0
	5	213	10	1	246	116
中国文物保护技术协会	0	0	0	0	0	0
	—	—	—	—	—	—
中国印刷技术协会	10	210	0	0	0	0
	0	0	0	0	0	0
中国材料研究学会	5	366	85	4	696	127
	1	40	0	1	804	80
中国食品科学技术学会	0	0	1	6	29600	426
	1	50	0	0	0	0
中国粮油学会	23	2400	3	0	0	0
	3	360	6	0	0	0
中国职业安全健康协会	0	0	0	1	16	16
	1	200	2	0	0	0
中国烟草学会	0	0	0	0	0	0
	7	1290	17	0	0	0
中国仿真学会	0	0	0	1	16174	981
	0	0	0	0	0	0
中国电影电视技术学会	0	0	0	0	0	0
	0	0	0	0	0	0
中国振动工程学会	6	622	0	0	0	0
	1	20	0	0	0	0
中国颗粒学会	0	0	0	0	0	0
	0	0	0	1	90	21

续表 18

学会	举办实用技术培训（次）	实用技术培训人数（人次）	推广新技术、新品种（项）	举办青少年科技竞赛（项）	参加人数（人次）	获奖人数（人次）
中国照明学会	0	0	0	0	0	0
	7	662	23	0	0	0
中国动力工程学会	0	0	0	0	0	0
	0	0	0	0	0	0
中国惯性技术学会	0	0	0	0	0	0
	2	42	5	0	0	0
中国风景园林学会	1	130	1	1	1000	59
	0	0	0	2	1400	184
中国电源学会	6	358	8	1	200	22
	4	525	0	0	0	0
中国复合材料学会	0	0	0	0	0	0
	6	210	3	0	0	0
中国消防协会	0	0	0	0	0	0
	7	765	2	1	10000	5
中国图象图形学学会	0	0	0	0	0	0
	0	0	0	0	0	0
中国人工智能学会	3	400	0	3	3020	1005
	15	2430	53	7	5984	1136
中国体视学学会	1	70	0	2	652	189
	0	0	0	0	0	0
中国工程机械学会	0	0	0	0	0	0
	—	—	—	—	—	—
中国海洋工程咨询协会	0	0	0	0	0	0
	—	—	—	—	—	—
中国遥感应用协会	0	0	0	0	0	0
	—	—	—	—	—	—
中国指挥与控制学会	0	0	0	2	30000	1500
	—	—	—	—	—	—
中国光学工程学会	4	427	4	1	180	30
	3	45	10	2	200	95
中国微米纳米技术学会	4	300	0	0	0	0
	—	—	—	—	—	—
中国密码学会	0	0	0	1	1000	480
	—	—	—	—	—	—
中国大坝工程学会	6	200	2	0	0	0
	—	—	—	—	—	—
中国卫星导航定位协会	1	70	9	0	0	0
	—	—	—	—	—	—

续表 19

学　会	举办实用技术培训（次）	实用技术培训人数（人次）	推广新技术、新品种（项）	举办青少年科技竞赛（项）	参加人数（人次）	获奖人数（人次）
中国生物材料学会	1	80	0	0	0	0
	0	0	0	0	0	0
国际粉体检测与控制联合会	0	0	0	0	0	0
	—	—	—	—	—	—
全国农科学会小计	**991**	**75273**	**507**	**3**	**5297**	**901**
省级农科学会小计	**8915**	**1578490**	**1832**	**9**	**44268**	**1051**
中国农学会	17	1800	72	0	0	0
	894	168874	533	0	0	0
中国林学会	20	800	70	1	5000	822
	5213	1179995	76	4	41600	334
中国土壤学会	0	0	0	0	0	0
	71	4490	57	0	0	0
中国水产学会	0	0	0	0	0	0
	87	4700	25	0	0	0
中国园艺学会	746	49059	193	1	147	14
	417	20733	245	1	10	3
中国畜牧兽医学会	42	3470	7	0	0	0
	332	26047	147	0	0	0
中国植物病理学会	0	0	0	0	0	0
	0	0	0	29	90652	25836
中国植物保护学会	14	2324	7	0	0	0
	70	3228	26	2	102	5
中国作物学会	125	15154	101	0	0	0
	399	34207	131	0	0	0
中国热带作物学会	12	1660	7	0	0	0
	20	2100	4	0	0	0
中国蚕学会	0	0	0	1	150	65
	8	975	9	0	0	0
中国水土保持学会	0	0	0	0	0	0
	4	180	0	0	0	0
中国茶叶学会	15	1006	50	0	0	0
	37	1680	30	0	0	0
中国草学会	0	0	0	0	0	0
	7	1290	17	0	0	0
中国植物营养与肥料学会	0	0	0	0	0	0
	30	2000	5	0	0	0

续表 20

学　会	举办实用技术培训（次）	实用技术培训人数（人次）	推　广新技术、新品种（项）	举办青少年科技竞赛（项）	参加人数（人次）	获奖人数（人次）
中国农业历史学会	0	0	0	0	0	0
	0	0	0	0	0	0
全国医科学会小计	**458**	**79008**	**126**	**0**	**0**	**0**
省级医科学会小计	**5907**	**447961**	**734**	**24**	**5117**	**546**
中华医学会	0	0	0	0	0	0
	0	0	0	0	0	0
中华中医药学会	4	1000	0	0	0	0
	—	—	—	—	—	—
中国中西医结合学会	29	42600	0	0	0	0
	73	8461	3	0	0	0
中国药学会	36	7622	3	0	0	0
	179	29201	53	3	330	52
中华护理学会	128	8241	21	0	0	0
	—	—	—	—	—	—
中国生理学会	0	0	0	0	0	0
	22	2050	28	2	1026	160
中国解剖学会	2	15	0	0	0	0
	4	240	60	3	421	34
中国生物医学工程学会	26	1570	10	0	0	0
	12	1490	6	0	0	0
中国病理生理学会	13	2280	0	0	0	0
	0	0	0	0	0	0
中国营养学会	2	60	0	0	0	0
	29	3668	8	1	1000	52
中国药理学会	6	1196	0	0	0	0
	6	2764	2	2	300	32
中国针灸学会	127	746	56	0	0	0
	72	7492	30	0	0	0
中国防痨协会	6	2000	23	0	0	0
	7	915	3	1	100	30
中国麻风防治协会	0	0	0	0	0	0
	9	1035	0	1	55	27
中国心理卫生协会	0	0	0	0	0	0
	55	2750	0	0	0	0

续表 21

学　会	举办实用技术培训（次）	实用技术培训人数（人次）	推　广新技术、新品种（项）	举办青少年科技竞赛（项）	参加人数（人次）	获奖人数（人次）
中国抗癌协会	0	0	0	0	0	0
	47	3064	14	0	0	0
中国体育科学学会	0	0	0	0	0	0
	12	760	0	0	0	0
中国毒理学会	4	350	0	0	0	0
	16	843	2	1	300	50
中国康复医学会	0	0	0	0	0	0
	124	10905	97	0	0	0
中国免疫学会	0	0	0	0	0	0
	16	1572	203	0	0	0
中华预防医学会	56	7628	0	0	0	0
	—	—	—	—	—	—
中国法医学会	0	0	0	0	0	0
	8	1150	4	0	0	0
中华口腔医学会	2	430	0	0	0	0
	—	—	—	—	—	—
中国医学救援协会	5	199	0	0	0	0
	—	—	—	—	—	—
中国女医师协会	0	0	0	0	0	0
	0	0	0	0	0	0
中国研究型医院学会	11	3070	13	0	0	0
	0	0	0	0	0	0
中国睡眠研究会	1	1	0	0	0	0
	3	15	0	0	0	0
中国卒中学会	0	0	0	0	0	0
	61	12400	10	0	0	0
全国交叉学科学会小计	**88**	**8953**	**0**	**17**	**192266**	**5703**
省级其他学科学会小计	**3268**	**266199**	**1367**	**161**	**716278**	**89869**
中国自然辩证法研究会	0	0	0	0	0	0
	6	60	5	1	450	60
中国管理现代化研究会	0	0	0	4	2800	57
	0	0	0	1	800	20
中国技术经济学会	0	0	0	0	0	0
	0	0	0	0	0	0
中国现场统计研究会	0	0	0	0	0	0
	0	0	0	1	56	22

续表 22

学　会	举办实用技术培训（次）	实用技术培训人数（人次）	推　广新技术、新品种（项）	举办青少年科技竞赛（项）	参加人数（人次）	获奖人数（人次）
中国未来研究会	0	0	0	0	0	0
	0	0	0	7	1002	94
中国科学技术史学会	0	0	0	0	0	0
	0	0	0	0	0	0
中国科学技术情报学会	3	285	0	1	10000	138
	4	300	0	0	0	0
中国图书馆学会	0	0	0	1	2073	367
	4	473	0	3	10328	145
中国城市科学研究会	0	0	0	4	1560	311
	0	0	0	0	0	0
中国科学学与科技政策研究会	0	0	0	0	0	0
	0	0	0	0	0	0
中国农村专业技术协会	2	500	0	0	0	0
	2415	170145	77	0	0	0
中国工业设计协会	0	0	0	0	0	0
	0	0	0	0	0	0
中国工艺美术学会	0	0	0	0	0	0
	1	100	0	0	0	0
中国科普作家协会	0	0	0	1	160000	1200
	1	58	0	5	50200	500
中国自然科学博物馆协会	0	0	0	0	0	0
	0	0	0	4	2000	100
中国可持续发展研究会	1	70	0	0	0	0
	1	80	5	0	0	0
中国青少年科技辅导员协会	0	0	0	1	4647	3041
	0	0	0	25	210400	8496
中国科教电影电视协会	0	0	0	0	0	0
	0	0	0	0	0	0
中国科学技术期刊编辑学会	0	0	0	1	7000	9
	3	2000	2	0	0	0
中国流行色协会	0	0	0	0	0	0
	—	—	—	—	—	—
中国档案学会	0	0	0	0	0	0
	8	2013	0	0	0	0
中国国土经济学会	0	0	0	0	0	0
	—	—	—	—	—	—
中国土地学会	4	4800	0	0	0	0
	5	1358	1	2	520	60

续表 23

学　会	举办实用技术培训（次）	实用技术培训人数（人次）	推　广新技术、新品种（项）	举办青少年科技竞赛（项）	参加人数（人次）	获奖人数（人次）
中国科技新闻学会	0	0	0	0	0	0
	6	300	0	3	612	300
中国老科学技术工作者协会	0	0	0	0	0	0
	136	12988	0	0	0	0
中国科学探险协会	0	0	0	0	0	0
	0	0	0	0	0	0
中国城市规划学会	0	0	0	2	1686	200
	0	0	0	0	0	0
中国产学研合作促进会	0	0	0	0	0	0
	0	0	0	0	0	0
中国知识产权研究会	10	1500	0	0	0	0
	0	0	0	1	883	646
中国发明协会	0	0	0	1	500	300
	—	—	—	—	—	—
中国工程教育专业认证协会	0	0	0	0	0	0
	—	—	—	—	—	—
中国检验检疫学会	0	0	0	0	0	0
	0	0	0	0	0	0
中国女科技工作者协会	6	200	2	0	0	0
	0	0	0	0	0	0
中国创造学会	0	0	0	1	2000	80
	0	0	0	0	0	0
中国经济科技开发国际交流协会	0	0	0	0	0	0
	—	—	—	—	—	—
中国高科技产业化研究会	67	1748	0	0	0	0
	—	—	—	—	—	—
中国微量元素科学研究会	0	0	0	0	0	0
	15	200	63	0	0	0
中国国际经济技术合作促进会	0	0	0	0	0	0
	—	—	—	—	—	—
中国基本建设优化研究会	1	50	0	0	0	0
	—	—	—	—	—	—
中国科技馆发展基金会	0	0	0	0	0	0
	—	—	—	—	—	—
中国生物多样性保护与绿色发展基金会	0	0	0	0	0	0
	—	—	—	—	—	—
中国反邪教协会	0	0	0	0	0	0
	0	0	0	0	0	0

续表 24

学　会	青少年参加国际及港澳台地区科技交流活　动（次）	参加人数（人次）	举办青少年高校科学营活　动（次）	参加人数（人次）	编印青少年科技教育资料（种）	总印数（册）
全国学会合计	**79**	**1973**	**51**	**5881**	**62**	**925290**
省级同名学会合计	**3492**	**24705**	**221**	**27456**	**355**	**1041369**
全国理科学会小计	**7**	**37**	**18**	**3309**	**11**	**125800**
省级理科学会小计	**870**	**2537**	**83**	**7967**	**137**	**538440**
中国数学会	0	0	5	667	0	0
	0	0	2	449	3	1200
中国物理学会	2	13	3	267	0	0
	806	1440	13	2331	8	3560
中国力学学会	0	0	0	0	1	4800
	2	53	2	257	0	0
中国光学学会	0	0	3	1320	0	0
	1	500	3	245	2	11600
中国声学学会	0	0	1	286	1	200
	0	0	1	1	0	0
中国化学会	3	14	0	0	0	0
	1	6	2	110	6	1100
中国天文学会	0	0	0	0	0	0
	3	19	7	431	7	57180
中国气象学会	0	0	1	140	1	200
	0	0	11	709	53	228000
中国空间科学学会	0	0	0	0	0	0
	—	—	—	—	—	—
中国地质学会	0	0	0	0	0	0
	0	0	4	189	10	15700
中国地理学会	1	4	1	208	0	0
	0	0	4	225	4	2200
中国地球物理学会	0	0	0	0	0	0
	0	0	1	20	2	600
中国矿物岩石地球化学学会	0	0	0	0	0	0
	0	0	1	45	0	0
中国古生物学会	0	0	0	0	0	0
	0	0	2	100	0	0
中国海洋湖沼学会	0	0	1	105	0	0
	1	450	1	150	4	6000

续表 25

学　会	青少年参加国际及港澳台地区科技交流活　动（次）	参加人数（人次）	举办青少年高校科学营活　动（次）	参加人数（人次）	编印青少年科技教育资料（种）	总印数（册）
中国海洋学会	0	0	0	0	1	2500
	0	0	0	0	0	0
中国地震学会	1	6	0	0	0	0
	20	0	2	75	12	135000
中国动物学会	0	0	0	0	0	0
	32	10	5	300	1	10000
中国植物学会	0	0	0	0	0	0
	0	0	5	609	4	6500
中国昆虫学会	0	0	0	0	0	0
	0	0	4	170	2	690
中国微生物学会	0	0	0	0	0	0
	2	48	2	101	1	100
中国生物化学与分子生物学会	0	0	0	0	0	0
	0	0	3	200	0	0
中国细胞生物学学会	0	0	0	0	1	400
	0	0	0	0	1	200
中国植物生理与植物分子生物学学会	0	0	0	0	0	0
	0	0	0	0	0	0
中国生物物理学会	0	0	0	0	0	0
	0	0	0	0	0	0
中国遗传学会	0	0	0	0	0	0
	1	10	0	0	1	45000
中国心理学会	0	0	0	0	0	0
	0	0	2	60	0	0
中国生态学学会	0	0	2	194	2	2700
	0	0	1	55	1	60
中国环境科学学会	0	0	0	0	0	0
	0	0	0	0	0	0
中国自然资源学会	0	0	1	122	0	0
	0	0	0	0	0	0
中国感光学会	0	0	0	0	0	0
	—	—	—	—	—	—
中国优选法统筹法与经济数学研究会	0	0	0	0	2	103000
	1	30	0	0	0	0
中国岩石力学与工程学会	0	0	0	0	0	0
	0	0	1	45	6	600

续表 26

学　会	青少年参加国际及港澳台地区科技交流活　动（次）	参加人数（人次）	举办青少年高校科学营活　动（次）	参加人数（人次）	编印青少年科技教育资料（种）	总印数（册）
中国野生动物保护协会	0	0	0	0	2	12000
	0	0	0	0	2	2000
中国系统工程学会	0	0	0	0	0	0
	0	0	0	0	0	0
中国实验动物学会	0	0	0	0	0	0
	0	0	0	0	0	0
中国青藏高原研究会	0	0	0	0	0	0
	—	—	—	—	—	—
中国环境诱变剂学会	0	0	0	0	0	0
	0	0	0	0	3	10000
中国运筹学会	0	0	0	0	0	0
	0	0	0	0	0	0
中国菌物学会	0	0	0	0	0	0
	0	0	0	0	0	0
中国晶体学会	0	0	0	0	0	0
	—	—	—	—	—	—
中国神经科学学会	0	0	0	0	0	0
	0	0	1	100	0	0
中国认知科学学会	0	0	0	0	0	0
	0	0	0	0	0	0
中国微循环学会	0	0	0	0	0	0
	0	0	0	0	0	0
国际数字地球协会	0	0	0	0	0	0
	—	—	—	—	—	—
国际动物学会	0	0	0	0	0	0
	32	10	5	300	1	10000
全国工科学会小计	**30**	**1713**	**24**	**2102**	**35**	**112780**
省级工科学会小计	**181**	**4551**	**46**	**8161**	**61**	**53236**
中国机械工程学会	0	0	0	0	0	0
	0	0	0	0	0	0
中国汽车工程学会	1	1000	0	0	0	0
	0	0	0	0	0	0
中国农业机械学会	0	0	0	0	0	0
	0	0	0	0	0	0
中国农业工程学会	0	0	0	0	0	0
	1	6	1	45	0	0

续表 27

学　会	青少年参加国际及港澳台地区科技交流活　动（次）	参加人数（人次）	举办青少年高校科学营活　动（次）	参加人数（人次）	编印青少年科技教育资料（种）	总印数（册）
中国电机工程学会	0	0	0	0	2	13000
	0	0	1	20	6	19550
中国电工技术学会	0	0	0	0	0	0
	0	0	0	0	0	0
中国水力发电工程学会	0	0	0	0	1	100
	0	0	0	0	1	96
中国水利学会	2	32	0	0	6	12000
	0	0	0	0	1	500
中国内燃机学会	0	0	0	0	0	0
	0	0	0	0	0	0
中国工程热物理学会	0	0	0	0	0	0
	0	0	1	35	0	0
中国空气动力学会	0	0	1	30	0	0
	—	—	—	—	—	—
中国制冷学会	1	4	0	0	0	0
	0	0	0	0	0	0
中国真空学会	0	0	0	0	0	0
	0	0	0	0	0	0
中国自动化学会	11	12	0	0	0	0
	0	0	2	110	3	350
中国仪器仪表学会	0	0	4	4	3	5030
	163	5	0	0	1	1000
中国计量测试学会	0	0	1	30	1	500
	0	0	0	0	3	3000
中国标准化协会	1	6	0	0	0	0
	0	0	0	0	0	0
中国图学学会	0	0	0	0	0	0
	0	0	0	0	0	0
中国电子学会	0	0	4	600	2	40000
	0	0	1	300	0	0
中国计算机学会	0	0	0	0	0	0
	8	1929	3	2350	0	0
中国通信学会	0	0	0	0	0	0
	0	0	1	60	3	11000

续表 28

学　会	青少年参加国际及港澳台地区科技交流活　动（次）	参加人数（人次）	举办青少年高校科学营活　动（次）	参加人数（人次）	编印青少年科技教育资料（种）	总印数（册）
中国中文信息学会	2	13	2	200	0	0
	0	0	0	0	0	0
中国测绘学会	—	—	—	—	—	—
	0	0	0	0	0	0
中国造船工程学会	0	0	0	6	0	0
	0	0	1	4	1	1000
中国航海学会	2	133	1	230	0	0
	0	0	0	0	1	1500
中国铁道学会	0	0	0	0	0	0
	0	0	0	0	1	2000
中国公路学会	0	0	0	0	0	0
	0	0	3	110	0	0
中国航空学会	0	0	1	100	3	15000
	3	2120	6	437	1	120
中国宇航学会	2	480	1	120	2	200
	2	10	1	150	2	500
中国兵工学会	0	0	1	112	0	0
	0	0	0	0	0	0
中国金属学会	0	0	0	0	0	0
	0	0	0	0	0	0
中国有色金属学会	0	0	0	0	0	0
	0	0	0	0	0	0
中国稀土学会	0	0	0	0	0	0
	0	0	1	336	0	0
中国腐蚀与防护学会	0	0	0	0	0	0
	0	0	0	0	0	0
中国化工学会	0	0	3	160	1	300
	0	200	3	420	4	1000
中国核学会	0	0	0	0	0	0
	0	0	0	0	6	600
中国石油学会	0	0	0	0	0	0
	1	1	10	3000	0	0
中国煤炭学会	0	0	0	0	0	0
	0	0	0	0	0	0
中国可再生能源学会	0	0	0	0	1	1500
	0	0	0	0	0	0

续表 29

学　会	青少年参加国际及港澳台地区科技交流活　动（次）	参加人数（人次）	举办青少年高校科学营活　动（次）	参加人数（人次）	编印青少年科技教育资料（种）	总印数（册）
中国能源研究会	0	0	0	0	4	6000
	0	0	0	0	1	1000
中国硅酸盐学会	0	0	0	0	0	0
	0	0	0	0	0	0
中国建筑学会	0	0	0	0	0	0
	0	0	0	0	0	0
中国土木工程学会	0	0	0	0	0	0
	0	0	0	0	0	0
中国生物工程学会	0	0	0	0	0	0
	0	0	0	0	0	0
中国纺织工程学会	0	0	0	0	0	0
	1	50	0	0	0	0
中国造纸学会	0	0	0	0	0	0
	0	0	0	0	0	0
中国文物保护技术协会	0	0	0	0	0	0
	—	—	—	—	—	—
中国印刷技术协会	0	0	0	0	2	1500
	0	0	0	0	0	0
中国材料研究学会	3	10	4	480	5	2150
	0	0	0	0	1	1000
中国食品科学技术学会	0	0	0	0	0	0
	0	0	1	30	0	0
中国粮油学会	0	0	0	0	0	0
	0	0	0	0	0	0
中国职业安全健康协会	0	0	0	0	0	0
	0	0	0	0	0	0
中国烟草学会	0	0	0	0	0	0
	0	0	0	0	0	0
中国仿真学会	0	0	0	0	0	0
	0	0	0	0	0	0
中国电影电视技术学会	0	0	0	0	0	0
	0	0	0	0	0	0
中国振动工程学会	0	0	0	0	0	0
	0	0	0	0	0	0
中国颗粒学会	0	0	0	0	0	0
	0	0	0	0	0	0

续表 30

学　会	青少年参加国际及港澳台地区科技交流活　动（次）	参加人数（人次）	举办青少年高校科学营活　动（次）	参加人数（人次）	编印青少年科技教育资料（种）	总印数（册）
中国照明学会	0	0	0	0	0	0
	0	0	0	0	0	0
中国动力工程学会	0	0	0	0	0	0
	0	0	0	0	0	0
中国惯性技术学会	1	5	1	30	0	0
	0	0	0	0	0	0
中国风景园林学会	0	0	0	0	0	0
	0	0	0	0	0	0
中国电源学会	0	0	0	0	0	0
	0	0	0	0	0	0
中国复合材料学会	0	0	0	0	0	0
	0	0	0	0	0	0
中国消防协会	0	0	0	0	0	0
	0	0	0	0	3	1350
中国图象图形学学会	0	0	0	0	0	0
	0	0	0	0	0	0
中国人工智能学会	0	0	0	0	0	0
	0	0	0	0	0	0
中国体视学学会	4	18	0	0	0	0
	0	0	0	0	0	0
中国工程机械学会	0	0	0	0	0	0
	—	—	—	—	—	—
中国海洋工程咨询协会	0	0	0	0	0	0
	—	—	—	—	—	—
中国遥感应用协会	0	0	0	0	0	0
	—	—	—	—	—	—
中国指挥与控制学会	0	0	0	0	0	0
	—	—	—	—	—	—
中国光学工程学会	0	0	0	0	0	0
	0	0	2	65	0	0
中国微米纳米技术学会	0	0	0	0	0	0
	—	—	—	—	—	—
中国密码学会	0	0	0	0	0	0
	—	—	—	—	—	—
中国大坝工程学会	0	0	0	0	0	0
	—	—	—	—	—	—
中国卫星导航定位协会	0	0	0	0	2	15500
	—	—	—	—	—	—

续表 31

学会	青少年参加国际及港澳台地区科技交流活动（次）	参加人数（人次）	举办青少年高校科学营活动（次）	参加人数（人次）	编印青少年科技教育资料（种）	总印数（册）
中国生物材料学会	0	0	0	0	0	0
	0	0	0	0	0	0
国际粉体检测与控制联合会	0	0	0	0	0	0
	—	—	—	—	—	—
全国农科学会小计	**1**	**5**	**2**	**330**	**3**	**114000**
省级农科学会小计	**0**	**1**	**13**	**924**	**44**	**25520**
中国农学会	0	0	0	0	0	0
	0	0	9	384	1	6000
中国林学会	0	0	1	30	0	0
	0	0	1	50	26	1300
中国土壤学会	0	0	1	300	0	0
	0	0	1	360	5	2520
中国水产学会	0	0	0	0	0	0
	0	0	0	0	4	800
中国园艺学会	1	5	0	0	0	0
	0	0	0	0	2	200
中国畜牧兽医学会	0	0	0	0	0	0
	0	0	0	0	0	0
中国植物病理学会	0	0	0	0	0	0
	0	0	2	449	3	1200
中国植物保护学会	0	0	0	0	0	0
	0	0	0	0	0	0
中国作物学会	0	0	0	0	0	0
	0	0	0	0	0	0
中国热带作物学会	0	0	0	0	0	0
	0	0	0	0	0	0
中国蚕学会	0	0	0	0	0	0
	0	0	0	0	0	0
中国水土保持学会	0	0	0	0	1	100000
	0	0	0	0	1	1400
中国茶叶学会	0	0	0	0	0	0
	0	0	0	0	0	0
中国草学会	0	0	0	0	0	0
	0	0	0	0	0	0
中国植物营养与肥料学会	0	0	0	0	0	0
	0	0	0	0	0	0

续表 32

学　会	青少年参加国际及港澳台地区科技交流活　动（次）	参加人数（人次）	举办青少年高校科学营活　动（次）	参加人数（人次）	编印青少年科技教育资料（种）	总印数（册）
中国农业历史学会	0	0	0	0	2	14000
	0	0	0	0	0	0
全国医科学会小计	**0**	**0**	**5**	**90**	**5**	**15210**
省级医科学会小计	**2**	**40**	**1**	**150**	**56**	**257546**
中华医学会	0	0	0	0	0	0
	0	0	0	0	0	0
中华中医药学会	0	0	0	0	0	0
	—	—	—	—	—	—
中国中西医结合学会	0	0	0	0	0	0
	0	0	0	0	0	0
中国药学会	0	0	0	0	0	0
	0	0	1	150	11	14000
中华护理学会	0	0	0	0	0	0
	—	—	—	—	—	—
中国生理学会	0	0	0	0	0	0
	0	0	0	0	1	200
中国解剖学会	0	0	0	0	1	6000
	0	0	0	0	0	0
中国生物医学工程学会	0	0	4	50	0	0
	0	0	0	0	0	0
中国病理生理学会	0	0	1	40	0	0
	0	0	0	0	0	0
中国营养学会	0	0	0	0	2	10
	0	0	0	0	4	20100
中国药理学会	0	0	0	0	0	0
	0	0	0	0	2	4000
中国针灸学会	0	0	0	0	0	0
	0	0	0	0	2	5000
中国防痨协会	0	0	0	0	0	0
	0	0	0	0	1	35425
中国麻风防治协会	0	0	0	0	0	0
	0	0	0	0	0	0
中国心理卫生协会	0	0	0	0	0	0
	0	0	0	0	3	200

续表 33

学　会	青少年参加国际及港澳台地区科技交流活　动（次）	参加人数（人次）	举办青少年高校科学营活　动（次）	参加人数（人次）	编印青少年科技教育资料（种）	总印数（册）
中国抗癌协会	0	0	0	0	0	0
	0	0	0	0	0	0
中国体育科学学会	0	0	0	0	0	0
	0	0	0	0	0	0
中国毒理学会	0	0	0	0	0	0
	0	0	0	0	6	1750
中国康复医学会	0	0	0	0	0	0
	0	0	0	0	0	0
中国免疫学会	0	0	0	0	0	0
	0	0	0	0	0	0
中华预防医学会	0	0	0	0	0	0
	—	—	—	—	—	—
中国法医学会	0	0	0	0	0	0
	0	0	0	0	0	0
中华口腔医学会	0	0	0	0	2	9200
	—	—	—	—	—	—
中国医学救援协会	0	0	0	0	0	0
	—	—	—	—	—	—
中国女医师协会	0	0	0	0	0	0
	0	0	0	0	0	0
中国研究型医院学会	0	0	0	0	0	0
	0	0	0	0	0	0
中国睡眠研究会	0	0	0	0	0	0
	0	0	0	0	0	0
中国卒中学会	0	0	0	0	0	0
	0	0	0	0	0	0
全国交叉学科学会小计	**41**	**218**	**2**	**50**	**8**	**557500**
省级其他学科学会小计	**2439**	**17576**	**78**	**10254**	**57**	**166627**
中国自然辩证法研究会	0	0	0	0	0	0
	0	0	2	350	1	1000
中国管理现代化研究会	40	200	0	0	0	0
	0	0	0	0	0	0
中国技术经济学会	0	0	0	0	0	0
	0	0	0	0	0	0
中国现场统计研究会	0	0	0	0	0	0
	0	0	0	0	0	0

续表 34

学　会	青少年参加国际及港澳台地区科技交流活　动（次）	参加人数（人次）	举办青少年高校科学营活　动（次）	参加人数（人次）	编印青少年科技教育资料（种）	总印数（册）
中国未来研究会	0	0	0	0	0	0
	0	0	0	0	0	0
中国科学技术史学会	0	0	0	0	0	0
	0	0	0	0	3	7000
中国科学技术情报学会	0	0	0	0	0	0
	0	0	0	0	0	0
中国图书馆学会	0	0	0	0	0	0
	0	0	0	0	0	0
中国城市科学研究会	0	0	2	50	0	0
	0	0	0	0	0	0
中国科学学与科技政策研究会	0	0	0	0	0	0
	0	0	0	0	0	0
中国农村专业技术协会	0	0	0	0	0	0
	0	0	0	0	0	0
中国工业设计协会	0	0	0	0	0	0
	0	0	0	0	0	0
中国工艺美术学会	0	0	0	0	0	0
	0	0	0	0	2	310
中国科普作家协会	0	0	0	0	1	2000
	0	0	0	0	3	9000
中国自然科学博物馆协会	0	0	0	0	0	0
	0	0	0	0	0	0
中国可持续发展研究会	0	0	0	0	0	0
	0	0	1	100	1	1000
中国青少年科技辅导员协会	0	0	0	0	0	0
	1	25	13	1066	0	0
中国科教电影电视协会	0	0	0	0	0	0
	0	0	0	0	0	0
中国科学技术期刊编辑学会	0	0	0	0	1	3000
	0	0	0	0	0	0
中国流行色协会	0	0	0	0	0	0
	—	—	—	—	—	—
中国档案学会	0	0	0	0	0	0
	0	0	0	0	0	0
中国国土经济学会	0	0	0	0	0	0
	—	—	—	—	—	—
中国土地学会	0	0	0	0	0	0
	0	0	0	0	1	360

续表 35

学会	青少年参加国际及港澳台地区科技交流活动（次）	参加人数（人次）	举办青少年高校科学营活动（次）	参加人数（人次）	编印青少年科技教育资料（种）	总印数（册）
中国科技新闻学会	0	0	0	0	0	0
	0	0	0	0	0	0
中国老科学技术工作者协会	0	0	0	0	0	0
	0	0	0	0	5	5000
中国科学探险协会	0	0	0	0	0	0
	0	0	0	0	0	0
中国城市规划学会	0	0	0	0	1	500
	0	0	0	0	0	0
中国产学研合作促进会	0	0	0	0	0	0
	0	0	0	0	0	0
中国知识产权研究会	0	0	0	0	0	0
	0	0	0	0	0	0
中国发明协会	1	18	0	0	5	552000
	—	—	—	—	—	—
中国工程教育专业认证协会	0	0	0	0	0	0
	—	—	—	—	—	—
中国检验检疫学会	0	0	0	0	0	0
	0	0	0	0	0	0
中国女科技工作者协会	0	0	0	0	0	0
	0	0	0	0	0	0
中国创造学会	0	0	0	0	0	0
	0	0	0	0	0	0
中国经济科技开发国际交流协会	0	0	0	0	0	0
	—	—	—	—	—	—
中国高科技产业化研究会	0	0	0	0	0	0
	—	—	—	—	—	—
中国微量元素科学研究会	0	0	0	0	0	0
	0	0	0	0	0	0
中国国际经济技术合作促进会	0	0	0	0	0	0
	—	—	—	—	—	—
中国基本建设优化研究会	0	0	0	0	0	0
	—	—	—	—	—	—
中国科技馆发展基金会	0	0	0	0	0	0
	—	—	—	—	—	—
中国生物多样性保护与绿色发展基金会	0	0	0	0	0	0
	—	—	—	—	—	—
中国反邪教协会	0	0	0	0	0	0
	0	0	0	0	5	33000

续表 36

学　会	举办青少年科技教育活动和培训（次）	参加人数（人次）	面向青少年的各类人才培养计划培养学生数（人次）	# 中学生英才计划培养学生数（人次）	编著科技图书（种）	总印数（册）	主办科技报纸（种）	总印数（份）
全国学会合计	**604**	**378250**	**29353**	**702**	**388**	**1546531**	**13**	**626137**
省级同名学会合计	**3224**	**609788**	**23847**	**16001**	**1552**	**5964682**	**87**	**17284237**
全国理科学会小计	**261**	**21557**	**27012**	**2**	**26**	**47120**	**1**	**60000**
省级理科学会小计	**595**	**115990**	**14968**	**13878**	**229**	**376893**	**8**	**88150**
中国数学会	0	0	0	0	0	0	0	0
	4	1200	88	62	3	15000	1	100
中国物理学会	0	0	0	0	0	0	0	0
	53	10558	52	47	1	2000	0	0
中国力学学会	0	0	27010	0	3	14600	0	0
	0	0	0	0	0	0	0	0
中国光学学会	3	780	0	0	0	0	0	0
	7	3980	200	80	0	0	0	0
中国声学学会	3	1100	0	0	0	0	0	0
	1	56	1	0	0	0	0	0
中国化学会	1	348	0	0	0	0	0	0
	17	1436	90	30	4	7000	2	1200
中国天文学会	0	0	0	0	0	0	0	0
	200	43992	2	0	3	1505	0	0
中国气象学会	0	0	0	0	5	7000	0	0
	26	10440	0	0	30	120800	0	0
中国空间科学学会	4	880	0	0	0	0	0	0
	—	—	—	—	—	—	—	—
中国地质学会	0	0	0	0	0	0	0	0
	10	335	13506	13500	6	17400	1	2400
中国地理学会	0	0	0	0	0	0	0	0
	9	752	30	30	11	43335	1	50
中国地球物理学会	0	0	0	0	1	1000	0	0
	23	2480	0	0	1	2000	0	0
中国矿物岩石地球化学学会	0	0	0	0	0	0	0	0
	1	90	0	0	0	0	0	0
中国古生物学会	0	0	0	0	0	0	0	0
	0	0	0	0	0	0	0	0
中国海洋湖沼学会	1	120	0	0	0	0	0	0
	1	50	0	0	3	11100	1	300

续表 37

学　会	举　办青少年科技教育活动和培　训（次）	参　加人　数（人次）	面向青少年的各类人才培养计划培养学生数（人次）	# 中学生英才计划培养学生数（人次）	编　著科　技图　书（种）	总印数（册）	主　办科　技报　纸（种）	总印数（份）
中国海洋学会	0	0	0	0	1	600	1	60000
	0	0	0	0	1	2000	0	0
中国地震学会	0	0	0	0	1	1200	0	0
	22	2100	0	0	14	71000	1	5000
中国动物学会	0	0	0	0	0	0	0	0
	24	8720	231	91	101	2100	0	0
中国植物学会	0	0	0	0	0	0	0	0
	64	12559	30	0	6	6300	0	0
中国昆虫学会	0	0	0	0	0	0	0	0
	41	7180	0	0	4	6200	0	0
中国微生物学会	0	0	0	0	0	0	0	0
	6	645	64	54	4	3360	1	200
中国生物化学与分子生物学会	0	0	0	0	0	0	0	0
	14	135	10	10	0	0	0	0
中国细胞生物学学会	10	1731	0	0	0	0	0	0
	1	25	0	0	4	48600	0	0
中国植物生理与植物分子生物学学会	0	0	0	0	1	3220	0	0
	0	0	0	0	0	0	0	0
中国生物物理学会	0	0	2	2	3	1000	0	0
	0	0	0	0	0	0	0	0
中国遗传学会	0	0	0	0	0	0	0	0
	1	500	0	0	3	1100	0	0
中国心理学会	3	150	0	0	1	3000	0	0
	5	6761	0	0	3	3000	0	0
中国生态学学会	3	499	0	0	8	3500	0	0
	3	160	0	0	0	0	0	0
中国环境科学学会	0	0	0	0	0	0	0	0
	31	936	0	0	4	16000	0	0
中国自然资源学会	0	0	0	0	0	0	0	0
	0	0	0	0	0	0	0	0
中国感光学会	0	0	0	0	0	0	0	0
	—	—	—	—	—	—	—	—
中国优选法统筹法与经济数学研究会	2	289	0	0	0	0	0	0
	0	0	0	0	0	0	0	0
中国岩石力学与工程学会	0	0	0	0	0	0	0	0
	1	45	0	0	21	592	1	100

续表 38

学　会	举办青少年科技教育活动和培训（次）	参加人数（人次）	面向青少年的各类人才培养计划培养学生数（人次）	# 中学生英才计划培养学生数（人次）	编著科技图书（种）	总印数（册）	主办科技报纸（种）	总印数（份）
中国野生动物保护协会	231	15660	0	0	2	12000	0	0
	2	300	0	0	2	2000	0	0
中国系统工程学会	0	0	0	0	0	0	0	0
	1	60	0	0	0	0	0	0
中国实验动物学会	0	0	0	0	0	0	0	0
	0	0	0	0	0	0	0	0
中国青藏高原研究会	0	0	0	0	0	0	0	0
	—	—	—	—	—	—	—	—
中国环境诱变剂学会	0	0	0	0	0	0	0	0
	0	0	0	0	0	0	0	0
中国运筹学会	0	0	0	0	0	0	0	0
	1	30	0	0	1	1500	0	0
中国菌物学会	0	0	0	0	0	0	0	0
	0	0	0	0	0	0	0	0
中国晶体学会	0	0	0	0	0	0	0	0
	—	—	—	—	—	—	—	—
中国神经科学学会	0	0	0	0	0	0	0	0
	0	0	0	0	0	0	0	0
中国认知科学学会	0	0	0	0	0	0	0	0
	0	0	0	0	0	0	0	0
中国微循环学会	0	0	0	0	0	0	0	0
	1	60	0	0	1	3000	0	0
国际数字地球协会	0	0	0	0	0	0	0	0
	—	—	—	—	—	—	—	—
国际动物学会	0	0	0	0	0	0	0	0
	24	8720	231	91	101	2100	0	0
全国工科学会小计	**140**	**155715**	**2341**	**700**	**114**	**514210**	**4**	**51800**
省级工科学会小计	**991**	**311043**	**1253**	**144**	**593**	**616968**	**33**	**163224**
中国机械工程学会	1	43	0	0	13	45000	0	0
	13	206	600	0	13	64460	0	0
中国汽车工程学会	5	1200	0	0	3	6200	0	0
	1	100	0	0	3	29012	0	0
中国农业机械学会	0	0	0	0	0	0	0	0
	0	0	0	0	1	5000	1	8640
中国农业工程学会	0	0	0	0	0	0	0	0
	4	205	0	0	4	5900	0	0

续表 39

学会	举办青少年科技教育活动和培训(次)	参加人数(人次)	面向青少年的各类人才培养计划培养学生数(人次)	#中学生英才计划培养学生数(人次)	编著科技图书(种)	总印数(册)	主办科技报纸(种)	总印数(份)
中国电机工程学会	6	5135	0	0	2	13000	1	21600
	5	1070	0	0	8	22724	6	64050
中国电工技术学会	2	45	0	0	5	10400	1	21600
	0	0	0	0	1	300	1	21600
中国水力发电工程学会	1	24	0	0	3	6000	0	0
	1	450	0	0	2	1001	2	301
中国水利学会	1	700	0	0	10	55200	0	0
	3	180	0	0	5	33150	0	0
中国内燃机学会	0	0	0	0	1	200	0	0
	1	300	0	0	1	5000	1	1500
中国工程热物理学会	0	0	0	0	1	100	0	0
	0	0	0	0	0	0	0	0
中国空气动力学会	1	200	0	0	0	0	0	0
	—	—	—	—	—	—	—	—
中国制冷学会	0	0	0	0	1	7000	0	0
	2	100	0	0	3	6150	0	0
中国真空学会	0	0	0	0	0	0	0	0
	0	0	0	0	0	0	0	0
中国自动化学会	9	582	0	0	2	5000	1	2000
	10	886	90	30	4	7000	2	1200
中国仪器仪表学会	15	20100	210	2	8	28100	0	0
	1	50	0	0	0	0	0	0
中国计量测试学会	7	150	0	0	0	0	0	0
	2	2050	0	0	4	3150	0	0
中国标准化协会	7	54	0	0	1	2500	0	0
	0	0	0	0	4	10000	1	200
中国图学学会	0	0	0	0	0	0	0	0
	1	30	0	0	2	20000	0	0
中国电子学会	7	779	1	0	1	1000	0	0
	53	19144	0	0	2	51000	1	4000
中国计算机学会	0	0	0	0	0	0	0	0
	5	1630	15	0	3	25000	0	0
中国通信学会	0	0	0	0	0	0	0	0
	58	1576	0	0	8	19300	1	20000

续表 40

学　会	举　办青少年科技教育活动和培　训（次）	参　加人　数（人次）	面向青少年的各类人才培养计划培养学生数（人次）	#中学生英才计划培养学生数（人次）	编　著科　技图　书（种）	总印数（册）	主　办科　技报　纸（种）	总印数（份）
中国中文信息学会	1	6200	0	0	0	0	0	0
	0	0	0	0	3	10000	0	0
中国测绘学会	—	—	—	—	—	—	—	—
	0	0	0	0	3	16600	0	0
中国造船工程学会	0	0	0	0	0	0	0	0
	2	210	50	30	1	1000	0	0
中国航海学会	6	105600	0	0	3	3400	0	0
	2	370	0	0	3	8130	0	0
中国铁道学会	0	0	0	0	3	201500	0	0
	1	2000	0	0	9	15000	6	6800
中国公路学会	0	0	0	0	1	1000	0	0
	2	260	0	0	406	30000	0	0
中国航空学会	4	260	0	0	3	15000	0	0
	59	19457	0	0	1	1400	1	1200
中国宇航学会	4	1000	1000	120	0	0	0	0
	10	2480	0	0	1	200	0	0
中国兵工学会	0	0	0	0	0	0	0	0
	0	0	0	0	0	0	0	0
中国金属学会	0	0	0	0	1	2000	0	0
	2	600	0	0	2	5000	3	11730
中国有色金属学会	7	1830	0	0	1	2000	0	0
	0	0	0	0	0	0	2	11430
中国稀土学会	0	0	0	0	0	0	0	0
	1	354	0	0	0	0	0	0
中国腐蚀与防护学会	0	0	0	0	0	0	0	0
	0	0	0	0	15	5000	0	0
中国化工学会	8	492	9	7	14	20060	0	0
	7	1630	0	0	4	36500	0	0
中国核学会	0	0	0	0	0	0	0	0
	24	12950	5	0	1	1500	0	0
中国石油学会	0	0	0	0	0	0	0	0
	32	10000	80	30	3	1500	0	0
中国煤炭学会	0	0	0	0	2	8000	0	0
	0	0	0	0	2	1040	0	0
中国可再生能源学会	0	0	0	0	0	0	0	0
	0	0	0	0	0	0	0	0

续表 41

学　会	举　办青少年科技教育活动和培　训（次）	参　加人　数（人次）	面向青少年的各类人才培养计划培养学生数（人次）	# 中学生英才计划培养学生数（人次）	编　著科　技图　书（种）	总印数（册）	主　办科　技报　纸（种）	总印数（份）
中国能源研究会	0	0	0	0	1	2000	0	0
	4	200	0	0	2	6200	0	0
中国硅酸盐学会	0	0	0	0	1	5000	0	0
	0	0	1	1	1	60	0	0
中国建筑学会	0	0	0	0	1	1000	0	0
	1	246	1	0	8	3800	0	0
中国土木工程学会	0	0	0	0	0	0	0	0
	1	30	0	0	0	0	0	0
中国生物工程学会	0	0	0	0	0	0	0	0
	0	0	0	0	0	0	0	0
中国纺织工程学会	4	143	0	0	0	0	0	0
	0	0	0	0	3	5000	0	0
中国造纸学会	0	0	0	0	1	2000	0	0
	2	100	0	0	0	0	0	0
中国文物保护技术协会	0	0	0	0	0	0	0	0
	—	—	—	—	—	—	—	—
中国印刷技术协会	1	25	0	0	0	0	0	0
	0	0	0	0	0	0	0	0
中国材料研究学会	26	3860	1071	571	6	19150	0	0
	0	0	0	0	0	0	0	0
中国食品科学技术学会	0	0	0	0	1	2000	0	0
	1	50	0	0	0	0	0	0
中国粮油学会	0	0	0	0	0	0	0	0
	0	0	0	0	0	0	0	0
中国职业安全健康协会	0	0	0	0	0	200	0	0
	0	0	0	0	0	0	0	0
中国烟草学会	0	0	0	0	0	0	0	0
	0	0	0	0	4	8900	1	5000
中国仿真学会	0	0	0	0	0	0	0	0
	0	0	0	0	0	0	0	0
中国电影电视技术学会	0	0	0	0	1	1000	0	0
	0	0	0	0	0	0	0	0
中国振动工程学会	0	0	0	0	0	0	0	0
	1	32	0	0	0	0	0	0
中国颗粒学会	0	0	0	0	0	0	0	0
	0	0	0	0	0	0	0	0

续表 42

学会	举办青少年科技教育活动和培训（次）	参加人数（人次）	面向青少年的各类人才培养计划培养学生数（人次）	#中学生英才计划培养学生数（人次）	编著科技图书（种）	总印数（册）	主办科技报纸（种）	总印数（份）
中国照明学会	0	0	0	0	0	0	0	0
	2	180	100	0	2	9000	0	0
中国动力工程学会	0	0	0	0	0	0	0	0
	0	0	0	0	0	0	0	0
中国惯性技术学会	5	30	50	0	1	10000	1	6600
	0	0	0	0	0	0	0	0
中国风景园林学会	1	100	0	0	1	1200	0	0
	0	0	0	0	2	14200	0	0
中国电源学会	0	0	0	0	3	1500	0	0
	0	0	0	0	0	0	0	0
中国复合材料学会	0	0	0	0	0	0	0	0
	0	0	0	0	0	0	0	0
中国消防协会	0	0	0	0	0	0	0	0
	580	217410	0	0	1	450	0	0
中国图象图形学学会	0	0	0	0	0	0	0	0
	0	0	0	0	0	0	0	0
中国人工智能学会	4	913	0	0	8	18000	0	0
	3	1139	0	0	0	0	0	0
中国体视学学会	0	0	0	0	0	0	0	0
	0	0	0	0	0	0	0	0
中国工程机械学会	0	0	0	0	5	12500	0	0
	—	—	—	—	—	—	—	—
中国海洋工程咨询协会	0	0	0	0	0	0	0	0
	—	—	—	—	—	—	—	—
中国遥感应用协会	0	0	0	0	0	0	0	0
	—	—	—	—	—	—	—	—
中国指挥与控制学会	0	0	0	0	1	3000	0	0
	—	—	—	—	—	—	—	—
中国光学工程学会	0	0	0	0	0	0	0	0
	2	55	120	23	0	0	0	0
中国微米纳米技术学会	0	0	0	0	0	0	0	0
	—	—	—	—	—	—	—	—
中国密码学会	0	0	0	0	1	1000	0	0
	—	—	—	—	—	—	—	—
中国大坝工程学会	2	350	0	0	2	1200	0	0
	—	—	—	—	—	—	—	—
中国卫星导航定位协会	0	0	0	0	1	800	0	0
	—	—	—	—	—	—	—	—

续表 43

学会	举办青少年科技教育活动和培训(次)	参加人数(人次)	面向青少年的各类人才培养计划培养学生数(人次)	# 中学生英才计划培养学生数(人次)	编著科技图书(种)	总印数(册)	主办科技报纸(种)	总印数(份)
中国生物材料学会	2	900	0	0	0	0	0	0
	0	0	0	0	0	0	0	0
国际粉体检测与控制联合会	0	0	0	0	0	0	0	0
	—	—	—	—	—	—	—	—
全国农科学会小计	**78**	**8357**	**0**	**0**	**51**	**251320**	**0**	**0**
省级农科学会小计	**57**	**9801**	**320**	**210**	**152**	**762274**	**5**	**310740**
中国农学会	3	432	0	0	3	10000	0	0
	12	918	0	0	19	236940	0	0
中国林学会	0	0	0	0	0	0	0	0
	3	620	0	0	13	51840	1	2600
中国土壤学会	1	260	0	0	0	0	0	0
	5	820	110	110	15	10500	0	0
中国水产学会	0	0	0	0	0	0	0	0
	0	0	0	0	1	5200	0	0
中国园艺学会	11	1872	0	0	11	16720	0	0
	3	2100	20	0	10	246200	1	8000
中国畜牧兽医学会	0	0	0	0	3	7000	0	0
	1	150	0	0	21	105470	2	300000
中国植物病理学会	0	0	0	0	0	0	0	0
	4	1200	88	62	3	15000	1	100
中国植物保护学会	0	0	0	0	0	0	0	0
	0	0	5	0	2	780	1	140
中国作物学会	2	293	0	0	20	21600	0	0
	8	2364	0	0	11	12360	0	0
中国热带作物学会	0	0	0	0	0	0	0	0
	5	2000	0	0	0	0	0	0
中国蚕学会	0	0	0	0	0	0	0	0
	0	0	0	0	2	1204	0	0
中国水土保持学会	10	2000	0	0	0	0	0	0
	0	0	0	0	2	1900	0	0
中国茶叶学会	0	0	0	0	2	172000	0	0
	0	0	0	0	0	0	0	0
中国草学会	0	0	0	0	0	0	0	0
	0	0	0	0	4	8900	1	5000
中国植物营养与肥料学会	0	0	0	0	1	2000	0	0
	0	0	0	0	1	200	0	0

续表 44

学会	举办青少年科技教育活动和培训(次)	参加人数(人次)	面向青少年的各类人才培养计划培养学生数(人次)	# 中学生英才计划培养学生数(人次)	编著科技图书(种)	总印数(册)	主办科技报纸(种)	总印数(份)
中国农业历史学会	51	3500	0	0	11	22000	0	0
	0	0	0	0	0	0	0	0
全国医科学会小计	**41**	**3140**	**0**	**0**	**164**	**637081**	**8**	**514337**
省级医科学会小计	**206**	**33029**	**3757**	**618**	**367**	**2873210**	**29**	**4059617**
中华医学会	0	0	0	0	68	200000	0	0
	0	0	0	0	0	0	0	0
中华中医药学会	0	0	0	0	0	0	0	0
	—	—	—	—	—	—	—	—
中国中西医结合学会	0	0	0	0	13	11200	0	0
	0	0	0	0	64	411492	0	0
中国药学会	0	0	0	0	7	22200	0	0
	29	3430	0	0	57	279030	12	40000
中华护理学会	0	0	0	0	25	166001	6	69200
	—	—	—	—	—	—	—	—
中国生理学会	0	0	0	0	0	0	0	0
	7	360	0	0	0	0	0	0
中国解剖学会	0	0	0	0	0	0	0	0
	1	300	300	0	6	20300	0	0
中国生物医学工程学会	1	1000	0	0	5	31000	0	0
	2	400	0	0	0	0	0	0
中国病理生理学会	16	550	0	0	3	1080	0	0
	1	15	0	0	0	0	0	0
中国营养学会	20	1000	0	0	2	3200	0	0
	5	1000	0	0	14	13000	0	0
中国药理学会	0	0	0	0	0	0	0	0
	2	300	0	0	10	1252200	0	0
中国针灸学会	0	0	0	0	0	0	0	0
	40	2284	0	0	8	12409	0	0
中国防痨协会	1	200	0	0	0	0	0	0
	6	4735	0	0	6	142500	3	373600
中国麻风防治协会	0	0	0	0	0	0	0	0
	0	0	0	0	0	0	0	0
中国心理卫生协会	0	0	0	0	0	0	0	0
	0	0	0	0	8	6000	2	200

续表 45

学　会	举　办青少年科技教育活动和培　训(次)	参　加人　数(人次)	面向青少年的各类人才培养计划培养学生数(人次)	#中学生英才计划培养学生数(人次)	编　著科　技图　书(种)	总印数(册)	主　办科　技报　纸(种)	总印数(份)
中国抗癌协会	0	0	0	0	13	21000	0	0
	0	0	0	0	10	129400	2	246000
中国体育科学学会	0	0	0	0	2	5000	0	0
	7	844	0	0	10	38800	0	0
中国毒理学会	0	0	0	0	0	0	0	0
	1	65	120	50	3	50	0	0
中国康复医学会	0	0	0	0	16	96000	0	0
	0	0	0	0	0	0	0	0
中国免疫学会	0	0	0	0	2	13000	0	0
	1	60	0	0	5	12500	0	0
中华预防医学会	0	0	0	0	4	30500	1	445137
	—	—	—	—	—	—	—	—
中国法医学会	0	0	0	0	0	0	0	0
	0	0	0	0	0	0	0	0
中华口腔医学会	3	390	0	0	2	10000	0	0
	—	—	—	—	—	—	—	—
中国医学救援协会	0	0	0	0	1	26400	1	0
	—	—	—	—	—	—	—	—
中国女医师协会	0	0	0	0	0	0	0	0
	0	0	0	0	0	0	0	0
中国研究型医院学会	0	0	0	0	1	500	0	0
	0	0	0	0	0	0	0	0
中国睡眠研究会	0	0	0	0	0	0	0	0
	0	0	0	0	0	0	0	0
中国卒中学会	0	0	0	0	0	0	0	0
	0	0	0	0	1	20000	0	0
全国交叉学科学会小计	**84**	**189481**	**0**	**0**	**33**	**96800**	**0**	**0**
省级其他学科学会小计	**1375**	**139925**	**3549**	**1151**	**211**	**1335337**	**12**	**12662506**
中国自然辩证法研究会	0	0	0	0	0	0	0	0
	2	350	0	0	6	11200	0	0
中国管理现代化研究会	1	85065	0	0	0	0	0	0
	0	0	0	0	0	0	0	0
中国技术经济学会	0	0	0	0	0	0	0	0
	0	0	0	0	0	0	0	0
中国现场统计研究会	0	0	0	0	0	0	0	0
	0	0	0	0	0	0	0	0

续表 46

学会	举办青少年科技教育活动和培训（次）	参加人数（人次）	面向青少年的各类人才培养计划培养学生数（人次）	#中学生英才计划培养学生数（人次）	编著科技图书（种）	总印数（册）	主办科技报纸（种）	总印数（份）
中国未来研究会	0	0	0	0	1	2000	0	0
	0	0	0	0	0	0	0	0
中国科学技术史学会	0	0	0	0	0	0	0	0
	0	0	0	0	7	15500	0	0
中国科学技术情报学会	0	0	0	0	0	0	0	0
	0	0	0	0	1	6000	0	0
中国图书馆学会	0	0	0	0	12	24000	0	0
	12	1047	0	0	1	5000	0	0
中国城市科学研究会	0	0	0	0	0	0	0	0
	0	0	0	0	0	0	0	0
中国科学学与科技政策研究会	0	0	0	0	1	2000	0	0
	0	0	0	0	0	0	0	0
中国农村专业技术协会	0	0	0	0	0	0	0	0
	5	500	0	0	18	33200	0	0
中国工业设计协会	0	0	0	0	0	0	0	0
	1	42	0	0	0	0	0	0
中国工艺美术学会	0	0	0	0	0	0	0	0
	796	23376	0	0	1	2000	0	0
中国科普作家协会	1	1000	0	0	1	20000	0	0
	17	2620	350	50	64	704800	0	0
中国自然科学博物馆协会	0	0	0	0	0	0	0	0
	110	5000	0	0	0	0	0	0
中国可持续发展研究会	0	0	0	0	0	0	0	0
	1	100	0	0	3	7500	0	0
中国青少年科技辅导员协会	0	0	0	0	0	0	0	0
	33	16915	21	21	0	0	0	0
中国科教电影电视协会	0	0	0	0	0	0	0	0
	0	0	0	0	0	0	0	0
中国科学技术期刊编辑学会	50	120	0	0	0	0	0	0
	0	0	0	0	8	101000	0	0
中国流行色协会	0	0	0	0	0	0	0	0
	—	—	—	—	—	—	—	—
中国档案学会	0	0	0	0	0	0	0	0
	0	0	0	0	2	4000	0	0
中国国土经济学会	0	0	0	0	1	13200	0	0
	—	—	—	—	—	—	—	—
中国土地学会	0	0	0	0	1	1000	0	0
	1	80	0	0	7	59500	0	0

续表 47

学　会	举　办 青少年 科技教育 活动和 培　训 （次）	参　加 人　数 （人次）	面向青少年 的各类人才 培养计划 培养学生数 （人次）	# 中学生 英才计划 培养学生数 （人次）	编　著 科　技 图　书 （种）	总印数 （册）	主　办 科　技 报　纸 （种）	总印数 （份）
中国科技新闻学会	0	0	0	0	0	0	0	0
	0	0	0	0	1	60000	1	12500000
中国老科学技术工作者协会	0	0	0	0	0	0	0	0
	8	1600	0	0	0	0	0	0
中国科学探险协会	0	0	0	0	0	0	0	0
	0	0	0	0	0	0	0	0
中国城市规划学会	0	0	0	0	15	29600	0	0
	0	0	0	0	1	500	0	0
中国产学研合作促进会	0	0	0	0	0	0	0	0
	0	0	0	0	0	0	0	0
中国知识产权研究会	0	0	0	0	0	0	0	0
	0	0	0	0	0	0	0	0
中国发明协会	1	5000	0	0	0	0	0	0
	—	—	—	—	—	—	—	—
中国工程教育专业认证协会	0	0	0	0	0	0	0	0
	—	—	—	—	—	—	—	—
中国检验检疫学会	0	0	0	0	0	0	0	0
	0	0	0	0	0	0	0	0
中国女科技工作者协会	2	350	0	0	2	1200	0	0
	0	0	0	0	0	0	0	0
中国创造学会	0	0	0	0	0	0	0	0
	0	0	0	0	0	0	0	0
中国经济科技开发国际交流协会	0	0	0	0	0	0	0	0
	—	—	—	—	—	—	—	—
中国高科技产业化研究会	30	44252	0	0	0	0	0	0
	—	—	—	—	—	—	—	—
中国微量元素科学研究会	0	0	0	0	0	0	0	0
	1	110	0	0	3	4201	0	0
中国国际经济技术合作促进会	0	0	0	0	0	0	0	0
	—	—	—	—	—	—	—	—
中国基本建设优化研究会	0	0	0	0	0	0	0	0
	—	—	—	—	—	—	—	—
中国科技馆发展基金会	1	54044	0	0	0	0	0	0
	—	—	—	—	—	—	—	—
中国生物多样性保护与绿色发展基金会	0	0	0	0	0	0	0	0
	—	—	—	—	—	—	—	—
中国反邪教协会	0	0	0	0	0	0	0	0
	16	5300	0	0	18	60000	0	0

续表 48

学　会	制作科普挂图（种）	总印数（张）	主办科技传播类网站（个）	浏览人数（人次）	主办科普微信公众号（个）	关注数（个）	全年阅读量（个）	主办科普微博（个）	关注数（个）
全国学会合计	**1067**	**1235360**	**139702000**	**392**	**225**	**4346885**	**216629830**	**164**	**3070176**
省级同名学会合计	**38936**	**4789141**	**126149503**	**509**	**696**	**8208566**	**118212972**	**132**	**30149277**
全国理科学会小计	**72**	**70609**	**23766156**	**36**	**38**	**532048**	**10019874**	**4**	**49422**
省级理科学会小计	**372**	**149337**	**32476967**	**102**	**118**	**1033268**	**18739926**	**41**	**27051529**
中国数学会	0	0	0	0	1	80000	850000	0	0
	0	0	0	0	0	0	0	0	0
中国物理学会	0	0	140000	2	1	108566	1510000	0	0
	32	306	45476	5	3	6010	39145	1	100
中国力学学会	0	0	98720	1	1	5634	24683	0	0
	0	0	2986	1	1	160	3219	0	0
中国光学学会	0	0	0	0	1	4000	60000	0	0
	3	4	23554	4	2	30255	11706	0	0
中国声学学会	1	200	73000	1	1	5235	67075	0	0
	1	60	22630	4	3	2669	26000	0	0
中国化学会	0	0	5511253	1	1	48060	760000	0	0
	21	280	38154	7	7	4757	21616	0	0
中国天文学会	0	0	0	0	1	703	277	0	0
	5	580	162277	6	7	18996	49213	0	0
中国气象学会	3	9600	287658	3	2	24843	242000	1	193
	69	42236	26657314	6	10	101791	3180731	7	26200489
中国空间科学学会	0	0	6694962	1	1	1235	88062	0	0
	—	—	—	—	—	—	—	—	—
中国地质学会	0	0	41136	1	1	25317	1000000	0	0
	36	1780	227085	6	6	154915	371591	7	2611
中国地理学会	0	0	618000	7	4	108980	3366139	1	18366
	4	300	124021	8	7	7925	1342847	4	5618
中国地球物理学会	0	0	0	0	2	3387	27539	0	0
	20	236	0	0	0	0	0	1	100
中国矿物岩石地球化学学会	15	20	3268276	1	1	4287	254278	0	0
	6	11	16300	2	1	421	17331	0	0
中国古生物学会	0	0	0	0	0	0	0	0	0
	0	0	0	0	1	200	1000	0	0
中国海洋湖沼学会	0	0	78233	1	1	3766	105000	0	0
	1	10	0	1	1	0	0	1	1923

续表 49

学　会	制作科普挂图（种）	总印数（张）	主办科技传播类网站（个）	浏览人数（人次）	主办科普微信公众号（个）	关注数（个）	全年阅读量（个）	主办科普微博（个）	关注数（个）
中国海洋学会	0	0	0	0	1	14000	63512	0	0
	0	0	0	0	0	0	0	0	0
中国地震学会	0	0	286443	1	2	10173	101971	0	0
	4	15600	1325000	3	8	94328	11661500	5	694354
中国动物学会	0	0	0	0	0	0	0	0	0
	2	2100	36492	2	4	1993	4845	0	0
中国植物学会	0	0	0	0	1	4256	20090	0	0
	1	20	135001	5	8	223076	257257	0	0
中国昆虫学会	0	0	0	0	0	0	0	0	0
	8	15082	58050	4	3	3997	8956	1	170
中国微生物学会	0	0	0	0	0	0	0	0	0
	10	191	161294	4	3	35789	714725	0	0
中国生物化学与分子生物学会	0	0	0	0	0	0	0	0	0
	1	10	50000	1	1	5000	10000	0	0
中国细胞生物学学会	1	10000	382027	1	1	21000	780000	1	30000
	34	185	188494	6	4	15149	349993	2	3924
中国植物生理与植物分子生物学学会	2	500	0	0	1	8912	120000	1	863
	0	0	0	0	0	0	0	0	0
中国生物物理学会	0	0	4584	1	2	29017	441029	0	0
	0	0	1000	1	0	0	0	0	0
中国遗传学会	0	0	0	0	0	0	0	0	0
	3	400	389404	3	3	800	4100	0	0
中国心理学会	5	150	0	0	1	2838	23572	0	0
	0	0	1825012	4	5	11007	23612	10	6000
中国生态学学会	9	9	0	0	1	1050	2515	0	0
	8	845	0	0	2	750	4333	0	0
中国环境科学学会	0	0	0	0	0	0	0	0	0
	32	36030	224500	11	12	24456	211986	1	2457
中国自然资源学会	0	0	888725	5	1	2892	28992	0	0
	0	0	0	0	0	0	0	0	0
中国感光学会	0	0	0	0	1	318	3000	0	0
	—	—	—	—	—	—	—	—	—
中国优选法统筹法与经济数学研究会	0	0	196500	2	0	0	0	0	0
	0	0	0	0	0	0	0	0	0
中国岩石力学与工程学会	0	0	1890212	1	1	249	417	0	0
	22	22	0	1	2	680	11232	0	0

续表 50

学会	制作科普挂图（种）	总印数（张）	主办科技传播类网站（个）	浏览人数（人次）	主办科普微信公众号（个）	关注数（个）	全年阅读量（个）	主办科普微博（个）	关注数（个）
中国野生动物保护协会	5	50000	0	0	0	0	0	0	0
	2	5000	0	0	0	0	0	0	0
中国系统工程学会	0	0	0	0	1	3085	31000	0	0
	1	20	190058	2	2	2500	3000	0	0
中国实验动物学会	30	30	215229	1	1	409	182	0	0
	0	0	0	0	2	1875	4367	0	0
中国青藏高原研究会	0	0	0	0	0	0	0	0	0
	—	—	—	—	—	—	—	—	—
中国环境诱变剂学会	1	100	40828	2	2	1318	6897	0	0
	2	5000	15000	1	1	130	23000	0	0
中国运筹学会	0	0	2780000	1	0	0	0	0	0
	0	0	15000	1	2	302000	302000	0	0
中国菌物学会	0	0	0	0	0	0	0	0	0
	0	0	0	0	0	0	0	0	0
中国晶体学会	0	0	0	0	0	0	0	0	0
	—	—	—	—	—	—	—	—	—
中国神经科学学会	0	0	260370	1	1	8493	41144	0	0
	0	0	5626	1	2	300	5918	0	0
中国认知科学学会	0	0	10000	1	1	25	500	0	0
	0	0	0	0	1	580	7834	0	0
中国微循环学会	0	0	0	0	0	0	0	0	0
	0	0	0	0	0	0	0	0	0
国际数字地球协会	0	0	0	0	0	0	0	0	0
	—	—	—	—	—	—	—	—	—
国际动物学会	0	0	0	0	0	0	0	0	0
	2	2100	36492	2	4	1993	4845	0	0
全国工科学会小计	**78**	**25415**	**55169546**	**105**	**98**	**1468211**	**154445661**	**131**	**1672294**
省级工科学会小计	**5542**	**298641**	**46153460**	**184**	**191**	**782760**	**10352890**	**18**	**46073**
中国机械工程学会	1	500	9886404	14	5	84616	2312868	0	0
	1	2000	190729	7	9	8103	16819	0	0
中国汽车工程学会	0	0	7540000	4	1	10300	518504	1	11050
	3	4	344667	6	5	5995	35475	0	0
中国农业机械学会	0	0	100000	1	1	53000	2343783	0	0
	0	0	14357	3	3	7698	183468	0	0
中国农业工程学会	0	0	132431	1	0	0	0	0	0
	11	240	0	0	0	0	0	0	0

续表 51

学　会	制作科普挂图（种）	总印数（张）	主办科技传播类网站（个）	浏览人数（人次）	主办科普微信公众号（个）	关注数（个）	全年阅读量（个）	主办科普微博（个）	关注数（个）
中国电机工程学会	0	0	1500000	1	1	15952	50000	1	235
	25	190	119322	4	4	3419	53353	0	0
中国电工技术学会	1	1	168875	9	5	3047	41380	1	159
	0	0	1654	1	1	276	512	0	0
中国水力发电工程学会	0	0	371000	1	1	4537	56992	0	0
	5	5	28612	6	5	3308	93296	1	1
中国水利学会	0	0	154357	2	5	11484	741538	0	0
	14	15600	291073	4	4	3318	12144	0	0
中国内燃机学会	0	0	10021	1	1	3600	1267500	0	0
	10	90	0	0	1	751	9100	1	150
中国工程热物理学会	0	0	0	0	0	0	0	0	0
	0	0	0	0	0	0	0	0	0
中国空气动力学会	0	0	0	0	0	0	0	0	0
	—	—	—	—	—	—	—	—	—
中国制冷学会	0	0	365872	1	0	0	0	0	0
	1	500	16565	3	7	10795	116414	1	1183
中国真空学会	0	0	6500	1	1	1300	6500	0	0
	0	0	30000	1	1	792	500	0	0
中国自动化学会	0	0	1016256	3	4	61343	518542	2	73943
	1	100	5891	3	5	4647	21606	0	0
中国仪器仪表学会	10	100	67560	1	8	15582	44910	6	200
	0	0	30000	1	1	300	360	0	0
中国计量测试学会	1	200	1600000	1	0	0	0	0	0
	0	0	449224	5	4	2709	17420	0	0
中国标准化协会	0	0	98300	1	1	4197	41552	0	0
	2	520	35014	3	4	7077	153971	0	0
中国图学学会	0	0	3110000	1	0	0	0	0	0
	0	0	1758	1	0	0	0	0	0
中国电子学会	0	0	13000	2	1	5100	3500	0	0
	0	0	178990	3	6	58263	348374	0	0
中国计算机学会	0	0	0	0	0	0	0	0	0
	0	0	7020513	7	6	7525	159838	0	0
中国通信学会	0	0	0	0	1	1476	29053	0	0
	10	8060	319416	5	5	1018	9849	0	0

续表 52

学会	制作科普挂图（种）	总印数（张）	主办科技传播类网站（个）	浏览人数（人次）	主办科普微信公众号（个）	关注数（个）	全年阅读量（个）	主办科普微博（个）	关注数（个）
中国中文信息学会	0	0	300000	1	0	0	0	0	0
	0	0	0	0	0	0	0	0	0
中国测绘学会	—	—	—	—	—	—	—	—	—
	11	4200	9500	16	3	5795	59960	0	0
中国造船工程学会	10	10	0	0	0	0	0	1	737623
	1	6	89100	2	3	2097	22834	1	30
中国航海学会	0	0	0	0	1	800	1600	100	5000
	5004	6020	3288	2	2	2600	14870	0	0
中国铁道学会	2	1349	76053	1	0	0	0	0	0
	15	58274	0	1	0	0	0	0	0
中国公路学会	5	500	420000	1	2	28260	2870	1	2100
	24	11064	344453	4	3	2114	61073	2	356
中国航空学会	6	10000	100000	1	1	210000	134980000	2	470000
	1	60	156286	3	3	4067	8494	0	0
中国宇航学会	1	300	40000	1	1	10391	20000	0	0
	0	0	7500	1	3	3040	29640	0	0
中国兵工学会	4	500	0	0	1	33264	628000	1	290000
	0	0	0	0	0	0	0	0	0
中国金属学会	0	0	762116	10	1	2600	6000	0	0
	7	272	25589	3	3	7427	19921	0	0
中国有色金属学会	0	0	70000	1	1	5620	35846	0	0
	1	32	0	0	1	772	4921	0	0
中国稀土学会	2	800	30000	1	1	4000	230000	0	0
	0	0	0	0	1	34	35	0	0
中国腐蚀与防护学会	0	0	1239372	2	3	20851	558524	1	3162
	172	3300	12100	3	1	0	0	0	0
中国化工学会	4	15	425040	5	6	311686	2468577	0	0
	4	5270	113000	2	1	1000	10000	1	1000
中国核学会	0	0	0	0	1	17314	310992	0	0
	47	1267	16047	2	3	965	15167	0	0
中国石油学会	0	0	141000	4	2	899	280	0	0
	31	501	300	2	2	4221	51850	1	3000
中国煤炭学会	0	0	21512	1	1	4334	145391	0	0
	0	0	0	0	1	128	1828	0	0
中国可再生能源学会	0	0	0	0	4	3944	7530	0	0
	2	6	0	1	2	140	129	0	0

续表 53

学 会	制作科普挂图（种）	总印数（张）	主办科技传播类网站（个）	浏览人数（人次）	主办科普微信公众号（个）	关注数（个）	全年阅读量（个）	主办科普微博（个）	关注数（个）
中国能源研究会	0	0	600	1	1	3300	83612	0	0
	2	10	171973	1	2	1898	25900	0	0
中国硅酸盐学会	0	0	0	0	0	0	0	0	0
	0	0	899	1	3	10145	30080	0	0
中国建筑学会	0	0	0	0	1	36145	395680	0	0
	9	55	285439	7	7	21227	83439	0	0
中国土木工程学会	0	0	0	0	0	0	0	0	0
	0	0	109500	1	1	3455	170022	0	0
中国生物工程学会	0	0	8300	1	2	33848	751203	0	0
	0	0	800	1	1	100	1000	0	0
中国纺织工程学会	0	0	0	0	2	1733	14822	0	0
	9	4500	10950	2	3	2243	54390	0	0
中国造纸学会	0	0	2300126	1	0	0	0	0	0
	0	0	22000	1	0	0	0	0	0
中国文物保护技术协会	0	0	0	0	0	0	0	0	0
	—	—	—	—	—	—	—	—	—
中国印刷技术协会	1	400	328000	3	1	18000	315000	1	2000
	1	6000	0	0	0	0	0	0	0
中国材料研究学会	3	620	44500	3	1	1233	61100	5	10000
	0	0	0	0	0	0	0	0	0
中国食品科学技术学会	20	20	237138	1	2	33000	320000	0	0
	0	0	29163	3	2	1452	17325	0	0
中国粮油学会	5	5000	6385752	5	4	14994	134518	0	0
	0	0	0	0	0	0	0	0	0
中国职业安全健康协会	0	0	0	0	0	0	0	0	0
	12	5000	0	0	0	0	0	0	0
中国烟草学会	1	5000	0	0	1	5054	74316	1	500
	19	12459	10300	2	3	59540	943523	0	0
中国仿真学会	0	0	0	0	0	0	0	0	0
	0	0	0	0	0	0	0	0	0
中国电影电视技术学会	0	0	5000	1	0	0	0	0	0
	0	0	0	0	0	0	0	0	0
中国振动工程学会	0	0	0	0	0	0	0	0	0
	0	0	0	0	2	300	3129	0	0
中国颗粒学会	0	0	0	0	0	0	0	0	0
	2	200	5285	2	1	400	2100	0	0

续表 54

学　会	制作科普挂图（种）	总印数（张）	主办科技传播类网站（个）	浏览人数（人次）	主办科普微信公众号（个）	关注数（个）	全年阅读量（个）	主办科普微博（个）	关注数（个）
中国照明学会	0	0	8500000	1	0	0	0	0	0
	2	56	79000	4	2	1601	13305	0	0
中国动力工程学会	0	0	31877	1	1	1302	3618	0	0
	0	0	0	0	0	0	0	0	0
中国惯性技术学会	0	0	550	1	1	1015	11729	0	0
	0	0	350	1	1	210	1287	0	0
中国风景园林学会	0	0	0	0	0	0	0	0	0
	0	0	4692702	5	4	6672	113099	0	0
中国电源学会	0	0	2100	1	1	15589	218922	1	1313
	0	0	1200	1	0	0	0	0	0
中国复合材料学会	0	0	247922	2	1	31820	296964	1	818
	0	0	0	0	0	0	0	0	0
中国消防协会	0	0	0	0	1	12499	52000	1	36128
	16	140000	31716620	5	6	61515	312060	1	30000
中国图象图形学学会	0	0	10000	1	1	4934	358118	0	0
	0	0	0	0	0	0	0	0	0
中国人工智能学会	0	0	200000	1	2	125000	310000	1	2500
	12	12	67167	2	1	810	17677	1	12
中国体视学学会	0	0	31798	1	1	1683	31245	0	0
	0	0	0	0	0	0	0	0	0
中国工程机械学会	0	0	0	0	0	0	0	0	0
	—	—	—	—	—	—	—	—	—
中国海洋工程咨询协会	0	0	0	0	0	0	0	0	0
	—	—	—	—	—	—	—	—	—
中国遥感应用协会	0	0	0	0	0	0	0	0	0
	—	—	—	—	—	—	—	—	—
中国指挥与控制学会	0	0	6400000	1	1	92400	560000	0	0
	—	—	—	—	—	—	—	—	—
中国光学工程学会	0	0	67617	1	4	34911	551961	1	22049
	0	0	0	0	0	0	0	0	0
中国微米纳米技术学会	0	0	54402	1	1	4500	40000	1	3314
	—	—	—	—	—	—	—	—	—
中国密码学会	0	0	0	0	0	0	0	0	0
	—	—	—	—	—	—	—	—	—
中国大坝工程学会	1	100	7113	1	1	14017	370000	1	200
	—	—	—	—	—	—	—	—	—
中国卫星导航定位协会	0	0	0	0	0	0	0	0	0
	—	—	—	—	—	—	—	—	—

续表 55

学会	制作科普挂图（种）	总印数（张）	主办科技传播类网站（个）	浏览人数（人次）	主办科普微信公众号（个）	关注数（个）	全年阅读量（个）	主办科普微博（个）	关注数（个）
中国生物材料学会	0	0	10500	1	1	4024	50000	0	0
	0	0	0	0	0	0	0	0	0
国际粉体检测与控制联合会	0	0	0	0	3	652	4000	0	0
	—	—	—	—	—	—	—	—	—
全国农科学会小计	**85**	**104668**	**1590506**	**13**	**19**	**146318**	**1837811**	**2**	**858**
省级农科学会小计	**12150**	**195327**	**7516385**	**35**	**45**	**86518**	**7893583**	**8**	**22566**
中国农学会	3	8000	231542	1	1	38177	191759	0	0
	26	9672	83300	6	3	3308	24237	0	0
中国林学会	0	0	0	0	1	271	9779	0	0
	5	3673	4957906	9	13	16775	185361	2	419
中国土壤学会	0	0	10000	1	0	0	0	0	0
	13	7510	4001	1	1	5	23	0	0
中国水产学会	0	0	0	0	0	0	0	0	0
	5	10000	50000	1	1	1220	90000	0	0
中国园艺学会	2	2408	797878	3	2	2950	15700	0	0
	3	315	61710	1	1	150	200	0	0
中国畜牧兽医学会	3	500	50000	1	5	7057	59484	0	0
	12	15328	41125	3	8	14577	141164	0	0
中国植物病理学会	0	0	0	0	0	0	0	0	0
	0	0	0	0	0	0	0	0	0
中国植物保护学会	2	12000	422150	3	1	18015	323599	0	0
	7	4012	0	0	0	0	0	0	0
中国作物学会	14	81200	23950	2	7	2678	19535	1	355
	8	3050	0	0	1	0	0	0	0
中国热带作物学会	60	60	0	0	0	0	0	0	0
	4	50	0	0	0	0	0	0	0
中国蚕学会	0	0	0	0	0	0	0	0	0
	0	0	2000	1	1	25	700	0	0
中国水土保持学会	0	0	0	0	0	0	0	0	0
	0	0	0	0	1	7500	22500	0	0
中国茶叶学会	1	500	23720	1	1	76104	1206403	1	503
	1	16	0	0	5	11935	105948	0	0
中国草学会	0	0	31266	1	1	1066	11552	0	0
	19	12459	10300	2	3	59540	943523	0	0
中国植物营养与肥料学会	0	0	0	0	0	0	0	0	0
	0	0	0	0	0	0	0	1	1000

续表 56

学会	制作科普挂图（种）	总印数（张）	主办科技传播类网站（个）	浏览人数（人次）	主办科普微信公众号（个）	关注数（个）	全年阅读量（个）	主办科普微博（个）	关注数（个）
中国农业历史学会	0	0	0	0	0	0	0	0	0
	0	0	0	0	0	0	0	0	0
全国医科学会小计	**826**	**1032275**	**31561237**	**204**	**29**	**1270680**	**12619491**	**14**	**892371**
省级医科学会小计	**465**	**1979419**	**16053188**	**105**	**209**	**3720817**	**58694609**	**29**	**329550**
中华医学会	0	0	10631041	184	1	2406	48675	0	0
	0	0	0	0	0	0	0	0	0
中华中医药学会	0	0	0	0	1	6367	58498	0	0
	—	—	—	—	—	—	—	—	—
中国中西医结合学会	1	11	49134	1	2	53784	55484	1	15379
	18	1635	289470	5	10	62483	173592	0	0
中国药学会	4	6000	1138142	5	1	70152	1518531	1	527356
	117	11381	4384251	16	31	289599	12556419	2	401
中华护理学会	560	1001411	0	0	0	0	0	0	0
	—	—	—	—	—	—	—	—	—
中国生理学会	3	13	0	0	0	0	0	0	0
	1	400	157200	3	3	1836	3720	0	0
中国解剖学会	0	0	0	0	1	50774	288000	3	135444
	8	407	4121	1	1	3	10	0	0
中国生物医学工程学会	5	20	69244	1	2	263	1320	1	11
	0	0	0	0	1	128	1200	0	0
中国病理生理学会	0	0	0	0	3	6781	105804	0	0
	0	0	0	0	1	350	1600	0	0
中国营养学会	1	200	1802330	3	1	217840	3060815	1	39308
	41	72990	302123	8	18	37683	210878	4	15102
中国药理学会	0	0	1575327	1	1	5000	33000	0	0
	0	0	74000	2	4	31756	535483	1	68300
中国针灸学会	0	0	0	0	0	0	0	0	0
	0	0	8000	2	4	20118	145523	1	200
中国防痨协会	0	0	5843878	1	1	111731	257663	0	0
	14	690000	20540	2	4	56433	168616	3	103269
中国麻风防治协会	2	9000	184269	1	1	237	1186	1	39211
	11	370000	0	0	0	0	0	0	0
中国心理卫生协会	0	0	0	0	0	0	0	0	0
	3	800	88475	2	2	3828	75695	0	0

续表 57

学会	制作科普挂图（种）	总印数（张）	主办科技传播类网站（个）	浏览人数（人次）	主办科普微信公众号（个）	关注数（个）	全年阅读量（个）	主办科普微博（个）	关注数（个）
中国抗癌协会	27	12000	2097915	1	1	299093	2630737	1	16265
	39	12780	277592	6	12	53260	600524	1	3500
中国体育科学学会	0	0	92000	1	1	19011	29192	2	100000
	16	15500	165542	2	4	2053	17513	0	0
中国毒理学会	211	500	40000	1	1	8829	34050	0	0
	10	20	42000	2	1	600	15000	0	0
中国康复医学会	0	0	1601850	1	5	63774	713221	0	0
	8	10000	0	0	2	7752	279759	0	0
中国免疫学会	0	0	100000	1	1	8000	10000	0	0
	0	0	10000	1	2	1761	7900	0	0
中华预防医学会	2	3100	120000	1	3	206988	3543665	0	0
	—	—	—	—	—	—	—	—	—
中国法医学会	0	0	0	0	0	0	0	0	0
	0	0	100	0	1	0	0	0	0
中华口腔医学会	0	0	6216107	1	1	139220	229220	1	16397
	—	—	—	—	—	—	—	—	—
中国医学救援协会	10	20	0	0	0	0	0	0	0
	—	—	—	—	—	—	—	—	—
中国女医师协会	0	0	0	0	0	0	0	0	0
	0	0	0	0	0	0	0	0	0
中国研究型医院学会	0	0	0	0	1	430	430	0	0
	0	0	0	0	0	0	0	0	0
中国睡眠研究会	0	0	0	0	0	0	0	2	3000
	0	0	0	1	1	0	0	0	0
中国卒中学会	0	0	0	0	0	0	0	0	0
	3	12500	133810	2	2	39190	309549	0	0
全国交叉学科学会小计	**6**	**2393**	**27614555**	**34**	**41**	**929628**	**37706993**	**13**	**455231**
省级其他学科学会小计	**20407**	**2166417**	**23949503**	**83**	**133**	**2585203**	**22531964**	**36**	**2699559**
中国自然辩证法研究会	0	0	0	0	0	0	0	0	0
	0	0	1000	1	1	250	500	1	180
中国管理现代化研究会	0	0	0	0	0	0	0	0	0
	0	0	0	0	0	0	0	0	0
中国技术经济学会	0	0	300000	1	1	500	40000	0	0
	0	0	0	0	0	0	0	0	0
中国现场统计研究会	0	0	0	0	0	0	0	0	0
	0	0	0	0	0	0	0	0	0

续表 58

学会	制作科普挂图（种）	总印数（张）	主办科技传播类网站（个）	浏览人数（人次）	主办科普微信公众号（个）	关注数（个）	全年阅读量（个）	主办科普微博（个）	关注数（个）
中国未来研究会	0	0	1782	1	0	0	0	0	0
	0	0	100	1	1	100	500	0	0
中国科学技术史学会	0	0	0	0	0	0	0	0	0
	0	0	300	1	1	190	15000	1	892549
中国科学技术情报学会	0	0	0	0	0	0	0	0	0
	24	1560066	8985	1	0	0	0	0	0
中国图书馆学会	0	0	1500000	1	1	78002	327225	0	0
	0	0	91309	3	4	2884	14802	0	0
中国城市科学研究会	0	0	50000	1	1	4380	16151	0	0
	0	0	0	0	0	0	0	0	0
中国科学学与科技政策研究会	0	0	0	0	1	4372	258600	0	0
	0	0	0	0	0	0	0	0	0
中国农村专业技术协会	0	0	1314864	1	1	6743	43171	0	0
	2	18200	157500	3	6	88600	86280	0	0
中国工业设计协会	0	0	120000	1	1	78315	416832	1	31028
	0	0	0	0	0	0	0	0	0
中国工艺美术学会	0	0	0	0	0	0	0	0	0
	0	0	100000	1	1	2412	49379	1	15
中国科普作家协会	0	0	500000	1	1	6319	392190	1	30000
	18	22100	1075350	3	5	3362	151000	3	200697
中国自然科学博物馆协会	0	0	0	0	0	0	0	0	0
	0	0	8400	2	1	33	225	0	0
中国可持续发展研究会	0	0	0	0	1	583	12702	0	0
	0	0	0	0	0	0	0	0	0
中国青少年科技辅导员协会	0	0	2427257	3	3	80260	1581511	1	868
	0	0	0	0	1	76	76	0	0
中国科教电影电视协会	0	0	548587	3	0	0	0	0	0
	0	0	0	0	0	0	0	0	0
中国科学技术期刊编辑学会	0	0	0	0	1	212333	28570863	2	250000
	50	1000	0	0	1	246	7984	0	360
中国流行色协会	0	0	135000	2	4	72927	148646	1	35976
	—	—	—	—	—	—	—	—	—
中国档案学会	0	0	0	0	0	0	0	0	0
	2	30	33329	1	0	0	0	0	0
中国国土经济学会	0	0	854136	2	3	4185	80923	0	0
	—	—	—	—	—	—	—	—	—
中国土地学会	0	0	50000	1	1	6364	138769	0	0
	8	1140	397985	7	7	8409	78570	0	0

续表 59

学　会	制作科普挂图(种)	总印数(张)	主办科技传播类网站(个)	浏览人数(人次)	主办科普微信公众号(个)	关注数(个)	全年阅读量(个)	主办科普微博(个)	关注数(个)
中国科技新闻学会	0	0	65000	1	1	1096	3860	1	404
	16	6000	1383483	1	4	1257903	16388473	1	3500
中国老科学技术工作者协会	0	0	2360113	1	1	3803	104000	0	0
	0	0	4300	3	2	381	550	1	60
中国科学探险协会	0	0	0	0	1	1465	3000	0	0
	0	0	0	0	0	0	0	0	0
中国城市规划学会	1	2000	15000000	2	10	350077	5431055	5	106600
	0	0	0	0	2	726	13781	0	0
中国产学研合作促进会	0	0	90000	2	2	5432	62220	1	355
	0	0	0	0	0	0	0	0	0
中国知识产权研究会	0	0	0	0	0	0	0	0	0
	0	0	0	0	0	0	0	0	0
中国发明协会	0	0	880000	1	1	5500	20000	0	0
	—	—	—	—	—	—	—	—	—
中国工程教育专业认证协会	0	0	0	0	0	0	0	0	0
	—	—	—	—	—	—	—	—	—
中国检验检疫学会	0	0	0	0	0	0	0	0	0
	0	0	0	0	0	0	0	0	0
中国女科技工作者协会	1	100	7113	1	1	14017	370000	1	200
	0	0	0	0	0	0	0	0	0
中国创造学会	0	0	12000	1	1	124	125	0	0
	0	0	0	0	1	500	500	0	0
中国经济科技开发国际交流协会	0	0	0	0	1	126	337	0	0
	—	—	—	—	—	—	—	—	—
中国高科技产业化研究会	5	393	1155816	6	0	0	0	0	0
	—	—	—	—	—	—	—	—	—
中国微量元素科学研究会	0	0	10000	1	0	0	0	0	0
	41	2600	33264	1	3	53263	48574	1	53
中国国际经济技术合作促进会	0	0	0	0	0	0	0	0	0
	—	—	—	—	—	—	—	—	—
中国基本建设优化研究会	0	0	0	0	2	6237	23810	0	0
	—	—	—	—	—	—	—	—	—
中国科技馆发展基金会	0	0	0	0	0	0	0	0	0
	—	—	—	—	—	—	—	—	—
中国生物多样性保护与绿色发展基金会	0	0	0	0	0	0	0	0	0
	—	—	—	—	—	—	—	—	—
中国反邪教协会	0	0	240000	1	1	485	31003	0	0
	20036	408455	10919850	5	4	557211	1797500	2	65850

七、科技决策咨询

2019 年各全国学会、省级同名学会科技决策咨询情况

学　会	研究人员（人）	# 本单位研究人员（人）	# 副高级职称及以上人员（人）	# 硕士学历及以上人员（人）	开展科技评估（项）	举办决策咨询活动		
						次数（次）	# 接受媒体采访或发表声明（次）	参加活动专家数（人次）
全国学会合计	**20097**	**9822**	**8428**	**10710**	**1927**	**883**	**96**	**12320**
省级同名学会合计	**149867**	**46253**	**69074**	**85697**	**4853**	**2665**	**338**	**23942**
全国理科学会小计	**1237**	**371**	**996**	**1094**	**66**	**38**	**4**	**631**
省级理科学会小计	**23085**	**13491**	**10414**	**14731**	**592**	**499**	**58**	**2409**
中国数学会	0	0	0	0	0	0	0	0
	553	450	406	475	0	0	0	0
中国物理学会	0	0	0	0	0	0	0	0
	981	331	780	740	5	6	1	22
中国力学学会	0	0	0	0	0	0	0	0
	292	151	168	152	8	25	0	128
中国光学学会	87	0	37	87	4	2	1	20
	3791	2646	1748	3197	4	5	1	98
中国声学学会	600	0	550	580	0	0	0	0
	258	100	64	192	5	0	0	0
中国化学会	0	0	0	0	0	0	0	0
	1800	1086	890	1021	14	18	2	225
中国天文学会	0	0	0	0	0	0	0	0
	457	71	393	430	2	4	2	20
中国气象学会	289	279	190	201	8	3	0	77
	1639	1333	568	454	29	73	7	138
中国空间科学学会	0	0	0	0	1	0	0	0
	—	—	—	—	—	—	—	—
中国地质学会	1	1	0	0	5	0	0	0
	737	241	482	100	44	10	2	211
中国地理学会	0	0	0	0	0	0	0	0
	503	243	301	480	32	6	0	85
中国地球物理学会	0	0	0	0	3	0	0	0
	432	8	371	295	2	0	0	0
中国矿物岩石地球化学学会	0	0	0	0	0	0	0	0
	345	223	155	327	0	2	1	5
中国古生物学会	0	0	0	0	0	0	0	0
	45	40	15	25	1	0	0	0
中国海洋湖沼学会	0	0	0	0	3	0	0	0
	45	37	36	37	5	1	0	3

续表 1

学　会	研究人员（人）	# 本单位研究人员（人）	# 副高级职称及以上人员（人）	# 硕士学历及以上人员（人）	开展科技评估（项）	举办决策咨询活动		
						次数（次）	# 接受媒体采访或发表声明（次）	参加活动专家数（人次）
中国海洋学会	0	0	0	0	8	0	0	0
	50	10	32	42	0	0	0	0
中国地震学会	0	0	0	0	4	0	0	0
	845	611	252	286	1	2	1	65
中国动物学会	0	0	0	0	0	0	0	0
	1602	818	570	1262	43	55	5	60
中国植物学会	10	0	10	10	0	0	0	0
	284	234	197	104	20	8	0	57
中国昆虫学会	0	0	0	0	0	0	0	0
	1224	428	481	995	61	8	0	49
中国微生物学会	0	0	0	0	0	0	0	0
	244	156	119	211	9	8	2	85
中国生物化学与分子生物学会	0	0	0	0	0	0	0	0
	963	463	226	411	1	5	0	12
中国细胞生物学学会	0	0	0	0	3	4	2	27
	86	62	42	35	7	7	2	71
中国植物生理与植物分子生物学学会	0	0	0	0	0	2	0	87
	5	5	5	5	4	0	0	8
中国生物物理学会	0	0	0	0	0	5	0	110
	0	0	0	0	2	0	0	0
中国遗传学会	0	0	0	0	0	1	0	18
	954	577	383	527	28	21	14	205
中国心理学会	0	0	0	0	0	0	0	0
	426	406	280	292	2	13	5	88
中国生态学学会	150	75	150	150	3	20	0	274
	587	449	326	348	2	3	2	100
中国环境科学学会	0	0	0	0	0	0	0	0
	203	49	76	115	189	172	0	273
中国自然资源学会	0	0	0	0	0	0	0	0
	55	20	18	19	6	10	0	22
中国感光学会	0	0	0	0	0	0	0	0
	—	—	—	—	—	—	—	—
中国优选法统筹法与经济数学研究会	0	0	0	0	1	0	0	8
	0	0	0	0	0	0	0	0
中国岩石力学与工程学会	0	0	0	0	23	0	0	0
	177	150	104	136	1	10	1	96

续表 2

学会	研究人员（人）	# 本单位研究人员（人）	# 副高级职称及以上人员（人）	# 硕士学历及以上人员（人）	开展科技评估（项）	举办决策咨询活动		
						次数（次）	# 接受媒体采访或发表声明（次）	参加活动专家数（人次）
中国野生动物保护协会	0	0	0	0	0	0	0	0
	156	150	137	156	0	10	2	15
中国系统工程学会	0	0	0	0	0	0	0	0
	67	43	50	59	12	5	1	26
中国实验动物学会	0	0	0	0	0	0	0	0
	131	0	54	67	11	2	0	23
中国青藏高原研究会	0	0	0	0	0	0	0	0
	—	—	—	—	—	—	—	—
中国环境诱变剂学会	0	0	0	0	0	0	0	0
	533	139	135	463	2	0	0	0
中国运筹学会	20	8	4	8	0	1	1	10
	319	296	219	319	0	0	0	3
中国菌物学会	0	0	0	0	0	0	0	0
	40	3	10	20	0	0	0	0
中国晶体学会	0	0	0	0	0	0	0	0
	—	—	—	—	—	—	—	—
中国神经科学学会	0	0	0	0	0	0	0	0
	232	141	89	218	0	0	0	0
中国认知科学学会	55	5	53	55	0	0	0	0
	0	0	0	0	0	0	0	0
中国微循环学会	25	3	2	3	0	0	0	0
	3	3	3	2	2	1	0	3
国际数字地球协会	0	0	0	0	0	0	0	0
	—	—	—	—	—	—	—	—
国际动物学会	0	0	0	0	0	0	0	0
	1602	818	570	1262	43	55	5	60
全国工科学会小计	**9163**	**6141**	**4783**	**5711**	**1572**	**358**	**41**	**7511**
省级工科学会小计	**24760**	**13211**	**14291**	**13931**	**2621**	**919**	**61**	**8806**
中国机械工程学会	34	17	13	13	45	32	7	1597
	346	131	117	51	187	65	8	848
中国汽车工程学会	20	20	2	16	6	6	0	350
	138	2	138	60	23	6	3	134
中国农业机械学会	3	3	3	3	0	0	0	0
	180	149	78	80	18	6	1	126
中国农业工程学会	0	0	0	0	3	0	0	0
	1147	1102	468	292	5	0	0	0

续表 3

学　会	研究人员（人）	# 本单位研究人员（人）	# 副高级职称及以上人员（人）	# 硕士学历及以上人员（人）	开展科技评估（项）	举办决策咨询活动		
						次数（次）	# 接受媒体采访或发表声明（次）	参加活动专家数（人次）
中国电机工程学会	26	18	10	7	303	6	0	54
	430	360	290	103	46	35	0	369
中国电工技术学会	0	0	0	0	42	4	0	33
	201	157	107	144	3	0	0	0
中国水力发电工程学会	17	8	6	6	55	1	0	32
	180	0	150	50	3	4	0	38
中国水利学会	707	524	523	435	127	12	0	320
	43	23	14	6	138	35	1	470
中国内燃机学会	0	0	0	0	0	0	0	0
	0	0	0	0	0	0	0	0
中国工程热物理学会	0	0	0	0	1	2	0	51
	185	185	148	185	0	1	1	6
中国空气动力学会	0	0	0	0	4	1	0	20
	—	—	—	—	—	—	—	—
中国制冷学会	0	0	0	0	10	0	0	0
	201	73	71	74	28	18	4	102
中国真空学会	0	0	0	0	0	0	0	0
	175	146	128	89	3	0	0	20
中国自动化学会	676	435	520	592	27	10	0	40
	1279	691	564	660	11	15	2	191
中国仪器仪表学会	2707	2375	872	1469	38	19	4	297
	280	155	192	124	9	11	2	58
中国计量测试学会	0	0	0	0	8	0	0	0
	54	54	45	50	25	0	0	0
中国标准化协会	0	0	0	0	3	0	0	0
	287	61	119	53	3	3	0	30
中国图学学会	0	0	0	0	0	1	0	59
	336	258	170	227	3	3	0	26
中国电子学会	375	154	293	169	59	30	7	556
	769	484	295	423	28	24	0	103
中国计算机学会	0	0	0	0	0	0	0	0
	259	109	101	207	17	7	1	236
中国通信学会	5	5	5	3	17	11	10	120
	2	2	2	0	19	6	0	129

续表 4

学　会	研究人员（人）	# 本单位研究人员（人）	# 副高级职称及以上人员（人）	# 硕士学历及以上人员（人）	开展科技评估（项）	举办决策咨询活动		
						次数（次）	# 接受媒体采访或发表声明（次）	参加活动专家数（人次）
中国中文信息学会	50	0	50	50	0	1	0	25
	124	124	70	90	0	0	0	0
中国测绘学会	—	—	—	—	—	—	—	—
	0	0	0	0	8	8	0	87
中国造船工程学会	261	27	52	48	7	20	0	20
	21	19	20	12	4	3	0	32
中国航海学会	716	483	191	382	80	10	2	117
	316	2	316	270	16	19	0	247
中国铁道学会	0	0	0	0	2	0	0	0
	98	3	3	1	7	5	3	48
中国公路学会	88	43	25	45	197	10	0	183
	42	20	19	17	123	22	1	729
中国航空学会	0	0	0	0	52	9	1	19
	4520	2290	3608	2696	5	14	0	95
中国宇航学会	8	8	3	8	12	1	0	52
	0	0	0	0	6	2	0	62
中国兵工学会	0	0	0	0	0	3	0	20
	155	133	51	121	1	3	1	12
中国金属学会	0	0	0	0	35	5	0	38
	76	50	40	40	56	53	0	239
中国有色金属学会	0	0	0	0	0	0	0	0
	11	6	6	7	3	0	0	0
中国稀土学会	53	13	15	18	3	3	0	6
	0	0	0	0	0	0	0	0
中国腐蚀与防护学会	572	328	269	303	10	0	0	162
	199	148	152	136	2	6	0	13
中国化工学会	927	863	678	869	38	14	2	319
	310	260	113	113	61	25	1	316
中国核学会	0	0	0	0	0	0	0	0
	1577	1172	903	1100	3	1	1	6
中国石油学会	0	0	0	0	12	0	0	0
	908	480	480	679	25	6	3	182
中国煤炭学会	51	5	5	4	0	1	1	7
	111	94	9	5	49	8	0	28
中国可再生能源学会	0	0	0	0	7	0	0	0
	9	9	9	9	2	1	0	6

续表 5

学　会	研究人员（人）	#本单位研究人员（人）	#副高级职称及以上人员（人）	#硕士学历及以上人员（人）	开展科技评估（项）	举办决策咨询活动		
						次数（次）	#接受媒体采访或发表声明（次）	参加活动专家数（人次）
中国能源研究会	0	0	0	0	9	8	0	545
	60	44	28	37	3	6	0	19
中国硅酸盐学会	313	269	94	124	50	4	0	190
	825	811	407	701	23	3	1	41
中国建筑学会	0	0	0	0	1	8	2	100
	468	141	446	143	702	220	1	895
中国土木工程学会	0	0	0	0	0	0	0	0
	0	0	0	0	129	0	0	0
中国生物工程学会	0	0	0	0	0	0	0	0
	194	128	105	152	0	0	0	0
中国纺织工程学会	229	18	193	2	2	65	0	252
	0	0	0	0	20	10	0	30
中国造纸学会	20	2	20	20	0	0	0	0
	155	16	78	75	12	9	0	31
中国文物保护技术协会	0	0	0	0	61	0	0	0
	—	—	—	—	—	—	—	—
中国印刷技术协会	0	0	0	0	0	4	0	50
	2	0	1	1	0	0	0	0
中国材料研究学会	771	487	507	675	19	21	1	442
	140	140	100	130	6	0	0	0
中国食品科学技术学会	0	0	0	0	6	2	2	20
	87	7	6	6	20	4	0	165
中国粮油学会	0	0	0	0	26	0	0	0
	0	0	0	0	0	0	0	0
中国职业安全健康协会	107	27	49	66	40	0	0	278
	0	0	0	0	1	0	0	0
中国烟草学会	0	0	0	0	0	0	0	0
	325	150	49	167	4	11	0	81
中国仿真学会	0	0	0	0	0	0	0	0
	425	367	321	397	0	0	0	0
中国电影电视技术学会	0	0	0	0	17	0	0	0
	0	0	0	0	5	0	0	0
中国振动工程学会	0	0	0	0	0	0	0	0
	338	207	243	315	353	20	0	38
中国颗粒学会	0	0	0	0	0	0	0	0
	9	4	2	4	3	1	0	12

续表 6

学　会	研究人员（人）	# 本单位研究人员（人）	# 副高级职称及以上人员（人）	# 硕士学历及以上人员（人）	开展科技评估（项）	举办决策咨询活动		
						次数（次）	# 接受媒体采访或发表声明（次）	参加活动专家数（人次）
中国照明学会	0	0	0	0	24	0	0	0
	43	15	12	10	6	4	0	77
中国动力工程学会	0	0	0	0	1	0	0	10
	0	0	0	0	0	0	0	0
中国惯性技术学会	0	0	0	0	0	0	0	0
	185	185	52	123	0	0	0	0
中国风景园林学会	0	0	0	0	0	0	0	0
	0	0	0	0	75	5	0	362
中国电源学会	0	0	0	0	2	0	0	0
	526	20	65	130	1	0	0	10
中国复合材料学会	6	1	1	1	6	2	0	20
	69	31	65	57	0	4	0	70
中国消防协会	0	0	0	0	0	0	0	0
	21	7	8	8	3	1	0	4
中国图象图形学学会	0	0	0	0	1	0	0	0
	0	0	0	0	2	0	0	0
中国人工智能学会	0	0	0	0	0	0	0	0
	235	165	93	148	9	10	3	83
中国体视学学会	0	0	0	0	0	0	0	0
	0	0	0	0	0	0	0	0
中国工程机械学会	0	0	0	0	0	0	0	0
	—	—	—	—	—	—	—	—
中国海洋工程咨询协会	0	0	0	0	15	0	0	0
	—	—	—	—	—	—	—	—
中国遥感应用协会	0	0	0	0	0	0	0	0
	—	—	—	—	—	—	—	—
中国指挥与控制学会	0	0	0	0	2	2	0	100
	—	—	—	—	—	—	—	—
中国光学工程学会	47	0	26	16	5	1	0	47
	32	15	21	32	1	3	0	10
中国微米纳米技术学会	174	0	174	174	0	8	0	682
	—	—	—	—	—	—	—	—
中国密码学会	0	0	0	0	1	0	0	0
	—	—	—	—	—	—	—	—
中国大坝工程学会	45	6	34	40	14	16	2	203
	—	—	—	—	—	—	—	—
中国卫星导航定位协会	0	0	0	0	12	0	0	0
	—	—	—	—	—	—	—	—

续表 7

学　会	研究人员（人）	# 本单位研究人员（人）	# 副高级职称及以上人员（人）	# 硕士学历及以上人员（人）	开展科技评估（项）	举办决策咨询活动		
						次　数（次）	# 接受媒体采访或发表声明（次）	参加活动专家数（人次）
中国生物材料学会	130	0	130	130	45	2	0	60
	12	10	10	10	0	0	0	0
国际粉体检测与控制联合会	25	2	20	23	10	3	0	15
	—	—	—	—	—	—	—	—
全国农科学会小计	**5493**	**979**	**1686**	**2582**	**179**	**394**	**42**	**2295**
省级农科学会小计	**14104**	**7231**	**5650**	**6449**	**537**	**249**	**46**	**2570**
中国农学会	35	35	17	21	60	13	2	240
	1550	1126	691	692	127	15	1	641
中国林学会	0	0	0	0	50	300	0	1200
	71	22	38	25	155	20	2	763
中国土壤学会	0	0	0	0	4	1	0	10
	1586	419	621	828	6	9	6	35
中国水产学会	2	2	0	1	0	0	0	0
	788	465	253	232	27	7	1	91
中国园艺学会	5328	819	1584	2474	19	28	15	291
	1095	367	363	543	33	16	8	74
中国畜牧兽医学会	0	0	0	0	0	8	1	35
	548	280	223	233	40	9	0	214
中国植物病理学会	0	0	0	0	0	0	0	0
	553	450	406	475	0	0	0	0
中国植物保护学会	0	0	0	0	0	1	0	30
	471	127	234	339	1	3	0	16
中国作物学会	113	113	81	79	37	36	24	370
	808	724	417	373	13	13	4	141
中国热带作物学会	0	0	0	0	0	0	0	0
	0	0	0	0	0	0	0	0
中国蚕学会	0	0	0	0	2	0	0	0
	46	1	0	0	0	0	0	0
中国水土保持学会	0	0	0	0	0	2	0	26
	85	69	31	29	40	0	0	0
中国茶叶学会	15	10	4	7	6	4	0	70
	122	25	83	86	6	5	1	20
中国草学会	0	0	0	0	0	0	0	0
	325	150	49	167	4	11	0	81
中国植物营养与肥料学会	0	0	0	0	1	1	0	23
	306	306	80	260	1	6	6	20

续表 8

学　会	研究人员（人）	# 本单位研究人员（人）	# 副高级职称及以上人员（人）	# 硕士学历及以上人员（人）	开展科技评估（项）	举办决策咨询活动		
						次数（次）	# 接受媒体采访或发表声明（次）	参加活动专家数（人次）
中国农业历史学会	0	0	0	0	0	0	0	0
	0	0	0	0	0	0	0	0
全国医科学会小计	**3833**	**2303**	**788**	**1030**	**22**	**37**	**1**	**1120**
省级医科学会小计	**79510**	**8188**	**34831**	**45872**	**396**	**370**	**95**	**5336**
中华医学会	0	0	0	0	0	7	0	430
	0	0	0	0	0	0	0	0
中华中医药学会	0	0	0	0	0	0	0	0
	—	—	—	—	—	—	—	—
中国中西医结合学会	0	0	0	0	0	0	0	0
	121	33	110	56	9	14	0	41
中国药学会	24	14	7	16	5	10	0	129
	860	296	377	346	47	39	7	697
中华护理学会	0	0	0	0	0	0	0	0
	—	—	—	—	—	—	—	—
中国生理学会	0	0	0	0	0	0	0	0
	164	113	126	155	1	2	0	17
中国解剖学会	0	0	0	0	0	0	0	0
	555	408	207	363	3	4	0	20
中国生物医学工程学会	470	236	275	363	11	10	1	247
	87	82	82	79	7	3	0	23
中国病理生理学会	0	0	0	0	0	0	0	0
	53	53	51	53	0	0	0	0
中国营养学会	6	5	3	4	0	4	0	32
	48	9	30	36	2	3	0	13
中国药理学会	19	4	16	17	0	0	0	0
	1533	1038	482	873	5	6	0	28
中国针灸学会	0	0	0	0	0	1	0	9
	281	244	236	72	2	5	0	618
中国防痨协会	3054	1983	289	477	0	0	0	0
	153	136	55	59	3	2	1	25
中国麻风防治协会	0	0	0	0	0	0	0	0
	18	18	9	7	0	1	0	8
中国心理卫生协会	0	0	0	0	0	0	0	0
	18	18	18	18	0	1	0	26

续表 9

学　会	研究人员（人）	# 本单位研究人员（人）	# 副高级职称及以上人员（人）	# 硕士学历及以上人员（人）	开展科技评估（项）	举办决策咨询活动		
						次数（次）	# 接受媒体采访或发表声明（次）	参加活动专家数（人次）
中国抗癌协会	0	0	0	0	0	0	0	0
	5	0	5	5	2	1	0	26
中国体育科学学会	0	0	0	0	0	0	0	0
	519	316	181	219	2	11	1	17
中国毒理学会	0	0	0	0	1	2	0	10
	0	0	0	0	5	0	0	3
中国康复医学会	156	18	102	116	0	0	0	0
	150	5	30	50	0	6	0	4
中国免疫学会	0	0	0	0	0	0	0	0
	1963	1368	767	1423	3	0	0	1
中华预防医学会	0	0	0	0	0	0	0	0
	—	—	—	—	—	—	—	—
中国法医学会	0	0	0	0	0	0	0	0
	15	10	2	15	0	1	0	10
中华口腔医学会	66	5	61	0	5	3	0	263
	—	—	—	—	—	—	—	—
中国医学救援协会	0	0	0	0	0	0	0	0
	—	—	—	—	—	—	—	—
中国女医师协会	0	0	0	0	0	0	0	0
	0	0	0	0	0	0	0	0
中国研究型医院学会	0	0	0	0	0	0	0	0
	1193	1193	840	1123	0	1	1	200
中国睡眠研究会	38	38	35	37	0	0	0	0
	2	2	2	0	0	0	0	0
中国卒中学会	0	0	0	0	0	0	0	0
	209	158	140	181	8	11	0	289
全国交叉学科学会小计	**371**	**28**	**175**	**293**	**88**	**56**	**8**	**763**
省级其他学科学会小计	**8408**	**4132**	**3888**	**4714**	**707**	**628**	**78**	**4821**
中国自然辩证法研究会	0	0	0	0	0	0	0	0
	256	135	197	235	22	15	6	102
中国管理现代化研究会	0	0	0	0	0	1	1	1
	17	15	8	11	4	2	0	40
中国技术经济学会	0	0	0	0	0	0	0	0
	0	0	0	0	0	0	0	0
中国现场统计研究会	0	0	0	0	0	0	0	0
	0	0	0	0	0	0	0	0

续表 10

学会	研究人员（人）	#本单位研究人员（人）	#副高级职称及以上人员（人）	#硕士学历及以上人员（人）	开展科技评估（项）	举办决策咨询活动		
						次数（次）	#接受媒体采访或发表声明（次）	参加活动专家数（人次）
中国未来研究会	0	0	0	0	0	1	0	20
	3	2	2	3	2	1	0	11
中国科学技术史学会	0	0	0	0	0	0	0	0
	159	159	85	159	0	1	0	10
中国科学技术情报学会	0	0	0	0	0	0	0	0
	378	318	187	212	91	4	1	6
中国图书馆学会	0	0	0	0	0	0	0	0
	60	54	23	12	2	20	2	53
中国城市科学研究会	0	0	0	0	1	0	0	0
	506	11	8	11	0	2	0	46
中国科学学与科技政策研究会	0	0	0	0	0	2	0	205
	0	0	0	0	0	0	0	0
中国农村专业技术协会	0	0	0	0	0	20	0	5
	578	42	275	117	4	42	5	343
中国工业设计协会	0	0	0	0	0	0	0	0
	0	0	0	0	0	0	0	0
中国工艺美术学会	0	0	0	0	0	0	0	0
	30	13	13	0	1	1	0	20
中国科普作家协会	8	1	1	8	0	0	0	0
	130	120	73	80	5	2	1	70
中国自然科学博物馆协会	0	0	0	0	0	0	0	0
	0	0	0	0	0	6	0	15
中国可持续发展研究会	133	7	96	127	0	0	0	0
	260	140	116	159	3	18	1	167
中国青少年科技辅导员协会	0	0	0	0	0	0	0	0
	0	0	0	0	0	0	0	0
中国科教电影电视协会	0	0	0	0	0	0	0	0
	0	0	0	0	0	0	0	0
中国科学技术期刊编辑学会	0	0	0	0	0	0	0	0
	40	12	11	12	2	6	2	276
中国流行色协会	0	0	0	0	0	0	0	0
	—	—	—	—	—	—	—	—
中国档案学会	0	0	0	0	0	0	0	0
	0	0	0	0	0	0	0	0
中国国土经济学会	15	3	10	12	0	4	0	180
	—	—	—	—	—	—	—	—
中国土地学会	0	0	0	0	0	0	0	0
	93	19	64	64	4	6	0	83

续表 11

学　会	研究人员（人）	# 本单位研究人员（人）	# 副高级职称及以上人员（人）	# 硕士学历及以上人员（人）	开展科技评估（项）	举办决策咨询活动 次数（次）	# 接受媒体采访或发表声明（次）	参加活动专家数（人次）
中国科技新闻学会	0	0	0	0	0	0	0	0
	32	19	4	3	0	0	0	0
中国老科学技术工作者协会	48	5	1	5	0	7	0	52
	121	102	107	46	4	17	0	43
中国科学探险协会	0	0	0	0	0	0	0	0
	0	0	0	0	0	0	0	0
中国城市规划学会	160	7	65	137	9	5	0	50
	22	2	22	20	1	10	2	164
中国产学研合作促进会	0	0	0	0	0	0	0	0
	0	0	0	0	0	0	0	0
中国知识产权研究会	0	0	0	0	0	0	0	0
	105	28	30	100	2	0	0	0
中国发明协会	0	0	0	0	1	0	0	4
	—	—	—	—	—	—	—	—
中国工程教育专业认证协会	0	0	0	0	0	0	0	0
	—	—	—	—	—	—	—	—
中国检验检疫学会	0	0	0	0	0	0	0	0
	0	0	0	0	0	0	0	0
中国女科技工作者协会	45	6	34	40	14	16	2	203
	320	320	320	201	0	0	0	0
中国创造学会	7	5	2	4	0	0	0	0
	40	40	20	10	0	0	0	0
中国经济科技开发国际交流协会	0	0	0	0	0	0	0	0
	—	—	—	—	—	—	—	—
中国高科技产业化研究会	0	0	0	0	76	13	7	186
	—	—	—	—	—	—	—	—
中国微量元素科学研究会	0	0	0	0	0	0	0	0
	32	8	22	13	25	18	14	306
中国国际经济技术合作促进会	0	0	0	0	0	0	0	0
	—	—	—	—	—	—	—	—
中国基本建设优化研究会	0	0	0	0	1	3	0	60
	—	—	—	—	—	—	—	—
中国科技馆发展基金会	0	0	0	0	0	0	0	0
	—	—	—	—	—	—	—	—
中国生物多样性保护与绿色发展基金会	0	0	0	0	0	0	0	0
	—	—	—	—	—	—	—	—
中国反邪教协会	0	0	0	0	0	0	0	0
	0	0	0	0	0	0	0	0

续表 12

学　会	组织政协科协界委员协商或调研活动（次）	组织政策解读活动（次）	组织参与立法咨询（次）	开展各类专项调查（次）	#开展科技工作者状况专项调查（次）	形成专项调查报告数（篇）
全国学会合计	**53**	**142**	**71**	**248**	**100**	**80**
省级同名学会合计	**346**	**795**	**222**	**2368**	**1347**	**784**
全国理科学会小计	**1**	**9**	**4**	**50**	**26**	**7**
省级理科学会小计	**50**	**83**	**36**	**182**	**89**	**144**
中国数学会	0	0	0	0	0	0
	0	0	0	0	0	0
中国物理学会	0	0	0	0	0	0
	0	3	0	7	3	5
中国力学学会	0	0	0	1	1	1
	3	11	0	13	3	5
中国光学学会	0	0	0	23	2	0
	1	6	0	4	2	1
中国声学学会	0	0	0	0	0	0
	0	1	1	0	0	0
中国化学会	0	0	0	2	2	0
	0	2	2	25	9	5
中国天文学会	0	0	0	0	0	0
	0	0	0	2	1	0
中国气象学会	1	6	0	0	0	0
	6	4	9	6	6	4
中国空间科学学会	0	0	0	0	0	0
	—	—	—	—	—	—
中国地质学会	0	1	0	0	0	0
	0	0	1	13	8	8
中国地理学会	0	1	1	0	0	0
	2	3	4	0	0	0
中国地球物理学会	0	0	0	0	0	0
	0	0	0	5	3	3
中国矿物岩石地球化学学会	0	0	0	0	0	0
	0	0	0	0	0	0
中国古生物学会	0	0	0	0	0	0
	1	0	1	1	0	0
中国海洋湖沼学会	0	0	0	0	0	0
	0	0	1	0	0	0

续表 13

学　会	组织政协科协界委员协商或调研活动（次）	组织政策解读活动（次）	组织参与立法咨询（次）	开展各类专项调查（次）	# 开展科技工作者状况专项调查（次）	形成专项调查报告数（篇）
中国海洋学会	0	0	0	0	0	0
	0	0	1	0	0	0
中国地震学会	0	0	0	0	0	0
	0	1	1	0	0	0
中国动物学会	0	0	0	0	0	0
	5	1	4	1	1	25
中国植物学会	0	0	0	1	0	0
	3	1	4	0	0	0
中国昆虫学会	0	0	0	0	0	0
	0	0	0	17	15	7
中国微生物学会	0	0	0	0	0	0
	5	6	3	37	23	20
中国生物化学与分子生物学会	0	0	0	0	0	0
	1	0	0	1	1	1
中国细胞生物学学会	0	0	0	19	19	1
	2	0	0	1	0	1
中国植物生理与植物分子生物学学会	0	0	0	0	0	0
	0	0	0	0	0	0
中国生物物理学会	0	1	0	1	1	0
	0	0	0	0	0	0
中国遗传学会	0	0	2	0	0	0
	7	5	2	28	5	28
中国心理学会	0	0	0	0	0	0
	0	1	0	17	5	14
中国生态学学会	0	0	1	3	1	5
	2	0	0	0	0	0
中国环境科学学会	0	0	0	0	0	0
	6	24	2	13	0	7
中国自然资源学会	0	0	0	0	0	0
	2	2	0	0	0	0
中国感光学会	0	0	0	0	0	0
	—	—	—	—	—	—
中国优选法统筹法与经济数学研究会	0	0	0	0	0	0
	0	0	0	0	0	0
中国岩石力学与工程学会	0	0	0	0	0	0
	1	1	1	4	3	7

续表 14

学会	组织政协科协界委员协商或调研活动（次）	组织政策解读活动（次）	组织参与立法咨询（次）	开展各类专项调查（次）	#开展科技工作者状况专项调查（次）	形成专项调查报告数（篇）
中国野生动物保护协会	0	0	0	0	0	0
	0	0	1	3	0	0
中国系统工程学会	0	0	0	0	0	0
	0	6	0	5	3	5
中国实验动物学会	0	0	0	0	0	0
	0	0	0	0	0	0
中国青藏高原研究会	0	0	0	0	0	0
	—	—	—	—	—	—
中国环境诱变剂学会	0	0	0	0	0	0
	0	2	0	0	0	0
中国运筹学会	0	0	0	0	0	0
	1	0	0	0	0	0
中国菌物学会	0	0	0	0	0	0
	0	0	0	0	0	0
中国晶体学会	0	0	0	0	0	0
	—	—	—	—	—	—
中国神经科学学会	0	0	0	0	0	0
	0	0	0	0	0	0
中国认知科学学会	0	0	0	0	0	0
	0	1	0	0	0	0
中国微循环学会	0	0	0	0	0	0
	0	0	0	0	0	0
国际数字地球协会	0	0	0	0	0	0
	—	—	—	—	—	—
国际动物学会	0	0	0	0	0	0
	5	1	4	1	1	25
全国工科学会小计	**22**	**59**	**22**	**87**	**55**	**35**
省级工科学会小计	**79**	**204**	**49**	**945**	**756**	**181**
中国机械工程学会	0	0	0	0	0	0
	6	23	0	4	1	3
中国汽车工程学会	0	0	0	0	0	0
	0	6	0	4	4	0
中国农业机械学会	0	1	0	0	0	0
	0	4	0	0	0	0
中国农业工程学会	0	0	0	0	0	0
	0	1	0	0	0	0

续表 15

学　会	组织政协科协界委员协商或调研活动（次）	组织政策解读活动（次）	组织参与立法咨询（次）	开展各类专项调查（次）	#开展科技工作者状况专项调查（次）	形成专项调查报告数（篇）
中国电机工程学会	0	0	1	2	0	1
	0	0	0	1	1	0
中国电工技术学会	0	5	0	3	0	3
	0	0	0	2	2	0
中国水力发电工程学会	0	0	0	3	0	3
	1	1	1	0	0	0
中国水利学会	0	0	2	3	1	2
	0	4	2	26	8	2
中国内燃机学会	0	0	0	0	0	0
	0	0	1	0	0	0
中国工程热物理学会	1	0	1	0	0	0
	0	0	0	0	0	0
中国空气动力学会	0	0	0	0	0	0
	—	—	—	—	—	—
中国制冷学会	0	0	0	0	0	0
	0	0	0	40	6	3
中国真空学会	0	0	0	0	0	0
	0	0	0	0	0	0
中国自动化学会	0	0	1	0	0	0
	0	2	0	17	1	1
中国仪器仪表学会	3	3	3	6	2	5
	0	0	0	1	0	1
中国计量测试学会	0	0	0	0	0	0
	1	0	1	5	5	2
中国标准化协会	0	0	0	0	0	0
	0	1	0	0	0	0
中国图学学会	0	0	0	0	0	0
	0	2	0	0	0	0
中国电子学会	0	5	1	0	0	0
	4	3	0	0	0	0
中国计算机学会	0	0	0	0	0	0
	6	6	1	6	4	2
中国通信学会	0	10	0	0	0	0
	1	1	1	650	650	0

续表 16

学　会	组织政协科协界委员协商或调研活动（次）	组织政策解读活动（次）	组织参与立法咨询（次）	开展各类专项调查（次）	#开展科技工作者状况专项调查（次）	形成专项调查报告数（篇）
中国中文信息学会	0	0	0	0	0	0
	0	0	0	0	0	1
中国测绘学会	—	—	—	—	—	—
	0	4	1	3	1	2
中国造船工程学会	0	0	0	0	0	0
	4	7	1	0	0	1
中国航海学会	10	8	1	8	8	3
	0	2	0	0	0	0
中国铁道学会	0	0	0	0	0	0
	0	0	0	20	7	5
中国公路学会	1	4	1	9	9	0
	2	3	6	7	4	4
中国航空学会	0	0	0	0	0	0
	2	0	0	5	3	5
中国宇航学会	1	0	2	1	0	1
	0	0	0	2	2	1
中国兵工学会	1	0	0	1	0	0
	1	2	0	2	1	2
中国金属学会	0	2	0	0	0	0
	0	1	1	4	1	0
中国有色金属学会	0	0	0	0	0	0
	0	0	1	0	0	0
中国稀土学会	0	0	0	0	0	0
	0	0	0	0	0	0
中国腐蚀与防护学会	0	0	0	0	0	0
	9	14	0	7	4	2
中国化工学会	5	3	0	6	3	2
	5	3	1	9	4	8
中国核学会	0	0	0	0	0	0
	3	3	0	0	0	0
中国石油学会	0	0	1	0	0	0
	0	3	0	0	0	0
中国煤炭学会	0	2	0	5	4	0
	0	1	0	2	0	2
中国可再生能源学会	0	1	1	0	0	0
	0	0	1	4	4	4

续表 17

学　会	组织政协科协界委员协商或调研活动（次）	组织政策解读活动（次）	组织参与立法咨询（次）	开展各类专项调查（次）	#开展科技工作者状况专项调查（次）	形成专项调查报告数（篇）
中国能源研究会	0	0	1	0	0	0
	0	1	1	0	0	0
中国硅酸盐学会	0	2	0	2	0	2
	0	4	0	1	1	0
中国建筑学会	0	2	0	0	0	0
	4	3	2	2	1	1
中国土木工程学会	0	0	0	0	0	0
	0	0	0	0	0	0
中国生物工程学会	0	0	0	0	0	0
	0	0	0	0	0	0
中国纺织工程学会	0	2	0	3	1	3
	2	10	7	1	1	0
中国造纸学会	0	0	1	0	0	0
	3	0	1	2	0	2
中国文物保护技术协会	0	0	0	0	0	0
	—	—	—	—	—	—
中国印刷技术协会	0	2	2	0	0	0
	0	0	0	1	0	0
中国材料研究学会	0	0	0	10	5	6
	0	0	0	0	0	0
中国食品科学技术学会	0	0	0	0	0	0
	1	0	0	2	2	0
中国粮油学会	0	0	0	1	1	1
	0	0	0	0	0	0
中国职业安全健康协会	0	0	1	0	0	0
	0	1	0	0	0	0
中国烟草学会	0	0	0	0	0	0
	0	5	3	6	4	5
中国仿真学会	0	0	0	0	0	0
	0	0	0	0	0	0
中国电影电视技术学会	0	0	0	0	0	0
	0	0	0	0	0	0
中国振动工程学会	0	0	0	0	0	0
	0	0	0	0	0	0
中国颗粒学会	0	0	0	0	0	0
	0	0	0	0	0	1

续表 18

学　会	组织政协科协界委员协商或调研活动（次）	组织政策解读活动（次）	组织参与立法咨询（次）	开展各类专项调查（次）	# 开展科技工作者状况专项调查（次）	形成专项调查报告数（篇）
中国照明学会	0	0	0	0	0	0
	1	1	0	15	15	2
中国动力工程学会	0	0	0	0	0	0
	0	0	0	0	0	0
中国惯性技术学会	0	0	0	0	0	0
	0	0	0	0	0	0
中国风景园林学会	0	0	0	0	0	0
	0	0	1	0	0	0
中国电源学会	0	0	0	0	0	0
	2	0	0	0	0	0
中国复合材料学会	0	0	0	1	0	1
	0	0	0	0	0	0
中国消防协会	0	0	0	0	0	0
	0	3	2	1	0	0
中国图象图形学学会	0	0	0	0	0	0
	0	0	0	0	0	0
中国人工智能学会	0	0	0	1	0	0
	1	2	2	7	2	13
中国体视学学会	0	0	0	0	0	0
	0	0	0	0	0	0
中国工程机械学会	0	0	0	0	0	0
	—	—	—	—	—	—
中国海洋工程咨询协会	0	0	0	0	0	0
	—	—	—	—	—	—
中国遥感应用协会	0	0	0	0	0	0
	—	—	—	—	—	—
中国指挥与控制学会	0	1	0	20	20	1
	—	—	—	—	—	—
中国光学工程学会	0	1	0	0	0	0
	0	0	0	2	1	1
中国微米纳米技术学会	0	0	0	1	0	1
	—	—	—	—	—	—
中国密码学会	0	1	0	0	0	0
	—	—	—	—	—	—
中国大坝工程学会	0	3	2	0	0	0
	—	—	—	—	—	—
中国卫星导航定位协会	0	0	0	1	1	0
	—	—	—	—	—	—

续表 19

学 会	组织政协科协界委员协商或调研活动（次）	组织政策解读活动（次）	组织参与立法咨询（次）	开展各类专项调查（次）	# 开展科技工作者状况专项调查（次）	形成专项调查报告数（篇）
中国生物材料学会	0	1	0	0	0	0
	0	0	0	0	0	0
国际粉体检测与控制联合会	0	0	0	0	0	0
	—	—	—	—	—	—
全国农科学会小计	**17**	**16**	**12**	**52**	**9**	**24**
省级农科学会小计	**36**	**76**	**26**	**326**	**74**	**102**
中国农学会	3	4	2	1	0	1
	1	8	2	42	4	16
中国林学会	4	0	1	4	0	4
	10	5	3	3	2	2
中国土壤学会	0	0	1	0	0	0
	3	2	4	16	9	10
中国水产学会	0	0	0	0	0	0
	0	11	0	22	6	24
中国园艺学会	4	7	0	45	7	19
	0	4	1	3	3	0
中国畜牧兽医学会	0	1	2	0	0	0
	2	5	1	19	19	3
中国植物病理学会	0	0	0	0	0	0
	0	0	0	0	0	0
中国植物保护学会	0	0	0	2	2	0
	0	1	1	2	0	2
中国作物学会	5	4	6	0	0	0
	0	0	1	4	1	3
中国热带作物学会	0	0	0	0	0	0
	0	0	0	0	0	0
中国蚕学会	0	0	0	0	0	0
	0	0	0	1	0	1
中国水土保持学会	0	0	0	0	0	0
	2	3	0	2	0	2
中国茶叶学会	0	0	0	0	0	0
	1	1	0	0	0	0
中国草学会	0	0	0	0	0	0
	0	5	3	6	4	5
中国植物营养与肥料学会	1	0	0	0	0	0
	1	1	0	2	1	1

续表 20

学　会	组织政协科协界委员协商或调研活动（次）	组织政策解读活动（次）	组织参与立法咨询（次）	开展各类专项调查（次）	# 开展科技工作者状况专项调查（次）	形成专项调查报告数（篇）
中国农业历史学会	0	0	0	0	0	0
	0	0	0	0	0	0
全国医科学会小计	**6**	**16**	**14**	**17**	**7**	**10**
省级医科学会小计	**44**	**206**	**39**	**200**	**55**	**104**
中华医学会	0	0	0	0	0	0
	0	0	0	0	0	0
中华中医药学会	0	0	0	0	0	0
	—	—	—	—	—	—
中国中西医结合学会	0	0	0	0	0	0
	0	5	0	3	3	0
中国药学会	3	11	3	4	2	0
	11	41	4	19	13	10
中华护理学会	0	0	0	1	1	1
	—	—	—	—	—	—
中国生理学会	0	0	0	0	0	0
	2	0	0	0	0	0
中国解剖学会	0	0	0	0	0	0
	2	1	1	5	2	1
中国生物医学工程学会	2	1	4	1	1	2
	1	1	0	3	3	0
中国病理生理学会	0	0	0	0	0	0
	0	0	0	0	0	0
中国营养学会	0	1	3	2	0	5
	0	2	1	1	0	1
中国药理学会	0	0	0	0	0	0
	1	3	1	2	2	0
中国针灸学会	1	0	0	0	0	0
	0	1	1	1	1	1
中国防痨协会	0	0	0	1	1	1
	3	2	0	27	2	4
中国麻风防治协会	0	0	0	0	0	0
	0	0	1	2	0	1
中国心理卫生协会	0	0	0	0	0	0
	0	0	1	0	0	1

续表 21

学　会	组织政协科协界委员协商或调研活动（次）	组织政策解读活动（次）	组织参与立法咨询（次）	开展各类专项调查（次）	#开展科技工作者状况专项调查（次）	形成专项调查报告数（篇）
中国抗癌协会	0	0	0	0	0	0
	1	1	2	1	0	1
中国体育科学学会	0	0	0	0	0	1
	0	0	2	0	0	8
中国毒理学会	0	0	0	4	0	0
	0	0	0	0	0	0
中国康复医学会	0	0	0	0	0	0
	0	6	0	0	0	0
中国免疫学会	0	0	0	4	2	0
	0	0	1	2	1	1
中华预防医学会	0	0	0	0	0	0
	—	—	—	—	—	—
中国法医学会	0	0	1	0	0	0
	0	0	0	0	0	0
中华口腔医学会	0	3	0	0	0	0
	—	—	—	—	—	—
中国医学救援协会	0	0	0	0	0	0
	—	—	—	—	—	—
中国女医师协会	0	0	0	0	0	0
	0	0	0	0	0	0
中国研究型医院学会	0	0	3	0	0	0
	1	0	0	0	0	0
中国睡眠研究会	0	0	0	0	0	0
	0	0	0	0	0	0
中国卒中学会	0	0	0	0	0	0
	0	1	0	0	0	0
全国交叉学科学会小计	**7**	**42**	**19**	**42**	**3**	**4**
省级其他学科学会小计	**137**	**226**	**72**	**715**	**373**	**253**
中国自然辩证法研究会	0	0	0	0	0	0
	0	5	1	15	5	9
中国管理现代化研究会	0	0	0	0	0	0
	1	0	0	6	6	1
中国技术经济学会	0	0	1	0	0	0
	0	0	0	0	0	0
中国现场统计研究会	0	0	0	0	0	0
	0	0	0	0	0	0

续表 22

学　会	组织政协科协界委员协商或调研活动（次）	组织政策解读活动（次）	组织参与立法咨询（次）	开展各类专项调查（次）	#开展科技工作者状况专项调查（次）	形成专项调查报告数（篇）
中国未来研究会	0	0	0	0	0	0
	0	0	0	0	0	0
中国科学技术史学会	0	0	0	0	0	0
	1	1	0	0	0	0
中国科学技术情报学会	0	0	0	0	0	0
	0	6	2	4	4	4
中国图书馆学会	0	0	1	0	0	0
	4	6	5	4	4	4
中国城市科学研究会	0	0	0	0	0	0
	0	0	0	2	0	2
中国科学学与科技政策研究会	1	1	11	0	0	0
	0	0	0	0	0	0
中国农村专业技术协会	0	0	0	0	0	0
	5	6	3	6	5	5
中国工业设计协会	0	0	0	14	0	1
	0	0	0	0	0	0
中国工艺美术学会	0	0	0	0	0	0
	1	2	0	1	0	1
中国科普作家协会	1	0	0	0	0	0
	3	2	3	1	1	1
中国自然科学博物馆协会	0	0	0	23	0	1
	0	0	0	1	0	1
中国可持续发展研究会	0	1	0	1	0	1
	5	4	0	5	0	2
中国青少年科技辅导员协会	0	0	0	0	0	0
	0	0	0	0	0	0
中国科教电影电视协会	0	0	0	0	0	0
	0	0	0	0	0	0
中国科学技术期刊编辑学会	0	0	0	1	1	0
	1	1	1	3	2	2
中国流行色协会	0	0	0	0	0	0
	—	—	—	—	—	—
中国档案学会	0	0	0	0	0	0
	0	0	1	0	0	0
中国国土经济学会	0	5	0	0	0	0
	—	—	—	—	—	—
中国土地学会	0	0	0	0	0	0
	1	4	1	0	0	0

续表 23

学　会	组织政协科协界委员协商或调研活动（次）	组织政策解读活动（次）	组织参与立法咨询（次）	开展各类专项调查（次）	#开展科技工作者状况专项调查（次）	形成专项调查报告数（篇）
中国科技新闻学会	0	0	0	0	0	0
	0	0	0	3	0	0
中国老科学技术工作者协会	0	0	0	2	1	1
	0	10	1	165	158	6
中国科学探险协会	0	0	0	0	0	0
	0	0	0	0	0	0
中国城市规划学会	0	34	0	1	1	0
	0	0	0	0	0	0
中国产学研合作促进会	0	0	0	0	0	0
	0	0	0	0	0	0
中国知识产权研究会	0	0	0	0	0	0
	0	0	3	0	0	5
中国发明协会	0	0	1	0	0	0
	—	—	—	—	—	—
中国工程教育专业认证协会	0	0	0	0	0	0
	—	—	—	—	—	—
中国检验检疫学会	0	0	0	0	0	0
	0	0	0	0	0	0
中国女科技工作者协会	0	3	2	0	0	0
	0	0	0	0	0	0
中国创造学会	0	0	0	0	0	0
	0	0	0	0	0	0
中国经济科技开发国际交流协会	0	0	0	0	0	0
	—	—	—	—	—	—
中国高科技产业化研究会	1	0	0	0	0	0
	—	—	—	—	—	—
中国微量元素科学研究会	0	0	0	0	0	0
	2	6	0	0	0	0
中国国际经济技术合作促进会	0	0	0	0	0	0
	—	—	—	—	—	—
中国基本建设优化研究会	1	1	1	0	0	0
	—	—	—	—	—	—
中国科技馆发展基金会	0	0	0	0	0	0
	—	—	—	—	—	—
中国生物多样性保护与绿色发展基金会	1	0	4	0	0	0
	—	—	—	—	—	—
中国反邪教协会	0	0	0	0	0	0
	0	0	0	0	0	0

续表 24

学会	反映科技工作者建议篇数（篇）	# 获上级领导批示的建议篇数（篇）	# 获上级领导批示条数（条）	答复人大政协代表（委员）提案数（件）	提供决策咨询报告篇数（篇）	# 获上级领导批示的报告篇数（篇）	# 获上级领导批示条数（条）
全国学会合计	**228**	**26**	**11**	**143**	**661**	**203**	**59**
省级同名学会合计	**1822**	**479**	**197**	**113**	**1591**	**579**	**176**
全国理科学会小计	**22**	**5**	**0**	**5**	**61**	**28**	**13**
省级理科学会小计	**176**	**66**	**24**	**10**	**186**	**69**	**27**
中国数学会	0	0	0	0	0	0	0
	0	0	0	0	0	0	0
中国物理学会	0	0	0	0	0	0	0
	11	3	1	0	2	0	0
中国力学学会	0	0	0	0	0	0	0
	1	0	0	0	0	0	0
中国光学学会	0	0	0	0	2	2	0
	3	0	0	0	2	1	0
中国声学学会	0	0	0	0	1	0	0
	1	0	0	0	0	0	0
中国化学会	0	0	0	0	0	0	0
	31	0	0	1	3	1	0
中国天文学会	0	0	0	0	0	0	0
	0	0	0	0	0	0	0
中国气象学会	0	0	0	0	12	6	10
	22	14	2	1	11	5	4
中国空间科学学会	0	0	0	0	4	1	0
	—	—	—	—	—	—	—
中国地质学会	0	0	0	0	0	0	0
	13	7	5	1	10	0	1
中国地理学会	0	0	0	0	7	4	3
	13	1	0	0	18	10	2
中国地球物理学会	0	0	0	0	0	0	0
	1	1	0	0	0	0	0
中国矿物岩石地球化学学会	0	0	0	0	0	0	0
	1	1	0	0	0	0	0
中国古生物学会	0	0	0	0	0	0	0
	0	0	0	0	1	0	0
中国海洋湖沼学会	0	0	0	0	0	0	0
	5	2	0	0	5	2	0

续表 25

学 会	反映科技工作者建议篇数（篇）	# 获上级领导批示的建议篇数（篇）	# 获上级领导批示条数（条）	答复人大政协代表（委员）提案数（件）	提供决策咨询报告篇数（篇）	# 获上级领导批示的报告篇数（篇）	# 获上级领导批示条数（条）
中国海洋学会	0	0	0	0	0	0	0
	0	0	0	0	0	0	0
中国地震学会	0	0	0	0	0	0	0
	2	0	0	1	1	0	0
中国动物学会	0	0	0	0	0	0	0
	3	0	0	0	3	1	2
中国植物学会	1	0	0	0	0	0	0
	7	3	0	0	2	2	0
中国昆虫学会	0	0	0	0	0	0	0
	0	0	0	0	0	0	0
中国微生物学会	0	0	0	0	0	0	0
	39	25	9	2	61	26	12
中国生物化学与分子生物学会	0	0	0	0	0	0	0
	7	1	1	0	1	1	1
中国细胞生物学学会	3	0	0	0	3	0	0
	0	0	0	3	0	0	0
中国植物生理与植物分子生物学学会	0	0	0	0	1	0	0
	0	0	0	0	0	0	0
中国生物物理学会	0	0	0	0	3	3	0
	0	0	0	0	0	0	0
中国遗传学会	0	0	0	0	1	0	0
	3	2	0	0	0	0	0
中国心理学会	0	0	0	2	0	0	0
	2	1	1	1	2	1	1
中国生态学学会	12	4	0	3	25	12	0
	1	0	0	0	0	0	0
中国环境科学学会	0	0	0	0	0	0	0
	5	5	5	4	14	4	2
中国自然资源学会	3	0	0	0	1	0	0
	5	2	0	0	6	4	0
中国感光学会	0	0	0	0	0	0	0
	—	—	—	—	—	—	—
中国优选法统筹法与经济数学研究会	0	0	0	0	0	0	0
	0	0	0	0	0	0	0
中国岩石力学与工程学会	0	0	0	0	0	0	0
	11	1	0	0	21	3	2

续表 26

学　会	反映科技工作者建议篇数（篇）	#获上级领导批示的建议篇　数（篇）	#获上级领导批示条　数（条）	答复人大政协代表（委员）提案数（件）	提供决策咨询报告篇　数（篇）	#获上级领导批示的报告篇　数（篇）	#获上级领导批示条　数（条）
中国野生动物保护协会	0	0	0	0	0	0	0
	0	0	0	0	0	0	0
中国系统工程学会	0	0	0	0	0	0	0
	5	0	1	0	9	0	1
中国实验动物学会	0	0	0	0	0	0	0
	0	0	0	0	0	0	0
中国青藏高原研究会	0	0	0	0	0	0	0
	—	—	—	—	—	—	—
中国环境诱变剂学会	0	0	0	0	0	0	0
	0	0	0	0	0	0	0
中国运筹学会	0	0	0	0	0	0	0
	0	0	0	0	0	0	0
中国菌物学会	0	0	0	0	0	0	0
	0	0	0	0	0	0	0
中国晶体学会	0	0	0	0	0	0	0
	—	—	—	—	—	—	—
中国神经科学学会	0	0	0	0	0	0	0
	0	0	0	0	0	0	0
中国认知科学学会	3	1	0	0	1	0	0
	0	0	0	0	0	0	0
中国微循环学会	0	0	0	0	0	0	0
	0	0	0	0	0	0	0
国际数字地球协会	0	0	0	0	0	0	0
	—	—	—	—	—	—	—
国际动物学会	0	0	0	0	0	0	0
	3	0	0	0	3	1	2
全国工科学会小计	**94**	**9**	**4**	**133**	**353**	**129**	**19**
省级工科学会小计	**490**	**121**	**33**	**31**	**590**	**204**	**29**
中国机械工程学会	5	0	0	0	11	0	0
	7	1	1	0	11	8	0
中国汽车工程学会	0	0	0	0	5	0	0
	5	0	0	0	1	1	0
中国农业机械学会	0	0	0	0	0	0	0
	13	7	0	0	2	0	0
中国农业工程学会	0	0	0	0	0	0	0
	2	0	0	0	0	0	0

续表 27

学　会	反映科技工作者建议篇数（篇）	# 获上级领导批示的建议篇　数（篇）	# 获上级领导批示条　数（条）	答复人大政协代表（委员）提案数（件）	提供决策咨询报告篇　数（篇）	# 获上级领导批示的报告篇　数（篇）	# 获上级领导批示条　数（条）
中国电机工程学会	0	0	0	0	3	0	0
	11	6	0	3	32	27	0
中国电工技术学会	14	0	0	0	0	0	0
	4	0	0	0	0	0	0
中国水力发电工程学会	0	0	0	0	1	1	0
	6	0	0	0	3	0	0
中国水利学会	3	0	1	130	143	103	3
	7	4	4	0	9	3	0
中国内燃机学会	0	0	0	0	0	0	0
	2	2	0	0	0	0	0
中国工程热物理学会	1	0	0	0	1	0	0
	0	0	0	0	0	0	0
中国空气动力学会	0	0	0	0	0	0	0
	—	—	—	—	—	—	—
中国制冷学会	0	0	0	0	0	0	0
	1	0	0	0	2	1	0
中国真空学会	0	0	0	0	0	0	0
	1	0	0	0	0	0	0
中国自动化学会	0	0	0	0	3	2	0
	23	0	0	0	2	1	0
中国仪器仪表学会	3	2	0	0	13	1	0
	2	0	0	0	3	0	0
中国计量测试学会	0	0	0	0	0	0	0
	0	0	0	0	0	0	0
中国标准化协会	0	0	0	0	0	0	0
	0	0	0	0	2	1	1
中国图学学会	0	0	0	0	1	0	0
	0	0	0	0	0	0	0
中国电子学会	14	2	2	0	26	8	8
	5	2	0	0	14	2	0
中国计算机学会	0	0	0	0	0	0	0
	11	0	0	0	3	2	0
中国通信学会	37	0	0	0	11	2	2
	6	5	0	0	6	3	0

续表 28

学　会	反映科技工作者建议篇数（篇）	#获上级领导批示的建议篇数（篇）	#获上级领导批示条数（条）	答复人大政协代表（委员）提案数（件）	提供决策咨询报告篇数（篇）	#获上级领导批示的报告篇数（篇）	#获上级领导批示条数（条）
中国中文信息学会	0	0	0	0	0	0	0
	0	0	0	0	2	0	0
中国测绘学会	—	—	—	—	—	—	—
	24	12	0	0	11	4	0
中国造船工程学会	0	0	0	0	3	2	0
	4	1	0	0	1	0	0
中国航海学会	0	0	0	0	4	1	0
	10	4	0	0	7	6	0
中国铁道学会	0	0	0	0	0	0	0
	31	9	2	0	6	3	2
中国公路学会	2	1	0	0	21	1	0
	21	4	1	1	217	30	0
中国航空学会	1	1	0	0	1	1	0
	2	2	2	2	6	6	2
中国宇航学会	0	0	0	0	2	0	0
	1	0	0	0	3	0	0
中国兵工学会	0	0	0	0	3	0	0
	1	0	0	0	2	0	0
中国金属学会	1	1	0	0	3	0	0
	7	1	0	0	8	3	0
中国有色金属学会	0	0	0	0	0	0	0
	0	0	0	0	0	0	0
中国稀土学会	0	0	0	0	6	6	6
	0	0	0	0	0	0	0
中国腐蚀与防护学会	0	0	0	0	0	0	0
	4	2	2	9	2	2	0
中国化工学会	0	0	0	0	4	0	0
	10	5	1	0	6	2	0
中国核学会	0	0	0	0	0	0	0
	4	2	2	0	2	0	0
中国石油学会	0	0	0	0	0	0	0
	4	0	0	0	4	0	0
中国煤炭学会	1	0	0	0	4	0	0
	8	6	1	0	1	0	0
中国可再生能源学会	1	0	0	3	0	0	0
	0	0	0	0	1	0	0

续表 29

学 会	反映科技工作者建议篇数（篇）	# 获上级领导批示的建议篇数（篇）	# 获上级领导批示条数（条）	答复人大政协代表（委员）提案数（件）	提供决策咨询报告篇数（篇）	# 获上级领导批示的报告篇数（篇）	# 获上级领导批示条数（条）
中国能源研究会	1	0	0	0	1	0	0
	6	1	0	0	3	1	0
中国硅酸盐学会	0	0	0	0	1	0	0
	10	1	2	0	4	1	0
中国建筑学会	2	0	0	0	7	0	0
	6	0	0	0	3	0	0
中国土木工程学会	0	0	0	0	0	0	0
	1	1	0	0	0	0	0
中国生物工程学会	0	0	0	0	0	0	0
	1	0	0	0	0	0	0
中国纺织工程学会	0	0	0	0	1	0	0
	4	4	4	0	2	2	2
中国造纸学会	0	0	0	0	0	0	0
	0	0	0	0	2	0	0
中国文物保护技术协会	0	0	0	0	0	0	0
	—	—	—	—	—	—	—
中国印刷技术协会	1	1	0	0	1	0	0
	0	0	0	0	0	0	0
中国材料研究学会	6	1	0	0	8	1	0
	0	0	0	0	0	0	0
中国食品科学技术学会	0	0	0	0	57	0	0
	0	0	0	0	2	1	0
中国粮油学会	0	0	0	0	0	0	0
	0	0	0	0	0	0	0
中国职业安全健康协会	0	0	0	0	0	0	0
	0	0	0	0	1	1	0
中国烟草学会	0	0	0	0	0	0	0
	31	10	6	0	9	7	4
中国仿真学会	0	0	0	0	0	0	0
	0	0	0	0	0	0	0
中国电影电视技术学会	0	0	0	0	0	0	0
	0	0	0	0	0	0	0
中国振动工程学会	0	0	0	0	0	0	0
	0	0	0	0	0	0	0
中国颗粒学会	0	0	0	0	0	0	0
	1	0	0	0	1	1	0

续表 30

学　会	反映科技工作者建议篇数（篇）	# 获上级领导批示的建议篇数（篇）	# 获上级领导批示条数（条）	答复人大政协代表（委员）提案数（件）	提供决策咨询报告篇数（篇）	# 获上级领导批示的报告篇数（篇）	# 获上级领导批示条数（条）
中国照明学会	0	0	0	0	1	0	0
	7	3	0	0	1	1	1
中国动力工程学会	0	0	0	0	0	0	0
	0	0	0	0	0	0	0
中国惯性技术学会	0	0	0	0	1	0	0
	0	0	0	0	0	0	0
中国风景园林学会	0	0	0	0	0	0	0
	4	2	0	0	10	0	0
中国电源学会	0	0	0	0	0	0	0
	0	0	0	0	0	0	0
中国复合材料学会	0	0	0	0	0	0	0
	0	0	0	0	0	0	0
中国消防协会	0	0	0	0	0	0	0
	0	0	0	0	0	0	0
中国图象图形学学会	0	0	0	0	1	0	0
	0	0	0	0	0	0	0
中国人工智能学会	0	0	0	0	0	0	0
	2	1	1	0	5	2	2
中国体视学学会	0	0	0	0	0	0	0
	0	0	0	0	0	0	0
中国工程机械学会	0	0	0	0	0	0	0
	—	—	—	—	—	—	—
中国海洋工程咨询协会	0	0	0	0	0	0	0
	—	—	—	—	—	—	—
中国遥感应用协会	0	0	0	0	0	0	0
	—	—	—	—	—	—	—
中国指挥与控制学会	0	0	0	0	0	0	0
	—	—	—	—	—	—	—
中国光学工程学会	0	0	0	0	1	0	0
	3	0	0	0	1	0	0
中国微米纳米技术学会	0	0	0	0	1	0	0
	—	—	—	—	—	—	—
中国密码学会	0	0	0	0	1	0	0
	—	—	—	—	—	—	—
中国大坝工程学会	1	0	1	0	2	0	0
	—	—	—	—	—	—	—
中国卫星导航定位协会	0	0	0	0	0	0	0
	—	—	—	—	—	—	—

续表 31

学　会	反映科技工作者建议篇数（篇）	# 获上级领导批示的建议篇数（篇）	# 获上级领导批示条数（条）	答复人大政协代表（委员）提案数（件）	提供决策咨询报告篇数（篇）	# 获上级领导批示的报告篇数（篇）	# 获上级领导批示条数（条）
中国生物材料学会	0	0	0	0	0	0	0
	0	0	0	0	0	0	0
国际粉体检测与控制联合会	0	0	0	0	0	0	0
	—	—	—	—	—	—	—
全国农科学会小计	**30**	**8**	**5**	**2**	**80**	**15**	**11**
省级农科学会小计	**257**	**41**	**27**	**37**	**140**	**47**	**26**
中国农学会	20	3	3	0	22	3	0
	75	10	12	1	27	14	12
中国林学会	0	0	0	0	6	1	2
	64	8	2	2	13	0	0
中国土壤学会	0	0	0	0	0	0	0
	8	4	6	4	10	4	5
中国水产学会	0	0	0	0	0	0	0
	5	2	0	12	23	3	1
中国园艺学会	4	2	2	1	9	3	3
	1	0	0	0	4	0	0
中国畜牧兽医学会	0	0	0	0	0	0	0
	2	0	0	2	22	4	2
中国植物病理学会	0	0	0	0	0	0	0
	0	0	0	0	0	0	0
中国植物保护学会	3	2	0	0	1	0	0
	6	1	0	0	3	1	0
中国作物学会	3	1	0	1	40	8	6
	4	2	1	0	5	5	0
中国热带作物学会	0	0	0	0	0	0	0
	0	0	0	0	0	0	0
中国蚕学会	0	0	0	0	0	0	0
	0	0	0	0	1	0	0
中国水土保持学会	0	0	0	0	0	0	0
	0	0	0	0	3	0	0
中国茶叶学会	0	0	0	0	1	0	0
	1	0	0	0	1	0	0
中国草学会	0	0	0	0	0	0	0
	31	10	6	0	9	7	4
中国植物营养与肥料学会	0	0	0	0	1	0	0
	0	0	0	0	1	1	0

续表 32

学会	反映科技工作者建议篇数（篇）	# 获上级领导批示的建议篇数（篇）	# 获上级领导批示条数（条）	答复人大政协代表（委员）提案数（件）	提供决策咨询报告篇数（篇）	# 获上级领导批示的报告篇数（篇）	# 获上级领导批示条数（条）
中国农业历史学会	0	0	0	0	0	0	0
	0	0	0	0	0	0	0
全国医科学会小计	**16**	**2**	**0**	**1**	**36**	**12**	**0**
省级医科学会小计	**259**	**89**	**28**	**16**	**112**	**39**	**14**
中华医学会	0	0	0	0	0	0	0
	0	0	0	0	0	0	0
中华中医药学会	0	0	0	0	0	0	0
	—	—	—	—	—	—	—
中国中西医结合学会	0	0	0	0	0	0	0
	48	3	0	0	1	0	0
中国药学会	5	0	0	0	14	0	0
	15	3	0	2	14	9	1
中华护理学会	1	0	0	0	0	0	0
	—	—	—	—	—	—	—
中国生理学会	0	0	0	0	0	0	0
	1	0	0	0	2	0	0
中国解剖学会	0	0	0	0	0	0	0
	10	4	1	0	1	0	0
中国生物医学工程学会	0	0	0	1	7	6	0
	6	1	0	0	2	1	0
中国病理生理学会	0	0	0	0	0	0	0
	0	0	0	0	0	0	0
中国营养学会	2	2	0	0	3	3	0
	13	2	2	0	3	3	0
中国药理学会	0	0	0	0	0	0	0
	19	7	2	1	5	2	2
中国针灸学会	0	0	0	0	0	0	0
	0	0	0	0	1	1	0
中国防痨协会	0	0	0	0	5	0	0
	12	5	0	1	5	1	0
中国麻风防治协会	0	0	0	0	0	0	0
	0	0	0	1	0	0	0
中国心理卫生协会	0	0	0	0	0	0	0
	0	0	0	0	0	0	0

续表 33

学　会	反映科技工作者建议篇数（篇）	# 获上级领导批示的建议篇　数（篇）	# 获上级领导批示条　数（条）	答复人大政协代表（委员）提案数（件）	提供决策咨询报告篇　数（篇）	# 获上级领导批示的报告篇　数（篇）	# 获上级领导批示条　数（条）
中国抗癌协会	0	0	0	0	0	0	0
	5	0	0	2	4	2	0
中国体育科学学会	0	0	0	0	0	0	0
	2	1	1	1	11	2	2
中国毒理学会	4	0	0	0	0	0	0
	0	0	0	0	0	0	0
中国康复医学会	0	0	0	0	0	0	0
	0	0	0	0	6	6	0
中国免疫学会	4	0	0	0	1	1	0
	3	0	1	0	0	0	0
中华预防医学会	0	0	0	0	0	0	0
	—	—	—	—	—	—	—
中国法医学会	0	0	0	0	0	0	0
	0	0	0	0	0	0	0
中华口腔医学会	0	0	0	0	3	0	0
	—	—	—	—	—	—	—
中国医学救援协会	0	0	0	0	0	0	0
	—	—	—	—	—	—	—
中国女医师协会	0	0	0	0	0	0	0
	0	0	0	0	0	0	0
中国研究型医院学会	0	0	0	0	3	2	0
	0	0	0	0	0	0	0
中国睡眠研究会	0	0	0	0	0	0	0
	0	0	0	0	0	0	0
中国卒中学会	0	0	0	0	0	0	0
	0	0	0	0	0	0	0
全国交叉学科学会小计	**66**	**2**	**2**	**2**	**131**	**19**	**16**
省级其他学科学会小计	**640**	**162**	**85**	**19**	**563**	**220**	**80**
中国自然辩证法研究会	0	0	0	0	0	0	0
	12	1	1	0	12	5	5
中国管理现代化研究会	0	0	0	0	4	4	0
	1	0	0	0	1	1	1
中国技术经济学会	0	0	0	0	0	0	0
	0	0	0	0	0	0	0
中国现场统计研究会	0	0	0	0	0	0	0
	0	0	0	0	0	0	0

续表 34

学　会	反映科技工作者建议篇数（篇）	# 获上级领导批示的建议篇数（篇）	# 获上级领导批示条数（条）	答复人大政协代表（委员）提案数（件）	提供决策咨询报告篇数（篇）	# 获上级领导批示的报告篇数（篇）	# 获上级领导批示条数（条）
中国未来研究会	0	0	0	0	0	0	0
	0	0	0	0	1	1	0
中国科学技术史学会	0	0	0	0	0	0	0
	1	0	0	0	1	0	0
中国科学技术情报学会	0	0	0	0	0	0	0
	4	0	0	0	56	26	0
中国图书馆学会	0	0	0	0	1	0	0
	0	0	0	2	3	0	0
中国城市科学研究会	0	0	0	0	10	10	10
	0	0	0	0	3	0	0
中国科学学与科技政策研究会	0	0	0	0	7	0	0
	0	0	0	0	0	0	0
中国农村专业技术协会	0	0	0	0	0	0	0
	49	2	0	1	9	2	0
中国工业设计协会	0	0	0	0	4	0	0
	0	0	0	0	0	0	0
中国工艺美术学会	0	0	0	0	0	0	0
	55	50	55	0	1	1	1
中国科普作家协会	3	1	1	0	4	0	0
	3	0	0	3	11	1	1
中国自然科学博物馆协会	1	0	0	0	0	0	0
	0	0	0	0	0	0	0
中国可持续发展研究会	3	0	0	0	0	0	0
	23	2	3	1	8	2	2
中国青少年科技辅导员协会	0	0	0	0	0	0	0
	0	0	0	0	0	0	0
中国科教电影电视协会	0	0	0	0	0	0	0
	0	0	0	0	0	0	0
中国科学技术期刊编辑学会	0	0	0	0	0	0	0
	48	1	1	0	11	3	0
中国流行色协会	1	0	0	0	0	0	0
	—	—	—	—	—	—	—
中国档案学会	0	0	0	0	0	0	0
	0	0	0	0	4	0	0
中国国土经济学会	0	0	0	0	0	0	0
	—	—	—	—	—	—	—
中国土地学会	0	0	0	0	0	0	0
	7	2	0	0	2	1	0

续表 35

学会	反映科技工作者建议篇数（篇）	# 获上级领导批示的建议篇数（篇）	# 获上级领导批示条数（条）	答复人大政协代表（委员）提案数（件）	提供决策咨询报告篇数（篇）	# 获上级领导批示的报告篇数（篇）	# 获上级领导批示条数（条）
中国科技新闻学会	0	0	0	0	0	0	0
	0	0	0	0	0	0	0
中国老科学技术工作者协会	4	1	1	0	6	3	6
	29	20	4	0	8	4	5
中国科学探险协会	0	0	0	0	0	0	0
	0	0	0	0	0	0	0
中国城市规划学会	44	0	0	0	51	2	0
	0	0	0	0	4	0	0
中国产学研合作促进会	0	0	0	0	0	0	0
	0	0	0	0	0	0	0
中国知识产权研究会	0	0	0	2	43	0	0
	0	0	0	0	2	1	1
中国发明协会	10	0	0	0	0	0	0
	—	—	—	—	—	—	—
中国工程教育专业认证协会	0	0	0	0	0	0	0
	—	—	—	—	—	—	—
中国检验检疫学会	0	0	0	0	0	0	0
	0	0	0	0	0	0	0
中国女科技工作者协会	1	0	1	0	2	0	0
	2	2	2	0	11	3	3
中国创造学会	0	0	0	0	0	0	0
	0	0	0	0	0	0	0
中国经济科技开发国际交流协会	0	0	0	0	0	0	0
	—	—	—	—	—	—	—
中国高科技产业化研究会	0	0	0	0	0	0	0
	—	—	—	—	—	—	—
中国微量元素科学研究会	0	0	0	0	0	0	0
	6	1	0	0	0	0	0
中国国际经济技术合作促进会	0	0	0	0	0	0	0
	—	—	—	—	—	—	—
中国基本建设优化研究会	0	0	0	0	1	0	0
	—	—	—	—	—	—	—
中国科技馆发展基金会	0	0	0	0	0	0	0
	—	—	—	—	—	—	—
中国生物多样性保护与绿色发展基金会	0	0	0	0	0	0	0
	—	—	—	—	—	—	—
中国反邪教协会	0	0	0	0	0	0	0
	0	0	0	0	0	0	0

续表 36

学　会	发表论文、文章等（篇）	# 发布政策解读文章（篇）	出版科技决策咨询类图　书（种）	印刷量（册）	在网络与新媒体上宣传科技决策成果数（次）	传播量或浏览量（个）
全国学会合计	**5570**	**378**	**46**	**276784**	**7760**	**7496739**
省级同名学会合计	**17333**	**435**	**167**	**502405**	**7448**	**12287515**
全国理科学会小计	**9**	**0**	**3**	**3**	**3**	**15103**
省级理科学会小计	**4454**	**77**	**35**	**330003**	**178**	**248431**
中国数学会	0	0	0	0	0	0
	400	0	0	0	0	0
中国物理学会	0	0	0	0	0	0
	200	0	0	0	12	1400
中国力学学会	0	0	0	0	0	0
	30	0	0	0	0	0
中国光学学会	0	0	0	0	0	0
	10	0	0	0	2	5000
中国声学学会	1	0	0	0	0	0
	49	0	0	0	0	0
中国化学会	0	0	0	0	0	0
	303	2	6	8000	130	21000
中国天文学会	0	0	0	0	0	0
	0	0	0	0	0	0
中国气象学会	0	0	3	3	1	15000
	241	14	10	300000	25	102000
中国空间科学学会	0	0	0	0	0	0
	—	—	—	—	—	—
中国地质学会	7	0	0	0	0	0
	32	0	0	0	2	1000
中国地理学会	0	0	0	0	0	0
	260	20	0	0	0	0
中国地球物理学会	0	0	0	0	0	0
	0	0	0	0	7	200
中国矿物岩石地球化学学会	0	0	0	0	0	0
	743	0	0	0	0	0
中国古生物学会	0	0	0	0	0	0
	35	0	0	0	0	0
中国海洋湖沼学会	1	0	0	0	0	0
	5	1	0	0	0	0

续表 37

学　会	发表论文、文章等（篇）	# 发布政策解读文章（篇）	出版科技决策咨询类图书（种）	印刷量（册）	在网络与新媒体上宣传科技决策成果数（次）	传播量或浏览量（个）
中国海洋学会	0	0	0	0	2	103
	0	0	0	0	0	0
中国地震学会	0	0	0	0	0	0
	384	0	0	0	0	0
中国动物学会	0	0	0	0	0	0
	143	0	2	2000	5	500
中国植物学会	0	0	0	0	0	0
	80	0	0	0	0	0
中国昆虫学会	0	0	0	0	0	0
	208	0	0	0	0	0
中国微生物学会	0	0	0	0	0	0
	190	21	1	9000	65	554
中国生物化学与分子生物学会	0	0	0	0	0	0
	120	0	0	0	0	0
中国细胞生物学学会	0	0	0	0	0	0
	0	0	0	0	2	5000
中国植物生理与植物分子生物学学会	0	0	0	0	0	0
	0	0	0	0	0	0
中国生物物理学会	0	0	0	0	0	0
	0	0	0	0	0	0
中国遗传学会	0	0	0	0	0	0
	350	0	1	2	25	121025
中国心理学会	0	0	0	0	0	0
	36	4	0	1	10	11000
中国生态学学会	0	0	0	0	0	0
	0	0	0	0	0	0
中国环境科学学会	0	0	0	0	0	0
	12	5	0	0	6	250
中国自然资源学会	0	0	0	0	0	0
	0	0	0	0	0	0
中国感光学会	0	0	0	0	0	0
	—	—	—	—	—	—
中国优选法统筹法与经济数学研究会	0	0	0	0	0	0
	0	0	0	0	0	0
中国岩石力学与工程学会	0	0	0	0	0	0
	194	12	20	10000	0	0

续表 38

学 会	发表论文、文章等（篇）	# 发布政策解读文章（篇）	出版科技决策咨询类图书（种）	印刷量（册）	在网络与新媒体上宣传科技决策成果数（次）	传播量或浏览量（个）
中国野生动物保护协会	0	0	0	0	0	0
	0	0	0	0	0	0
中国系统工程学会	0	0	0	0	0	0
	75	5	3	500	5	1000
中国实验动物学会	0	0	0	0	0	0
	22	0	0	0	0	0
中国青藏高原研究会	0	0	0	0	0	0
	—	—	—	—	—	—
中国环境诱变剂学会	0	0	0	0	0	0
	50	0	0	0	0	0
中国运筹学会	0	0	0	0	0	0
	80	0	6	5000	11	1300
中国菌物学会	0	0	0	0	0	0
	0	0	0	0	2	2
中国晶体学会	0	0	0	0	0	0
	—	—	—	—	—	—
中国神经科学学会	0	0	0	0	0	0
	18	0	0	0	0	0
中国认知科学学会	0	0	0	0	0	0
	0	0	0	0	0	0
中国微循环学会	0	0	0	0	0	0
	45	0	0	0	0	0
国际数字地球协会	0	0	0	0	0	0
	—	—	—	—	—	—
国际动物学会	0	0	0	0	0	0
	143	0	2	2000	5	500
全国工科学会小计	**3503**	**107**	**22**	**225931**	**583**	**378927**
省级工科学会小计	**2812**	**94**	**46**	**72651**	**4697**	**584120**
中国机械工程学会	7	1	8	10400	61	144582
	54	11	1	2000	4067	95321
中国汽车工程学会	0	0	0	0	0	0
	0	0	1	2000	0	0
中国农业机械学会	0	0	0	0	0	0
	7	0	0	0	0	0
中国农业工程学会	0	0	0	0	0	0
	8	0	0	0	0	0

续表 39

学会	发表论文、文章等（篇）	# 发布政策解读文章（篇）	出版科技决策咨询类图书（种）	印刷量（册）	在网络与新媒体上宣传科技决策成果数（次）	传播量或浏览量（个）
中国电机工程学会	5	0	2	7500	0	0
	0	0	0	0	0	0
中国电工技术学会	0	0	0	0	0	0
	0	0	0	0	0	0
中国水力发电工程学会	3	3	0	0	0	0
	0	0	0	0	0	0
中国水利学会	93	0	1	180000	10	2000
	113	0	0	0	4	1500
中国内燃机学会	0	0	0	0	0	0
	0	0	0	0	0	0
中国工程热物理学会	0	0	0	0	0	0
	0	0	0	0	0	0
中国空气动力学会	0	0	0	0	0	0
	—	—	—	—	—	—
中国制冷学会	0	0	0	0	0	0
	320	2	1	3000	1	1
中国真空学会	0	0	0	0	0	0
	0	0	0	0	0	0
中国自动化学会	3	2	0	0	302	2000
	228	2	6	8000	130	21000
中国仪器仪表学会	509	26	2	5500	5	1500
	25	0	0	0	0	0
中国计量测试学会	0	0	0	0	0	0
	0	0	0	0	0	0
中国标准化协会	0	0	0	0	0	0
	8	5	4	10000	200	8000
中国图学学会	0	0	0	0	0	0
	10	0	0	0	0	0
中国电子学会	691	6	0	0	15	800
	29	0	0	0	14	19000
中国计算机学会	0	0	0	0	0	0
	1	0	1	300	3	12000
中国通信学会	91	20	1	800	8	80000
	54	0	1	4000	0	0

续表 40

学　会	发表论文、文章等（篇）	# 发布政策解读文章（篇）	出版科技决策咨询类图　书（种）	印刷量（册）	在网络与新媒体上宣传科技决策成果数（次）	传播量或浏览量（个）
中国中文信息学会	0	0	0	0	0	0
	10	0	0	0	0	0
中国测绘学会	—	—	—	—	—	—
	72	6	1	2500	4	5000
中国造船工程学会	13	5	1	15000	15	7000
	22	10	1	3000	0	0
中国航海学会	26	0	1	30	6	1200
	0	0	0	0	0	0
中国铁道学会	0	0	0	0	0	0
	52	0	1	4080	0	0
中国公路学会	30	10	1	3000	30	12000
	41	1	1	600	23	7610
中国航空学会	0	0	0	0	0	0
	28	0	0	0	2	500
中国宇航学会	0	0	2	500	0	0
	0	0	0	0	0	0
中国兵工学会	0	0	0	0	0	0
	0	0	0	0	0	0
中国金属学会	0	0	0	0	0	0
	90	3	0	0	0	0
中国有色金属学会	0	0	0	0	0	0
	0	0	0	0	0	0
中国稀土学会	5	5	0	0	0	0
	0	0	0	0	0	0
中国腐蚀与防护学会	0	0	0	0	0	0
	6	3	15	200	2	85
中国化工学会	393	3	0	0	57	56000
	90	0	1	6000	1	1000
中国核学会	0	0	0	0	0	0
	290	0	0	0	2	1200
中国石油学会	0	0	0	0	0	0
	56	0	0	0	2	8823
中国煤炭学会	1	0	1	1	3	37653
	80	0	0	0	10	5000
中国可再生能源学会	6	3	0	0	0	0
	0	0	0	0	0	0

续表 41

学　会	发表论文、文章等（篇）	#发布政策解读文章（篇）	出版科技决策咨询类图书（种）	印刷量（册）	在网络与新媒体上宣传科技决策成果数（次）	传播量或浏览量（个）
中国能源研究会	0	0	0	0	0	0
	5	2	0	0	8	2000
中国硅酸盐学会	120	19	0	0	0	0
	15	8	1	60	0	0
中国建筑学会	0	0	0	0	0	0
	76	2	1	2150	0	0
中国土木工程学会	0	0	0	0	0	0
	0	0	0	0	0	0
中国生物工程学会	0	0	0	0	0	0
	128	0	1	9000	0	0
中国纺织工程学会	5	0	0	0	30	5500
	0	0	0	0	0	0
中国造纸学会	0	0	0	0	0	0
	64	9	0	3600	6	600
中国文物保护技术协会	0	0	0	0	0	0
	—	—	—	—	—	—
中国印刷技术协会	8	4	0	0	10	5000
	0	0	0	0	0	0
中国材料研究学会	1411	0	0	0	9	3350
	0	0	0	0	0	0
中国食品科学技术学会	0	0	1	2000	20	19342
	1	1	0	0	0	0
中国粮油学会	0	0	0	0	0	0
	0	0	0	0	0	0
中国职业安全健康协会	0	0	0	0	0	0
	0	0	0	0	0	0
中国烟草学会	0	0	0	0	0	0
	127	23	2	7350	8	100
中国仿真学会	0	0	0	0	0	0
	0	0	0	0	0	0
中国电影电视技术学会	0	0	0	0	0	0
	0	0	0	0	0	0
中国振动工程学会	0	0	0	0	0	0
	25	0	0	0	0	0
中国颗粒学会	0	0	0	0	0	0
	0	0	0	0	0	0

续表 42

学　会	发表论文、文章等（篇）	# 发布政策解读文章（篇）	出版科技决策咨询类图　书（种）	印刷量（册）	在网络与新媒体上宣传科技决策成果数（次）	传播量或浏览量（个）
中国照明学会	0	0	0	0	0	0
	32	1	0	0	41	1800
中国动力工程学会	0	0	0	0	0	0
	0	0	0	0	0	0
中国惯性技术学会	17	0	0	0	0	0
	0	0	0	0	0	0
中国风景园林学会	0	0	0	0	0	0
	0	0	0	0	14	425
中国电源学会	0	0	0	0	0	0
	0	0	0	0	0	0
中国复合材料学会	0	0	0	0	0	0
	0	0	0	0	0	0
中国消防协会	0	0	0	0	0	0
	2	0	0	0	0	0
中国图象图形学学会	0	0	0	0	0	0
	0	0	0	0	0	0
中国人工智能学会	0	0	0	0	0	0
	3	0	0	0	4	110000
中国体视学学会	0	0	0	0	0	0
	0	0	0	0	0	0
中国工程机械学会	0	0	0	0	0	0
	—	—	—	—	—	—
中国海洋工程咨询协会	0	0	0	0	0	0
	—	—	—	—	—	—
中国遥感应用协会	0	0	0	0	0	0
	—	—	—	—	—	—
中国指挥与控制学会	0	0	0	0	0	0
	—	—	—	—	—	—
中国光学工程学会	0	0	0	0	0	0
	12	0	0	0	17	750
中国微米纳米技术学会	0	0	0	0	0	0
	—	—	—	—	—	—
中国密码学会	0	0	0	0	0	0
	—	—	—	—	—	—
中国大坝工程学会	10	0	0	0	2	1000
	—	—	—	—	—	—
中国卫星导航定位协会	56	0	0	0	0	0
	—	—	—	—	—	—

续表 43

学　会	发表论文、文章等（篇）	# 发布政策解读文章（篇）	出版科技决策咨询类图　书（种）	印刷量（册）	在网络与新媒体上宣传科技决策成果数（次）	传播量或浏览量（个）
中国生物材料学会	0	0	0	0	0	0
	10	0	0	0	0	0
国际粉体检测与控制联合会	0	0	0	0	0	0
	—	—	—	—	—	—
全国农科学会小计	**1104**	**5**	**8**	**2300**	**93**	**4021300**
省级农科学会小计	**2583**	**57**	**29**	**46000**	**264**	**703544**
中国农学会	8	0	1	100	5	300
	509	22	4	5000	94	62862
中国林学会	0	0	0	0	0	0
	80	0	2	600	14	425
中国土壤学会	0	0	0	0	0	0
	250	4	4	2050	21	24626
中国水产学会	0	0	0	0	0	0
	106	2	4	8001	0	0
中国园艺学会	1096	5	0	800	86	20500
	35	0	2	500	10	500
中国畜牧兽医学会	0	0	0	0	0	0
	436	16	2	5150	41	103652
中国植物病理学会	0	0	0	0	0	0
	400	0	0	0	0	0
中国植物保护学会	0	0	0	0	0	0
	195	2	1	200	15	441
中国作物学会	0	0	7	1400	2	4000500
	172	0	0	0	12	2000
中国热带作物学会	0	0	0	0	0	0
	0	0	0	0	0	0
中国蚕学会	0	0	0	0	0	0
	0	0	0	0	0	0
中国水土保持学会	0	0	0	0	0	0
	0	0	0	0	0	0
中国茶叶学会	0	0	0	0	0	0
	5	0	1	500	2	2000
中国草学会	0	0	0	0	0	0
	127	23	2	7350	8	100
中国植物营养与肥料学会	0	0	0	0	0	0
	0	0	0	0	1	120

续表 44

学　会	发表论文、文章等（篇）	#发布政策解读文章（篇）	出版科技决策咨询类图　书（种）	印刷量（册）	在网络与新媒体上宣传科技决策成果数（次）	传播量或浏览量（个）
中国农业历史学会	0	0	0	0	0	0
	0	0	0	0	0	0
全国医科学会小计	**167**	**1**	**11**	**34200**	**6746**	**508273**
省级医科学会小计	**6317**	**60**	**23**	**20750**	**1152**	**308276**
中华医学会	0	0	0	0	0	0
	0	0	0	0	0	0
中华中医药学会	0	0	0	0	0	0
	—	—	—	—	—	—
中国中西医结合学会	0	0	0	0	0	0
	1	1	0	0	0	0
中国药学会	1	0	7	22200	4	6273
	10	10	1	400	5	29594
中华护理学会	0	0	0	0	0	0
	—	—	—	—	—	—
中国生理学会	0	0	0	0	0	0
	40	0	0	0	2	500
中国解剖学会	0	0	0	0	0	0
	128	0	12	500	0	0
中国生物医学工程学会	162	0	0	0	2	2000
	0	0	0	0	0	0
中国病理生理学会	0	0	0	0	0	0
	0	0	0	0	0	0
中国营养学会	4	1	1	2000	6740	500000
	125	0	0	0	2	1368
中国药理学会	0	0	0	0	0	0
	3610	0	0	0	5	5500
中国针灸学会	0	0	0	0	0	0
	80	0	2	5000	2	3000
中国防痨协会	0	0	3	10000	0	0
	47	0	1	4500	0	0
中国麻风防治协会	0	0	0	0	0	0
	29	0	0	0	2	2000
中国心理卫生协会	0	0	0	0	0	0
	2	0	0	0	0	0

续表 45

学　会	发表论文、文章等（篇）	# 发布政策解读文章（篇）	出版科技决策咨询类图　书（种）	印刷量（册）	在网络与新媒体上宣传科技决策成果数（次）	传播量或浏览量（个）
中国抗癌协会	0	0	0	0	0	0
	30	0	0	0	0	0
中国体育科学学会	0	0	0	0	0	0
	16	0	2	2000	0	0
中国毒理学会	0	0	0	0	0	0
	0	0	0	0	0	0
中国康复医学会	0	0	0	0	0	0
	0	0	1	3000	0	0
中国免疫学会	0	0	0	0	0	0
	949	0	0	0	3	567
中华预防医学会	0	0	0	0	0	0
	—	—	—	—	—	—
中国法医学会	0	0	0	0	0	0
	0	0	0	0	0	0
中华口腔医学会	0	0	0	0	0	0
	—	—	—	—	—	—
中国医学救援协会	0	0	0	0	0	0
	—	—	—	—	—	—
中国女医师协会	0	0	0	0	0	0
	0	0	0	0	0	0
中国研究型医院学会	0	0	0	0	0	0
	0	0	0	0	1	2605
中国睡眠研究会	0	0	0	0	0	0
	4	0	0	0	0	0
中国卒中学会	0	0	0	0	0	0
	281	8	0	0	152	123981
全国交叉学科学会小计	**787**	**265**	**2**	**14350**	**335**	**2573136**
省级其他学科学会小计	**1167**	**147**	**34**	**33001**	**1157**	**10443144**
中国自然辩证法研究会	0	0	0	0	0	0
	133	11	0	0	1	5000
中国管理现代化研究会	0	0	0	0	0	0
	0	0	0	0	0	0
中国技术经济学会	0	0	0	0	0	0
	0	0	0	0	0	0
中国现场统计研究会	0	0	0	0	0	0
	0	0	0	0	0	0

续表 46

学　会	发表论文、文章等（篇）	#发布政策解读文章（篇）	出版科技决策咨询类图　书（种）	印刷量（册）	在网络与新媒体上宣传科技决策成果数（次）	传播量或浏览量（个）
中国未来研究会	0	0	0	0	0	0
	8	5	1	100	1	1
中国科学技术史学会	0	0	0	0	0	0
	35	2	0	0	0	0
中国科学技术情报学会	0	0	0	0	0	0
	15	0	4	2400	3	9000000
中国图书馆学会	0	0	0	0	0	0
	2	0	0	0	0	0
中国城市科学研究会	0	0	0	0	0	0
	1	0	0	0	0	0
中国科学学与科技政策研究会	0	0	0	0	0	0
	0	0	0	0	0	0
中国农村专业技术协会	0	0	0	0	0	0
	0	0	0	0	5	2000
中国工业设计协会	0	0	0	0	0	0
	0	0	0	0	0	0
中国工艺美术学会	0	0	0	0	0	0
	0	0	0	0	0	0
中国科普作家协会	0	0	0	0	0	0
	25	1	0	0	4	300
中国自然科学博物馆协会	0	0	0	0	0	0
	0	0	0	0	0	0
中国可持续发展研究会	0	0	0	0	0	0
	46	6	2	6500	9	3084
中国青少年科技辅导员协会	0	0	0	0	0	0
	0	0	0	0	0	0
中国科教电影电视协会	0	0	0	0	0	0
	0	0	0	0	0	0
中国科学技术期刊编辑学会	0	0	0	0	0	0
	21	10	5	1000	0	0
中国流行色协会	0	0	0	0	0	0
	—	—	—	—	—	—
中国档案学会	0	0	0	0	0	0
	13	0	0	0	0	0
中国国土经济学会	20	5	1	13200	10	298136
	—	—	—	—	—	—
中国土地学会	0	0	0	0	1	70000
	29	0	2	1300	0	0

续表 47

学　会	发表论文、文章等（篇）	# 发布政策解读文章（篇）	出版科技决策咨询类图　书（种）	印刷量（册）	在网络与新媒体上宣传科技决策成果数（次）	传播量或浏览量（个）
中国科技新闻学会	0	0	0	0	0	0
	5	0	0	0	22	680000
中国老科学技术工作者协会	7	0	1	1150	0	0
	2	0	0	0	15	1500
中国科学探险协会	0	0	0	0	0	0
	0	0	0	0	0	0
中国城市规划学会	560	118	0	0	112	1035000
	0	0	0	0	0	0
中国产学研合作促进会	200	142	0	0	146	70000
	0	0	0	0	0	0
中国知识产权研究会	0	0	0	0	0	0
	22	7	0	0	10	3000
中国发明协会	0	0	0	0	66	1100000
	—	—	—	—	—	—
中国工程教育专业认证协会	0	0	0	0	0	0
	—	—	—	—	—	—
中国检验检疫学会	0	0	0	0	0	0
	0	0	0	0	0	0
中国女科技工作者协会	10	0	0	0	2	1000
	11	11	0	0	0	0
中国创造学会	0	0	0	0	0	0
	0	0	0	0	0	0
中国经济科技开发国际交流协会	0	0	0	0	0	0
	—	—	—	—	—	—
中国高科技产业化研究会	0	0	0	0	0	0
	—	—	—	—	—	—
中国微量元素科学研究会	0	0	0	0	0	0
	20	0	1	3000	20	200
中国国际经济技术合作促进会	0	0	0	0	0	0
	—	—	—	—	—	—
中国基本建设优化研究会	0	0	0	0	0	0
	—	—	—	—	—	—
中国科技馆发展基金会	0	0	0	0	0	0
	—	—	—	—	—	—
中国生物多样性保护与绿色发展基金会	0	0	0	0	0	0
	—	—	—	—	—	—
中国反邪教协会	0	0	0	0	0	0
	0	0	0	0	0	0

主要指标解释

中国科协基层组织　各级科协在科技工作者集中的企业、事业单位，高等院校，有条件的乡镇（街道）、村（社区）、农村等建立的科学技术协会（科学技术普及协会）等。主要包括企业科协、高校科协、乡镇（街道）科协、村（社区）科协、农技协等。

企业（园区）科协　截至2019年12月31日，各级科协批复由企业（园区）成立的科协基层组织，以及在民政部门登记、经各级科协正式审批接纳的在国家和各级地方政府批准成立的自主创新示范区、经济技术开发区和高新技术产业开发区等企业密集区域和众创空间等新经济组织内建立的科协组织。

企业（园区）科协个人会员　截至2019年12月31日，企业（园区）建立的科学技术协会（科学技术普及协会）发展的个人会员。

高校科协　截至2019年12月31日，各级科协批复由高等院校成立的科协基层组织。

高校科协个人会员　截至2019年12月31日，高等院校建立的科学技术协会（科学技术普及协会）发展的个人会员（取得本协会会员资格的人员）。

乡镇（街道）科协　截至2019年12月31日，在乡镇、街道设立的科学技术协会（科学技术普及协会）等。

乡镇（街道）科协个人会员　截至2019年12月31日，乡镇、街道建立的科学技术协会（科学技术普及协会）发展的个人会员（取得本协会会员资格的人员）。

农村（社区）科协　截至2019年12月31日，在村、社区一级设立的科学技术协会（科学技术普及协会）等。

农村（社区）科协个人会员　截至2019年12月31日，村、社区一级建立的科学技术协会（科学技术普及协会）发展的个人会员（取得本协会会员资格的人员）。

农技协　截至2019年12月31日，经各级科协正式审批接纳或登记备案的农村专业技术协会及各类农村专业技术研究会（农研会）等。

农技协个人会员　截至2019年12月31日，农技协发展的个人会员（取得本协会会员资格的人员），其中，农村一户计为一个农技协个人会员。

本级科协代表大会人数　截至2019年12月31日，本届本级科协代表大会的代表人数。

委员会委员人数　截至2019年12月31日，本届本级科协代表大会委员会委员的人数。

常务委员会委员人数　截至2019年12月31日，本届本级科协代表大会常务委员会委员的人数。

从业人员平均人数　2019年度平均拥有的从业人员数。

本级科协部门经费总收入　2019年度本级科协部门经费总收入，包括科协本级经费总收入和直属单位经费总收入。

本级科协部门经费总支出　2019年度本级科协部门经费总支出，包括科协本级经费总收入和直属单位经费总支出。

上级补助收入　2019年度上一级科协以项目资助或委托等形式拨付的经费。

事业收入　2019年度本部门开展业务活动及其辅助活动取得的收入，包括科研经费、技术收入、学术活动收入、科普活动收入和试制产品收入等。

经营收入　2019年度本部门在专业业务活动及辅助活动之外开展的非独立核算的生产经营活动取得的收入，包括产品销售收入、经营服务收入、工程承包收入、租赁收入和其他经营收入等。

其他收入 2019年度本单位经费筹集总额中除上述收入外的所有收入。

学会分支结构 学会按机构管理要求设置的常设专业委员会、工作委员会、分会和专项基金管理委员会等。

学会团体（单位）会员 截至2019年12月31日，在学会注册登记，通过无条件提供经费、志愿服务、物品等方式积极支持本学会事业发展的个人会员或单位会员。

理事会理事 截至2019年12月31日，经会员代表大会选举产生的学会理事。

常务理事 截至2019年12月31日，经学会会员代表大会或理事会选举产生的常务理事。

学会个人会员 截至2019年12月31日，在学会注册登记，并取得会员资格的人员（包括外籍会员）。

高级（资深）会员 截至2019年12月31日，符合学会章程所规定的高级会员或资深会员标准的会员。如果章程中无此项规定，则按具备高级专业技术资格的会员数填报。

交纳年度会费会员 截至2019年12月31日，在学会登记注册，并取得本学会会员资格并按年长期缴纳会费的人员。

学会个人会员中党员人数 截至2019年12月31日，在学会登记注册，并取得本学会会员资格的中共党员。

从业人员平均人数 2019年度平均拥有的从业人员数。

举办各类思想政治教育培训班及活动 2019年度本单位主办或牵头组织的以传播党的政治理论观点、路线方针政策、科学学风道德为主要内容，增强科技工作者对党的政治认同、思想认同、理论认同和情感认同的各类培训及活动，包括科协党校主题教育培训、科学道德与学风建设宣讲培训及活动等，不包括日常业务培训及活动等。

科协党校主题教育培训班 2019年度本单位组织或牵头组织的，以学习习近平新时代中国特色社会主义思想，学习党的政治理论观点、路线方针政策，学习党的光辉历史和优良传统为主要内容，通过课堂讲授、现场体验、研讨交流、情景教学、音像教学、座谈会等方式开展教学的各类主题培训班。

科学道德与学风建设宣讲活动 2019年度本单位主办或牵头组织宣讲科学精神、科学道德、科学伦理和科学规范的会议、培训及活动。

向省部级（含）以上科技奖项、人才计划（工程）举荐获奖人才数 2019年度本单位向省部级（含）以上科技奖项（人物奖）、人才计划（工程）举荐并获得奖励、支持的人才数。

向省部级（含）以上科技奖项推荐获奖项目数 2019年度本单位向省部级（含）以上科技奖项（成果奖）举荐的项目数，以及获得奖励的项目数。

科技人才信息库 截至2019年12月31日，本单位或本单位牵头建设、运行维护、开发利用的，为充分发挥科协联系科技工作者的桥梁纽带作用，进一步推进科技决策的科学化和民主化水平，推动科技领域专家发挥在科技管理和决策中的咨询和参谋作用，建设的主要以自然科学领域各主要学科与行业的高层次科技人才专家为主体的信息库，包括科技人才库、科技工作者信息库、学会会员信息库等。

举荐院士候选人次 2019年度本单位向中国科协推选的院士候选人数。

科技奖项名称 截至2019年12月31日，本单位设立的奖项名称，涵盖人物奖、成果奖、科技奖和科普类奖项等，不包括一般的表扬鼓励和专门针对本单位工作人员的表彰奖励。注意，由本单位设立的奖项，包括本年度暂未开展表彰活动但奖项实际存在的奖项，不包括本单位或单位人员在其他单位获得的奖项。

表彰奖励科技工作者 2019年度本单位正式行文表彰（含命名）的，在科技工作中有特殊贡献的科技人员。不包括一般的表扬鼓励和专门针对本单位工作人员的表彰奖励。

通过媒体宣传科技工作者人次 2019年度本单位从宣传党和政府对科技事业的重视和支持、展示我国科技事业的重大进展和成就、推出优秀科技工作者和团队典型、弘扬科学精神和科学思想及传播科学知识和科学方法五个重点宣传内容方面宣传的科技工作者。

科技志愿服务活动 2019年度本单位或本单位牵头组织科技志愿者、科技志愿服务组织为服务科技工作者、服务创新驱动发展、服务全民科学素质提高、服务党和政府科学决策，在科技攻关、成果转化、人才培养、智库咨询、科学普及、脱贫攻坚等方面自愿、无偿向社会或他人提供的公益性科技类服务活动。

科技志愿服务组织 截至2019年12月31日，各级科协、学会和相关机构成立的科技志愿者协会、科技志愿者队伍、科技志愿服务团（队）等。

科技志愿者人数 截至2019年12月31日，本单位登记注册的科技志愿者人数，包括原科普志愿者。科技志愿者指不以物质报酬为目的，利用自己的时间、科技技能、科技成果、社会影响力等，自愿为社会或他人提供公益性科技类服务的科技工作者、科技爱好者和热心科技传播的人士等。

科普专职人员 截至2019年12月31日，本级科协系统中从事科普工作时间占其全部工作时间60%及以上且领取报酬的人员。包括科普管理工作者，从事专业科普研究和创作的人员，专职科普作家，各类科普场馆的相关工作人员，科普类图书、报刊科技（科普）专栏版的编辑，电台、电视台科普频道、栏目的编导，科普网站信息加工人员等。

科普兼职人员 截至2019年12月31日，在本级科协系统非职业范围内从事科普工作，仅在某些科普活动中从事宣传、辅导、演讲等工作的人员，以及工作时间不能满足科普专职人员要求的从事科普工作且领取报酬的人员。包括进行科普讲座等科普活动的科技人员、中小学兼职科技辅导员等。

开展维护科技工作者权益活动 2019年度本单位组织开展或牵头组织开展的，主动代表科技工作者通过合法渠道、正常途径，合理伸展利益诉求，以加强服务科技工作者和维护科技工作者合法权益为目的，为科技工作者提供创业就业、心理疏导、法律援助、大病救助、困难群体慰问、婚恋交友、居家养老等服务的活动。

通过群众来信、信访热线等方式服务科技工作者 2019年度本单位通过群众来信、信访热线等方式接到服务科技工作者诉求，并提供有效服务的次数及受益人数。

加入国际民间科技组织 截至2019年12月31日，本单位代表国家、地区或学科加入国际民间科技组织的数量，其中正式国际民间科技组织是经所在国正式注册，具有法人资质的国际组织。

任职专家 截至2019年12月31日，经本单位培养推荐且已在国际民间科技组织中任职的专家总数。

高级别任职专家 截至2019年12月31日，在核心领导层任职专家为高级别任职专家，包括主席、副主席、执委、秘书长、司库或相当职务的任职专家等。

一般级别任职专家 截至2019年12月31日，在核心领导层以外的专委会或其他常设机构任职的专家。

普通工作人员 截至2019年12月31日，经本单位培养推荐、且已在国际民间科技组织中任职的普通工作（非专家）人员总数。

参加国际科学计划 截至2019年12月31日，本单位及所联系的专家参与国际民间科技组织发起或主导的国际科学计划。

参加大陆境外科技活动人数 2019年度本单位组织参加的大陆境外（含港、澳、台地区）会议、展览、经贸、访问考察、科研、培训等科技活动的总人数。

接待大陆境外专家学者 2019年度本单位单独或牵头接待的来自境外（含港、澳、台地区）参加学术交流活动、科技人文交流活动、专业技术培训、应用项目对接洽谈、科学教研等科技活动的专家学者。

海外人才离岸创新创业基地 截至2019年12月31日，本级科协已建立或认定的，为促进海内外创新创业服务机构和创新创业团队的交流合作，促进海外人才离岸创新创业工作，推动更多海外人才回国创业及更多海外创新成果在中国落地转化的创新创业基地。

海智计划工作基地 截至2019年12月31日，本级科协已建立或认定的，为加强与海外华人科技团体的联系，充分发挥海外人才和智力优势，切实发挥出海智平台以才引才、以才聚才的作用，发动全国学会和地方科协共同参与，为海外人才回国工作、为国服务搭建的海智计划工作平台。

开展推进创新创业活动 2019年度本单位为推进创新创业而开展的各项工作、举办的各项活动。活动期间在中国各地举办政策宣传、展览展示、经验交流、信息发布、文化传播、互动对接、投资交易、成果转化等活动，促进各类创业创新要素聚集、交流、对接，在全社会营造良好的创业创新氛围。

举办竞赛、论坛、展览等 2019年度本单位主办或承办的各种创新创业竞赛、论坛、对话会、座谈会、讨论会、展览、展示等营造创业创新氛围、展示“双创”成果、探讨“双创”理论与实践的活动。

开展咨询、教育、培训等 2019年度本单位主办或承办的各种创新创业咨询、启蒙、培训、教育等宣传创新创业理念、培育创新创业人才、解答疑惑、助力发展的活动。

开展投融资、成果转化等 2019年度本单位开展或参加的各种创新创业项目路演、发布、投融资、对接、洽谈、交易、转化、技术咨询、课题攻关等推进创新创业项目健康发展和转化的活动。

参与服务的科技工作者 2019年度本单位在组织实施创新创业活动过程中，参与中国科协、地方科协和各级学会组织的决策咨询、评价评估、成果转化、技术推广、项目对接、技术服务、培训讲座等“双创”工作的科技工作者。

专家 在学术、技术等方面有专项技能和专业知识的副高级职称及以上人员。

专家服务工作站（中心） 截至2019年12月31日，本单位同有关单位，为高层次专家直接参与经济建设和社会服务而组建的专家科技服务机构。

专家进（站、中心）人数 截至2019年12月31日，本单位以设站单位名义聘请进入专家工作站的专家人数。由颁发证书单位填报。

专家服务团队 截至2019年12月31日，本单位根据项目合作需要，按专业特点牵头组织的专家服务团队，打破单位界限，进行专家资源的整合，承担科学普及、科技攻关、决策咨询、工程论证、技术指导、科技扶贫等相关合作。

参加服务团队专家人数 截至2019年12月31日，参加本单位牵头组织专家服务团队的专家人数。

技术标准研制数量 截至2019年12月31日，经公认机构批准的、非强制执行的、供通用或重复使用的产品或相关工艺和生产方法的规则、指南或特性的文件等，其实质是对一个或几个生产技术设立的必须符合要求的条件及能达到此标准的实施技术。团体标准研制数量由团体按照团体确立的标准制定程序自主制定发布，由社会自愿采用的标准。

团体标准研制数量 截至2019年12月31日，由团体按照团体确立的标准制定程序自主制定发布，由社会自愿采用的标准。

国内学术会议 2019年度在我国境内，由本单位主办或牵头主办的综合交叉性、专业性高端前沿等系列学术研讨会、交流会、报告会和论坛等。注意，同一会议分论坛场次不重复统计。

学术年会 学术年会是学术会议中一种制度性的会议形式，通常是定期（一年或多年）召开的一种大型综合性或主题型学术年会会议，与会代表涵盖全学科或全专业领域。

国内学术会议参加人数 2019年度本单位主办的国内学术会议参加总人数。

国内学术会议交流论文、报告 2019年度本单位主办的国内学术会议交流论文、报告等的篇数。

境内国际学术会议 2019年度在我国境内，由本单位主办或牵头主办及受国际组织委托承办的以学术交流为目的研讨会、交流会、报告会和论坛等。与会代表来自3个或3个以上国家或地区（不含港、澳、台地区）。以提交学术论文、做学术报告、展示学术海报等形式参与交流。注意，同一会议分论坛场次不重复统计。

境内国际学术会议参加人数 2019年度本单位主办的境内国际学术会议参加总人数。

境外专家学者 2019年度本单位主办的境内国际学术会议参加人员中境外专家人数。

境内国际学术会议交流论文、报告 2019年度本单位主办的境内国际学术会议交流论文、报告等的篇数。

港澳台地区学术会议 2019年度由本单位和港澳台地区有关组织联合主办的以学术交流为目的研讨会、交流会、报告会和论坛等。来自港澳台地区的与会代表人数占参会总数的1/3以上。以提交学术论文、作学术报告、展示学术海报等形式参与交流。注意，同一会议分论坛场次不重复统计。

港澳台地区学术会议参加人数 2019年度本单位主办的港澳台地区学术会议参加总人数。

港澳台地区学术会议交流论文、报告 2019年度本单位主办的港澳台地区学术会议交流论文、报告等的篇数。

主办科技期刊 截至2019年12月31日，由本单位主办，具有固定刊名、刊期、年卷或年月顺序编号、印刷成册、以报道科学技术为主要内容的连续出版物。包括学术期刊、综合期刊、技术期刊、科普期刊和检索期刊，不包括各类内部刊物。两个以上主办单位合办期刊须确定一个主办单位。

实行开放存取的期刊 截至2019年12月31日，由本单位主办的开放获取期刊，是在线出版物，采用数字化出版、网络传播、作者或机构付费（版权属于作者）、读者免费获得的出版模式。

科技期刊发行量 2019年度本单位主办的本科技期刊的发行量。

实体科技馆数量 截至2019年12月31日，本单位拥有所有权或使用权，具备展览教育、培训教育、实验教育等功能，面向公众已建成且常年开馆的社会科技教育固定设施。

实行免费开放的科技馆 截至2019年12月31日，本级科协所属，符合科技馆建设标准，具有展教功能，免费向公众开放的科技馆。

实体科技馆建筑面积 截至2019年12月31日，本单位拥有所有权或使用权的科技馆的展览教育、公众服务、业务研究、管理保障等用房主体建筑面积总和。

实体科技馆展厅面积 截至2019年12月31日，本单位拥有所有权或使用权的科技馆内专门用于布置常设展览和短期展览的用房（场所）的使用面积。

科技馆参观人次 2019年度接待参观科技馆的总人次。

数字科技馆数量 截至2019年12月31日，本单位以激发公众科学兴趣、提高公众科学素质为目标，面向全体公众，特别是青少年群体，搭建的基于互联网传播的公益性科普服务平台或网络科普园地。

流动科技馆 截至2019年12月31日，本单位获得中国科协配发或自行研发的用于科普活动的流动科技馆。由配发或自行研发单位填报。

流动科技馆巡展受众人数 2019年度本单位单独或牵头组织的流动科技馆巡展所覆盖的总人数。

科普活动站（中心、室）数量 截至2019年12月31日，长期或定期从事向青少年科普，向公众进行科学技术传播，开展示范性、导向性科学普及活动，开展青少年科技教育，组织青少年科技竞赛等工作的社会公益性机构和场所。

全年参加活动（培训）人数 2019年度参加科普活动站（中心、室）举办活动的总人数。

科普大篷车数量 截至2019年12月31日，本单位获得中国科协配发和自行开发的用于科普活动的大篷车。由使用大篷车单位填报。省级科协负责审核各级数量。

科普大篷车下乡次数 2019年度本单位科普大篷车当年下乡开展科普活动的次数。

科普大篷车覆盖人数 2019年度本单位科普大篷车当年下乡开展科普活动所覆盖的总人数。

科普大篷车行驶里程 2019年度本单位科普大篷车当年开展科普活动累计行驶的千米数。

科普大篷车展品数量 2019年度本单位科普大篷车全部展品的数量。

科普画廊建筑面积（宣传栏、科技宣传橱窗）

截至2019年12月31日，由本单位单独或牵头联合有关单位共同在广场、社区、村寨、公园、路边等建设的、直接向公众宣传科学技术信息的具有展示功能的宣传栏、橱窗等固定科普设施。按实际建筑面积计算，单面的计算单面面积，双面的计算双面面积。单个建筑面积之和等于总面积。

科普画廊展示面积 截至2019年12月31日，在本单位单独或牵头联合有关单位共同建设的科普画廊（宣传栏、橱窗）中，展示科学技术信息图片、文字的实际面积。按实际展示面积计算，单面的计算单面面积，双面的计算双面面积。单个年展示面积之和等于年展示总面积。单个年展示面积＝每次展示面积 × 展示次数。

举办科普宣讲活动 2019年度本单位单独或牵头组织的以报告会、广播、电视、报刊、网络或其他形式举办的科普讲座和报告，以陈列实物及展示图片等形式举办的各类科普展览，组织相关专业专家组成智力团体，以科学技术为依据，向社会和公众提供的智力服务。按实际举办次数统计。包括青少年科普活动次数。

科普活动受众人数 2019年度本单位单独或牵头组织的科普宣讲活动所覆盖的总人数。

参加活动科技人员总数 2019年度参与本单位单独或牵头组织的各类科普活动的全部科技人员，包括志愿者、被邀请的专家和科技专业人员等。

专家人数 2019年度参与本单位单独或牵头组织的各类科普活动的全部科技人员中专家的数量。

参加活动的学会、协会、研究会 2019年度参与本单位单独或牵头组织的各类科普活动的各类学会、协会、研究会的数量。

推广新技术、新品种 2019年度本单位推广的用于农业生产方面的科学新技术及农作物新产品，包括种植、养殖、化肥农药的用法、各种生产资料的鉴别、高效农业生产模式等。

青少年 泛指18周岁以下的人。

举办青少年科技竞赛 2019年度本单位独立举办或牵头组织举办的旨在推动青少年科技活动蓬勃开展，培养青少年创新精神和实践能力，提高青少年科技素质，鼓励优秀人才涌现，推进科技普及发展的各类科技竞赛活动。

参加人数 2019年度本单位举办的青少年科技竞赛参加人数。

获奖人数 2019年度本单位举办的青少年科技竞赛获奖人数。

青少年参加国际及港澳台科技交流活动 2019年度本单位组织国内优秀青少年参加国际及港澳台地区青少年科技竞赛、交流活动及代表国家参加国际奥林匹克学科竞赛。

举办青少年高校科学营 2019年度由中国科协、教育部共同主办的青少年高校科学营活动。

参加人数 2019年度由中国科协、教育部共同主办的青少年高校科学营活动参加人数。

编印青少年科技教育资料 2019年度本单位编印的以青少年科技教育为题材的论文集、画册、活动指导手册、宣传资料、汇编等。

举办青少年科技教育活动和培训次数 2019年度本单位单独或牵头组织的向青少年、科技辅导员和各级管理工作者普及科学技术、提供展示和交流平台的主题性科普活动，以及相关的实用技术和技能培训活动。

中学生英才计划培养学生 2019年度本单位根据中国科协和教育部联合开展、落实“支持有条件的高中与大学、科研院所合作开展创新人才培养研究和试验，建立创新人才培养基地”的要求，发现和培养一批有潜质的科技创新后备人才的数量。

编著科技图书种数 截至2019年12月31日，本单位组织编著的科技综合类、信息类、普及类、专业技术类等图书。只统计在新闻出版机构登记、有正式书号的科技图书。

科技图书总印数 2019年度本单位编著科技图书的总出版册数。

主办科技报纸种数 截至2019年12月31日，本单位出版的自然科学和科学技术方面的报刊，主要任务是介绍先进科学技术、传播科技信息、交流科学方法、开发智力资源、培养科技人才、促进科研成果转化为生产力、普及科技知识、提高全民科学技术文化水平。

报纸总印数 2019年度本单位主办的科技报纸的总印数。

制作科普挂图种数 截至2019年12月31日，本单位独立或牵头组织编创的，用于各项科普宣传活动的挂图。以主题进行统计，一个主题计为一种。

科普挂图总印数 2019年度本单位制作的科普挂图的总印数。

制作科技广播、影视节目套数 截至2019年12月31日，本单位本年度独立或牵头组织制作的以宣传科学技术为主要内容的广播节目、电影和电视节目的套数。

制作科普动漫作品套数 截至2019年12月31日，本单位以“科普创意”为核心，以动画、漫画为表现形式，以网络为技术传播手段制作的动漫作品的套数。

制作科普动漫播放时间 2019年度本单位制作动漫的总播放时间，按分钟计。

开设科教栏目的电视台 截至2019年12月31日，开设专门科教栏目，利用固定时段播放科普节目的电视台。由各级科协填报本级电视台数据。

开设科教栏目的广播电台 截至2019年12月31日，开设专门科教栏目，利用固定时段播放科普节目的广播电台。由各级科协填报本级广播电台数据。

主办科技传播网站 截至2019年12月31日，本单位主办的面向社会公众弘扬科学精神、传播科学知识、普及科学技术的网站。

科技传播网站浏览人数 2019年度本单位主办的科技传播网站的浏览人次。

主办科普App 截至2019年12月31日，本单位开发运营的科普类手机移动端应用个数。

科普App下载安装数 截至2019年12月31日，主办科普App的下载安装数。

主办科普微信公众号 截至2019年12月31日，本单位在微信公众平台上申请的，主要用于面向公众弘扬科学精神、传播科学知识、普及科学技术等的应用账号。

科普微信公众号关注数 截至2019年12月31日，本单位主办科普微信公众号的关注数。

科普微信公众号年度总阅读数 2019年度本单位主办科普微信公众号发表文章的总阅读数。

主办科普微博 截至2019年12月31日，本单位在新浪微博上申请，主要用于面向公众弘扬科学精神、传播科学知识、普及科学技术等的应用账号个数。

科普微博关注数 截至2019年12月31日，主办科普微博的关注数。

研究人员数量 截至2019年12月31日，本单位具有较强研究能力，掌握着本学科领域内的国际、国内最新进展，取得过高水平的研究成果，主要负责参与并完成科研任务的人员，包括在职研究人员、兼职研究人员及连续工作一年及以上的非在编研究人员数。不包括单位管理人员及短期合作的研究人员。

本单位研究人员数量 截至2019年12月31日，在本单位主要从事研究工作、并领取劳动报酬的在编人员和连续工作一年及以上的非在编研究人员数。

举办决策咨次数 2019年度本单位举办的会议、论坛、调研等决策咨询活动的次数。

组织政协科协界委员协商或调研活动 2019年度本单位组织的政协科协界委员协商或调研活动的次数。

组织参与立法咨询次数 2019年度本单位或本部门组织专家或专业研究人员参与的立法咨询的次数。

开展科技工作者专项调查次数 2019年度本单位或本部门组织开展的科技工作者专项调查次数。

组织政策解读活动 2019年度本单位主办的政策解读活动的次数。

开展科技创新评估 2019年度本单位牵头开展的对科技政策、计划、项目、成果、专有技术、产品机构、人才等科技活动有关的评估行为，遵循一定的原则、程序和标准，运用科学、公正和可行的方法进行的专业判断活动的次数。

提供决策咨询报告 2019年度本单位向党和国

家机关提交的科技工作者建议、科技界情况、调研动态评估报告等，有助于提升决策质量的咨询报告的数量。

获上级领导批示条数 2019 年度本单位向党和国家机关提交的科技工作者建议、科技界情况、调研动态评估报告等，有助于提升决策质量的咨询报告获得上级领导批示的数量，包括报同级单位党委领导批示的条数。

答复人大政协代表（委员）提案 2019 年度本单位负责并完成答复人大和政协的有关机构交办的议案的数量。

中国科学技术协会统计年鉴 2020（上）

中国科学技术协会　编

中国科学技术出版社
·北　京·

图书在版编目（CIP）数据

中国科学技术协会统计年鉴 . 2020. 上 / 中国科学技术协会编 . —北京：中国科学技术出版社，2021.9

ISBN 978-7-5046-8914-6

Ⅰ. ①中… Ⅱ. ①中… Ⅲ. ①中国科学技术协会—统计资料— 2020 —年鉴 Ⅳ. ① G322.25-54

中国版本图书馆 CIP 数据核字（2020）第 218550 号

策划编辑 符晓静
责任编辑 符晓静 史朋飞
图文设计 中文天地
责任校对 焦 宁
责任印制 徐 飞

出 版 中国科学技术出版社
发 行 中国科学技术出版社有限公司发行部
地 址 北京市海淀区中关村南大街16号
邮 编 100081
发行电话 010-62173865
传 真 010-62179148
网 址 http://www.cspbooks.com.cn

开 本 880mm × 1230mm 1/16
字 数 910千字
印 张 33.375
版 次 2021年9月第1版
印 次 2021年9月第1次印刷
印 刷 北京虎彩文化传播有限公司
书 号 ISBN 978-7-5046-8914-6 / G · 885
定 价 298.00元

编印说明

一、《中国科学技术协会统计年鉴 2020（上）》（以下简称《年鉴》）是一本反映各级科协及所属团体事业发展情况的资料性年度出版物。《年鉴》收录了2019年度中国科协（仅指中国科协机关和直属单位，下同）、省级科协、地市级科协、县级科协、所属全国学会、省级学会的组织建设、为科技工作者服务、国际及港澳台地区民间科技交流、学术交流、科学普及、科技决策咨询等方面的统计数据。

二、全书内容分为8个部分：中国科协2019年度事业发展统计公报、综合、组织建设、为科技工作者服务、国际及港澳台地区民间科技交流、学术交流、科学普及、科技决策咨询。各部分前编有简要说明。《年鉴》后附有主要指标解释。

三、《年鉴》各项统计数据均未包括香港特别行政区、澳门特别行政区和台湾省的数据。

四、《年鉴》中以“学会”统称各类科协所属学会、协会、研究会。

五、《年鉴》表中的符号“—”表示该项统计指标数据不详或无该项数据；“#”表示其中的主要项；“*”表示表下另有注释。

六、《年鉴》资料来源于中国科学技术协会综合统计调查制度（批准机关：国家统计局；批准文号：国统制〔2019〕216号；有效期至2022年12月）。综合统计调查年报工作由中国科协计划财务部统一组织开展，所有数据均由基层单位通过网络平台逐级填报、审核和汇总。《年鉴》由中国科学技术出版社出版。

由于时间紧、数据量大，难免有疏漏之处，欢迎指正。

目录

一、中国科协 2019 年度事业发展统计公报

二、综　合

简要说明 …… 11

2019 年科协系统综合统计主要数据汇总表 …… 13

三、组织建设

简要说明 …… 23

3—1　2019 年各级科协组织建设汇总表 …… 25

3—2　2019 年全国学会、省级学会组织建设汇总表 …… 27

3—3　2019 年各省级科协组织建设情况 …… 28

3—4　2019 年各地区地市级科协组织建设情况 …… 30

3—5　2019 年各地区县级科协组织建设情况 …… 32

3—6　2019 年各地区省级学会组织建设情况 …… 34

四、为科技工作者服务

简要说明 …… 37

4—1　2019 年各级科协为科技工作者服务汇总表 …… 39

4—2　2019 年全国学会、省级学会为科技工作者服务汇总表 …… 43

4—3　2019 年各省级科协为科技工作者服务情况 …… 45

4—4　2019 年各地区地市级科协为科技工作者服务情况 …… 51

4—5　2019 年各地区县级科协为科技工作者服务情况 …… 57

4—6　2019 年各地区省级学会为科技工作者服务情况 …… 63

五、国际及港澳台地区民间科技交流

简要说明 …… 69

5—1　2019 年各级科协国际及港澳台地区民间科技交流汇总表 …… 71

5—2　2019 年全国学会、省级学会国际及港澳台地区民间科技交流汇总表 …… 73

5—3　2019 年各省级科协国际及港澳台地区民间科技交流情况 …… 74

5—4　2019 年各地区地市级科协国际及港澳台地区民间科技交流情况 …… 76

5—5　2019 年各地区县级科协国际及港澳台地区民间科技交流情况 …… 78

5—6　2019 年各地区省级学会国际及港澳台地区民间科技交流情况 …… 80

六、学术交流

简要说明 …… 83
6-1　2019 年各级科协学术交流汇总表 …… 85
6-2　2019 年全国学会、省级学会学术交流汇总表 …… 87
6-3　2019 年各省级科协学术交流情况 …… 88
6-4　2019 年各地区地市级科协学术交流情况 …… 95
6-5　2019 年各地区县级科协学术交流情况 …… 102
6-6　2019 年各地区省级学会学术交流情况 …… 109

七、科学普及

简要说明 …… 117
7-1　2019 年各级科协科学普及汇总表 …… 119
7-2　2019 年全国学会、省级学会科学普及汇总表 …… 127
7-3　2019 年各省级科协科学普及情况 …… 131
7-4　2019 年各地区地市级科协科学普及情况 …… 144
7-5　2019 年各地区县级科协科学普及情况 …… 157
7-6　2019 年各地区省级学会科学普及情况 …… 170

八、科技决策咨询

简要说明 …… 183
8-1　2019 年各级科协科技决策咨询汇总表 …… 185
8-2　2019 年全国学会、省级学会科技决策咨询汇总表 …… 189
8-3　2019 年各省级科协科技决策咨询情况 …… 191
8-4　2019 年各地区地市级科协科技决策咨询情况 …… 196
8-5　2019 年各地区县级科协科技决策咨询情况 …… 201
8-6　2019 年各地区省级学会科技决策咨询情况 …… 206

主要指标解释

一、中国科协
2019 年度事业发展统计公报

一、中国科协2019年度事业发展统计公报①

2020年6月

2019年，中国科协以习近平新时代中国特色社会主义思想为指导，全面贯彻党的十九大和十九届二中、三中、四中全会精神，紧扣庆祝中华人民共和国成立70周年主线，把强“三性”融入“四服务”，把“四个着力”工作要求贯穿始终，支撑高质量发展的组织力持续提升，为科技工作者服务持续深化，民间科技交流通道有效拓展，学术交流、科学普及、科技决策咨询等方面工作取得新进展、新成效。

一、组织建设

（一）科协组织建设

各级科协3209个，直属单位1907个。各级代表大会总人数305064人，其中委员会委员总人数81907人，常务委员会委员总人数32354人。

各级科协从业人员34491人，其中女性从业人员14968人。各级科协2019年收入②总额134.0亿元（图1）。

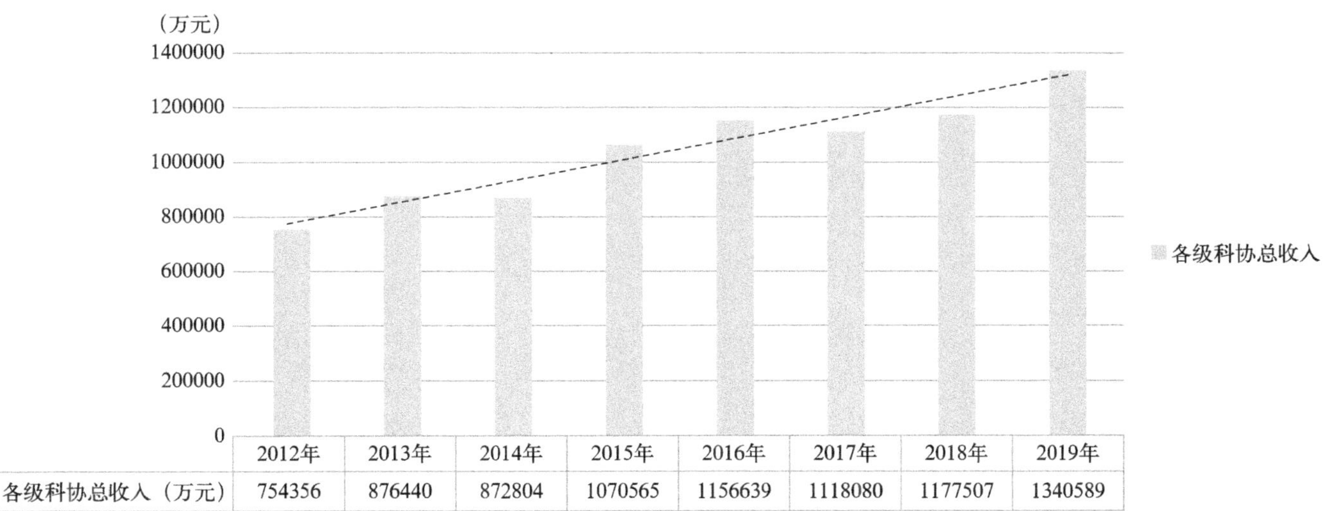

	2012年	2013年	2014年	2015年	2016年	2017年	2018年	2019年
各级科协总收入（万元）	754356	876440	872804	1070565	1156639	1118080	1177507	1340589

图1　各级科协收入情况

---

① 本公报中各项统计数据均未包括香港特别行政区、澳门特别行政区和台湾省。部分数据因四舍五入的原因，存在与分项合计不等的情况。
公报中各种范围所表述的含义如下：
各级科协指中国科协机关及直属单位、省级科协、副省级与省会城市科协、地市级科协、县级科协。
地方科协指省级科协、副省级与省会城市科协、地市级科协、县级科协。
学会指各级科协所属学会、协会、研究会。
两级学会指中国科协所属全国学会、省级科协所属省级学会。
全国学会指中国科协所属全国学会。
省级学会指省级科协所属省级学会。
中国科协基层组织指各级科协在科技工作者集中的企业、事业单位、高校和有条件的街道、社区、乡镇和农村等建立的科学技术协会（科学技术普及协会）等。

② 各级科协2019年收入指2019年度各级科协部门经费总收入，包括科协经费总收入和直属单位经费总收入。考虑到统计调查数据的时效性，本公报中的财务类数据均按调查单位确定的时点数据或预计数上报。

企业科协① 17510个，个人会员264.9万人。高校科协② 1437个，个人会员75.5万人。乡镇科协（街道科协)③ 26936个，个人会员143.9万人。村科协（社区科协)④ 26637个，个人会员39.5万人。农技协⑤ 2.7万个，个人会员442.0万人（图2)。

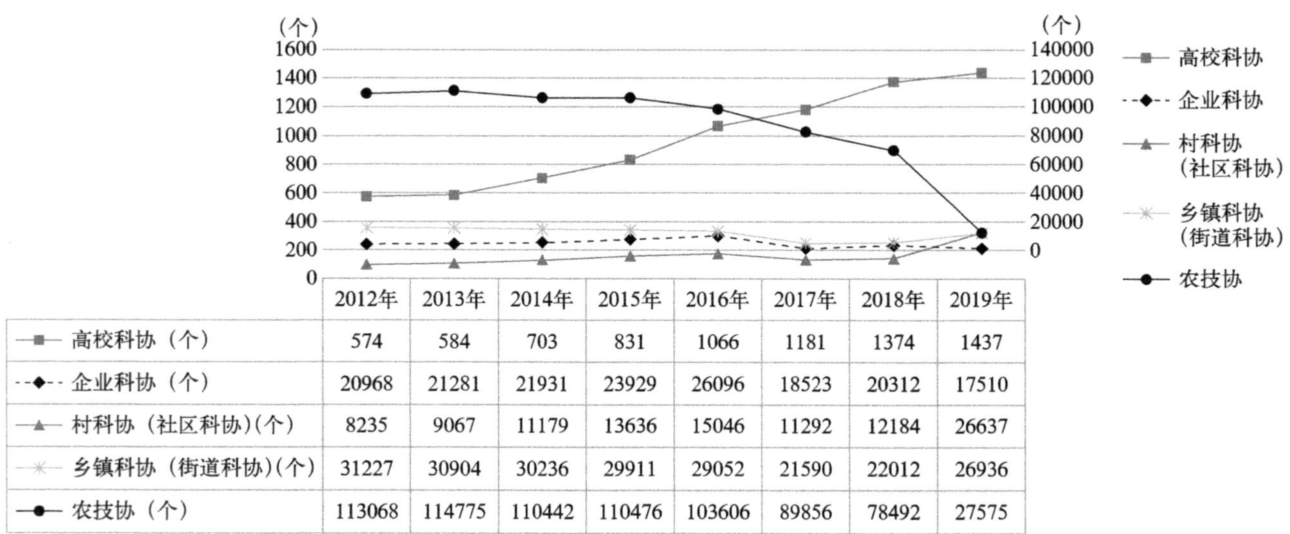

	2012年	2013年	2014年	2015年	2016年	2017年	2018年	2019年
高校科协（个）	574	584	703	831	1066	1181	1374	1437
企业科协（个）	20968	21281	21931	23929	26096	18523	20312	17510
村科协（社区科协)(个)	8235	9067	11179	13636	15046	11292	12184	26637
乡镇科协（街道科协)(个)	31227	30904	30236	29911	29052	21590	22012	26936
农技协（个）	113068	114775	110442	110476	103606	89856	78492	27575

图2　科协基层组织基本情况

（二）学会组织建设

各级科协所属学会29675个，其中中国科协所属全国学会210个，省级科协所属省级学会3848个。全国学会理事会理事⑥ 3.1万人，省级学会理事会理事24.6万人。

两级学会从业人员50764人，其中全国学会从业人员3714人，省级学会从业人员47050人。

两级学会2019年收入总额91.8亿元，其中全国学会2019年收入总额49.6亿元（图3)。

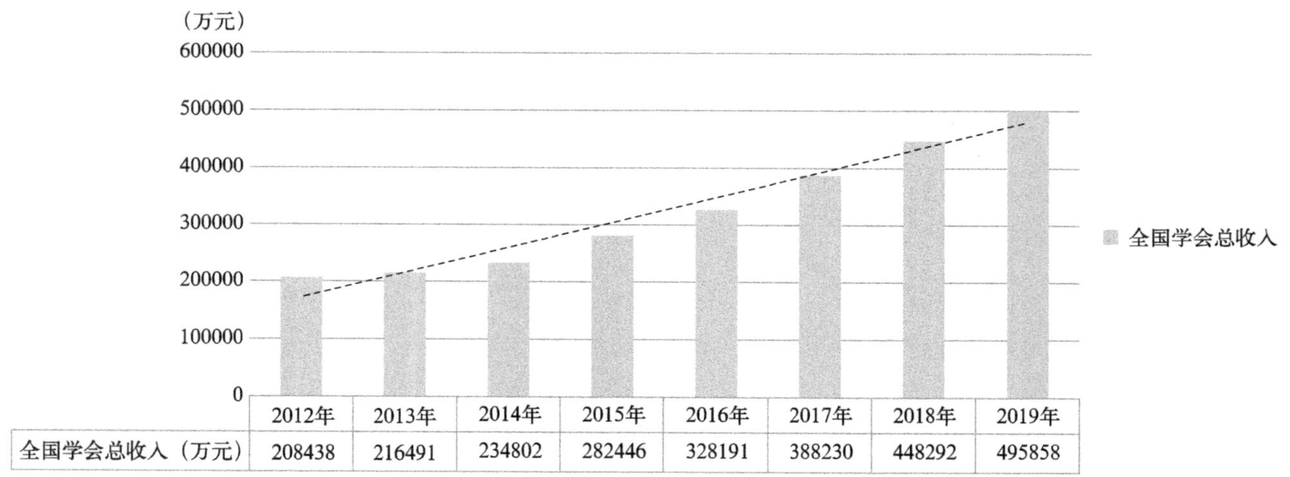

	2012年	2013年	2014年	2015年	2016年	2017年	2018年	2019年
全国学会总收入（万元）	208438	216491	234802	282446	328191	388230	448292	495858

图3　全国学会收入情况

两级学会个人会员⑦ 1302.6万人，团体会员56.2万个。其中全国学会个人会员522.7万人，团体会员5.4万个；省级学会个人会员779.9万人，团体会员50.8万个（图4)。

① 企业科协是各级科协批复由企业成立的科协基层组织。
② 高校科协是各级科协批复由高等院校成立的科协基层组织。
③ 乡镇科协（街道科协）是乡镇、街道成立的科协基层组织。
④ 村科协（社区科协）是村、社区成立的科协基层组织。
⑤ 农技协是在民政部门登记、经本级科协正式审批接纳的农村专业技术协会（农技协）和在科协登记备案的各类农村专业技术研究会（农研会）。
⑥ 理事会理事是经学会会员代表大会选举产生的学会理事会理事。
⑦ 学会个人会员是在学会注册登记，并取得本学会会员资格的人员（包括外籍会员）。

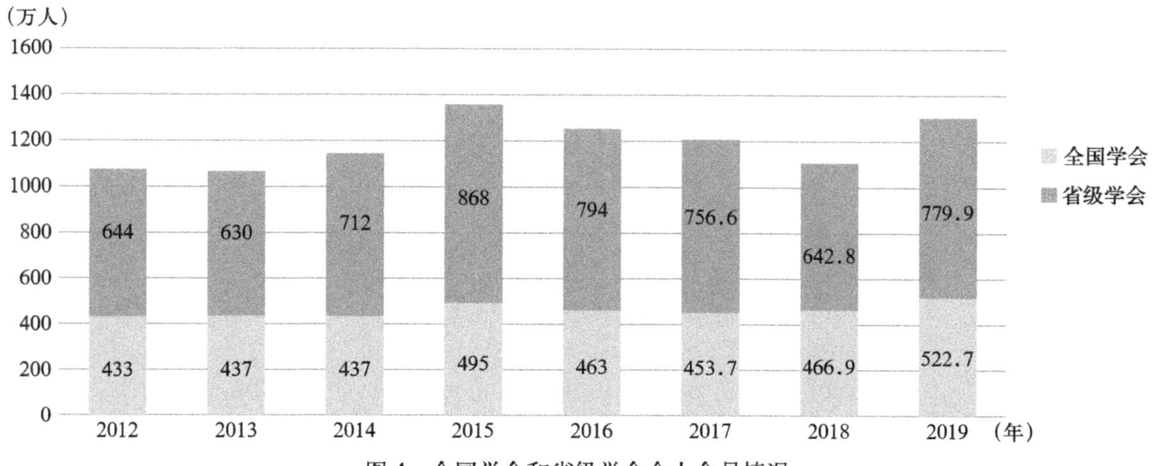

图 4　全国学会和省级学会个人会员情况

二、为科技工作者服务

（一）思想政治教育及能力提升

开展科学道德与学风建设宣讲活动[①] 18094 场次，宣讲活动受众达 566.8 万人次。

举办干部教育培训班 4949 次（期），培训 54.6 万人次。

举办继续教育培训班 21004 场次，培训 354.6 万人次。

（二）表彰举荐

各级科协和两级学会向省部级（含）以上科技奖项、人才计划（工程）举荐人才 8390 人次，向省部级（含）以上科技奖项推荐项目 3906 项。

设立科技奖项[②] 1135 项，其中全国学会设立 391 项。表彰奖励科技工作者 9.1 万人次，其中女性科技工作者 2.5 万人次，45 岁及以下科技工作者 4.8 万人次。

（三）媒体宣传

通过媒体宣传科技工作者 13.9 万人次，其中中央及省级媒体宣传科技工作者 2.9 万人次。宣传媒介呈多样化，通过电视宣传 1.5 万人次，通过纸质媒体宣传 4.0 万人次，通过网络与新媒体宣传 9.1 万人次。

（四）志愿服务

在基层直接为公众提供科技攻坚、成果转化、人才培养、科技咨询、科学普及等服务的专职科普工作者（科普工作时间占其全部工作时间 60% 以上的工作人员）6.9 万人，兼职科普工作者 83.3 万人，科技志愿者[③] 172.1 万人。

三、国际及港澳台地区民间科技交流

各级科协和两级学会加入国际民间科技组织[④] 893 个。在国际民间科技组织中任职专家 1984 人，其中担任主席、副主席、执委或相当职务的高级别任职专家 835 人，其他一般级别任职专家 1149 人。

---

① 科学道德与学风建设宣讲活动是各级科协和两级学会主办或牵头组织宣讲科学精神、科学道德、科学伦理和科学规范等的活动。

② 科技奖项是省级及以上科协组织和两级学会设立的科技奖项，涵盖人物奖、成果奖、科技奖和科普类奖项等。不包括一般的表扬鼓励和专门针对本单位工作人员的表彰奖励。

③ 科技志愿者是不以物质报酬为目的，利用自己的时间、科技技能、科技成果、社会影响力等，自愿为社会或他人提供公益性科技类服务的科技工作者、科技爱好者和热心科技传播的人士。统计包括各级科协及学会登记注册的科技志愿者人数及原注册科普志愿者。

④ 国际民间科技组织是各级科协和两级学会代表国家、地区或学科加入的，在所在国正式注册、具有法人资质的国际民间科技组织。

参加国际科学计划[①] 185 项。参加境外科技活动 4.4 万人次，参加港澳台地区科技活动 1.8 万人次。接待境外专家学者 4.4 万人次。

四、学术交流

（一）推进创新创业服务活动

开展推进创新创业活动 23884 项，其中举办竞赛、论坛、展览等活动 7344 项，开展咨询、教育、培训等活动 13468 项，开展投融资、成果转化等活动 1956 项。

（二）专家服务

各级科协指导组建专家工作站[②] 7627 个，全年组织进站（中心）专家 13.2 万人。组建专家服务团队[③] 4761 个，参加服务团队专家 17.5 万人（图 5）。

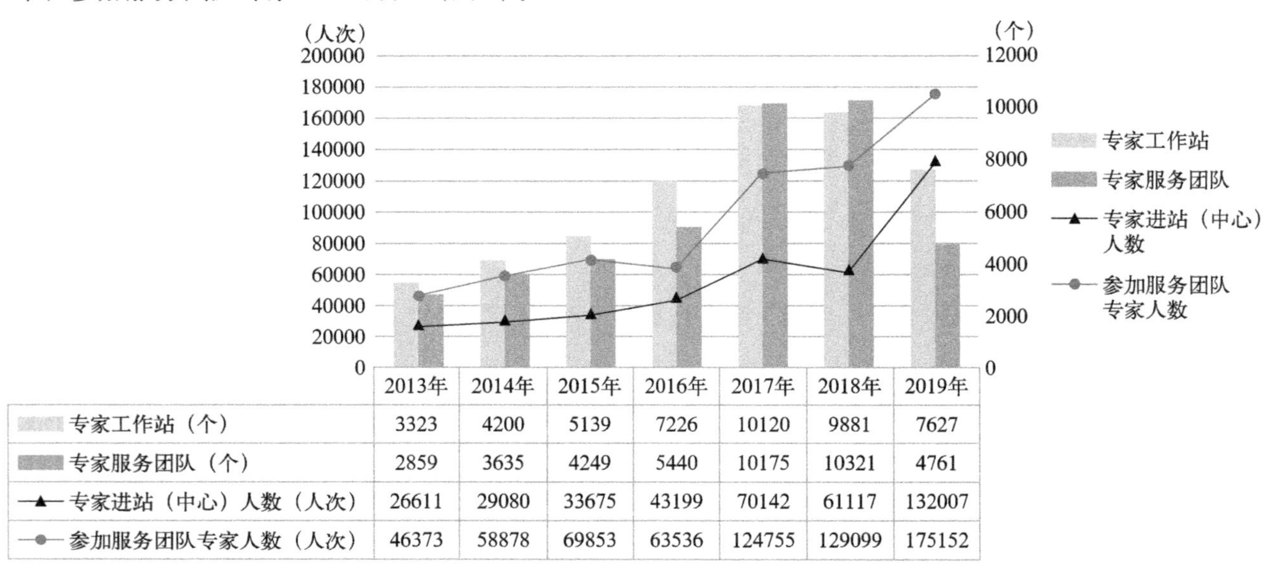

	2013年	2014年	2015年	2016年	2017年	2018年	2019年
专家工作站（个）	3323	4200	5139	7226	10120	9881	7627
专家服务团队（个）	2859	3635	4249	5440	10175	10321	4761
专家进站（中心）人数（人次）	26611	29080	33675	43199	70142	61117	132007
参加服务团队专家人数（人次）	46373	58878	69853	63536	124755	129099	175152

图 5　各级科协指导组建专家工作站、专家服务团队情况

（三）标准制定

两级学会研制技术标准[④] 452 个。两级学会研制团体标准[⑤] 1049 个。

（四）学术会议

各级科协和两级学会共举办学术会议 19461 场次，参加人数 635.6 万人次，交流论文 112.9 万篇。

举办国内学术会议[⑥] 17823 场次，其中举办学术年会 7208 场次。国内学术会议参加人数 496.2 万人次，交流论文 97.6 万篇。

举办境内国际学术会议[⑦] 1473 场次。境内国际学术会议参加人数 135.5 万人次，交流论文 14.3 万篇。

举办港澳台地区学术会议[⑧] 165 场次。港澳台地区学术会议参加人数 3.9 万人次，交流论文 1.0 万篇（图 6）。

---

① 国际科学计划是各级科协、两级学会及所联系的专家参与的，由国际民间科技组织发起或主导的国际科学计划。

② 专家工作站是各级科协组织和两级学会协同有关单位，为高层次专家直接参与经济建设和社会服务组建的科技服务机构。

③ 专家服务团队是各级科协和两级学会根据项目合作需要，按专业特点牵头组织的专家服务团队，主要承担科学普及、科技攻关、决策咨询、工程论证、技术指导、科技扶贫等相关合作项目。

④ 技术标准是两级学会针对具有普遍性和重复出现的技术问题，对标准化领域中需要协调统一的技术事项制定的标准。

⑤ 团体标准是两级学会按照团体确立的标准制定程序自主制定发布，由社会自愿采用的标准。

⑥ 国内学术会议是在我国境内由各级科协和两级学会主办或牵头主办的，以学术交流为目的，由国内有关专家、学者及科技人员参加并提交学术论文的学术研讨会、交流会、报告会和论坛等。

⑦ 境内国际学术会议是在我国境内由各级科协和两级学会主办或牵头主办，受国际组织委托承办的，以学术交流为目的，与会代表来自 3 个或 3 个以上国家或地区（不含港澳台地区）的研讨会、交流会、报告会和论坛等。

⑧ 港澳台地区学术会议指由各级科协和两级学会与港澳台地区有关组织联合主办的，以学术交流为目的，来自港澳台地区的与会代表人数占总参会人数 1/3 以上的研讨会、交流会、报告会和论坛等。

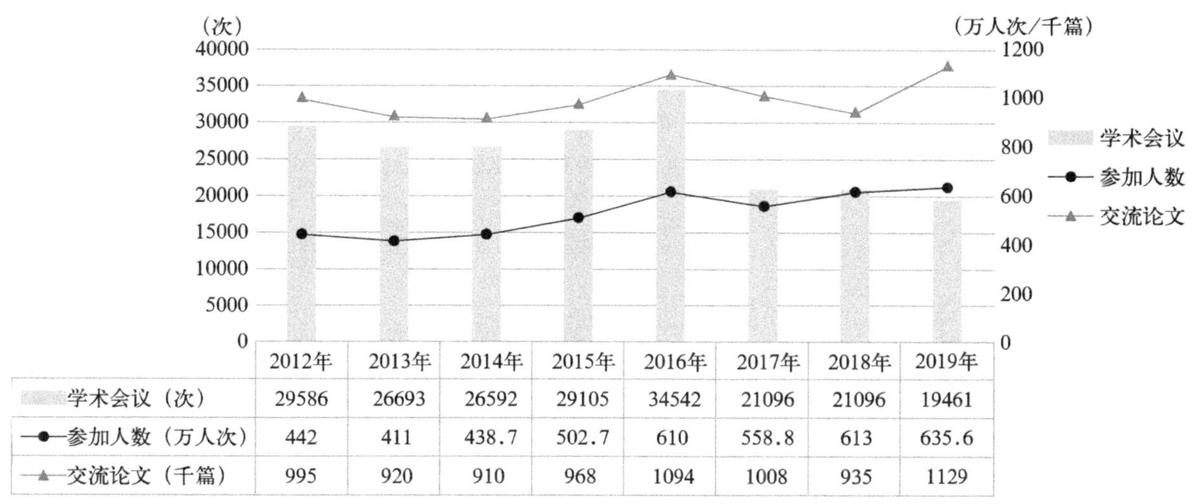

	2012年	2013年	2014年	2015年	2016年	2017年	2018年	2019年
学术会议（次）	29586	26693	26592	29105	34542	21096	21096	19461
参加人数（万人次）	442	411	438.7	502.7	610	558.8	613	635.6
交流论文（千篇）	995	920	910	968	1094	1008	935	1129

图 6　各级科协和两级学会举办学术交流情况

（五）学术期刊

各级科协和两级学会主办科技期刊① 1802 种。科技期刊总印数 6010.3 万册，发表论文、文章 58.4 万篇。

五、科学普及

（一）科普基础设施建设

截至 2019 年年底，各级科协拥有所有权或使用权的科技馆② 978 个。总建筑面积 434.2 万平方米，展厅面积 231.1 万平方米（图 7）。已实行免费开放的科技馆 870 个。科技馆全年接待参观人数 7479.4 万人次。流动科技馆 1773 个。科普活动站（中心、室）5.6 万个，全年参加活动（培训）人数 4078.3 万人次。科普画廊建筑面积（宣传栏、宣传橱窗）176.7 万平方米，全年展示面积③ 433.7 万平方米。中国科协配发给地方科协用于科普活动的大篷车 1057 辆，科普大篷车全年下乡次数 3.5 万次。科普大篷车全年下乡行驶里程 737.8 万千米，受益人数 1834.3 万人次。

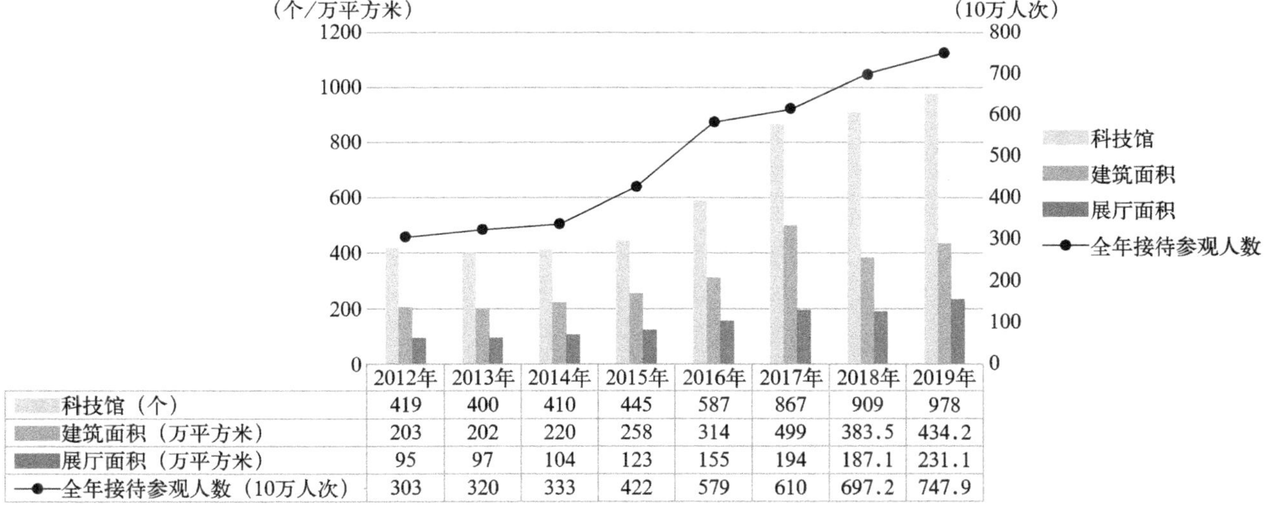

	2012年	2013年	2014年	2015年	2016年	2017年	2018年	2019年
科技馆（个）	419	400	410	445	587	867	909	978
建筑面积（万平方米）	203	202	220	258	314	499	383.5	434.2
展厅面积（万平方米）	95	97	104	123	155	194	187.1	231.1
全年接待参观人数（10万人次）	303	320	333	422	579	610	697.2	747.9

图 7　各级科协科技馆建设基本情况

① 科技期刊指由各级科协和两级学会主办或合办，具有固定刊名、刊期、年卷或年月顺序编号，以报道科学技术为主要内容的连续出版物，包括学术期刊、综合期刊、技术期刊、科普期刊和检索期刊等，不包括各类内部刊物。

② 科技馆指各级科协拥有所有权或使用权的具备展览教育、培训教育、实验教育等功能，面向公众常年开放的社会科技教育固定设施。

③ 科普画廊展示面积指各级科协和两级学会单独或牵头联合有关单位共同建设的科普画廊（宣传栏、橱窗）中，展示科学技术信息图片、文字的实际面积。按实际展示面积计算，单面的计算单面面积，双面的计算双面面积。单个年展示面积之和等于年展示总面积。单个年展示面积＝每次展示面积 × 展示次数。

（二）科普宣讲活动

各级科协和两级学会举办科普宣讲活动① 25.0 万场，其中专家科普报告会 4.1 万场，专题展览 1.2 万场，科技咨询 8.1 万场。科普宣讲活动受众人数 14.4 亿人次。举办实用技术培训 8.4 万次，接受培训人数 1392.2 万人次。推广新技术、新品种 17243 项（图 8）。各类科普活动覆盖村和社区 21.5 万个。

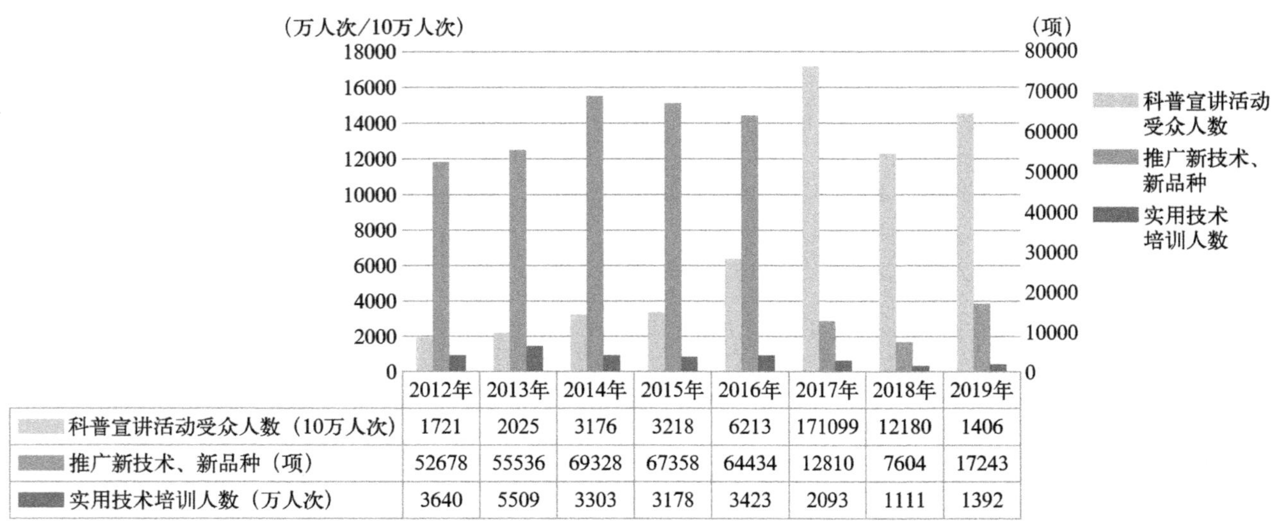

	2012年	2013年	2014年	2015年	2016年	2017年	2018年	2019年
科普宣讲活动受众人数（10万人次）	1721	2025	3176	3218	6213	171099	12180	1406
推广新技术、新品种（项）	52678	55536	69328	67358	64434	12810	7604	17243
实用技术培训人数（万人次）	3640	5509	3303	3178	3423	2093	1111	1392

图 8　各级科协和两级学会科学普及情况

（三）青少年科技教育

各级科协和两级学会举办青少年科普宣讲活动 47394 场次。青少年科普宣讲活动受众人数 1.4 亿人次。举办青少年科技竞赛 5680 项，参加竞赛的青少年 3056.5 万人次，获奖人数 141.1 万人次。举办青少年科学营② 1288 次，参加人数 16.0 万人次。编印青少年科技教育资料 5096 种，印数 747.8 万册。举办青少年科技教育活动和培训 43574 场次，参加培训人数 1429.3 万人次。通过中学生英才计划③ 培养学生 6.1 万人（图 9）。

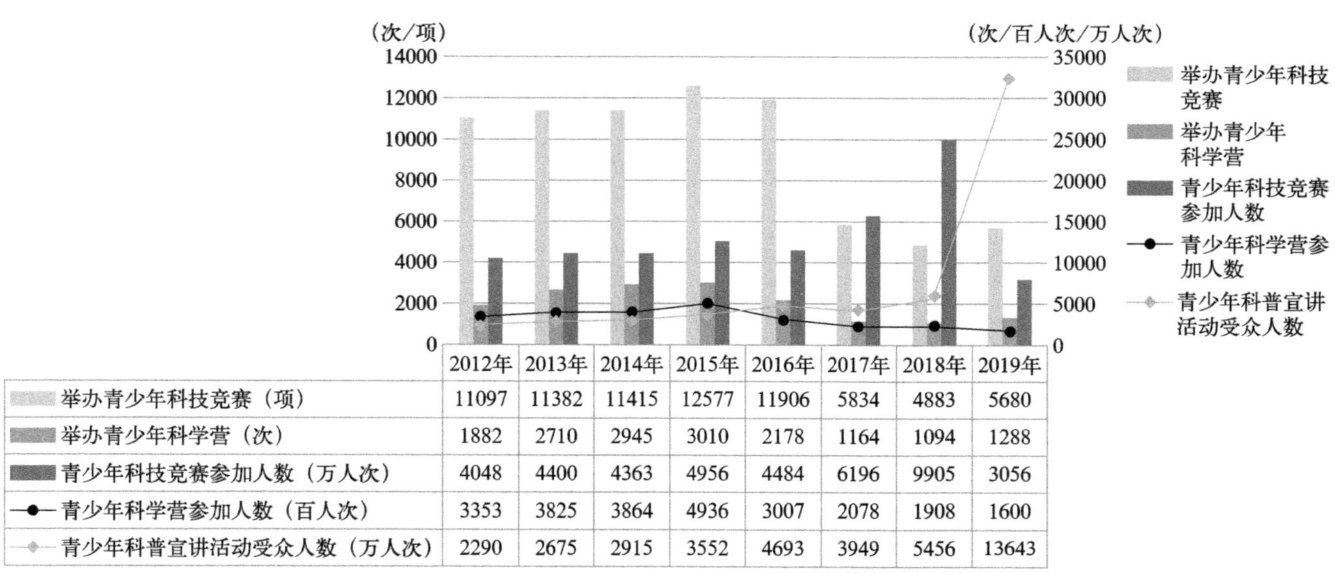

	2012年	2013年	2014年	2015年	2016年	2017年	2018年	2019年
举办青少年科技竞赛（项）	11097	11382	11415	12577	11906	5834	4883	5680
举办青少年科学营（次）	1882	2710	2945	3010	2178	1164	1094	1288
青少年科技竞赛参加人数（万人次）	4048	4400	4363	4956	4484	6196	9905	3056
青少年科学营参加人数（百人次）	3353	3825	3864	4936	3007	2078	1908	1600
青少年科普宣讲活动受众人数（万人次）	2290	2675	2915	3552	4693	3949	5456	13643

图 9　各级科协与两级学会举办的青少年科技教育活动情况

① 科普宣讲活动指各级科协和两级学会单独或牵头组织的单次或系列化的，以报告会、广播、电视、报刊、网络或其他形式举办的科普讲座和报告，以陈列实物及展示图片等形式举办的各类科普展览，以及相关专业专家组成智力团体，向社会和公众提供的智力服务等活动。

② 青少年科学营指由中国科协、教育部共同主办，旨在充分利用重点大学的科技教育资源，激发青少年对科学的兴趣，培养青少年的科学精神、创新意识和实践能力的青少年高校科学营活动。

③ 中学生英才计划指中国科协和教育部联合开展，为落实“支持有条件的高中与大学、科研院所合作开展创新人才培养研究和试验，建立创新人才培养基地”的要求，选拔一批品学兼优、学有余力，具有创新潜质的中学生走进大学，在自然科学基础学科领域著名科学家的指导下参加科学研究项目、科技社团活动、学术研讨和科研实践等活动。

（四）科普传播

各级科协和两级学会编著科技图书 4078 种，印数 1886.4 万册。制作科普挂图 58311 种，印数 1168.5 万张。制作科技广播影视节目总时长 3.6 万小时。制作科普动漫作品总时长 2.7 万小时。

主办科普网站 1384 个，全年浏览量 116.6 亿人次。主办科普 App118 个，下载安装 949.7 万次。主办科普微信公众号 1909 个，关注数 3853.5 万个。主办科普微博 579 个，关注数 5241.3 万个。

六、科技决策咨询

（一）科技决策咨询活动

各级科协和两级学会举办决策咨询活动 4834 场次，参与专家 5.5 万人次。开展科技评估[①] 7341 项。组织参与立法咨询 439 次。组织政协科协界委员协商或调研活动 1714 场次。

（二）科技决策咨询成果

提供决策咨询报告 4353 篇，其中获上级领导同志批示的报告 456 篇。反映科技工作者建议 10554 条，其中获上级领导同志批示的建议 579 条。答复人大政协代表（委员）提案 845 件。组织政策解读活动 1855 场次。发布政策解读文章 971 篇。

① 科技评估指各级科协和两级学会独立或牵头开展，遵循一定的原则、程序和标准，运用科学、公正和可行的方法，对科技活动有关的政策、计划、项目、成果、专有技术、产品机构、人才等进行专业判断的评估活动。

二、综　合

简要说明

本部分主要指标数据是从各章节提取或经过简单加工的，旨在总体反映 2019 年科协系统组织建设和主要业务活动的情况。

2019年科协系统综合统计主要数据汇总表

指　标		总　计		科协小计		中国科协机关及直属单位	
		2018年	2019年	2018年	2019年	2018年	2019年
科协基本情况							
科协数	（个）	3164	3209	3164	3209	1	1
企业科协	（个）	20312	17510	20312	17510	—	0
会员数	（人／个）	2901512	2649326	2901512	2649326	—	0
高校科协	（个）	1374	1437	1374	1437	—	0
会员数	（人／个）	727557	755359	727557	755359	—	0
乡镇科协（街道科协）	（个）	—	26936	—	26936	—	0
会员数	（人／个）	—	1439210	—	1439210	—	0
村科协（社区科协）	（个）	—	26637	—	26637	—	0
会员数	（人／个）	—	395793	—	395793	—	0
农技协	（个）	78492	27113	78492	27113	—	0
会员数	（人／个）	11663411	4420281	11663411	4420281	—	0
学会基本情况							
各级科协所属学会	（个）	32830	29675	32830	29675	210	210
思想政治教育及能力提升							
举办各类思想政治教育培训班及活动	（次）	—	18094	—	8450	—	1
各类思想政治教育培训班参训人数及活动受众人数	（人次）	—	5668240	—	2437674	—	360
举办干部教育培训班	（期）	2208	4949	2208	3582	11	9
干部教育培训班参训人数	（人次）	395070	546274	395070	482537	1484	438
举办继续教育培训班	（期）	2208	21004	2208	4968	11	0
继续教育培训班参训人数	（人次）	2406025	3546277	396353	440057	100	0
表彰举荐							
向省部级（含）以上科技奖项、人才计划（工程）举荐的人才数	（人次）	5290	8390	1651	2102	—	2
向省部级（含）以上科技奖项推荐项目数	（项）	2445	3906	511	1081	19	1
设立科技奖项数	（个）	1571	1135	227	57	—	0
表彰奖励科技工作者	（人次）	101463	91328	—	—	—	0

续表 1

指　标		省级科协		地市级科协		县级科协	
		2018 年	2019 年	2018 年	2019 年	2018 年	2019 年
科协基本情况							
科协数	（个）	32	32	414	408	2717	2619
企业科协	（个）	2001	2156	6651	5088	11660	10227
会员数	（人／个）	851857	1338730	1323050	825353	726605	489343
高校科协	（个）	550	678	732	765	92	121
会员数	（人／个）	365272	403665	345097	358384	17188	14810
乡镇科协（街道科协）	（个）	—	246	—	2283	—	26012
会员数	（人／个）	—	13796	—	93055	—	1392059
村科协（社区科协）	（个）	—	0	—	3970	—	23420
会员数	（人／个）	—	0	—	18169	—	382624
农技协	（个）	9257	2470	10503	1350	58732	22494
会员数	（人／个）	2336106	17426	1391222	191587	7936083	4053104
学会基本情况							
各级科协所属学会	（个）	3590	3777	10276	8451	18754	11366
思想政治教育及能力提升							
举办各类思想政治教育培训班及活动	（次）	—	3115	—	929	—	4405
各类思想政治教育培训班参训人数及活动受众人数	（人次）	—	1163717	—	138170	—	1135427
举办干部教育培训班	（期）	121	187	401	568	1675	2818
干部教育培训班参训人数	（人次）	16871	16468	35054	46690	341661	418941
举办继续教育培训班	（期）	121	299	401	893	1675	3776
继续教育培训班参训人数	（人次）	11376	38080	109396	133573	275481	268404
表彰举荐							
向省部级（含）以上科技奖项、人才计划（工程）举荐的人才数	（人次）	274	642	559	787	818	671
向省部级（含）以上科技奖项推荐项目数	（项）	43	327	179	371	270	382
设立科技奖项数	（个）	61	57	—	—	—	—
表彰奖励科技工作者	（人次）	2471	2488	—	—	—	—

续表 2

指 标		学会小计		全国学会		省级学会	
		2018 年	2019 年	2018 年	2019 年	2018 年	2019 年
学会基本情况							
各级科协所属学会	（个）	—	—	—	—	—	—
学会从业人员	（人）	35350	64519	3944	3704	31406	60815
学会个人会员	（人）	11223323	13026043	4795162	5227032	6428161	7799011
学会团体（单位）会员	（个）	258454	562033	56330	53959	202124	508074
思想政治教育及能力提升							
举办各类思想政治教育培训班及活动	（次）	—	9899	—	529	—	9370
各类思想政治教育培训班参训人数及活动受众人数	（人次）	—	3288566	—	111331	—	3177235
举办干部教育培训班	（期）	—	1364	—	186	—	1178
干部教育培训班参训人数	（人次）	—	63737	—	10635	—	53102
举办继续教育培训班	（期）	—	16115	—	1982	—	14133
继续教育培训班参训人数	（人次）	2009672	3103230	341797	461120	1667875	2642110
表彰举荐							
向省部级（含）以上科技奖项、人才计划（工程）举荐的人才数	（人次）	3639	6330	902	1011	2737	5319
向省部级（含）以上科技奖项推荐项目数	（项）	1934	2860	449	440	1485	2420
设立科技奖项数	（个）	1344	1493	347	376	997	1117
表彰奖励科技工作者	（人次）	70247	84850	24674	26920	45573	57930

续表 3

指 标		总 计		科协小计		中国科协机关及直属单位	
		2018 年	2019 年	2018 年	2019 年	2018 年	2019 年
媒体宣传							
通过媒体宣传科技工作者	（人次）	132821	286428	86215	225715	1305	275
志愿服务							
科技志愿者	（人）	1625491	1721428	1625491	1472285	172	197
专职科普人员	（人）	60102	68531	60102	59521	500	540
兼职科普人员	（人）	634288	833138	634288	679042	7652	9662
国际及港澳台地区民间科技交流							
加入国际民间科技组织	（个）	861	893	88	47	5	5
任职专家	（位）	2212	1984	26	21	3	3
参加国际科学计划	（项）	174	185	55	24	3	1
参加大陆境外科技活动人数	（人次）	50928	44355	4014	3993	103	63
接待大陆境外专家学者	（人次）	31738	43782	6557	12037	286	223
学术交流							
开展推进创新创业活动	（项）	—	23884	—	9817	—	715
参与服务活动的科技工作者	（人次）	—	1115038	—	406152	—	25000
国内学术会议	（次）	19684	17823	2467	2134	130	8
# 学术年会	（次）	7619	7208	599	702	4	5
参加人数	（人次）	5251612	4962521	743162	675180	14410	790
交流论文、报告数	（篇）	853372	976185	39521	30769	1726	200
境内国际学术会议	（次）	1323	1473	172	159	10	12
参加人数	（人次）	844070	1355678	100049	423914	33254	315970
# 境外专家学者	（人次）	39512	36594	5322	3939	1861	2185
交流论文、报告数	（篇）	96014	143689	10530	8491	4235	4556
港澳台地区学术会议	（次）	232	165	58	28	21	1
参加人数	（人次）	42942	39357	10779	9272	1960	200
交流论文、报告数	（篇）	10510	9999	2197	2307	385	90
科技期刊							
主办科技期刊	（种）	2430	1802	336	180	1	2
科技期刊印刷量	（册）	88573222	60103107	34862659	23947074	14000	91900
科技期刊发表文章数	（篇）	4377250	2903118	18969	37253	113	435
科普基础设施建设							
实体科技馆	（座）	909	978	909	879	1	1
建筑面积	（平方米）	3834942	4342167	3834942	4083736	102000	102000
全年参观人数	（人次）	69719501	74794463	69719501	71496079	4402102	3890765

续表 4

指　标		省级科协		地市级科协		县级科协	
		2018 年	2019 年	2018 年	2019 年	2018 年	2019 年
媒体宣传							
通过媒体宣传科技工作者	（人次）	9542	20102	36829	12706	38539	192632
志愿服务							
科技志愿者	（人）	150472	247166	372446	485740	1102401	739182
专职科普人员	（人）	3051	3767	12217	11972	44334	43242
兼职科普人员	（人）	8363	10752	156796	199211	461477	459417
国际及港澳台地区民间科技交流							
加入国际民间科技组织	（个）	4	5	1	3	—	—
任职专家	（位）	0	4	2	0	—	—
参加国际科学计划	（项）	1	0	0	2	—	—
参加大陆境外科技活动人数	（人次）	1643	2231	1213	1024	1055	675
接待大陆境外专家学者	（人次）	2361	6499	1836	3264	2074	2051
学术交流							
开展推进创新创业活动	（项）	—	1076	—	3135	—	4891
参与服务活动的科技工作者	（人次）	—	208511	—	58691	—	113950
国内学术会议	（次）	207	286	1531	1488	599	352
# 学术年会	（次）	27	29	413	554	155	114
参加人数	（人次）	56749	110230	536427	463770	135576	100390
交流论文、报告数	（篇）	6110	5283	25830	20975	5855	4311
境内国际学术会议	（次）	39	37	82	72	41	38
参加人数	（人次）	18982	73021	33763	23987	14050	10936
# 境外专家学者	（人次）	1131	628	1921	931	409	195
交流论文、报告数	（篇）	2833	1703	3061	1568	401	664
港澳台地区学术会议	（次）	15	8	18	13	4	6
参加人数	（人次）	4512	5201	3923	2720	384	1151
交流论文、报告数	（篇）	1294	1990	413	110	105	117
科技期刊							
主办科技期刊	（种）	56	34	65	39	214	105
科技期刊印刷量	（册）	31095903	22869464	761499	342010	2991257	643700
科技期刊发表文章数	（篇）	17183	33184	797	2597	876	1037
科普基础设施建设							
实体科技馆	（座）	26	26	166	173	716	679
建筑面积	（平方米）	778031	802834	1581554	1700364	1373357	1478538
全年参观人数	（人次）	25281545	21963060	24911299	28915585	15124555	16726669

续表 5

指　标		学会小计		全国学会		省级学会	
		2018 年	2019 年	2018 年	2019 年	2018 年	2019 年
媒体宣传							
通过媒体宣传科技工作者	（人次）	46606	60713	23034	23719	23572	36994
志愿服务							
科技志愿者	（人）	—	249143	—	56585	—	192558
专职科普人员	（人）	—	9010	—	689	—	8321
兼职科普人员	（人）	—	154096	—	9574	—	144522
国际及港澳台地区民间科技交流							
加入国际民间科技组织	（个）	773	863	450	590	323	273
任职专家	（位）	2186	1938	1271	1170	915	768
参加国际科学计划	（项）	119	149	22	41	97	108
参加大陆境外科技活动人数	（人次）	46914	40672	14822	12732	32092	27940
接待大陆境外专家学者	（人次）	25181	31745	10880	14384	14301	17361
学术交流							
开展推进创新创业活动	（项）	—	14501	—	2328	—	12173
参与服务活动的科技工作者	（人次）	—	708886	—	156389	—	552497
国内学术会议	（次）	17217	16259	4460	4362	12757	11897
# 学术年会	（次）	7020	6738	1803	1915	5217	4823
参加人数	（人次）	4508450	4408341	1673635	1762085	2834815	2646256
交流论文、报告数	（篇）	813851	964416	491355	644865	322496	319551
境内国际学术会议	（次）	1151	1353	474	578	677	775
参加人数	（人次）	744021	922769	511616	507694	232405	415075
# 境外专家学者	（人次）	34190	32655	22025	17936	12165	14719
交流论文、报告数	（篇）	85484	136598	52173	80519	33311	56079
港澳台地区学术会议	（次）	174	137	47	33	127	104
参加人数	（人次）	32163	30085	8082	5698	24081	24387
交流论文、报告数	（篇）	8313	7692	3208	1476	5105	6216
科技期刊							
主办科技期刊	（种）	2094	1737	1039	993	1055	744
科技期刊印刷量	（册）	53710563	37536033	33915312	26340842	19795251	11195191
科技期刊发表文章数	（篇）	4358281	2876865	255254	2567278	4103027	309587
科普基础设施建设							
实体科技馆	（座）	—	94	—	15	—	79
建筑面积	（平方米）	—	213431	—	43694	—	169737
全年参观人数	（人次）	—	2930384	—	526743	—	2403641

续表 6

指 标		总 计		科协小计		中国科协机关及直属单位	
		2018 年	2019 年	2018 年	2019 年	2018 年	2019 年
流动科技馆	（个）	1755	1773	1755	1721	343	328
全年流动科技馆巡展受众人数	（人次）	—	90185346	—	88736968	—	22973000
科普大篷车	（辆）	1245	1057	1245	1185	—	0
科普大篷车覆盖人数	（人次）	28068168	18343163	28068168	18174412	—	0
科普画廊建筑面积	（平方米）	2417468	1766802	2417468	1729689	—	0
科普画廊展示面积	（平方米）	4578904	4336686	4578904	4308485	—	0
科普宣讲活动							
举办科普宣讲活动	（次）	—	250361	—	115671	—	1291
科普活动受众人数	（人次）	—	1441060199	—	530829305	—	48115044
# 青少年科普活动受众人数	（人次）	—	136431102	—	94631366	—	28762494
参加活动的科技人员、专家人数	（人次）	—	1056409	—	361214	—	20
青少年科技教育							
举办青少年科技竞赛	（项）	4884	5680	4228	4909	1	0
参加人数	（人次）	99052016	30565465	93888630	26111770	102	0
青少年参加国际及港澳台地区科技交流活动	（次）	230	10729	147	7158	—	0
参加人数	（人次）	33650	66702	5899	40024	—	0
举办青少年高校科学营活动	（次）	1095	1288	847	1016	3	5
参加人数	（人次）	190769	160051	154010	126714	1907	22149
举办青少年科技教育活动和培训	（次）	7566	43574	6702	39880	4	23298
参加人数	（人次）	14882474	14292907	14342009	13368869	1337513	1677144
科普传播							
编著科技图书	（种）	2451	4078	1439	2176	10	18
总印数	（册）	15518281	18864406	9435219	10883193	51000	16150
主办科技报纸	（种）	141	581	85	481	—	0
总印数	（份）	68290438	76199823	62232277	58289449		0
主办科普微信公众号	（个）	2055	1909	1231	1276	2	11
全年阅读量	（个）	—	671698259	—	336855457	—	158849671
科技决策咨询							
开展科技评估	（项）	3173	7341	79	455	—	114
反映科技工作者建议篇数	（篇）	11785	10554	9509	8629	22	—
提供决策咨询报告篇数	（篇）	2415	4353	1572	1915	10	51

续表 7

指　标		省级科协		地市级科协		县级科协	
		2018 年	2019 年	2018 年	2019 年	2018 年	2019 年
流动科技馆	（个）	549	328	351	352	512	713
全年流动科技馆巡展受众人数	（人次）	—	45280377	—	9254424	—	11229167
科普大篷车	（辆）	48	38	270	262	927	885
科普大篷车覆盖人数	（人次）	3052886	1210033	8048322	6625625	16966960	10338754
科普画廊建筑面积	（平方米）	13623	8198	278806	272852	2125039	1448639
科普画廊展示面积	（平方米）	20569	8139	657639	666331	3900696	3634015
科普宣讲活动							
举办科普宣讲活动	（次）	—	17016	—	43480	—	53884
科普活动受众人数	（人次）	—	376309192	—	51385663	—	55019406
# 青少年科普活动受众人数	（人次）	—	44958576	—	9273735	—	11636561
参加活动的科技人员、专家人数	（人次）	—	33367	—	116271	—	211556
青少年科技教育							
举办青少年科技竞赛	（项）	186	207	1047	1377	2994	3325
参加人数	（人次）	9284009	12050198	77137436	7410052	7467083	6651520
青少年参加国际及港澳台地区科技交流活动	（次）	43	60	52	537	52	6561
参加人数	（人次）	1067	13060	1452	14091	3380	12873
举办青少年高校科学营活动	（次）	86	95	303	533	455	383
参加人数	（人次）	23514	30194	20497	17336	108092	57035
举办青少年科技教育活动和培训	（次）	1200	6209	1312	3500	4186	6873
参加人数	（人次）	8738336	6821885	836627	1181021	3429533	3688819
科普传播							
编著科技图书	（种）	328	168	149	256	952	1734
总印数	（册）	1411241	1803212	1949260	2238555	6023718	6825276
主办科技报纸	（种）	30	27	17	17	38	437
总印数	（份）	54043558	49481826	7133808	7474208	1054911	1333415
主办科普微信公众号	（个）	141	131	333	360	755	774
全年阅读量	（个）	—	78172282	—	66139842	—	33693662
科技决策咨询							
开展科技评估	（项）	10	112	14	50	55	179
反映科技工作者建议篇数	（篇）	1472	1413	2214	2396	5801	4820
提供决策咨询报告篇数	（篇）	200	364	665	743	697	757

续表 8

指 标		学会小计		全国学会		省级学会	
		2018 年	2019 年	2018 年	2019 年	2018 年	2019 年
流动科技馆	（个）	—	53	—	8	—	45
全年流动科技馆巡展受众人数	（人次）	—	1448378	—	1021426	—	426952
科普大篷车	（辆）	—	41	—	0	—	41
科普大篷车覆盖人数	（人次）	—	168751	—	0	—	168751
科普画廊建筑面积	（平方米）	—	37113	—	700	—	36413
科普画廊展示面积	（平方米）	—	28201	—	400	—	27801
科普宣讲活动							
举办科普宣讲活动	（次）	—	128190	—	40606	—	87584
科普活动受众人数	（人次）	—	915230894	—	63427124	—	851803770
# 青少年科普活动受众人数	（人次）	—	41799736	—	5505033	—	36294703
参加活动的科技人员、专家人数	（人次）	—	695195	—	201295	—	493900
青少年科技教育							
举办青少年科技竞赛	（项）	656	761	121	637	535	124
参加人数	（人次）	5163386	4222095	2581572	2317242	2581814	1904853
青少年参加国际及港澳台地区科技交流活动	（次）	83	3571	26	3492	57	79
参加人数	（人次）	27751	26678	2583	24705	25168	1973
举办青少年高校科学营活动	（次）	248	272	59	221	189	51
参加人数	（人次）	36759	33337	11229	27456	25530	5881
举办青少年科技教育活动和培训	（次）	864	3828	95	3224	769	604
参加人数	（人次）	540465	988038	206134	609788	334331	378250
科普传播							
编著科技图书	（种）	1012	1940	335	1552	677	388
总印数	（册）	6083062	7511213	1493770	5964682	4589292	1546531
主办科技报纸	（种）	56	100	4	87	52	13
总印数	（份）	6058161	17910374	861600	17284237	5196561	626137
主办科普微信公众号	（个）	824	921	212	696	612	225
全年阅读量	（个）	—	334842802	—	118212972	—	216629830
科技决策咨询							
开展科技评估	（项）	3094	6780	1224	1927	1870	4853
反映科技工作者建议篇数	（篇）	2276	2050	342	228	1934	1822
提供决策咨询报告篇数	（篇）	843	2252	233	661	610	1591

三、组织建设

简要说明

本篇统计资料为：

1．汇总数据，反映中国科协、地方科协、全国学会和省级学会组织建设的基本情况。

2．地方科协统计数据，分别反映各省级科协、地市级科协、县级科协的组织建设情况，包括 2019 年度科协数、会员数等情况。

3．基层组织统计数据，分别反映乡镇、街道、高校、企业、农村和社区的基层组织建设情况。

4．省级学会统计数据，按行政区划反映省级学会 2019 年度理事会理事、学会会员、学会从业人员等情况。

3-1 2019 年各级科协组织建设汇总表

指 标		总 计		科协小计		中国科协机关及直属单位	
		2018 年	2019 年	2018 年	2019 年	2018 年	2019 年
科协数	（个）	3164	3209	3164	3209	1	1
本级科协直属单位	（个）	1553	1907	1553	1907	16	16
本级科协基层组织							
企业科协	（个）	20312	17510	20312	17510	—	—
会员数	（人／个）	2901512	2649326	2901512	2649326	—	—
高校科协	（个）	1374	1437	1374	1437	—	—
会员数	（人／个）	727557	755359	727557	755359	—	—
乡镇科协（街道科协）	（个）	—	26936	—	26936	—	—
会员数	（人／个）	—	1439210	—	1439210	—	—
村科协（社区科协）	（个）	—	26637	—	26637	—	—
会员数	（人／个）	—	395793	—	395793	—	—
农技协	（个）	78492	27113	78492	27113	—	—
会员数	（人／个）	11663411	4420281	11663411	4420281	—	—

3-1 续表

指标		省级科协		地市级科协		县级科协	
		2018年	2019年	2018年	2019年	2018年	2019年
科协数	(个)	32	32	414	408	2717	2619
本级科协直属单位	(个)	230	173	489	508	827	1351
本级科协基层组织							
企业科协	(个)	2001	2156	6651	5088	11660	10227
会员数	(人/个)	851857	1338730	1323050	825353	726605	489343
高校科协	(个)	550	678	732	765	92	121
会员数	(人/个)	365272	403665	345097	358384	17188	14810
乡镇科协（街道科协）	(个)	—	246	—	2283	—	26012
会员数	(人/个)	—	13796	—	93055	—	1392059
村科协（社区科协）	(个)	—	—	—	3970	—	23420
会员数	(人/个)	—	—	—	18169	—	382624
农技协	(个)	9257	2470	10503	1350	58732	22494
会员数	(人/个)	2336106	17426	1391222	191587	7936083	4053104

3-2　2019年全国学会、省级学会组织建设汇总表

指　标		学会合计		全国学会		省级学会	
		2018年	2019年	2018年	2019年	2018年	2019年
学会分支机构	（个）	—	32755	—	5428	—	27327
# 专业委员会	（个）	—	23583	—	3971	—	19612
# 工作委员会	（个）	—	4564	—	1061	—	3503
# 专项基金管理委员会	（个）	—	81	—	31	—	50
学会团体（单位）会员	（个）	258454	562033	56330	53959	202124	508074
理事会理事	（人）	286981	298663	35498	36561	251483	262102
# 常务理事	（人）	97618	98339	11325	11594	86293	86745
# 女性理事	（人）	54861	58527	4968	5234	49893	53293
#45岁及以下的理事	（人）	102148	78226	8447	6263	93701	71963
学会个人会员	（人）	11223323	13026043	4795162	5227032	6428161	7799011
# 女性会员	（人）	3710040	4329398	1190799	1613110	2519241	2716288
# 高级（资深）会员	（人）	1370601	1160025	315507	318101	1055094	841924
# 学生会员	（人）	778558	790487	469945	476079	308613	314408
# 外籍会员	（人）	3356	5397	2402	4492	954	905
# 港澳台会员	（人）	3612	3371	2578	2305	1034	1066
# 交纳会费会员	（人）	2920712	2777153	905967	981826	2014745	1795327
# 党员会员	（人）	3000551	3859242	1142596	1565548	1857955	2293694
学会从业人员	（人）	35350	64519	3944	3704	31406	60815
# 女性从业人员	（人）	13817	27710	2134	2189	11683	25521
# 专职人员	（人）	—	13669	—	3036	—	10633
# 社会聘用人员	（人）	6920	8064	1741	1821	5179	6243

3-3 2019年各省级科协组织建设情况

地 区	科协数（个）	本级科协直属单位（个）	企业科协（个）	会员数（人／个）	高校科协（个）	会员数（人／个）
合 计	**32**	**173**	**2156**	**1338730**	**678**	**403665**
北 京	1	11	117	389227	21	71920
天 津	1	4	17	5060	12	5950
河 北	1	6	0	0	0	0
山 西	1	11	241	9509	17	4878
内蒙古	1	5	41	7482	22	5210
辽 宁	1	1	0	0	0	0
吉 林	1	7	312	74220	28	774
黑龙江	1	9	82	80829	21	0
上 海	1	9	0	0	11	11177
江 苏	1	8	0	0	25	41557
浙 江	1	5	18	20775	12	19088
安 徽	1	4	3	600	12	8639
福 建	1	5	0	0	23	14403
江 西	1	0	0	0	0	0
山 东	1	8	10	27140	129	47110
河 南	1	7	0	0	21	210
湖 北	1	6	23	86949	50	32304
湖 南	1	7	427	381903	0	0
广 东	1	4	0	0	71	15539
广 西	1	4	3	157	39	24358
海 南	1	2	10	7131	6	1773
重 庆	1	6	385	62650	25	30971
四 川	1	9	0	0	0	0
贵 州	1	4	73	17980	70	3722
云 南	1	7	31	1447	10	1341
西 藏	1	1	0	0	0	0
陕 西	1	6	207	153835	34	43988
甘 肃	1	0	0	0	0	0
青 海	1	4	4	152	3	1988
宁 夏	1	5	45	2967	0	0
新 疆	1	8	107	8717	16	16765
新疆生产建设兵团	1	0	0	0	0	0

3-3 续表

地 区	乡镇科协（街道科协）（个）	会员数（人／个）	村科协（社区科协）（个）	会员数（人／个）	农技协（个）	会员数（人／个）
合 计	**246**	**13796**	**0**	**0**	**2470**	**17426**
北 京	0	0	0	0	1	308
天 津	246	13796	0	0	1	200
河 北	0	0	0	0	0	0
山 西	0	0	0	0	1	560
内蒙古	0	0	0	0	1	257
辽 宁	0	0	0	0	1	184
吉 林	0	0	0	0	0	0
黑龙江	0	0	0	0	0	0
上 海	0	0	0	0	0	0
江 苏	0	0	0	0	0	0
浙 江	0	0	0	0	0	0
安 徽	0	0	0	0	0	0
福 建	0	0	0	0	1	520
江 西	0	0	0	0	0	0
山 东	0	0	0	0	1	2400
河 南	0	0	0	0	1	96
湖 北	0	0	0	0	1	30
湖 南	0	0	0	0	0	0
广 东	0	0	0	0	1	97
广 西	0	0	0	0	1	120
海 南	0	0	0	0	1	97
重 庆	0	0	0	0	1	77
四 川	0	0	0	0	0	0
贵 州	0	0	0	0	0	0
云 南	0	0	0	0	0	0
西 藏	0	0	0	0	0	0
陕 西	0	0	0	0	2455	12275
甘 肃	0	0	0	0	0	0
青 海	0	0	0	0	1	105
宁 夏	0	0	0	0	0	0
新 疆	0	0	0	0	1	100
新疆生产建设兵团	0	0	0	0	0	0

3-4 2019年各地区地市级科协组织建设情况

地区	科协数（个）	本级科协直属单位（个）	企业科协（个）	会员数（人/个）	高校科协（个）	会员数（人/个）
合计	**408**	**508**	**5088**	**825353**	**765**	**358384**
北京	16	12	411	50185	2	528
天津	16	8	163	8575	1	100
河北	11	21	206	40917	50	10245
山西	11	23	52	17215	14	2206
内蒙古	12	16	33	4948	0	0
辽宁	14	3	117	43272	56	42484
吉林	9	10	143	5962	29	5543
黑龙江	13	13	61	27430	19	17747
上海	16	11	178	14389	1	178
江苏	13	17	486	108716	80	88845
浙江	11	21	137	11752	46	18006
安徽	15	17	214	24966	26	22086
福建	9	16	58	7285	37	5907
江西	9	17	119	6672	30	9631
山东	15	25	430	39135	116	40134
河南	18	28	168	65887	20	6363
湖北	13	25	132	5460	25	13558
湖南	14	29	527	101253	57	18372
广东	21	29	489	29087	45	19356
广西	13	17	240	37768	8	2563
海南	2	1	0	0	0	0
重庆	27	13	283	27526	4	667
四川	21	24	220	85779	44	22895
贵州	9	12	25	1657	27	3738
云南	15	30	9	1497	8	1763
西藏	4	12	0	0	0	0
陕西	10	9	102	38461	12	3001
甘肃	14	14	32	15820	6	2350
青海	8	4	0	0	0	0
宁夏	5	4	28	1177	0	0
新疆	13	23	18	1971	0	0

3-4 续表

地区	乡镇科协（街道科协）（个）	会员数（人／个）	村科协（社区科协）（个）	会员数（人／个）	农技协（个）	会员数（人／个）
合计	**2283**	**93055**	**3970**	**18169**	**1350**	**191587**
北京	312	20129	259	268	22	5743
天津	227	8524	2868	12667	16	1122
河北	85	1430	0	0	28	4891
山西	46	213	0	0	105	360
内蒙古	194	1431	0	0	54	5383
辽宁	56	1163	529	1058	78	7351
吉林	0	0	0	0	63	8510
黑龙江	0	0	0	0	19	1845
上海	146	8839	0	0	8	575
江苏	10	10	43	43	31	3178
浙江	8	16	0	0	7	555
安徽	0	0	0	0	6	641
福建	0	0	0	0	7	732
江西	54	1101	0	0	2	138
山东	193	6817	0	0	62	3113
河南	74	2980	2	200	54	28527
湖北	0	0	0	0	3	1147
湖南	0	0	0	0	4	616
广东	99	4624	5	15	1	20
广西	57	171	71	221	38	5916
海南	0	0	0	0	8	356
重庆	631	29395	98	3350	445	53665
四川	70	6090	62	130	11	1572
贵州	0	0	1	0	5	332
云南	0	0	0	0	17	1438
西藏	0	0	0	0	3	1015
陕西	8	85	0	0	234	51460
甘肃	3	28	31	217	10	590
青海	0	0	0	0	1	106
宁夏	0	0	0	0	7	690
新疆	0	0	0	0	0	0

3-5 2019年各地区县级科协组织建设情况

地区	科协数（个）	本级科协直属单位（个）	企业科协（个）	企业科协会员数（人／个）	高校科协（个）	高校科协会员数（人／个）
合计	**2619**	**1351**	**10227**	**489343**	**121**	**14810**
河北	167	94	215	7763	5	112
山西	116	41	93	5701	0	0
内蒙古	102	17	218	4933	0	0
辽宁	97	40	100	5688	2	1300
吉林	56	57	31	777	0	0
黑龙江	109	24	26	268	1	10
江苏	97	51	2657	112635	3	1450
浙江	89	57	1725	99810	12	1707
安徽	100	38	320	12285	3	20
福建	81	54	999	38917	6	478
江西	86	46	183	6716	8	134
山东	135	83	1024	55858	22	2610
河南	157	99	175	8331	6	155
湖北	102	82	623	18645	6	1109
湖南	124	94	525	18903	9	948
广东	118	47	189	20550	7	1255
广西	104	37	83	2604	2	36
海南	20	10	0	0	0	0
重庆	12	6	31	1372	0	0
四川	181	80	611	49018	21	3311
贵州	87	49	61	1953	2	0
云南	128	69	129	8599	1	0
西藏	65	24	2	0	1	0
陕西	82	29	89	3851	0	0
甘肃	80	52	0	0	0	0
青海	23	13	2	140	1	5
宁夏	21	8	99	3366	1	150
新疆	83	50	17	660	2	20

注：本表数据不含北京、天津和上海地区。

3-5 续表

地 区	乡镇科协（街道科协）（个）	会员数（人／个）	村科协（社区科协）（个）	会员数（人／个）	农技协（个）	会员数（人／个）
合 计	**26012**	**1392059**	**23420**	**382624**	**22494**	**4053104**
河 北	1668	45954	43	1836	585	159993
山 西	1173	36372	547	5787	434	57306
内蒙古	958	25900	208	2499	433	68916
辽 宁	1062	44803	527	8879	518	89764
吉 林	403	16785	398	5602	377	62396
黑龙江	534	14857	189	8112	697	63267
江 苏	1207	127653	5048	58690	1135	133713
浙 江	1244	79727	5531	85701	423	47189
安 徽	1286	74957	469	7188	1046	163907
福 建	1018	38083	909	10078	610	61851
江 西	1297	42273	53	1472	593	62366
山 东	1514	149609	1520	27780	1235	355821
河 南	1833	120432	232	5351	1913	401544
湖 北	1094	63965	551	22306	609	120387
湖 南	1672	131343	4305	71894	871	162388
广 东	1067	56360	290	2114	414	49323
广 西	832	26413	246	2027	855	144261
海 南	87	3881	173	624	128	11299
重 庆	381	18980	8	349	325	27071
四 川	2617	113910	679	14128	3762	1048366
贵 州	719	39865	100	2983	817	113261
云 南	1115	46734	776	13585	3116	335993
西 藏	1	0	4	2	8	2055
陕 西	807	37912	212	3808	1014	194039
甘 肃	0	0	0	0	0	0
青 海	57	26482	18	16451	164	33739
宁 夏	190	6215	198	2697	233	49569
新 疆	176	2594	186	681	179	33320

3-6 2019年各地区省级学会组织建设情况

地 区	理事会理事（人）	#常务理事（人）	#女性理事（人）	#45岁及以下的理事（人）
合 计	**262102**	**86745**	**53293**	**71963**
北 京	10144	3012	2817	3077
天 津	6555	1624	1839	2120
河 北	12916	4756	3311	3891
山 西	10818	3760	2340	2393
内蒙古	14960	5309	3605	3540
辽 宁	9147	2843	2335	2370
吉 林	11091	3843	2726	3219
黑龙江	1759	578	566	544
上 海	9281	2445	2051	2242
江 苏	10699	3525	1698	3200
浙 江	10544	3634	1829	2771
安 徽	10056	3561	1779	3087
福 建	10232	3248	2004	2693
江 西	6263	1907	1190	1610
山 东	12302	3788	2453	3468
河 南	10978	3838	2040	2872
湖 北	11836	3054	1910	3315
湖 南	15447	5522	2688	4734
广 东	16073	5573	2713	3954
广 西	8138	2594	1542	2446
海 南	2160	771	291	465
重 庆	7846	2565	1505	2801
四 川	7457	2509	1385	2242
贵 州	4911	1735	974	1387
云 南	6481	2115	1398	1353
西 藏	1229	473	261	435
陕 西	9153	3011	1525	2307
甘 肃	2131	704	453	517
青 海	2420	876	332	539
宁 夏	3065	1003	555	723
新 疆	6010	2569	1178	1648

3-6 续表 1

地 区	学会个人会 员（人）	# 女性会员（人）	# 高级（资深）会 员（人）	# 学生会员（人）	# 外籍会员（人）	# 港澳台会员（人）	# 交纳会费会 员（人）	# 党员会员（人）
合 计	**7817711**	**2716288**	**841924**	**314408**	**905**	**1066**	**1795327**	**2293694**
北 京	433530	191661	59012	14892	35	25	97284	101887
天 津	125182	60048	10833	6569	8	6	43006	41114
河 北	194303	91164	22599	16202	54	14	67563	66723
山 西	168705	73210	14659	7063	1	8	52590	51679
内蒙古	341228	204048	32937	8440	0	0	25120	159006
辽 宁	187745	93972	18936	13936	204	50	53361	59869
吉 林	1162058	73639	14599	7327	7	0	26626	210109
黑龙江	156552	43388	40973	4650	2	0	1098	64704
上 海	295366	138996	41402	14151	175	201	180329	99130
江 苏	467837	200194	93580	49453	38	7	235778	85250
浙 江	276952	151584	30295	12647	22	15	114206	105525
安 徽	257196	74053	33190	18155	7	1	32845	77714
福 建	241699	115960	32465	18984	10	125	104687	98403
江 西	226414	116722	29001	2652	0	0	26304	55436
山 东	363199	174544	35267	25472	53	128	79103	177284
河 南	216921	62170	30051	15229	0	0	16356	99172
湖 北	159437	40542	35726	4945	38	2	15089	74141
湖 南	500032	124581	34351	9107	41	25	136852	241647
广 东	609645	234713	48504	12954	78	239	143870	65013
广 西	110363	36603	10629	3547	50	87	31769	39865
海 南	37461	22994	1692	1900	0	0	18347	4818
重 庆	111859	54000	16605	6533	1	2	36210	37985
四 川	146454	32944	40905	5535	48	17	33160	43481
贵 州	67511	31179	9526	4928	3	62	19384	19687
云 南	239115	88973	29815	3102	12	48	87659	60621
西 藏	12729	5957	685	341	0	0	438	3102
陕 西	215780	74154	49536	13748	16	0	54372	94152
甘 肃	21332	6468	3516	4672	1	3	4411	6725
青 海	44596	22314	2796	2093	0	0	14527	10962
宁 夏	57877	27559	6048	2664	1	1	12439	13280
新 疆	368633	47954	11791	2517	0	0	30544	25210

3-6 续表 2

地 区	学会从业人员(人)	# 女性从业人员(人)	# 专职人员(人)	# 社会聘用人员(人)
合 计	**60815**	**25521**	**10633**	**6243**
北 京	1062	588	518	278
天 津	1606	467	81	85
河 北	1822	783	249	205
山 西	559	242	141	102
内蒙古	3519	1498	481	335
辽 宁	1365	603	363	218
吉 林	11378	3888	2163	105
黑龙江	194	73	20	20
上 海	3031	2184	552	598
江 苏	785	397	455	274
浙 江	906	419	310	191
安 徽	3119	940	185	101
福 建	496	239	189	143
江 西	474	171	109	65
山 东	3224	602	346	274
河 南	445	187	197	128
湖 北	1323	426	402	72
湖 南	2381	748	257	1057
广 东	1526	719	675	423
广 西	2665	1096	525	113
海 南	259	118	175	89
重 庆	1992	1135	216	144
四 川	2145	786	496	216
贵 州	2030	823	491	126
云 南	3242	871	362	228
西 藏	2692	2313	38	218
陕 西	1192	575	249	193
甘 肃	1115	784	80	23
青 海	1347	581	58	51
宁 夏	1581	757	101	64
新 疆	1340	508	149	104

四、为科技工作者服务

简要说明

本篇统计资料为：

1. 汇总数据，反映中国科协、地方科协、全国学会、省级学会为科技工作者服务的基本情况。

2. 省级科协的统计数据为2019年度向省部级（含）以上科技奖项、人才计划（工程）举荐人才，设立科技奖项，表彰奖励科技工作者，举办继续教育培训班，通过媒体宣传科技工作者等情况。

3. 地市级科协的统计数据为2019年度向省部级（含）以上科技奖项、人才计划（工程）举荐人才，设立科技奖项，表彰奖励科技工作者，举办继续教育培训班，通过媒体宣传科技工作者等情况。

4. 县级科协的统计数据为2019年度向省部级（含）以上科技奖项、人才计划（工程）举荐人才，设立科技奖项，表彰奖励科技工作者，通过媒体宣传科技工作者等情况。

5. 省级学会的统计数据为2019年度向省部级（含）以上科技奖项、人才计划（工程）举荐人才，表彰奖励科技工作者，举办继续教育培训班，通过媒体宣传科技工作者等情况。

4-1 2019年各级科协为科技工作者服务汇总表

指标		合计		科协小计		中国科协机关及直属单位	
		2018年	2019年	2018年	2019年	2018年	2019年
思想政治教育及能力提升							
举办各类思想政治教育培训班及活动	（次）	—	18094	—	8450	—	1
# 科协党校主题教育培训班	（期）	—	5699	—	1791	—	1
# 举办科学道德与学风建设宣讲活动	（次）	1987	9852	1238	4910	—	0
各类思想政治教育培训班参训人数及活动受众人数	（人次）	—	5668240	—	2437674	—	360
# 科协党校主题教育培训班参训人数	（人次）	—	379575	—	341495	—	360
# 举办科学道德与学风建设宣讲活动受众人数	（人次）	3657384	5114830	1656132	1966109	—	0
举办干部教育培训班	（期）	2208	4949	2208	3582	11	9
干部教育培训班参训人数	（人次）	395070	546274	395070	482537	1484	438
举办继续教育培训班	（期）	2208	21004	2208	4968	11	0
# 举办技术创新方法培训班	（期）	—	5847	—	1899	—	0
继续教育培训班参训人数	（人次）	2406025	3546277	396353	440057	100	0
# 技术创新方法培训班参训人数	（人次）	—	1470057	—	150497	—	0
表彰举荐							
向省部级（含）以上科技奖项、人才计划（工程）举荐的人才数	（人次）	5290	8390	1651	2102	—	2
向省部级（含）以上科技奖项推荐项目数	（项）	2445	3906	511	1081	19	1
举荐院士候选人	（位）	155	697	65	193	—	—
设立科技奖项数	（个）	1571	1135	—	57	—	—
# 人物类奖项数	（个）	—	681	—	45	—	—
# 成果类奖项数	（个）	—	255	—	10	—	—

4-1 续表 1

指 标		省级科协		地市级科协		县级科协	
		2018 年	2019 年	2018 年	2019 年	2018 年	2019 年
思想政治教育及能力提升							
举办各类思想政治教育培训班及活动	（次）	—	3115	—	929	—	4405
# 科协党校主题教育培训班	（期）	—	541	—	274	—	975
# 举办科学道德与学风建设宣讲活动	（次）	365	2393	107	335	766	2182
各类思想政治教育培训班参训人数及活动受众人数	（人次）	—	1163717	—	138170	—	1135427
# 科协党校主题教育培训班参训人数	（人次）	—	219133	—	15146	—	106856
# 举办科学道德与学风建设宣讲活动受众人数	（人次）	886976	932220	55444	94203	713712	939686
举办干部教育培训班	（期）	121	187	401	568	1675	2818
干部教育培训班参训人数	（人次）	16871	16468	35054	46690	341661	418941
举办继续教育培训班	（期）	121	299	401	893	1675	3776
# 举办技术创新方法培训班	（期）	—	171	—	430	—	1298
继续教育培训班参训人数	（人次）	11376	38080	109396	133573	275481	268404
# 技术创新方法培训班参训人数	（人次）	—	18407	—	45750	—	86340
表彰举荐							
向省部级（含）以上科技奖项、人才计划（工程）举荐的人才数	（人次）	274	642	559	787	818	671
向省部级（含）以上科技奖项推荐项目数	（项）	43	327	179	371	270	382
设立科技奖项数	（个）	61	57	—	—	—	—
# 人物类奖项数	（个）	—	45	—	—	—	—
# 成果类奖项数	（个）	—	10	—	—	—	—

4-1 续表 2

指 标		合 计		科协小计		中国科协机关及直属单位	
		2018 年	2019 年	2018 年	2019 年	2018 年	2019 年
表彰奖励科技工作者	（人次）	101463	91328	—	—	—	—
# 表彰奖励女性科技工作者	（人次）	30203	25053	—	—	—	—
# 表彰奖励 45 岁及以下科技工作者	（人次）	45392	47462	—	—	—	—
媒体宣传							
通过媒体宣传科技工作者	（人次）	132821	286428	86215	225715	1305	275
按照媒体级别分类							
# 中央及省级媒体宣传科技工作者	（人次）	22032	28805	6431	8637	1231	0
按照媒体介质分类							
# 广播电视宣传科技工作者	（人次）	10368	79271	7822	74264	167	0
# 纸质媒体宣传科技工作者	（人次）	39199	40239	26069	25658	221	0
# 网络与新媒体宣传科技工作者	（人次）	97560	174454	65154	130683	1305	275
志愿服务							
举办科技志愿服务活动	（次）	—	71364	—	41291	—	29
参与科技志愿服务活动人数	（人次）	—	8921642	—	6857376	—	6070
科技志愿服务组织	（个）	—	22217	—	17593	—	8
科技志愿者	（人）	1625491	1721428	1625491	1472285	172	197
专职科普人员	（人）	60102	68531	60102	59521	500	540
兼职科普人员	（人）	634288	833138	634288	679042	7652	9662
维权服务							
开展维护科技工作者权益活动	（次）	—	2414	—	546	—	—
科技工作者维权活动受益人数	（人次）	—	229551	—	55568	—	—
通过群众来信、信访热线等方式服务科技工作者次数	（次）	—	41469	—	8800	—	1321
受益人数	（人次）	—	684923	—	451440	—	1321

4-1 续表 3

指 标		省级科协		地市级科协		县级科协	
		2018 年	2019 年	2018 年	2019 年	2018 年	2019 年
表彰奖励科技工作者	（人次）	2471	2488	—	—	—	—
# 表彰奖励女性科技工作者	（人次）	536	788	—	—	—	—
# 表彰奖励 45 岁及以下科技工作者	（人次）	704	1667	—	—	—	—
媒体宣传							
通过媒体宣传科技工作者	（人次）	9542	20102	36829	12706	38539	192632
按照媒体级别分类							
# 中央及省级媒体宣传科技工作者	（人次）	3370	7022	1032	952	798	663
按照媒体介质分类							
# 广播电视宣传科技工作者	（人次）	379	1285	1677	2341	5599	70638
# 纸质媒体宣传科技工作者	（人次）	2399	4121	3670	4137	19779	17400
# 网络与新媒体宣传科技工作者	（人次）	7005	12023	32809	7819	24035	110566
志愿服务							
举办科技志愿服务活动	（次）	—	7953	—	15890	—	17419
参与科技志愿服务活动人数	（人次）	—	4347770	—	1281914	—	1221622
科技志愿服务组织	（个）	—	2570	—	2651	—	12364
科技志愿者	（人）	150472	247166	372446	485740	1102401	739182
专职科普人员	（人）	3051	3767	12217	11972	44334	43242
兼职科普人员	（人）	8363	10752	156796	199211	461477	459417
维权服务							
开展维护科技工作者权益活动	（次）	—	16	—	122	—	408
科技工作者维权活动受益人数	（人次）	—	144	—	4768	—	50656
通过群众来信、信访热线等方式服务科技工作者次数	（次）	—	258	—	1021	—	6200
受益人数	（人次）	—	55557	—	279716	—	114846

4-2 2019年全国学会、省级学会为科技工作者服务汇总表

指标		学会小计		全国学会		省级学会	
		2018年	2019年	2018年	2019年	2018年	2019年
思想政治教育及能力提升							
举办各类思想政治教育培训班及活动	（次）	—	9899	—	529	—	9370
# 科协党校主题教育培训班	（期）	—	3908	—	110	—	3798
# 举办科学道德与学风建设宣讲活动	（次）	749	4942	130	299	619	4643
各类思想政治教育培训班参训人数及活动受众人数	（人次）	—	3288566	—	111331	—	3177235
# 科协党校主题教育培训班参训人数	（人次）	—	38080	—	3201	—	34879
# 举办科学道德与学风建设宣讲活动受众人数	（人次）	2001252	3148721	58173	101212	1943079	3047509
举办干部教育培训班	（期）	—	1364	—	186	—	1178
干部教育培训班参训人数	（人次）	—	63737	—	10635	—	53102
举办继续教育培训班	（期）	—	16115	—	1982	—	14133
# 举办技术创新方法培训班	（期）	—	3948	—	545	—	3403
继续教育培训班参训人数	（人次）	2009672	3103230	341797	461120	1667875	2642110
# 技术创新方法培训班参训人数	（人次）	—	1319560	—	88614	—	1230946
表彰举荐							
向省部级（含）以上科技奖项、人才计划（工程）举荐的人才数	（人次）	3639	6330	902	1011	2737	5319
向省部级（含）以上科技奖项推荐项目数	（项）	1934	2860	449	440	1485	2420
设立科技奖项数	（个）	1344	1493	347	376	997	1117
# 人物类奖项数	（个）	—	718	—	216	—	502
# 成果类奖项数	（个）	—	668	—	146	—	522

4-2 续表

指 标		学会小计		全国学会		省级学会	
		2018年	2019年	2018年	2019年	2018年	2019年
表彰奖励科技工作者	（人次）	70247	84850	24674	26920	45573	57930
#表彰奖励女性科技工作者	（人次）	20304	23263	5585	6188	14719	17075
#表彰奖励45岁及以下科技工作者	（人次）	32157	45795	10132	12996	22025	32799
媒体宣传							
通过媒体宣传科技工作者	（人次）	46606	60713	23034	23719	23572	36994
按照媒体级别分类							
#中央及省级媒体宣传科技工作者	（人次）	15601	20168	7956	9538	7645	10630
按照媒体介质分类							
#广播电视宣传科技工作者	（人次）	2546	5007	456	1308	2090	3699
#纸质媒体宣传科技工作者	（人次）	13130	14581	7558	7415	5572	7166
#网络与新媒体宣传科技工作者	（人次）	32406	43771	17244	17196	15162	26575
志愿服务							
举办科技志愿服务活动	（次）	—	30073	—	2736	—	27337
参与科技志愿服务活动人数	（人次）	—	2064266	—	457469	—	1606797
科技志愿服务组织	（个）	—	4624	—	1423	—	3201
科技志愿者	（人）	—	249143	—	56585	—	192558
专职科普人员	（人）	—	9010	—	689	—	8321
兼职科普人员	（人）	—	154096	—	9574	—	144522
维权服务							
开展维护科技工作者权益活动	（次）	—	1868	—	32	—	1836
科技工作者维权活动受益人数	（人次）	—	173983	—	61262	—	112721
通过群众来信、信访热线等方式服务科技工作者次数	（次）	—	32669	—	6034	—	26635
受益人数	（人次）	—	233483	—	7914	—	225569

4-3　2019 年各省级科协为科技工作者服务情况

地 区	举办各类思想政治教育培训班及活动					
	次 数（次）	# 科协党校主题教育培训班（期）	# 举办科学道德与学风建设宣讲活动（次）	各类思想政治教育培训班参训人数及活动受众人数（人次）	# 科协党校主题教育培训班参训人数（人次）	# 举办科学道德与学风建设宣讲活动受众人数（人次）
合 计	**3115**	**541**	**2393**	**1163717**	**219133**	**932220**
北 京	4	1	3	627	27	600
天 津	1	0	1	600	0	600
河 北	240	0	240	54000	0	54000
山 西	13	6	5	27934	500	27294
内蒙古	28	11	3	5945	574	3770
辽 宁	245	0	242	200176	0	200000
吉 林	6	0	6	7749	0	7749
黑龙江	1	0	1	16820	0	16820
上 海	2	0	2	3500	0	3500
江 苏	3	0	3	3400	0	3400
浙 江	69	41	19	39137	2406	35856
安 徽	1	0	1	40000	0	40000
福 建	7	0	6	1650	0	1530
江 西	5	0	5	29461	0	29461
山 东	5	4	1	251	103	148
河 南	6	1	5	27588	150	27438
湖 北	3	0	1	1447	0	1200
湖 南	47	0	10	12818	0	9998
广 东	1472	0	1462	138542	0	137342
广 西	15	12	1	2060	525	1500
海 南	2	0	2	1500	0	1500
重 庆	898	453	349	341776	214023	123373
四 川	5	2	3	2800	80	2000
贵 州	2	1	1	1089	89	1000
云 南	2	0	2	57000	0	57000
西 藏	0	0	0	0	0	0
陕 西	1	0	1	99419	0	99419
甘 肃	1	0	1	36962	0	36962
青 海	10	0	10	4500	0	4500
宁 夏	1	0	0	50	0	0
新 疆	20	9	7	4916	656	4260
新疆生产建设兵团	0	0	0	0	0	0

4-3 续表 1

地 区	举办干部教育培训班（期）	干部教育培训班参训人数（人次）	举办继续教育培训班			
			期 数（期）	# 举办技术创新方法培训班（期）	继续教育培训班参训人数（人次）	# 技术创新方法培训班参训人数（人次）
合 计	**187**	**16468**	**299**	**171**	**38080**	**18407**
北 京	9	535	12	0	664	0
天 津	8	1180	47	17	4370	2753
河 北	1	120	20	20	200	200
山 西	7	277	15	8	692	430
内蒙古	12	1680	18	3	2010	400
辽 宁	1	55	12	12	500	500
吉 林	3	92	0	0	0	0
黑龙江	0	0	0	0	0	0
上 海	1	2745	1	1	14709	3760
江 苏	4	220	1	0	50	0
浙 江	16	2357	21	10	1302	770
安 徽	2	220	1	0	0	0
福 建	6	535	5	0	780	0
江 西	1	50	0	0	0	0
山 东	8	301	2	1	250	200
河 南	3	211	6	4	448	45
湖 北	4	147	0	0	0	0
湖 南	1	67	52	45	5771	4636
广 东	2	58	8	7	615	602
广 西	29	944	21	18	1500	1200
海 南	2	74	1	1	50	50
重 庆	26	1326	20	4	806	256
四 川	2	135	0	0	0	0
贵 州	2	230	1	0	116	0
云 南	9	1115	10	5	1005	1000
西 藏	2	40	0	0	0	0
陕 西	4	640	3	1	109	92
甘 肃	16	644	0	0	0	0
青 海	0	0	3	3	230	230
宁 夏	3	170	6	3	383	283
新 疆	3	300	13	8	1520	1000
新疆生产建设兵团	0	0	0	0	0	0

4-3 续表 2

地 区	向省部级（含）以上科技奖项、人才计划（工程）举荐的人才数（人次）	向省部级（含）以上科技奖项推荐项目数（项）	设立科技奖项数（个）	# 人物类奖项数（个）	# 成果类奖项数（个）	表彰奖励科技工作者（人次）	# 表彰奖励女性科技工作者（人次）	# 表彰奖励 45 岁及以下科技工作者（人次）
合 计	**642**	**327**	**57**	**45**	**10**	**2488**	**788**	**1667**
北 京	63	3	2	2	0	39	20	39
天 津	0	0	1	1	0	60	13	47
河 北	0	0	2	2	0	30	8	30
山 西	0	0	2	2	0	109	32	51
内蒙古	11	3	2	1	1	293	98	60
辽 宁	19	4	4	3	1	839	302	692
吉 林	32	3	2	0	1	0	0	0
黑龙江	30	0	2	2	0	30	10	30
上 海	30	1	1	1	0	10	4	1
江 苏	21	1	1	1	0	0	0	0
浙 江	29	0	2	2	0	39	4	39
安 徽	0	0	0	0	0	0	0	0
福 建	16	0	7	5	1	108	29	84
江 西	101	0	2	2	0	10	2	3
山 东	31	0	0	0	0	0	0	0
河 南	50	7	2	1	1	60	26	60
湖 北	25	0	0	0	0	0	0	0
湖 南	39	270	2	2	0	17	5	12
广 东	62	6	1	1	0	20	0	6
广 西	0	0	3	3	0	30	8	30
海 南	3	0	1	1	0	29	4	16
重 庆	1	0	4	3	1	248	63	146
四 川	0	0	2	2	0	29	10	19
贵 州	0	0	0	0	0	0	0	0
云 南	29	0	1	1	0	42	18	30
西 藏	0	0	0	0	0	1	1	0
陕 西	22	0	1	1	0	70	20	70
甘 肃	0	1	0	0	0	0	0	0
青 海	0	0	0	0	0	0	0	0
宁 夏	0	0	10	6	4	375	111	202
新 疆	28	28	0	0	0	0	0	0
新疆生产建设兵团	0	0	0	0	0	0	0	0

4-3 续表 3

地 区	通过媒体宣传科技工作者（人次）	# 中央及省级媒体宣传科技工作者（人次）	# 广播电视宣传科技工作者（人次）	# 纸质媒体宣传科技工作者（人次）	# 网络与新媒体宣传科技工作者（人次）
合 计	**20102**	**7022**	**1285**	**4121**	**12023**
北 京	978	596	236	187	655
天 津	42	42	22	32	42
河 北	5276	858	30	560	5126
山 西	681	269	10	401	270
内蒙古	816	20	60	124	764
辽 宁	60	40	0	40	20
吉 林	131	131	69	20	62
黑龙江	1	1	0	1	1
上 海	468	155	69	89	155
江 苏	468	6	86	156	225
浙 江	344	315	0	33	311
安 徽	73	73	0	73	15
福 建	257	36	5	14	248
江 西	81	10	10	51	21
山 东	6463	2231	400	600	1334
河 南	41	35	10	16	35
湖 北	58	42	6	22	28
湖 南	349	56	56	76	193
广 东	346	116	110	251	336
广 西	944	792	10	139	795
海 南	48	48	48	0	0
重 庆	527	120	15	395	335
四 川	351	210	1	209	121
贵 州	264	264	13	30	235
云 南	45	45	3	3	39
西 藏	1	0	0	0	1
陕 西	486	468	12	452	342
甘 肃	256	0	0	0	226
青 海	56	16	0	6	40
宁 夏	130	0	0	130	0
新 疆	61	27	4	11	48
新疆生产建设兵团	0	0	0	0	0

4-3 续表 4

地 区	举办科技志愿服务活动（次）	参与科技志愿服务活动人数（人次）	科技志愿服务组织（个）	科技志愿者（人）	专职科普人员（人）
合 计	**7953**	**4347770**	**2570**	**247366**	**3767**
北 京	71	2920	39	2367	332
天 津	1254	13800	1530	81069	136
河 北	5	30	3	30	40
山 西	21	3018	1	26	36
内蒙古	1058	707829	6	1777	74
辽 宁	50	200	40	0	293
吉 林	50	55176	69	1103	162
黑龙江	2	221	1	401	156
上 海	0	0	1	34	0
江 苏	0	0	0	0	18
浙 江	443	4472	54	4437	284
安 徽	123	23000	0	87	21
福 建	493	33656	11	436	95
江 西	633	9318	129	8034	5
山 东	2	8	4	163	89
河 南	1806	3360040	412	131174	57
湖 北	65	15000	1	30	5
湖 南	18	2546	15	1581	184
广 东	354	50844	8	208	23
广 西	793	4025	6	913	233
海 南	9	4800	27	77	3
重 庆	569	5312	4	2944	971
四 川	0	0	0	1218	141
贵 州	1	10	0	11	0
云 南	0	0	200	9000	71
西 藏	0	0	0	0	0
陕 西	0	0	0	0	95
甘 肃	0	0	0	10	10
青 海	4	44	1	11	49
宁 夏	123	51000	0	0	0
新 疆	6	501	8	225	184
新疆生产建设兵团	0	0	0	0	0

4-3 续表 5

地 区	兼职科普人员（人）	开展维护科技工作者权益活动（次）	科技工作者维权活动受益人数（人次）	通过群众来信、信访热线等方式服务科技工作者次数（次）	受益人数（人次）
合 计	**10752**	**16**	**144**	**258**	**55557**
北 京	257	0	0	0	0
天 津	0	0	0	0	0
河 北	0	0	0	0	0
山 西	13	0	0	0	0
内蒙古	1714	0	0	0	0
辽 宁	200	0	0	0	0
吉 林	353	0	0	0	0
黑龙江	0	0	0	0	0
上 海	10	0	0	0	0
江 苏	3	2	2	0	0
浙 江	2639	0	0	0	0
安 徽	455	0	0	0	0
福 建	0	0	0	0	0
江 西	0	0	0	0	0
山 东	90	0	0	0	0
河 南	7	0	0	24	50
湖 北	25	6	6	10	10
湖 南	358	0	0	80	200
广 东	21	1	100	4	4
广 西	80	0	0	117	54879
海 南	0	0	0	0	0
重 庆	2973	6	35	17	152
四 川	1218	0	0	5	62
贵 州	8	0	0	0	0
云 南	11	0	0	0	0
西 藏	0	0	0	0	0
陕 西	11	0	0	0	0
甘 肃	0	0	0	0	0
青 海	0	0	0	0	0
宁 夏	78	0	0	0	0
新 疆	228	1	1	1	200
新疆生产建设兵团	0	0	0	0	0

4–4　2019年各地区地市级科协为科技工作者服务情况

地　区	举办各类思想政治教育培训班及活动					
	次　数（次）	# 科协党校主题教育培训班（期）	# 举办科学道德与学风建设宣讲活动（次）	各类思想政治教育培训班参训人数及活动受众人数（人次）	# 科协党校主题教育培训班参训人数（人次）	# 举办科学道德与学风建设宣讲活动受众人数（人次）
合　计	**929**	**274**	**335**	**138170**	**15146**	**94203**
北　京	9	0	1	660	0	660
天　津	3	1	2	840	40	800
河　北	10	6	2	597	277	295
山　西	18	6	11	2253	490	1723
内蒙古	41	0	2	1103	123	120
辽　宁	20	6	2	576	295	35
吉　林	0	0	0	0	0	0
黑龙江	4	2	2	80	30	50
上　海	15	15	0	106	106	0
江　苏	36	9	15	7402	232	6796
浙　江	16	9	5	1305	612	662
安　徽	21	1	13	562	17	390
福　建	17	8	9	1081	444	637
江　西	185	6	33	33320	120	20320
山　东	19	9	8	4700	450	3960
河　南	60	36	19	6553	869	5759
湖　北	11	1	8	3040	70	400
湖　南	46	11	20	8866	1693	7173
广　东	59	13	12	7494	2062	1567
广　西	6	0	3	260	0	150
海　南	0	0	0	0	0	0
重　庆	130	75	43	17210	3326	13414
四　川	25	11	22	2634	14	2574
贵　州	44	13	30	7646	29	7446
云　南	53	14	35	5731	515	4961
西　藏	21	8	13	4895	80	4805
陕　西	35	11	5	9850	2102	1600
甘　肃	5	0	5	450	0	450
青　海	1	0	1	1230	0	1230
宁　夏	5	0	5	5500	0	5300
新　疆	2	1	1	530	500	30
新疆生产建设兵团	12	2	8	1696	650	896

4-4 续表 1

地 区	举办干部教育培训班（期）	干部教育培训班参训人数（人次）	举办继续教育培训班			
			期 数（期）	# 举办技术创新方法培训班（期）	继续教育培训班参训人数（人次）	# 技术创新方法培训班参训人数（人次）
合 计	**568**	**46690**	**893**	**430**	**133573**	**45750**
北 京	38	5890	39	10	3546	420
天 津	32	7062	5	4	225	160
河 北	5	850	20	20	1320	1320
山 西	12	1222	11	6	1425	1260
内蒙古	47	2286	6	1	120	120
辽 宁	15	1291	9	3	1430	430
吉 林	1	17	4	3	200	200
黑龙江	1	60	6	2	910	360
上 海	28	1562	65	19	17039	500
江 苏	31	2510	15	10	1022	733
浙 江	20	1063	5	0	589	0
安 徽	14	270	11	3	461	220
福 建	5	172	3	0	85	0
江 西	18	351	4	2	120	60
山 东	19	1200	6	0	670	10
河 南	14	1219	14	5	2114	960
湖 北	12	926	31	3	3146	206
湖 南	22	1037	26	19	2038	1290
广 东	59	4197	106	51	8470	4110
广 西	13	748	14	6	671	670
海 南	2	300	1	1	100	100
重 庆	43	4001	23	1	332	29
四 川	15	1189	49	43	1374	1264
贵 州	6	325	5	2	83	40
云 南	39	2764	15	0	868	0
西 藏	10	96	14	4	120	22
陕 西	10	1025	158	2	53388	98
甘 肃	7	235	2	1	41	2
青 海	11	348	8	4	162	120
宁 夏	2	100	8	6	210	210
新 疆	13	2046	8	1	0	0
新疆生产建设兵团	4	4	4	4	31294	30836

4-4 续表 2

地区	向省部级（含）以上科技奖项、人才计划（工程）举荐的人才数（人次）	向省部级（含）以上科技奖项推荐项目数（项）	设立科技奖项数（个）	# 人物类奖项数（个）	# 成果类奖项数（个）	表彰奖励科技工作者（人次）	# 表彰奖励女性科技工作者（人次）	# 表彰奖励45岁及以下科技工作者（人次）
合　计	**787**	**371**	**247**	**166**	**64**	**11500**	**3523**	**6157**
北　京	26	44	2	1	1	152	95	70
天　津	40	7	4	0	3	315	182	225
河　北	63	1	4	4	0	139	51	78
山　西	6	0	5	5	0	149	38	58
内蒙古	23	2	13	7	1	313	149	183
辽　宁	45	134	17	9	7	525	201	370
吉　林	11	0	1	1	0	37	13	1
黑龙江	12	0	5	5	0	154	42	89
上　海	64	68	6	4	2	243	86	193
江　苏	41	9	25	18	6	664	198	329
浙　江	13	0	12	6	5	1369	397	891
安　徽	29	11	9	7	1	135	42	66
福　建	10	0	0	0	0	0	0	0
江　西	30	1	6	5	1	317	68	123
山　东	31	17	17	14	3	1459	560	707
河　南	50	13	27	17	8	2721	450	855
湖　北	8	3	3	3	0	25	8	22
湖　南	7	3	16	14	2	168	33	101
广　东	13	3	10	5	5	390	169	313
广　西	38	3	5	3	2	253	113	171
海　南	0	0	3	2	1	56	30	56
重　庆	26	6	22	13	7	376	133	185
四　川	25	6	10	6	4	920	299	769
贵　州	24	0	1	1	0	10	3	6
云　南	11	4	1	0	1	52	0	0
西　藏	9	2	0	0	0	0	0	0
陕　西	28	4	8	5	1	291	81	166
甘　肃	6	0	6	6	0	160	39	60
青　海	2	6	1	0	1	0	0	0
宁　夏	55	2	2	1	0	52	26	32
新　疆	11	0	4	3	1	29	7	17
新疆生产建设兵团	30	22	2	1	1	26	10	21

4-4 续表 3

地　区	通过媒体宣传科技工作者（人次）	# 中央及省级媒体宣传科技工作者（人次）	# 广播电视宣传科技工作者（人次）	# 纸质媒体宣传科技工作者（人次）	# 网络与新媒体宣传科技工作者（人次）
合　计	**12706**	**952**	**2341**	**4137**	**7819**
北　京	185	1	45	26	103
天　津	16	4	3	3	6
河　北	199	6	16	93	107
山　西	282	5	54	103	124
内蒙古	397	15	64	143	194
辽　宁	297	10	119	163	170
吉　林	31	0	0	11	31
黑龙江	689	50	38	102	586
上　海	238	45	11	144	156
江　苏	1209	63	234	368	614
浙　江	373	43	88	239	317
安　徽	861	20	222	320	485
福　建	69	0	8	16	30
江　西	164	5	20	44	131
山　东	1256	315	430	527	657
河　南	459	12	173	121	212
湖　北	981	96	130	280	584
湖　南	434	48	115	205	216
广　东	1221	23	32	194	1029
广　西	166	1	42	91	80
海　南	0	0	0	0	0
重　庆	630	36	62	163	463
四　川	1002	68	96	257	726
贵　州	189	10	35	42	105
云　南	219	5	32	44	129
西　藏	92	25	32	30	31
陕　西	257	0	57	135	183
甘　肃	389	26	34	164	146
青　海	21	5	3	7	6
宁　夏	133	3	85	33	44
新　疆	82	0	24	19	42
新疆生产建设兵团	165	12	37	50	112

4-4 续表 4

地 区	举办科技志愿服务活动（次）	参与科技志愿服务活动人数（人次）	科技志愿服务组织（个）	科技志愿者（人）	专职科普人员（人）
合 计	**15890**	**1281914**	**2651**	**485740**	**11972**
北 京	4139	208392	13	4535	899
天 津	2217	23843	644	70853	154
河 北	28	987	23	4402	376
山 西	47	1588	23	3586	324
内蒙古	382	33747	18	11331	302
辽 宁	8	743	18	13013	291
吉 林	12	730	4	685	52
黑龙江	53	22804	151	14252	187
上 海	128	739	1	9142	438
江 苏	904	40670	247	6067	559
浙 江	1095	4891	202	25042	420
安 徽	539	35184	49	21108	275
福 建	55	39883	7	11099	296
江 西	202	5256	151	17229	115
山 东	595	105827	282	9018	256
河 南	497	3660	14	6631	426
湖 北	292	254147	34	4433	364
湖 南	415	13387	102	181954	243
广 东	193	11687	56	14766	984
广 西	44	1665	19	1732	378
海 南	0	0	1	16	26
重 庆	361	5843	36	5369	285
四 川	584	369965	77	3282	311
贵 州	207	1538	4	4220	910
云 南	79	4765	65	5216	285
西 藏	10	201	2	51	15
陕 西	519	1909	90	4157	263
甘 肃	227	21340	59	7854	507
青 海	4	109	127	623	59
宁 夏	1086	58230	49	18984	110
新 疆	110	1773	6	3744	1827
新疆生产建设兵团	858	6411	77	1346	35

4-4 续表 5

地 区	兼职科普人员（人）	开展维护科技工作者权益活动（次）	科技工作者维权活动受益人数（人次）	通过群众来信、信访热线等方式服务科技工作者次数（次）	受益人数（人次）
合 计	**199211**	**122**	**4768**	**1021**	**279716**
北 京	5428	0	0	0	0
天 津	21393	0	0	2	2
河 北	2799	0	0	36	420
山 西	467	0	0	0	0
内蒙古	828	0	0	0	0
辽 宁	1909	1	20	20	30
吉 林	266	0	0	0	0
黑龙江	1166	0	0	0	0
上 海	3204	0	0	358	358
江 苏	44514	7	247	8	10
浙 江	16494	0	0	0	0
安 徽	15010	0	0	2	4867
福 建	2836	5	1100	0	0
江 西	2281	12	130	16	160
山 东	7705	1	15	22	20022
河 南	1922	2	100	0	0
湖 北	1632	7	63	12	37
湖 南	2130	18	716	74	2302
广 东	8957	1	150	1	201
广 西	3202	0	0	0	0
海 南	30	0	0	0	0
重 庆	4731	10	181	62	130
四 川	1714	24	28	20	28
贵 州	991	0	0	0	0
云 南	2403	0	0	0	0
西 藏	287	1	10	0	10
陕 西	3329	0	0	0	0
甘 肃	5921	0	0	0	50
青 海	278	0	0	0	0
宁 夏	952	0	0	0	220000
新 疆	32668	0	0	3	20
新疆生产建设兵团	1764	33	2008	385	31069

4–5　2019 年各地区县级科协为科技工作者服务情况

地区	举办各类思想政治教育培训班及活动					
	次数（次）	# 科协党校主题教育培训班（期）	# 举办科学道德与学风建设宣讲活动（次）	各类思想政治教育培训班参训人数及活动受众人数（人次）	# 科协党校主题教育培训班参训人数（人次）	# 举办科学道德与学风建设宣讲活动受众人数（人次）
合　计	**4405**	**975**	**2182**	**1135427**	**106856**	**939686**
河　北	220	56	156	43343	1318	40004
山　西	76	20	33	18626	1190	17294
内蒙古	138	43	102	23961	2060	20848
辽　宁	61	9	51	18239	211	17954
吉　林	42	6	8	17224	255	15307
黑龙江	52	9	38	11174	605	9633
江　苏	120	31	61	47329	1926	43147
浙　江	83	12	32	7751	753	6568
安　徽	77	17	37	12902	999	10395
福　建	183	25	103	110652	609	109643
江　西	80	22	52	59627	27599	32024
山　东	155	40	73	17900	2414	15314
河　南	319	57	132	86764	5606	81273
湖　北	174	42	111	28522	4003	22884
湖　南	235	91	114	42620	5392	34926
广　东	166	65	72	30168	2169	25620
广　西	135	75	41	5266	1531	3922
海　南	32	9	23	14800	90	14710
重　庆	63	10	50	3755	540	3215
四　川	299	61	177	125854	12515	109960
贵　州	100	24	75	35551	11897	13407
云　南	153	80	98	23786	8378	18821
西　藏	97	23	73	10663	1930	8693
陕　西	59	23	29	48106	1059	46947
甘　肃	157	49	32	69830	5090	63248
青　海	22	2	14	5202	249	4849
宁　夏	76	51	22	4547	3223	1113
新　疆	1031	23	373	211265	3245	147967

注：本表数据不含北京、天津和上海地区。

4-5 续表 1

地 区	举办干部教育培训班(期)	干部教育培训班参训人数(人次)	举办继续教育培训班			
			期 数(期)	# 举办技术创新方法培训班(期)	继续教育培训班参训人数(人次)	# 技术创新方法培训班参训人数(人次)
合 计	**2818**	**418941**	**3776**	**1298**	**268404**	**86340**
河 北	118	12030	180	83	15644	11661
山 西	94	21072	64	36	2581	1423
内蒙古	178	14103	92	33	3631	985
辽 宁	58	5915	56	13	5288	870
吉 林	13	2717	33	24	898	588
黑龙江	68	25510	78	21	10343	4663
江 苏	114	8742	224	18	17425	958
浙 江	66	5161	301	55	34249	5990
安 徽	133	10339	127	37	7224	5108
福 建	48	2593	497	473	2471	1583
江 西	56	6233	59	30	3464	1726
山 东	168	39682	169	55	7628	4799
河 南	116	22014	116	27	13154	2494
湖 北	115	7442	133	49	5335	2804
湖 南	170	13118	144	63	12675	6765
广 东	69	12811	59	19	6331	4616
广 西	198	13587	751	40	4490	2165
海 南	70	20628	11	2	394	61
重 庆	29	1550	9	3	282	0
四 川	137	17060	156	55	10591	6463
贵 州	62	11901	43	11	2555	1443
云 南	321	34169	80	14	3813	2646
西 藏	33	244	103	41	5011	3332
陕 西	98	13121	80	8	893	275
甘 肃	85	30041	51	17	8059	471
青 海	29	623	26	21	375	355
宁 夏	48	10702	25	1	106	56
新 疆	124	55833	109	49	83494	12040

4-5　续表 2

地　区	向省部级（含）以上科技奖项、人才计划（工程）举荐的人才数（人次）	向省部级（含）以上科技奖项推荐项目数（项）	设立科技奖项数（个）	# 人物类奖项数（个）	# 成果类奖项数（个）	表彰奖励科技工作者（人次）	# 表彰奖励女性科技工作者（人次）	# 表彰奖励 45 岁及以下科技工作者（人次）
合　计	**671**	**382**	**739**	**484**	**138**	**13741**	**4996**	**8024**
河　北	82	15	36	29	3	457	166	260
山　西	36	37	19	9	5	292	155	253
内蒙古	4	1	25	17	5	412	191	253
辽　宁	3	21	6	3	1	128	28	52
吉　林	8	4	6	4	1	102	53	55
黑龙江	5	4	10	8	0	66	20	26
江　苏	46	17	80	52	14	1971	560	1129
浙　江	68	24	44	29	13	1004	389	689
安　徽	13	5	35	24	6	657	307	440
福　建	19	0	7	2	3	172	98	125
江　西	37	10	27	17	0	241	60	113
山　东	23	25	92	70	18	1276	427	729
河　南	12	12	62	42	2	1426	504	708
湖　北	20	32	20	14	1	240	63	96
湖　南	59	35	49	27	16	826	219	510
广　东	73	20	26	14	12	945	490	652
广　西	3	3	11	5	0	206	114	84
海　南	13	6	7	0	7	104	45	71
重　庆	11	2	7	6	1	129	31	95
四　川	18	41	47	34	7	1210	407	657
贵　州	14	6	19	15	3	367	111	229
云　南	7	7	17	12	2	203	83	128
西　藏	23	4	2	1	0	1	1	1
陕　西	30	8	40	29	5	555	156	248
甘　肃	7	15	19	10	8	407	180	218
青　海	4	1	3	1	1	52	15	37
宁　夏	10	11	7	6	0	206	100	128
新　疆	23	16	16	4	4	86	23	38

4–5 续表 3

地 区	通过媒体宣传科技工作者（人次）	# 中央及省级媒体宣传科技工作者（人次）	# 广播电视宣传科技工作者（人次）	# 纸质媒体宣传科技工作者（人次）	# 网络与新媒体宣传科技工作者（人次）
合 计	**192632**	**663**	**70638**	**17400**	**110566**
河 北	5645	24	1140	1264	3256
山 西	1153	20	248	471	502
内蒙古	542	9	142	79	359
辽 宁	143	4	42	55	82
吉 林	432	11	138	68	260
黑龙江	360	9	151	125	132
江 苏	1820	116	571	551	784
浙 江	1203	77	284	475	666
安 徽	1058	30	392	377	434
福 建	328	8	66	73	205
江 西	528	12	79	120	355
山 东	1109	29	369	409	551
河 南	831	24	185	206	489
湖 北	830	31	264	210	425
湖 南	626	23	207	161	343
广 东	466	7	168	150	159
广 西	473	5	86	166	147
海 南	34	6	10	13	23
重 庆	56	1	19	40	25
四 川	1744	18	210	482	854
贵 州	301	25	114	94	128
云 南	12643	9	587	212	11226
西 藏	12387	20	1524	11021	5313
陕 西	419	29	164	157	242
甘 肃	575	12	144	278	200
青 海	100	76	56	88	47
宁 夏	69	7	37	25	50
新 疆	146757	21	63241	30	83309

4-5 续表 4

地 区	举办科技志愿服务活动（次）	参与科技志愿服务活动人数（人次）	科技志愿服务组织（个）	科技志愿者（人）	专职科普人员（人）
合 计	**17419**	**1221622**	**12364**	**739182**	**43242**
河 北	473	13985	140	11645	1682
山 西	341	8915	285	19378	1226
内蒙古	491	20670	70	20537	960
辽 宁	414	11886	41	22591	787
吉 林	347	6042	86	16821	857
黑龙江	310	13442	74	11619	583
江 苏	659	156660	229	48932	5215
浙 江	2446	115265	291	74249	851
安 徽	1247	23545	499	36103	2719
福 建	1195	107312	7109	27346	1740
江 西	481	53281	120	9080	1049
山 东	986	87417	331	54268	2314
河 南	455	36891	173	26793	2543
湖 北	2015	82168	552	43386	4733
湖 南	1137	137143	521	70607	2764
广 东	488	45677	107	33883	931
广 西	455	13922	269	9994	1014
海 南	46	3520	12	24305	139
重 庆	188	1396	50	1239	89
四 川	909	41627	657	63952	5110
贵 州	250	19603	99	12501	959
云 南	427	53644	230	29389	1641
西 藏	110	5070	38	285	192
陕 西	330	17954	137	23392	1499
甘 肃	418	15319	126	21741	727
青 海	28	698	4	1038	74
宁 夏	158	3067	38	16322	331
新 疆	615	125503	76	7786	513

4–5 续表 5

地 区	兼职科普人员（人）	开展维护科技工作者权益活动（次）	科技工作者维权活动受益人数（人次）	通过群众来信、信访热线等方式服务科技工作者次数（次）	受益人数（人次）
合 计	**459417**	**408**	**50656**	**6200**	**114846**
河 北	13957	5	93	218	927
山 西	11475	18	1431	104	23583
内蒙古	19824	13	3485	25	780
辽 宁	11156	3	200	2	116
吉 林	3537	6	540	20	35
黑龙江	5812	12	555	22	985
江 苏	45078	39	424	61	348
浙 江	64990	23	2143	32	90
安 徽	46419	15	550	113	348
福 建	12780	2	26	42	554
江 西	5263	24	309	69	231
山 东	31004	42	524	603	681
河 南	18875	18	1514	189	1748
湖 北	24148	34	1375	34	585
湖 南	38481	57	3872	648	2153
广 东	11332	3	3	3044	2593
广 西	12846	11	432	44	3639
海 南	1512	2	2	10	20
重 庆	2222	3	37	15	57
四 川	33973	25	439	75	10328
贵 州	7618	8	211	37	150
云 南	10188	9	31190	136	510
西 藏	442	6	71	511	5821
陕 西	14110	11	497	78	455
甘 肃	5067	8	260	20	45031
青 海	975	1	200	41	502
宁 夏	2990	2	8	1	16
新 疆	3343	8	265	6	12560

4-6 2019年各地区省级学会为科技工作者服务情况

地区	举办各类思想政治教育培训班及活动					
	次数（次）	# 科协党校主题教育培训班（期）	# 举办科学道德与学风建设宣讲活动（次）	各类思想政治教育培训班参训人数及活动受众人数（人次）	# 科协党校主题教育培训班参训人数（人次）	# 举办科学道德与学风建设宣讲活动受众人数（人次）
合计	**9370**	**3798**	**4643**	**3177235**	**34879**	**3047509**
北京	173	61	83	15817	730	13827
天津	141	65	64	7528	1157	6218
河北	120	36	50	1527208	1905	1523127
山西	51	25	18	6537	455	5945
内蒙古	152	64	77	8114	1933	6029
辽宁	169	50	104	13640	580	8838
吉林	57	17	40	10824	655	10373
黑龙江	27	5	12	2416	101	1594
上海	12	8	0	1164	129	0
江苏	271	94	168	29770	3642	22918
浙江	173	66	80	18061	1366	16116
安徽	116	25	60	6436	1019	5253
福建	149	69	66	15646	5013	8448
江西	65	10	28	3040	65	1499
山东	157	61	84	55598	2151	53292
河南	403	29	61	59482	1085	18365
湖北	112	38	61	7695	833	6901
湖南	304	150	136	11921	2806	8848
广东	240	37	158	57902	869	51573
广西	80	31	39	3086	1086	1489
海南	23	6	13	2457	118	2215
重庆	225	56	119	25861	768	23246
四川	201	71	118	14603	1464	12646
贵州	55	13	23	1426	74	1306
云南	191	38	84	41890	778	28823
西藏	71	18	43	5471	579	4470
陕西	161	41	85	12348	1908	4212
甘肃	61	23	29	4029	215	2338
青海	16	5	8	1664	55	1232
宁夏	91	26	40	29375	151	22174
新疆	5303	2560	2692	1176226	1189	1174194

4-6 续表 1

地区	举办干部教育培训班（期）	干部教育培训班参训人数（人次）	举办继续教育培训班			
			期数（期）	# 举办技术创新方法培训班（期）	继续教育培训班参训人数（人次）	# 技术创新方法培训班参训人数（人次）
合计	**1178**	**53102**	**14133**	**3403**	**2642110**	**1230946**
北京	37	3080	1130	152	913370	833354
天津	37	1335	290	67	38372	2888
河北	23	1029	276	177	67076	53132
山西	16	2461	116	55	17370	5019
内蒙古	25	672	133	85	12956	7729
辽宁	38	1403	430	101	54395	7297
吉林	113	1020	253	65	46457	5923
黑龙江	2	68	16	0	1812	0
上海	28	1402	744	154	151985	46584
江苏	62	3011	355	251	55314	25696
浙江	54	2429	456	119	70106	18285
安徽	19	694	355	138	57604	19914
福建	40	2218	967	112	64780	9692
江西	19	795	139	33	22312	4540
山东	76	2247	420	173	50379	16494
河南	36	2114	230	112	26460	9636
湖北	42	599	141	69	14787	6561
湖南	51	3081	2087	150	299885	12329
广东	79	5283	999	187	167654	28841
广西	22	327	1568	405	60674	26859
海南	9	700	92	25	14592	3791
重庆	99	3018	373	128	57872	14574
四川	23	328	311	95	57970	13029
贵州	6	361	256	150	22885	10252
云南	68	4684	342	61	53256	3668
西藏	17	251	50	13	4699	2444
陕西	31	1466	273	56	37998	6783
甘肃	38	1586	83	60	8988	7578
青海	5	536	960	59	141117	7089
宁夏	19	1564	137	72	23251	12719
新疆	44	3340	151	79	25734	8246

4-6 续表 2

地 区	向省部级（含）以上科技奖项、人才计划（工程）举荐的人才数（人次）	向省部级（含）以上科技奖项推荐项目数（项）	设立科技奖项数（个）	# 人物类奖项数（个）	# 成果类奖项数（个）	表彰奖励科技工作者（人次）	# 表彰奖励女性科技工作者（人次）	# 表彰奖励45岁及以下科技工作者（人次）
合 计	**5319**	**2420**	**1117**	**502**	**522**	**57930**	**17075**	**32799**
北 京	305	48	63	30	33	1208	442	818
天 津	117	29	26	12	8	734	140	478
河 北	99	67	12	3	8	1905	489	1077
山 西	49	26	33	25	5	839	331	461
内蒙古	95	69	27	18	7	931	391	505
辽 宁	208	139	58	30	19	3159	1009	1715
吉 林	238	54	22	7	8	647	224	315
黑龙江	1	1	4	1	3	163	36	20
上 海	204	128	84	33	42	3206	1237	1761
江 苏	308	239	127	64	61	4838	1555	3363
浙 江	367	139	63	27	36	3397	711	2009
安 徽	102	70	17	4	10	1163	288	664
福 建	202	78	41	11	26	1680	415	1158
江 西	166	37	18	7	9	509	131	166
山 东	634	191	101	47	52	10781	3265	6226
河 南	150	59	13	3	7	2559	741	1701
湖 北	85	55	21	7	11	747	219	477
湖 南	209	92	52	20	31	2304	749	1011
广 东	305	191	68	27	39	5929	995	3727
广 西	150	64	18	8	8	2660	1209	1354
海 南	67	12	7	3	3	56	10	20
重 庆	76	49	46	26	19	1322	517	522
四 川	115	145	46	24	16	1784	548	745
贵 州	116	38	28	13	13	1009	272	754
云 南	58	77	13	4	3	277	90	223
西 藏	41	8	6	3	1	2	1	1
陕 西	227	92	33	13	18	1086	215	277
甘 肃	152	50	2	0	1	494	38	172
青 海	127	26	12	5	3	64	28	44
宁 夏	213	62	21	8	10	1717	501	784
新 疆	133	85	35	19	12	760	278	251

4-6 续表 3

地 区	通过媒体宣传科技工作者（人次）	# 中央及省级媒体宣传科技工作者（人次）	# 广播电视宣传科技工作者（人次）	# 纸质媒体宣传科技工作者（人次）	# 网络与新媒体宣传科技工作者（人次）
合 计	**36994**	**10630**	**3699**	**7166**	**26575**
北 京	1072	370	135	190	798
天 津	261	140	58	67	165
河 北	1037	86	111	398	581
山 西	277	231	6	128	38
内蒙古	597	105	117	65	472
辽 宁	519	185	110	157	302
吉 林	2422	646	365	347	1661
黑龙江	31	13	13	4	22
上 海	1584	572	159	476	622
江 苏	5976	1190	373	1105	3817
浙 江	892	213	165	243	600
安 徽	1620	185	82	100	1465
福 建	1277	310	123	313	913
江 西	253	36	23	29	168
山 东	2197	769	248	153	1776
河 南	1092	124	115	178	774
湖 北	1386	659	151	160	1068
湖 南	1802	135	67	122	1614
广 东	5572	1723	806	1441	4959
广 西	272	10	12	58	121
海 南	27	7	4	4	20
重 庆	352	115	41	98	209
四 川	2040	1593	41	182	1918
贵 州	646	163	23	110	379
云 南	945	236	48	124	782
西 藏	94	14	44	41	10
陕 西	1402	358	62	497	463
甘 肃	190	74	51	48	131
青 海	131	29	5	23	95
宁 夏	385	74	41	50	229
新 疆	643	265	100	255	403

4-6 续表 4

地区	举办科技志愿服务活动（次）	参与科技志愿服务活动人数（人次）	科技志愿服务组织（个）	科技志愿者（人）	专职科普人员（人）
合计	**27337**	**1606797**	**3201**	**192558**	**8321**
北京	471	9854	147	3531	119
天津	318	7556	236	2959	184
河北	297	84736	91	1827	104
山西	3851	35911	46	11326	229
内蒙古	198	10598	67	1638	243
辽宁	349	563974	108	3173	643
吉林	325	10050	36	2085	117
黑龙江	21	365	11	158	1
上海	3640	292011	26	32641	151
江苏	0	0	0	0	3584
浙江	422	18885	225	2467	57
安徽	176	10505	58	1381	187
福建	8539	55612	272	6257	701
江西	478	6263	46	1358	6
山东	625	42225	79	7746	288
河南	350	27985	66	41175	53
湖北	259	5287	172	2638	247
湖南	1661	136922	275	24839	143
广东	1075	47093	396	4366	66
广西	257	46310	67	1490	147
海南	53	988	21	3146	29
重庆	727	58526	314	2752	240
四川	156	10724	77	1352	176
贵州	133	7105	61	2838	133
云南	192	4666	90	2427	136
西藏	98	687	14	861	70
陕西	381	19612	32	4317	85
甘肃	130	2009	31	1179	64
青海	111	1059	10	9369	19
宁夏	344	18509	37	3606	32
新疆	1700	70770	90	7656	67

4–6 续表 5

地区	兼职科普人员（人）	开展维护科技工作者权益活动（次）	科技工作者维权活动受益人数（人次）	通过群众来信、信访热线等方式服务科技工作者次数（次）	受益人数（人次）
合计	**144522**	**1836**	**112721**	**26635**	**225569**
北京	4011	6	74	5323	3182
天津	1753	2	11	3040	3436
河北	3522	21	472	2580	694
山西	13758	7	130	313	5664
内蒙古	2682	19	1005	338	3301
辽宁	1038	42	2295	22	627
吉林	1567	12	512	1591	5929
黑龙江	155	0	0	7	7
上海	1389	1	1	215	293
江苏	12489	1554	2139	3390	26947
浙江	1776	7	100332	1477	7660
安徽	1579	11	150	703	1841
福建	4747	3	191	519	4656
江西	1739	5	120	5	1086
山东	8160	7	464	2776	89683
河南	40836	5	58	200	2833
湖北	1541	1	80	443	1380
湖南	2919	4	62	432	1579
广东	4174	32	1758	553	632
广西	1428	1	40	125	5847
海南	1112	2	150	89	1426
重庆	4076	39	843	1379	4474
四川	1182	9	85	92	897
贵州	2785	3	25	77	2087
云南	1330	9	69	209	5543
西藏	986	1	82	49	615
陕西	1212	3	111	96	6340
甘肃	567	21	301	307	4470
青海	9477	2	1112	14	393
宁夏	3828	7	49	160	3990
新疆	6704	0	0	111	28057

五、国际及港澳台地区民间科技交流

简要说明

本篇统计资料为：

1. 汇总数据，反映中国科协、地方科协、全国学会和省级学会国际及港澳台地区民间科技交流情况。

2. 省级科协的统计数据为2019年度加入国际民间科技组织、参加国际科学计划、开展推进创新创业活动等情况。

3. 省级科协、地市级科协、县级科协、省级学会的统计数据为2019年度加入国际民间科技组织、参加国际科学计划、开展推进创新创业活动等情况。

5-1　2019年各级科协国际及港澳台地区民间科技交流汇总表

指　标		合　计		科协小计		中国科协机关及直属单位	
		2018年	2019年	2018年	2019年	2018年	2019年
加入国际民间科技组织	（个）	861	893	88	47	5	5
任职专家	（位）	2212	1984	26	21	3	3
# 高级别任职专家	（位）	895	835	4	1	2	1
# 一般级别任职专家	（位）	1317	1149	22	7	1	2
普通工作人员	（人）	—	162	—	3	—	1
参加国际科学计划	（项）	174	185	55	24	3	1
参加大陆境外科技活动人数	（人次）	50928	43707	4014	3993	103	63
# 参加港澳台地区科技活动人数	（人次）	20209	18450	2513	2810	23	9
接待大陆境外专家学者	（人次）	31738	43782	6557	12037	286	223
# 接待港澳台地区专家学者	（人次）	11317	11756	4909	4190	528	1

5-1 续表

指 标		省级科协		地市级科协		县级科协	
		2018 年	2019 年	2018 年	2019 年	2018 年	2019 年
加入国际民间科技组织	（个）	4	5	1	3	78	34
任职专家	（位）	0	4	2	0	21	14
# 高级别任职专家	（位）	0	0	0	0	2	0
# 一般级别任职专家	（位）	0	4	2	1	19	0
普通工作人员	（人）	—	0	—	0	—	2
参加国际科学计划	（项）	1	0	0	2	51	21
参加大陆境外科技活动人数	（人次）	1643	2231	1213	1024	1055	675
# 参加港澳台地区科技活动人数	（人次）	1366	1536	512	835	612	430
接待大陆境外专家学者	（人次）	2361	6499	1836	3264	2074	2051
# 接待港澳台地区专家学者	（人次）	1761	2733	1920	1136	700	320

5-2 2019年全国学会、省级学会国际及港澳台地区民间科技交流汇总表

指标		学会小计		全国学会		省级学会	
		2018年	2019年	2018年	2019年	2018年	2019年
加入国际民间科技组织	（个）	773	863	450	590	323	273
任职专家	（位）	2186	1938	1271	1170	915	768
# 高级别任职专家	（位）	891	868	444	440	447	428
# 一般级别任职专家	（位）	1295	756	827	596	468	160
普通工作人员	（人）	—	159	—	63	—	96
参加国际科学计划	（项）	119	149	22	41	97	108
参加大陆境外科技活动人数	（人次）	46914	40672	14822	12732	32092	27940
# 参加港澳台地区科技活动人数	（人次）	17696	15640	2733	1939	14963	13701
接待大陆境外专家学者	（人次）	25181	31745	10880	14384	14301	17361
# 接待港澳台地区专家学者	（人次）	6408	7566	2696	2559	3712	5007

5-3 2019年各省级科协国际及港澳台地区民间科技交流情况

地 区	加入国际民间科技组织					参加国际科学计划（项）
	组织数（个）	任职专家（位）	#高级别任职专家（位）	#一般级别任职专家（位）	普通工作人员（人）	
合 计	**5**	**4**	**0**	**4**	**0**	**0**
北 京	1	0	0	0	0	0
天 津	0	0	0	0	0	0
河 北	0	0	0	0	0	0
山 西	0	0	0	0	0	0
内蒙古	4	4	0	4	0	0
辽 宁	0	0	0	0	0	0
吉 林	0	0	0	0	0	0
黑龙江	0	0	0	0	0	0
上 海	0	0	0	0	0	0
江 苏	0	0	0	0	0	0
浙 江	0	0	0	0	0	0
安 徽	0	0	0	0	0	0
福 建	0	0	0	0	0	0
江 西	0	0	0	0	0	0
山 东	0	0	0	0	0	0
河 南	0	0	0	0	0	0
湖 北	0	0	0	0	0	0
湖 南	0	0	0	0	0	0
广 东	0	0	0	0	0	0
广 西	0	0	0	0	0	0
海 南	0	0	0	0	0	0
重 庆	0	0	0	0	0	0
四 川	0	0	0	0	0	0
贵 州	0	0	0	0	0	0
云 南	0	0	0	0	0	0
西 藏	0	0	0	0	0	0
陕 西	0	0	0	0	0	0
甘 肃	0	0	0	0	0	0
青 海	0	0	0	0	0	0
宁 夏	0	0	0	0	0	0
新 疆	0	0	0	0	0	0
新疆生产建设兵团	0	0	0	0	0	0

5-3 续表

地 区	参加大陆境外科技活动人数（人次）	#参加港澳台地区科技活动人数（人次）	接待大陆境外专家学者（人次）	#接待港澳台地区专家学者（人次）
合 计	**2231**	**1536**	**6499**	**2733**
北 京	110	20	578	253
天 津	2	0	1	0
河 北	0	0	0	0
山 西	6	5	21	3
内蒙古	26	26	45	44
辽 宁	4	4	2	0
吉 林	30	1	0	0
黑龙江	10	1	0	0
上 海	70	65	292	133
江 苏	1078	1041	882	193
浙 江	8	2	154	32
安 徽	21	12	103	59
福 建	10	4	1259	1225
江 西	4	4	309	15
山 东	6	4	3	0
河 南	1	0	34	14
湖 北	36	25	65	31
湖 南	3	3	21	21
广 东	292	280	320	300
广 西	9	2	75	5
海 南	449	12	1908	316
重 庆	5	5	307	28
四 川	19	2	64	9
贵 州	3	2	54	50
云 南	7	1	0	0
西 藏	0	0	0	0
陕 西	7	7	0	0
甘 肃	5	5	0	0
青 海	0	0	2	2
宁 夏	8	1	0	0
新 疆	2	2	0	0
新疆生产建设兵团	0	0	0	0

5-4 2019年各地区地市级科协国际及港澳台地区民间科技交流情况

地区	加入国际民间科技组织					参加国际科学计划(项)
	组织数(个)	任职专家(位)	#高级别任职专家(位)	#一般级别任职专家(位)	普通工作人员(人)	
合计	**3**	**0**	**0**	**1**	**0**	**2**
北京	0	0	0	0	0	0
天津	0	0	0	0	0	0
河北	0	0	0	0	0	0
山西	0	0	0	0	0	0
内蒙古	0	0	0	0	0	0
辽宁	0	0	0	0	0	0
吉林	0	0	0	0	0	0
黑龙江	0	0	0	0	0	0
上海	0	0	0	0	0	0
江苏	0	0	0	0	0	0
浙江	0	0	0	0	0	0
安徽	1	0	0	0	0	1
福建	0	0	0	0	0	0
江西	0	0	0	0	0	0
山东	0	0	0	0	0	0
河南	0	0	0	0	0	0
湖北	0	0	0	0	0	0
湖南	0	0	0	0	0	0
广东	0	0	0	0	0	0
广西	0	0	0	0	0	0
海南	0	0	0	0	0	0
重庆	0	0	0	0	0	0
四川	0	0	0	0	0	0
贵州	0	0	0	0	0	0
云南	0	0	0	0	0	0
西藏	0	0	0	0	0	0
陕西	0	0	0	0	0	0
甘肃	0	0	0	0	0	0
青海	0	0	0	0	0	0
宁夏	0	0	0	0	0	0
新疆	0	0	0	0	0	0

5-4 续表

地 区	参加大陆境外科技活动人数（人次）	#参加港澳台地区科技活动人数（人次）	接待大陆境外专家学者（人次）	#接待港澳台地区专家学者（人次）
合 计	**1024**	**835**	**3264**	**1136**
北 京	3	1	0	0
天 津	0	0	0	0
河 北	10	0	0	0
山 西	0	0	0	0
内蒙古	1	1	20	20
辽 宁	73	3	2	1
吉 林	0	0	0	0
黑龙江	0	0	10	5
上 海	0	0	27	26
江 苏	36	22	351	77
浙 江	10	6	1070	6
安 徽	16	16	118	114
福 建	0	0	82	75
江 西	3	0	50	1
山 东	39	28	595	180
河 南	0	0	0	0
湖 北	22	22	22	0
湖 南	1	0	27	23
广 东	776	723	653	537
广 西	4	0	82	5
海 南	0	0	0	0
重 庆	0	0	0	0
四 川	10	10	12	0
贵 州	0	0	61	61
云 南	0	0	40	0
西 藏	0	0	0	0
陕 西	0	0	20	4
甘 肃	2	2	4	1
青 海	1	1	0	0
宁 夏	0	0	0	0
新 疆	0	0	0	0

5-5 2019年各地区县级科协国际及港澳台地区民间科技交流情况

地区	加入国际民间科技组织					参加国际科学计划（项）
	组织数（个）	任职专家（位）	# 高级别任职专家（位）	# 一般级别任职专家（位）	普通工作人员（人）	
合 计	**34**	**14**	**0**	**0**	**2**	**21**
河 北	0	0	0	0	0	0
山 西	0	0	0	0	0	0
内蒙古	1	0	0	0	0	2
辽 宁	1	0	0	0	0	1
吉 林	0	0	0	0	0	0
黑龙江	0	0	0	0	0	0
江 苏	4	0	0	0	0	1
浙 江	0	0	0	0	0	0
安 徽	0	0	0	0	0	1
福 建	1	0	0	0	0	1
江 西	6	0	0	0	0	2
山 东	1	0	0	0	0	0
河 南	3	0	0	0	0	3
湖 北	1	0	0	0	0	1
湖 南	4	2	0	0	1	3
广 东	0	0	0	0	0	0
广 西	0	0	0	0	0	0
海 南	0	0	0	0	0	0
重 庆	0	0	0	0	0	0
四 川	4	12	0	0	0	2
贵 州	0	0	0	0	0	0
云 南	2	0	0	0	0	2
西 藏	1	0	0	0	0	1
陕 西	1	0	0	0	0	0
甘 肃	0	0	0	0	0	0
青 海	1	0	0	0	1	0
宁 夏	0	0	0	0	0	0
新 疆	3	0	0	0	0	1

注：本表数据不含北京、天津和上海地区。

5-5 续表

地 区	参加大陆境外科技活动人数（人次）	#参加港澳台地区科技活动人数（人次）	接待大陆境外专家学者（人次）	#接待港澳台地区专家学者（人次）
合 计	**675**	**430**	**2051**	**320**
河 北	6	5	6	2
山 西	11	0	32	1
内蒙古	0	0	127	127
辽 宁	1	0	1	0
吉 林	0	0	0	0
黑龙江	0	0	5	5
江 苏	182	7	1470	96
浙 江	3	2	231	33
安 徽	12	12	38	12
福 建	50	50	45	13
江 西	0	0	1	0
山 东	58	11	21	5
河 南	0	0	1	0
湖 北	1	1	12	0
湖 南	1	1	0	0
广 东	313	304	33	20
广 西	0	0	0	0
海 南	0	0	0	0
重 庆	0	0	0	0
四 川	32	32	17	5
贵 州	3	3	0	0
云 南	0	0	0	0
西 藏	0	0	0	0
陕 西	0	0	3	1
甘 肃	0	0	8	0
青 海	0	0	0	0
宁 夏	0	0	0	0
新 疆	2	2	0	0

5-6 2019年各地区省级学会国际及港澳台地区民间科技交流情况

地区	加入国际民间科技组织					参加国际科学计划(项)
	组织数(个)	任职专家(位)	# 高级别任职专家(位)	# 一般级别任职专家(位)	普通工作人员(人)	
合 计	**273**	**768**	**428**	**160**	**96**	**108**
北 京	26	88	6	55	17	3
天 津	20	11	7	0	5	4
河 北	3	3	2	1	1	2
山 西	0	0	0	0	0	0
内蒙古	5	11	1	10	0	2
辽 宁	10	49	10	12	3	1
吉 林	0	0	0	0	0	0
黑龙江	0	0	0	0	0	0
上 海	8	267	266	0	30	1
江 苏	26	34	18	11	7	3
浙 江	22	47	27	14	19	3
安 徽	2	14	1	0	0	3
福 建	10	16	3	7	0	3
江 西	2	0	0	0	0	2
山 东	11	5	2	1	0	3
河 南	8	4	0	4	0	1
湖 北	15	14	9	4	0	6
湖 南	46	60	29	15	0	39
广 东	18	17	13	4	0	4
广 西	2	2	1	1	9	1
海 南	0	0	0	0	0	0
重 庆	5	10	2	7	0	1
四 川	5	31	26	6	1	3
贵 州	2	2	0	0	0	1
云 南	5	1	0	1	0	5
西 藏	1	0	0	0	0	1
陕 西	8	10	3	5	0	8
甘 肃	2	4	0	0	4	0
青 海	4	3	0	1	0	5
宁 夏	2	0	0	0	0	2
新 疆	5	65	2	1	0	1

5-6 续表

地区	参加大陆境外科技活动人数（人次）	#参加港澳台地区科技活动人数（人次）	接待大陆境外专家学者（人次）	#接待港澳台地区专家学者（人次）
合 计	**27940**	**13701**	**17361**	**5007**
北 京	643	297	534	220
天 津	245	23	413	106
河 北	155	8	149	12
山 西	45	0	104	10
内蒙古	87	10	115	2
辽 宁	294	45	277	30
吉 林	236	98	239	19
黑龙江	37	5	68	6
上 海	3216	2592	1479	263
江 苏	2020	680	2496	544
浙 汇	3791	153	3937	1149
安 徽	242	44	216	75
福 建	609	403	1200	842
江 西	141	54	105	48
山 东	268	78	248	56
河 南	230	58	255	64
湖 北	273	39	442	78
湖 南	1330	57	1098	139
广 东	1812	1212	1431	755
广 西	670	551	303	41
海 南	68	48	103	29
重 庆	220	120	283	39
四 川	1245	296	428	119
贵 州	94	22	224	152
云 南	7072	6662	177	7
西 藏	11	0	1	0
陕 西	2474	137	731	147
甘 肃	131	2	63	14
青 海	30	6	40	5
宁 夏	26	1	36	7
新 疆	225	0	166	29

六、学术交流

简要说明

本篇统计资料为：

1. 汇总数据，反映中国科协、地方科协、全国学会和省级学会开展的各类学术交流总体情况。

2. 地方科协和省级学会统计数据，分别反映各省级科协及其所属学会、地市级科协、县级科协开展的各类学术交流情况。

3. 相关统计指标包括中国境内开展的国内学术会议、境内国际学术会议、港澳台地区学术会议及各类学术会议的交流论文、报告数等。

6-1 2019年各级科协学术交流汇总表

指标		合计		科协小计		中国科协机关及直属单位	
		2018年	2019年	2018年	2019年	2018年	2019年
推进创新创业服务活动							
开展推进创新创业活动	（项）	—	23884	—	9817	—	715
#举办竞赛、论坛、展览等	（场次）	1393	7344	953	3360	1	419
#开展咨询、教育、培训等	（场次）	1660	13468	1114	4938	0	146
#开展投融资、成果转化等	（项）	564	1956	366	815	0	150
参与服务活动的科技工作者	（人次）	—	1115038	—	406152	—	25000
专家服务							
专家服务工作站（中心）数	（个）	9885	7627	9142	6926	4	26
专家进站（中心）人数	（人次）	61117	132007	52812	46234	28	26
专家服务团队	（个）	10321	4761	7117	3017	4	23
参加服务团队专家人数	（人次）	129099	175152	80539	51398	28	276
标准制定							
技术标准研制数	（个）	1066	452	76	35	—	0
团体标准研制数	（个）	919	1049	38	34	—	0
学术会议							
国内学术会议	（次）	19684	17823	2467	2134	130	8
#学术年会	（次）	7619	7208	599	702	4	5
参加人数	（人次）	5251612	4962521	743162	675180	14410	790
交流论文、报告数	（篇）	853372	976185	39521	30769	1726	200
境内国际学术会议	（次）	1323	1473	172	159	10	12
参加人数	（人次）	844070	1355678	100049	423914	33254	315970
#境外专家学者	（人次）	39512	36594	5322	3939	1861	2185
交流论文、报告数	（篇）	96014	143689	10530	8491	4235	4556
港澳台地区学术会议	（次）	232	165	58	28	21	1
参加人数	（人次）	42942	39357	10779	9272	1960	200
交流论文、报告数	（篇）	10510	9999	2197	2307	385	90
科技期刊							
主办科技期刊	（种）	2430	1802	336	180	1	2
编委会成员人数	（人）	—	104744	—	1724	—	217
#两院院士人数	（人）	—	5155	—	72	—	34
#国际编委人数	（人）	—	8209	—	96	—	25
编辑部总人数	（人）	—	12550	—	799	—	16
#高级技术职称人数	（人）	—	5141	—	94	—	7
#硕士、博士及以上学位人数	（人）	—	5464	—	88	—	14
科技期刊印刷量	（册）	88573222	60103107	34862659	23947074	14000	91900
科技期刊发表文章数	（篇）	4377250	2903118	18969	37253	113	435

6-1 续表

指 标		省级科协		地市级科协		县级科协	
		2018年	2019年	2018年	2019年	2018年	2019年
推进创新创业服务活动							
开展推进创新创业活动	（项）	—	1076	—	3135	—	4891
# 举办竞赛、论坛、展览等	（场次）	60	281	311	1017	581	1643
# 开展咨询、教育、培训等	（场次）	119	628	323	1729	672	2435
# 开展投融资、成果转化等	（项）	53	104	159	254	154	307
参与服务活动的科技工作者	（人次）	—	208511	—	58691	—	113950
专家服务							
专家服务工作站（中心）数	（个）	3439	2498	2811	2286	2888	2116
专家进站（中心）人数	（人次）	18316	12193	14365	18246	20103	15769
专家服务团队	（个）	1910	787	1876	585	3327	1622
参加服务团队专家人数	（人次）	16038	10440	20646	13571	43827	27111
标准制定							
技术标准研制数	（个）	3	8	17	12	56	15
团体标准研制数	（个）	3	13	9	10	26	11
学术会议							
国内学术会议	（次）	207	286	1531	1488	599	352
# 学术年会	（次）	27	29	413	554	155	114
参加人数	（人次）	56749	110230	536427	463770	135576	100390
交流论文、报告数	（篇）	6110	5283	25830	20975	5855	4311
境内国际学术会议	（次）	39	37	82	72	41	38
参加人数	（人次）	18982	73021	33763	23987	14050	10936
# 境外专家学者	（人次）	1131	628	1921	931	409	195
交流论文、报告数	（篇）	2833	1703	3061	1568	401	664
港澳台地区学术会议	（次）	15	8	18	13	4	6
参加人数	（人次）	4512	5201	3923	2720	384	1151
交流论文、报告数	（篇）	1294	1990	413	110	105	117
科技期刊							
主办科技期刊	（种）	56	34	65	39	214	105
编委会成员人数	（人）	—	647	—	616	—	244
# 两院院士人数	（人）	—	29	—	9	—	0
# 国际编委人数	（人）	—	68	—	3	—	0
编辑部总人数	（人）	—	287	—	240	—	256
# 高级技术职称人数	（人）	—	35	—	34	—	18
# 硕士、博士及以上学位人数	（人）	—	55	—	10	—	9
科技期刊印刷量	（册）	31095903	22869464	761499	342010	2991257	643700
科技期刊发表文章数	（篇）	17183	33184	797	2597	876	1037

6-2 2019 年全国学会、省级学会学术交流汇总表

指 标		学会小计		全国学会		省级学会	
		2018 年	2019 年	2018 年	2019 年	2018 年	2019 年
推进创新创业服务活动							
开展推进创新创业活动	（项）	—	14501	—	2328	—	12173
# 举办竞赛、论坛、展览等	（场次）	440	4044	93	688	347	3356
# 开展咨询、教育、培训等	（场次）	546	8848	37	1368	509	7480
# 开展投融资、成果转化等	（项）	198	1179	32	283	166	896
参与服务活动的科技工作者	（人次）	—	708886	—	156389	—	552497
专家服务							
专家服务工作站（中心）数	（个）	743	917	109	256	634	661
专家进站（中心）人数	（人次）	8305	85773	919	63259	7386	22514
专家服务团队	（个）	3204	2040	472	453	2732	1587
参加服务团队专家人数	（人次）	48560	123754	8516	76705	40044	47049
标准制定							
技术标准研制数	（个）	990	432	310	114	680	318
团体标准研制数	（个）	881	1030	485	654	396	376
学术会议							
国内学术会议	（次）	17217	16259	4460	4362	12757	11897
# 学术年会	（次）	7020	6738	1803	1915	5217	4823
参加人数	（人次）	4508450	4408341	1673635	1762085	2834815	2646256
交流论文、报告数	（篇）	813851	964416	491355	644865	322496	319551
境内国际学术会议	（次）	1151	1353	474	578	677	775
参加人数	（人次）	744021	922769	511616	507694	232405	415075
# 境外专家学者	（人次）	34190	32655	22025	17936	12165	14719
交流论文、报告数	（篇）	85484	136598	52173	80519	33311	56079
港澳台地区学术会议	（次）	174	137	47	33	127	104
参加人数	（人次）	32163	30085	8082	5698	24081	24387
交流论文、报告数	（篇）	8313	7692	3208	1476	5105	6216
科技期刊							
主办科技期刊	（种）	2094	1737	1039	993	1055	744
编委会成员人数	（人）	—	103020	—	77854	—	25166
# 两院院士人数	（人）	—	5083	—	4459	—	624
# 国际编委人数	（人）	—	8113	—	7468	—	645
编辑部总人数	（人）	—	11751	—	7135	—	4616
# 高级技术职称人数	（人）	—	5047	—	2721	—	2326
# 硕士、博士及以上学位人数	（人）	—	5376	—	3467	—	1909
科技期刊印刷量	（册）	53710563	37536033	33915312	26340842	19795251	11195191
科技期刊发表文章数	（篇）	4358281	2876865	255254	2567278	4103027	309587

6–3 2019年各省级科协学术交流情况

地 区	开展推进创新创业活动				
	项 数（项）	# 举办竞赛、论坛、展览等（场次）	# 开展咨询、教育、培训等（场次）	# 开展投融资、成果转化等（项）	参与服务活动的科技工作者（人次）
合 计	**1076**	**281**	**628**	**104**	**208511**
北 京	75	11	34	35	240
天 津	30	9	22	1	1010
河 北	32	7	24	1	0
山 西	13	10	2	2	54
内蒙古	22	9	12	1	1001
辽 宁	15	3	12	0	20
吉 林	4	2	2	0	800
黑龙江	1	1	0	0	30
上 海	5	1	2	2	1450
江 苏	40	11	20	9	2460
浙 江	5	1	4	0	605
安 徽	3	0	3	0	370
福 建	19	4	15	0	845
江 西	1	1	0	0	200
山 东	88	81	7	2	170600
河 南	7	1	6	0	160
湖 北	2	1	0	1	843
湖 南	12	5	7	0	1052
广 东	12	9	3	0	675
广 西	24	6	18	0	2290
海 南	0	0	0	0	0
重 庆	410	14	384	12	2080
四 川	1	1	0	0	0
贵 州	12	5	7	0	2120
云 南	3	1	2	0	0
西 藏	0	0	0	0	0
陕 西	179	64	6	26	15515
甘 肃	1	0	1	0	28
青 海	1	1	0	0	50
宁 夏	23	2	21	0	1173
新 疆	36	20	14	12	2840
新疆生产建设兵团	0	0	0	0	0

6-3 续表 1

地 区	专家服务工作站（中心）数（个）	专家进站（中心）人数（人次）	专家服务团队（个）	参加服务团队专家人数（人次）
合 计	**2498**	**12193**	**783**	**10440**
北 京	155	1535	80	2183
天 津	17	67	0	0
河 北	0	0	0	0
山 西	44	866	44	972
内蒙古	189	234	8	198
辽 宁	0	0	0	31
吉 林	119	493	17	152
黑龙江	0	0	0	0
上 海	427	2008	0	0
江 苏	38	269	10	83
浙 江	233	2959	278	3197
安 徽	0	0	0	0
福 建	251	1550	57	483
江 西	1	5	17	95
山 东	1	4	2	7
河 南	0	0	9	1602
湖 北	704	925	23	140
湖 南	18	164	18	164
广 东	105	328	81	291
广 西	9	48	0	0
海 南	0	0	0	0
重 庆	89	574	46	80
四 川	4	14	0	0
贵 州	0	0	0	0
云 南	0	0	2	645
西 藏	0	0	0	0
陕 西	87	95	86	64
甘 肃	0	0	0	0
青 海	0	0	0	0
宁 夏	7	55	2	15
新 疆	0	0	3	38
新疆生产建设兵团	0	0	0	0

6–3 续表 2

地 区	技术标准研制数(个)	团体标准研制数(个)	国内学术会议			
			次 数(次)	#学术年会(次)	参加人数(人次)	交流论文、报告数(篇)
合 计	**8**	**13**	**286**	**29**	**110230**	**5283**
北 京	0	0	9	0	1325	54
天 津	0	0	3	0	1050	3
河 北	0	0	1	0	300	15
山 西	0	0	14	6	3847	1133
内蒙古	7	0	1	1	900	400
辽 宁	0	0	5	1	1470	49
吉 林	0	0	22	0	3660	71
黑龙江	0	0	16	2	3150	177
上 海	0	0	6	2	2500	56
江 苏	0	0	10	0	1320	16
浙 江	1	9	3	2	670	87
安 徽	0	0	0	0	0	0
福 建	0	3	9	1	1445	215
江 西	0	0	14	0	5040	700
山 东	0	0	114	2	12672	353
河 南	0	0	13	0	40180	78
湖 北	0	1	1	1	843	19
湖 南	0	0	1	0	38	38
广 东	0	0	14	3	8788	89
广 西	0	0	1	1	200	95
海 南	0	0	0	0	0	0
重 庆	0	0	10	1	8080	617
四 川	0	0	0	0	0	0
贵 州	0	0	2	0	600	12
云 南	0	0	1	1	600	269
西 藏	0	0	0	0	0	0
陕 西	0	0	2	0	8352	21
甘 肃	0	0	2	1	660	36
青 海	0	0	3	1	700	210
宁 夏	0	0	9	3	1840	470
新 疆	0	0	0	0	0	0
新疆生产建设兵团	0	0	0	0	0	0

6-3 续表 3

地 区	境内国际学术会议（次）	参加人数（人次）	#境外专家学者（人次）	交流论文、报告数（篇）
合 计	**37**	**73021**	**827**	**1703**
北 京	3	1315	29	26
天 津	0	0	0	0
河 北	1	1200	9	50
山 西	1	300	2	18
内蒙古	1	400	16	53
辽 宁	0	0	0	0
吉 林	0	0	0	0
黑龙江	2	560	11	43
上 海	2	323	17	14
江 苏	5	9480	5	835
浙 江	2	950	312	73
安 徽	0	0	0	0
福 建	3	700	141	74
江 西	0	0	0	0
山 东	0	0	0	0
河 南	1	1000	20	45
湖 北	1	110	5	3
湖 南	0	0	0	0
广 东	0	0	0	0
广 西	3	780	11	0
海 南	1	150	2	0
重 庆	7	3597	180	411
四 川	1	52000	60	49
贵 州	1	150	2	3
云 南	0	0	0	0
西 藏	0	0	0	0
陕 西	1	5	5	5
甘 肃	1	1	0	1
青 海	0	0	0	0
宁 夏	0	0	0	0
新 疆	0	0	0	0
新疆生产建设兵团	0	0	0	0

6-3 续表 4

地 区	港澳台地区学术会议（次）	参加人数（人次）	交流论文、报告数（篇）
合 计	**8**	**5201**	**1990**
北 京	2	410	33
天 津	0	0	0
河 北	0	0	0
山 西	0	0	0
内蒙古	1	600	21
辽 宁	0	0	0
吉 林	0	0	0
黑龙江	0	0	0
上 海	0	0	0
江 苏	0	0	0
浙 江	0	0	0
安 徽	0	0	0
福 建	3	3490	1912
江 西	0	0	0
山 东	0	0	0
河 南	0	0	0
湖 北	0	0	0
湖 南	0	0	0
广 东	1	700	23
广 西	0	0	0
海 南	0	0	0
重 庆	0	0	0
四 川	0	0	0
贵 州	0	0	0
云 南	0	0	0
西 藏	0	0	0
陕 西	0	0	0
甘 肃	1	1	1
青 海	0	0	0
宁 夏	0	0	0
新 疆	0	0	0
新疆生产建设兵团	0	0	0

6–3 续表 5

地 区	主办科技期刊（种）	编委会成员人数（人）	#两院院士人数（人）	#国际编委人数（人）
合 计	**34**	**647**	**29**	**68**
北 京	1	40	0	0
天 津	0	0	0	0
河 北	0	0	0	0
山 西	8	148	0	0
内蒙古	1	7	0	0
辽 宁	0	0	0	0
吉 林	0	0	0	0
黑龙江	0	0	0	0
上 海	1	83	1	68
江 苏	3	23	5	0
浙 江	2	36	4	0
安 徽	0	0	0	0
福 建	2	204	12	0
江 西	0	0	0	0
山 东	1	0	0	0
河 南	1	0	0	0
湖 北	0	0	0	0
湖 南	3	6	0	0
广 东	0	0	0	0
广 西	0	0	0	0
海 南	0	0	0	0
重 庆	8	88	7	0
四 川	2	0	0	0
贵 州	0	0	0	0
云 南	0	0	0	0
西 藏	0	0	0	0
陕 西	0	0	0	0
甘 肃	0	0	0	0
青 海	0	0	0	0
宁 夏	0	0	0	0
新 疆	1	12	0	0
新疆生产建设兵团	0	0	0	0

6-3 续表 6

地区	编辑部总人数（人）	# 高级技术职称人数（人）	# 硕士、博士及以上学位人数（人）	科技期刊印刷量（册）	科技期刊发表文章数（篇）
合计	**287**	**35**	**55**	**22869464**	**33184**
北京	40	0	9	203630	240
天津	0	0	0	0	0
河北	0	0	0	0	0
山西	72	11	12	301110	14460
内蒙古	7	2	1	36000	50
辽宁	0	0	0	0	0
吉林	0	0	0	0	0
黑龙江	0	0	0	0	0
上海	4	3	4	5500	54
江苏	25	3	4	3829495	2000
浙江	7	4	1	900600	660
安徽	0	0	0	0	0
福建	8	6	2	3050	424
江西	0	0	0	0	0
山东	4	2	0	140400	3214
河南	5	1	1	378000	0
湖北	0	0	0	0	0
湖南	6	0	1	302696	0
广东	0	0	0	0	0
广西	0	0	0	0	0
海南	0	0	0	0	0
重庆	70	1	20	14482387	10564
四川	17	0	0	1628000	1038
贵州	0	0	0	0	0
云南	10	2	0	569015	0
西藏	0	0	0	0	0
陕西	0	0	0	0	0
甘肃	0	0	0	0	0
青海	0	0	0	0	0
宁夏	0	0	0	0	0
新疆	12	0	0	89581	480
新疆生产建设兵团	0	0	0	0	0

6–4 2019年各地区地市级科协学术交流情况

地 区	开展推进创新创业活动				
	项 数（项）	# 举办竞赛、论坛、展览等（场次）	# 开展咨询、教育、培训等（场次）	# 开展投融资、成果转化等（项）	参与服务活动的科技工作者（人次）
合 计	**3135**	**1017**	**1729**	**254**	**58691**
北 京	46	9	37	0	2035
天 津	39	13	23	3	3714
河 北	0	0	0	0	0
山 西	1	1	0	0	0
内蒙古	16	12	4	1	255
辽 宁	27	8	13	5	1342
吉 林	3	1	2	0	39
黑龙江	18	3	14	2	188
上 海	58	20	31	7	2954
江 苏	180	97	118	22	6590
浙 江	560	197	111	51	5313
安 徽	31	14	15	2	1746
福 建	9	0	9	0	40
江 西	46	19	23	4	700
山 东	262	47	215	0	2417
河 南	53	15	37	1	1250
湖 北	6	2	2	2	199
湖 南	24	2	17	5	780
广 东	275	76	84	104	15830
广 西	21	12	8	1	1738
海 南	0	0	0	0	0
重 庆	67	18	43	8	3333
四 川	66	26	20	25	2558
贵 州	23	10	13	0	500
云 南	5	1	4	0	705
西 藏	8	4	3	1	28
陕 西	38	12	23	3	361
甘 肃	7	4	3	0	500
青 海	5	3	3	1	286
宁 夏	71	14	58	4	844
新 疆	10	4	6	0	313

6-4 续表 1

地 区	专家服务工作站（中心）数（个）	专家进站（中心）人数（人次）	专家服务团队（个）	参加服务团队专家人数（人次）
合 计	**2286**	**18246**	**585**	**13571**
北 京	26	82	24	140
天 津	19	103	7	77
河 北	59	136	1	50
山 西	39	541	20	486
内蒙古	25	76	6	133
辽 宁	202	538	6	83
吉 林	10	67	5	76
黑龙江	1	10	0	0
上 海	18	131	8	340
江 苏	71	381	52	1829
浙 江	422	5175	58	920
安 徽	35	148	8	232
福 建	80	474	0	0
江 西	51	470	2	258
山 东	146	752	13	1154
河 南	21	311	20	217
湖 北	289	898	83	313
湖 南	58	613	28	1510
广 东	151	4084	79	1988
广 西	13	120	5	258
海 南	0	0	0	0
重 庆	35	282	13	301
四 川	219	1132	63	1338
贵 州	3	34	4	545
云 南	19	175	9	308
西 藏	0	0	0	0
陕 西	199	730	7	395
甘 肃	52	328	33	373
青 海	0	0	0	0
宁 夏	14	95	3	17
新 疆	6	342	1	15

6-4 续表 2

地 区	技术标准研制数（个）	团体标准研制数（个）	国内学术会议			
			次 数（次）	#学术年会（次）	参加人数（人次）	交流论文、报告数（篇）
合 计	**12**	**10**	**1491**	**555**	**464303**	**20998**
北 京	0	0	6	2	4373	89
天 津	0	0	18	0	3042	75
河 北	0	0	43	22	13117	175
山 西	0	0	8	1	2995	60
内蒙古	0	0	19	6	3746	338
辽 宁	0	0	61	11	11501	1055
吉 林	0	0	4	0	400	1
黑龙江	0	0	22	5	3541	217
上 海	0	0	69	38	11460	379
江 苏	7	0	98	23	37630	2774
浙 江	0	4	266	120	60808	4277
安 徽	0	0	23	6	3319	252
福 建	0	0	19	18	4519	687
江 西	0	0	2	1	680	60
山 东	0	2	82	28	53851	1682
河 南	0	0	96	43	34185	908
湖 北	0	0	96	49	17109	1117
湖 南	0	0	32	16	9419	1136
广 东	4	4	79	18	56827	1129
广 西	0	0	15	1	4450	360
海 南	0	0	0	0	0	0
重 庆	0	0	31	9	4674	572
四 川	1	0	198	77	75581	1943
贵 州	0	0	45	31	9923	268
云 南	0	0	15	2	3824	394
西 藏	0	0	0	0	0	0
陕 西	0	0	125	19	29614	271
甘 肃	0	0	10	7	1515	439
青 海	0	0	3	1	960	274
宁 夏	0	0	4	0	860	40
新 疆	0	0	1	0	80	8

6-4 续表 3

地区	境内国际学术会议（次）	参加人数（人次）	#境外专家学者（人次）	交流论文、报告数（篇）
合　计	**72**	**23987**	**931**	**1568**
北　京	0	0	0	0
天　津	3	280	28	17
河　北	1	400	4	19
山　西	0	0	0	0
内蒙古	0	0	0	0
辽　宁	1	200	100	108
吉　林	0	0	0	0
黑龙江	3	660	6	16
上　海	3	488	25	34
江　苏	9	7485	120	253
浙　江	10	2644	303	204
安　徽	0	0	0	0
福　建	0	0	0	0
江　西	1	200	22	0
山　东	4	600	8	20
河　南	2	630	1	52
湖　北	4	760	39	132
湖　南	1	280	2	5
广　东	12	4948	141	517
广　西	2	438	5	15
海　南	4	449	88	110
重　庆	0	0	0	0
四　川	0	0	0	0
贵　州	2	255	7	7
云　南	1	70	1	12
西　藏	0	0	0	0
陕　西	9	3200	31	47
甘　肃	0	0	0	0
青　海	0	0	0	0
宁　夏	0	0	0	0
新　疆	0	0	0	0

6–4　续表 4

地　区	港澳台地区学术会议（次）	参加人数（人次）	交流论文、报告数（篇）
合　计	**13**	**2720**	**110**
北　京	0	0	0
天　津	0	0	0
河　北	0	0	0
山　西	0	0	0
内蒙古	0	0	0
辽　宁	0	0	0
吉　林	0	0	0
黑龙江	0	0	0
上　海	0	0	0
江　苏	1	10	1
浙　江	0	0	0
安　徽	0	0	0
福　建	1	120	25
江　西	0	0	0
山　东	1	80	3
河　南	0	0	0
湖　北	0	0	0
湖　南	0	0	0
广　东	10	2510	81
广　西	0	0	0
海　南	0	0	0
重　庆	0	0	0
四　川	0	0	0
贵　州	0	0	0
云　南	0	0	0
西　藏	0	0	0
陕　西	0	0	0
甘　肃	0	0	0
青　海	0	0	0
宁　夏	0	0	0
新　疆	0	0	0

6-4 续表 5

地 区	主办科技期刊(种)	编委会成员人数(人)	# 两院院士人数(人)	# 国际编委人数(人)
合 计	**39**	**616**	**9**	**3**
北 京	1	9	0	0
天 津	0	0	0	0
河 北	1	0	0	0
山 西	3	53	0	0
内蒙古	1	38	0	0
辽 宁	1	3	0	0
吉 林	1	45	0	0
黑龙江	0	0	0	0
上 海	0	0	0	0
江 苏	3	55	0	0
浙 江	1	72	0	0
安 徽	2	0	0	0
福 建	1	15	0	0
江 西	3	23	0	0
山 东	0	0	0	0
河 南	0	0	0	0
湖 北	0	0	0	0
湖 南	0	0	0	0
广 东	3	27	0	0
广 西	0	18	0	0
海 南	0	0	0	0
重 庆	0	0	0	0
四 川	4	22	0	0
贵 州	1	38	0	0
云 南	4	61	0	0
西 藏	0	0	0	0
陕 西	1	30	0	0
甘 肃	2	33	0	0
青 海	3	12	0	0
宁 夏	0	0	0	0
新 疆	0	0	0	0

6-4 续表 6

地 区	编辑部总人数（人）	# 高级技术职称人数（人）	# 硕士、博士及以上学位人数（人）	科技期刊印刷量（册）	科技期刊发表文章数（篇）
合 计	**240**	**34**	**10**	**342010**	**2597**
北 京	9	0	0	30000	150
天 津	0	0	0	0	0
河 北	0	0	0	4000	0
山 西	16	5	0	15000	6
内蒙古	16	3	0	6500	3
辽 宁	3	0	0	100	8
吉 林	4	1	1	6000	30
黑龙江	0	0	0	0	0
上 海	0	0	0	0	0
江 苏	75	0	0	86000	25
浙 江	5	4	1	1000	145
安 徽	0	0	0	0	189
福 建	3	0	0	2100	5
江 西	8	0	0	12000	520
山 东	0	0	0	0	0
河 南	0	0	0	0	0
湖 北	0	0	0	0	0
湖 南	0	0	0	0	0
广 东	14	0	0	7400	98
广 西	10	5	0	0	40
海 南	0	0	0	0	0
重 庆	0	0	0	0	0
四 川	9	7	0	5000	183
贵 州	11	0	0	5600	35
云 南	28	2	1	59810	476
西 藏	0	0	0	0	0
陕 西	4	0	0	12000	210
甘 肃	18	0	0	1500	34
青 海	0	0	0	30000	220
宁 夏	0	0	0	0	0
新 疆	0	0	0	0	0

6–5 2019年各地区县级科协学术交流情况

地 区	开展推进创新创业活动				参与服务活动的科技工作者（人次）
	项 数（项）	# 举办竞赛、论坛、展览等（场次）	# 开展咨询、教育、培训等（场次）	# 开展投融资、成果转化等（项）	
合 计	**4891**	**1643**	**2435**	**307**	**113950**
河 北	105	36	66	8	1632
山 西	70	32	36	2	511
内蒙古	84	19	63	2	368
辽 宁	75	22	50	2	591
吉 林	18	11	7	0	131
黑龙江	270	36	82	34	1470
江 苏	418	121	250	42	4060
浙 江	229	80	117	26	8512
安 徽	147	45	79	21	1329
福 建	184	90	87	7	7885
江 西	90	25	61	5	889
山 东	359	246	101	16	23226
河 南	214	61	128	23	25263
湖 北	219	86	109	31	5024
湖 南	593	103	120	15	4085
广 东	158	73	75	15	7471
广 西	64	17	40	11	431
海 南	24	2	22	0	5
重 庆	12	6	5	1	352
四 川	510	114	326	28	13527
贵 州	60	18	42	0	637
云 南	225	118	114	3	1125
西 藏	173	120	49	3	1119
陕 西	92	51	38	2	1050
甘 肃	103	22	75	4	1075
青 海	81	48	19	4	1036
宁 夏	30	1	29	1	179
新 疆	284	40	245	1	967

注：本表数据不含北京、天津和上海地区。

6-5 续表 1

地区	专家服务工作站（中心）数（个）	专家进站（中心）人数（人次）	专家服务团队（个）	参加服务团队专家人数（人次）
合 计	**2116**	**15769**	**1622**	**27111**
河 北	127	688	70	735
山 西	11	366	31	314
内蒙古	15	121	50	419
辽 宁	93	398	64	545
吉 林	6	99	9	113
黑龙江	6	27	26	340
江 苏	94	1281	60	2324
浙 江	465	3622	239	3527
安 徽	46	218	39	464
福 建	186	917	60	736
江 西	48	312	40	504
山 东	111	1112	87	1240
河 南	38	400	77	3404
湖 北	296	1448	177	1341
湖 南	34	338	108	1549
广 东	36	89	15	291
广 西	2	0	37	541
海 南	0	0	10	224
重 庆	0	0	4	106
四 川	264	1808	185	2681
贵 州	30	708	36	1777
云 南	75	552	53	1007
西 藏	3	13	2	10
陕 西	87	648	72	1271
甘 肃	16	178	33	767
青 海	2	37	5	118
宁 夏	13	369	17	385
新 疆	12	20	16	378

6–5 续表 2

地区	技术标准研制数（个）	团体标准研制数（个）	国内学术会议			
			次数（次）	#学术年会（次）	参加人数（人次）	交流论文、报告数（篇）
合计	**15**	**10**	**352**	**114**	**100390**	**4311**
河北	1	1	4	1	2290	19
山西	1	0	4	1	612	8
内蒙古	0	0	1	1	28	0
辽宁	0	3	0	0	0	0
吉林	0	0	1	0	294	10
黑龙江	0	0	2	1	102	56
江苏	2	0	105	28	54657	1421
浙江	1	0	75	21	11190	806
安徽	0	0	8	5	647	92
福建	2	2	10	10	988	266
江西	0	0	3	1	220	1
山东	0	0	24	6	6616	249
河南	0	1	2	0	918	2
湖北	1	0	24	6	7233	235
湖南	0	0	12	6	1242	258
广东	0	0	15	3	4463	166
广西	0	0	3	2	710	5
海南	0	0	1	0	20	2
重庆	0	0	0	0	0	0
四川	3	2	38	11	6480	436
贵州	0	1	2	1	283	7
云南	1	0	5	2	470	18
西藏	2	0	0	0	0	0
陕西	1	0	9	5	876	226
甘肃	0	0	2	2	49	26
青海	0	0	0	0	0	0
宁夏	0	0	0	0	0	0
新疆	0	0	2	1	2	2

6-5　续表 3

地　区	境内国际学术会议（次）	参加人数（人次）	# 境外专家学者（人次）	交流论文、报告数（篇）
合　计	**38**	**10936**	**216**	**664**
河　北	1	32	1	1
山　西	0	0	0	0
内蒙古	0	0	0	0
辽　宁	0	0	0	0
吉　林	0	0	0	0
黑龙江	1	173	67	14
江　苏	21	6516	84	517
浙　江	4	1267	21	25
安　徽	0	0	0	0
福　建	0	0	0	0
江　西	0	0	0	0
山　东	1	86	2	2
河　南	0	0	0	0
湖　北	0	0	0	0
湖　南	1	60	0	35
广　东	2	505	30	67
广　西	0	0	0	0
海　南	0	0	0	0
重　庆	0	0	0	0
四　川	7	2297	11	3
贵　州	0	0	0	0
云　南	0	0	0	0
西　藏	0	0	0	0
陕　西	0	0	0	0
甘　肃	0	0	0	0
青　海	0	0	0	0
宁　夏	0	0	0	0
新　疆	0	0	0	0

6–5 续表 4

地 区	港澳台地区学术会议（次）	参加人数（人次）	交流论文、报告数（篇）
合 计	**6**	**1151**	**117**
河 北	0	0	0
山 西	0	0	0
内蒙古	0	0	0
辽 宁	0	0	0
吉 林	0	0	0
黑龙江	0	0	0
江 苏	3	301	15
浙 江	0	0	0
安 徽	0	0	0
福 建	0	0	0
江 西	0	0	0
山 东	0	0	0
河 南	0	0	0
湖 北	0	0	0
湖 南	0	0	0
广 东	3	850	102
广 西	0	0	0
海 南	0	0	0
重 庆	0	0	0
四 川	0	0	0
贵 州	0	0	0
云 南	0	0	0
西 藏	0	0	0
陕 西	0	0	0
甘 肃	0	0	0
青 海	0	0	0
宁 夏	0	0	0
新 疆	0	0	0

6–5 续表 5

地区	主办科技期刊（种）	编委会成员人数（人）	# 两院院士人数（人）	# 国际编委人数（人）
合计	**92**	**135**	**0**	**0**
河北	3	0	0	0
山西	5	0	0	0
内蒙古	4	5	0	0
辽宁	2	0	0	0
吉林	0	0	0	0
黑龙江	0	0	0	0
江苏	4	37	0	0
浙江	2	14	0	0
安徽	2	15	0	0
福建	1	0	0	0
江西	4	4	0	0
山东	7	27	0	0
河南	3	5	0	0
湖北	6	10	0	0
湖南	4	0	0	0
广东	0	0	0	0
广西	6	0	0	0
海南	0	0	0	0
重庆	0	0	0	0
四川	13	0	0	0
贵州	9	3	0	0
云南	5	15	0	0
西藏	3	0	0	0
陕西	3	0	0	0
甘肃	4	0	0	0
青海	1	0	0	0
宁夏	0	0	0	0
新疆	1	0	0	0

6–5 续表 6

地 区	编辑部总人数（人）	# 高级技术职称人数（人）	# 硕士、博士及以上学位人数（人）	科技期刊印刷量（册）	科技期刊发表文章数（篇）
合 计	**156**	**18**	**9**	**638700**	**1005**
河 北	1	1	0	300	0
山 西	0	0	0	20900	0
内蒙古	5	2	0	32000	16
辽 宁	0	0	0	0	0
吉 林	0	0	0	0	0
黑龙江	0	0	0	0	0
江 苏	45	8	4	38200	3
浙 江	18	0	0	76000	296
安 徽	5	0	0	1200	30
福 建	0	0	0	0	0
江 西	5	0	0	2800	20
山 东	31	1	2	28000	144
河 南	12	4	0	47500	58
湖 北	11	0	3	131000	56
湖 南	0	0	0	6000	236
广 东	0	0	0	0	0
广 西	0	0	0	0	0
海 南	0	0	0	0	0
重 庆	0	0	0	0	0
四 川	9	2	0	230200	42
贵 州	10	0	0	1800	24
云 南	4	0	0	1700	68
西 藏	0	0	0	0	0
陕 西	0	0	0	20000	12
甘 肃	0	0	0	0	0
青 海	0	0	0	1100	0
宁 夏	0	0	0	0	0
新 疆	0	0	0	0	0

6–6 2019年各地区省级学会学术交流情况

地区	开展推进创新创业活动				
	项数（项）	# 举办竞赛、论坛、展览等（场次）	# 开展咨询、教育、培训等（场次）	# 开展投融资、成果转化等（项）	参与服务活动的科技工作者（人次）
合计	**12173**	**3356**	**7480**	**896**	**552497**
北京	730	201	448	49	16748
天津	388	107	159	17	49145
河北	251	89	112	10	3464
山西	87	33	51	1	12968
内蒙古	328	54	270	4	3719
辽宁	420	74	225	108	9267
吉林	252	94	155	2	22394
黑龙江	29	12	16	2	1286
上海	712	181	379	153	25623
江苏	661	220	369	62	26154
浙江	734	245	446	61	128153
安徽	242	89	147	21	6927
福建	569	122	423	6	19026
江西	179	95	64	14	4448
山东	440	203	186	34	32281
河南	322	96	191	23	22092
湖北	269	99	154	12	7151
湖南	477	199	336	16	48012
广东	1065	204	682	34	30447
广西	279	87	159	11	8272
海南	388	45	342	6	16547
重庆	305	78	209	13	5900
四川	639	155	375	69	4298
贵州	332	66	230	42	9053
云南	493	63	336	75	5319
西藏	283	35	244	3	1892
陕西	255	97	151	11	12973
甘肃	303	70	215	13	3097
青海	245	40	135	5	2479
宁夏	256	100	147	13	6240
新疆	240	103	124	6	7122

6–6 续表 1

地 区	专家服务工作站（中心）数（个）	专家进站（中心）人数（人次）	专家服务团队（个）	参加服务团队专家人数（人次）
合 计	**660**	**22514**	**1585**	**47049**
北 京	22	379	99	1875
天 津	4	8	35	529
河 北	6	357	31	1010
山 西	20	148	34	1002
内蒙古	8	69	28	591
辽 宁	121	603	153	2181
吉 林	14	455	19	624
黑龙江	1	8	2	15
上 海	2	80	1	25
江 苏	106	960	152	3696
浙 江	26	1217	81	2143
安 徽	11	64	38	1045
福 建	51	402	41	8993
江 西	18	218	14	715
山 东	51	746	53	2208
河 南	11	256	38	1187
湖 北	6	16	21	625
湖 南	23	1638	202	6199
广 东	37	1295	119	3569
广 西	3	11044	7	244
海 南	1	5	1	77
重 庆	31	1122	146	2224
四 川	20	264	55	1410
贵 州	8	185	26	679
云 南	9	58	54	1465
西 藏	7	38	4	86
陕 西	10	323	46	910
甘 肃	7	91	4	128
青 海	6	139	43	512
宁 夏	15	285	18	362
新 疆	5	41	20	720

6–6 续表 2

地区	技术标准研制数（个）	团体标准研制数（个）	国内学术会议			
			次数（次）	#学术年会（次）	参加人数（人次）	交流论文、报告数（篇）
合计	**318**	**376**	**11897**	**4823**	**2646256**	**319551**
北京	14	48	902	263	187612	19642
天津	4	10	371	120	77035	7398
河北	2	1	346	186	109611	14501
山西	6	3	178	93	47277	4383
内蒙古	0	4	122	74	19625	2230
辽宁	3	1	455	219	81114	11574
吉林	2	3	310	134	60713	5770
黑龙江	0	3	13	7	1810	228
上海	69	21	1257	361	268998	28484
江苏	15	24	755	299	162453	28068
浙江	7	10	687	320	163149	25269
安徽	5	0	218	127	58018	10845
福建	13	12	259	137	69200	9223
江西	4	7	139	75	27024	4121
山东	61	83	709	382	164809	13459
河南	6	5	200	119	115774	22508
湖北	0	0	212	83	46644	5569
湖南	44	18	489	236	105891	13372
广东	10	78	1738	584	388013	45243
广西	1	7	190	105	43213	6806
海南	7	0	80	30	11976	648
重庆	6	2	556	215	115237	8156
四川	8	13	428	170	80842	5083
贵州	7	0	193	80	38264	4690
云南	3	2	118	47	22453	2414
西藏	1	1	17	9	1292	193
陕西	8	1	251	151	56591	12210
甘肃	1	2	42	7	7737	528
青海	3	9	175	67	33355	2568
宁夏	7	4	137	40	38513	1446
新疆	1	4	350	83	42013	2922

6-6 续表 3

地区	境内国际学术会议(次)	参加人数(人次)	# 境外专家学者(人次)	交流论文、报告数(篇)
合计	**775**	**415075**	**14735**	**56079**
北京	49	17746	549	3462
天津	19	5171	6092	1228
河北	18	4660	51	242
山西	5	1260	44	343
内蒙古	4	733	36	67
辽宁	12	2606	19	352
吉林	25	6355	406	782
黑龙江	6	856	24	308
上海	100	54140	559	8191
江苏	110	61365	1798	7614
浙江	118	93612	1983	7462
安徽	6	1560	223	272
福建	12	7133	1070	651
江西	4	673	40	19
山东	23	24636	123	5690
河南	6	1913	31	323
湖北	29	12000	462	2372
湖南	30	13013	443	2771
广东	80	41831	331	6494
广西	11	4845	0	302
海南	2	650	2	110
重庆	22	7011	11	1499
四川	23	31399	207	1045
贵州	9	4782	12	1089
云南	13	1898	20	405
西藏	0	0	0	0
陕西	23	5804	100	2600
甘肃	1	190	0	81
青海	6	1183	13	55
宁夏	2	1610	16	67
新疆	7	4440	70	183

6-6 续表 4

地 区	港澳台地区学术会议（次）	参加人数（人次）	交流论文、报告数（篇）
合 计	**104**	**24387**	**6216**
北 京	4	432	68
天 津	0	0	0
河 北	0	0	0
山 西	1	200	35
内蒙古	0	0	0
辽 宁	1	500	15
吉 林	1	6	6
黑龙江	0	0	0
上 海	3	330	69
江 苏	20	2591	673
浙 江	2	300	23
安 徽	4	273	5
福 建	21	3821	1577
江 西	0	0	0
山 东	0	0	0
河 南	1	500	19
湖 北	0	0	0
湖 南	2	260	68
广 东	40	12595	2638
广 西	0	0	0
海 南	0	0	0
重 庆	0	0	0
四 川	1	180	5
贵 州	3	2399	1015
云 南	0	0	0
西 藏	0	0	0
陕 西	0	0	0
甘 肃	0	0	0
青 海	0	0	0
宁 夏	0	0	0
新 疆	0	0	0

6–6 续表 5

地 区	主办科技期刊（种）	编委会成员人数（人）	# 两院院士人数（人）	# 国际编委人数（人）
合 计	**742**	**25166**	**624**	**645**
北 京	23	1416	13	8
天 津	26	849	14	12
河 北	17	451	26	8
山 西	19	815	8	36
内蒙古	14	657	7	0
辽 宁	26	1044	13	152
吉 林	28	301	12	50
黑龙江	4	39	2	0
上 海	63	2882	102	100
江 苏	34	1161	42	48
浙 江	36	1099	22	25
安 徽	25	1261	25	24
福 建	34	819	6	9
江 西	22	712	32	10
山 东	44	1064	13	15
河 南	22	596	12	3
湖 北	17	567	7	10
湖 南	32	1009	16	8
广 东	41	1538	126	28
广 西	20	614	7	8
海 南	6	104	0	0
重 庆	33	1612	36	41
四 川	32	1445	32	16
贵 州	22	705	5	0
云 南	23	363	6	24
西 藏	7	103	0	0
陕 西	25	832	25	8
甘 肃	5	78	10	2
青 海	15	207	1	0
宁 夏	13	308	1	0
新 疆	14	515	3	0

6-6 续表 6

地 区	编辑部总人数（人）	# 高级技术职称人数（人）	# 硕士、博士及以上学位人数（人）	科技期刊印刷量（册）	科技期刊发表文章数（篇）
合 计	**4616**	**2326**	**1909**	**11195191**	**309587**
北 京	124	43	45	630500	5342
天 津	76	39	26	392820	3553
河 北	178	83	56	182785	5156
山 西	100	37	42	130220	6811
内蒙古	95	54	45	127134	2193
辽 宁	119	46	41	238200	5334
吉 林	126	70	37	78072	2219
黑龙江	10	3	3	45600	1289
上 海	349	150	155	2608981	13854
江 苏	192	93	75	401394	4168
浙 江	181	90	69	883280	12905
安 徽	142	74	64	156950	5182
福 建	432	285	160	455170	8647
江 西	128	79	45	177447	4133
山 东	218	88	76	718224	6959
河 南	162	82	68	278304	3888
湖 北	88	44	43	105617	4190
湖 南	167	58	68	625879	10267
广 东	364	214	204	482550	8858
广 西	87	42	34	174200	3173
海 南	56	25	9	11700	333
重 庆	417	181	274	309580	4243
四 川	144	70	66	1294942	172605
贵 州	201	113	74	173325	2808
云 南	130	77	40	186280	3630
西 藏	27	14	6	2700	154
陕 西	110	70	36	164700	4056
甘 肃	18	8	9	4200	175
青 海	81	48	20	26400	1417
宁 夏	58	30	8	46300	1061
新 疆	36	16	11	81737	984

七、科学普及

简要说明

本篇统计资料为：

1. 汇总数据，反映中国科协、地方科协、全国学会和省级学会开展科学普及总体情况。

2. 地方科协和省级学会统计数据，分别反映各省级科协及其所属学会、地市级科协、县级科协开展科学普及的基本情况。

3. 相关统计指标包括实体科技馆数量、流动科技馆数量、科普大篷车数量、科普宣讲活动次数、青少年科技教育次数、科普传播次数等。

7-1 2019年各级科协科学普及汇总表

指 标		合 计		科协小计		中国科协机关及直属单位	
		2018年	2019年	2018年	2019年	2018年	2019年
科普基础设施建设							
实体科技馆	（座）	909	978	909	879	1	1
#实行免费开放的科技馆	（座）	848	870	848	819	0	0
建筑面积	（平方米）	3834942	4342167	3834942	4083736	102000	102000
展厅面积	（平方米）	1870639	2310726	1870639	2163242	62080	62080
全年参观人数	（人次）	69719501	74794463	69719501	71496079	4402102	3890765
数字科技馆及科技馆官方网站个数	（个）	—	139	—	97	—	2
日均页面浏览量	（次）	—	5634173	—	5559550	—	4687265
科普资源总量	（个）	—	3871376	—	307832	—	15
流动科技馆	（个）	1755	1773	1755	1721	343	328
全年流动科技馆巡展站点数	（个）	—	6135	—	5816	—	703
全年流动科技馆巡展受众人数	（人次）	—	90185346	—	88736968	—	22973000
科普（技）活动站（室、中心）	（个）	46759	56299	46759	55554	—	0
全年参加活动（培训）人数	（人次）	37514239	40782905	37514239	40392100	—	0
科普大篷车	（辆）	1245	1057	1245	1185	—	0
科普大篷车下乡次数	（次）	35208	35426	35208	35334	—	0
科普大篷车覆盖人数	（人次）	28068168	18343163	8246101	18174412	—	0
科普大篷车行驶里程	（千米）	8246101	7377606	8246101	7337148	—	0
科普大篷车展品数量	（件）	—	67582	—	67256	—	0

7-1 续表 1

指 标		省级科协		地市级科协		县级科协	
		2018 年	2019 年	2018 年	2019 年	2018 年	2019 年
科普基础设施建设							
实体科技馆	（座）	26	26	166	173	716	679
# 实行免费开放的科技馆	（座）	25	26	159	164	664	629
建筑面积	（平方米）	778031	802834	1581554	1700364	1373357	1478538
展厅面积	（平方米）	357025	391073	715920	899688	735614	810401
全年参观人数	（人次）	25281545	21963060	24911299	28915585	15124555	16726669
数字科技馆及科技馆官方网站个数	（个）	—	28	—	33	—	34
日均页面浏览量	（次）	—	54886	—	783871	—	33528
科普资源总量	（个）	—	102704	—	13561	—	191553
流动科技馆	（个）	549	328	351	352	512	713
全年流动科技馆巡展站点数	（个）	—	848	—	1182	—	3083
全年流动科技馆巡展受众人数	（人次）	—	45280377	—	9254424	—	11229167
科普（技）活动站（室、中心）	（个）	65	101	6547	8366	40147	47087
全年参加活动（培训）人数	（人次）	265660	293658	9309738	10535487	27938841	29562955
科普大篷车	（辆）	48	38	270	262	927	885
科普大篷车下乡次数	（次）	1696	1114	7235	7144	26277	27076
科普大篷车覆盖人数	（人次）	475236	1210033	1890830	6625625	5880035	10338754
科普大篷车行驶里程	（千米）	475236	346157	1890830	1407303	5880035	5583688
科普大篷车展品数量	（件）	—	5234	—	32254	—	29768

7-1 续表 2

指 标		合 计		科协小计		中国科协机关及直属单位	
		2018 年	2019 年	2018 年	2019 年	2018 年	2019 年
科普中国 e 站	（个）	72106	93375	72106	93201	—	0
科普画廊建筑面积	（平方米）	2417468	1766802	2417468	1729689	—	0
科普画廊展示面积	（平方米）	4578904	4336686	4578904	4308485	—	0
科普宣讲活动							
举办科普宣讲活动	（次）	—	250361	—	115671	—	1291
# 专家科普报告会	（次）	—	41341	—	21226	—	123
# 专题展览	（次）	—	12394	—	6917	—	47
# 开展科技咨询	（次）	—	81301	—	23290	—	0
# 全国科普日、科普周活动	（次）	—	50632	—	26660	—	0
# 青少年科普活动	（次）	—	47394	—	32737	—	1059
科普活动受众人数	（人次）	—	1441060199	—	530829305	—	48115044
# 全国科普日、科普周活动受众人数	（人次）	—	324308266	—	211229217	—	0
# 青少年科普活动受众人数	（人次）	—	136431102	—	94631366	—	28762494
参加活动的科技人员、专家人数	（人次）	—	1056409	—	361214	—	20
参加科普宣讲活动的学会、协会、研究会	（个）	—	29347	—	20049	—	1
科普宣讲活动覆盖村（社区）	（个）	—	214883	—	123472	—	0
举办实用技术培训	（次）	—	84193	—	62463	—	116
实用技术培训人数	（人次）	—	13922037	—	11392474	—	9018
推广新技术、新品种	（项）	—	17243	—	13048	—	6

7-1 续表 3

指 标		省级科协		地市级科协		县级科协	
		2018 年	2019 年	2018 年	2019 年	2018 年	2019 年
科普中国 e 站	(个)	18035	25882	17041	24416	37030	42903
科普画廊建筑面积	(平方米)	13623	8198	278806	272852	2125039	1448639
科普画廊展示面积	(平方米)	20569	8139	657639	666331	3900696	3634015
科普宣讲活动							
举办科普宣讲活动	(次)	—	17016	—	43480	—	53884
# 专家科普报告会	(次)	—	4812	—	8825	—	7466
# 专题展览	(次)	—	642	—	1807	—	4421
# 开展科技咨询	(次)	—	1342	—	8771	—	13177
# 全国科普日、科普周活动	(次)	—	1746	—	9195	—	15719
# 青少年科普活动	(次)	—	8192	—	11965	—	11521
科普活动受众人数	(人次)	—	376309192	—	51385663	—	55019406
# 全国科普日、科普周活动受众人数	(人次)	—	149556527	—	28496626	—	33176064
# 青少年科普活动受众人数	(人次)	—	44958576	—	9273735	—	11636561
参加活动的科技人员、专家人数	(人次)	—	33367	—	116271	—	211556
参加科普宣讲活动的学会、协会、研究会	(个)	—	1107	—	5638	—	13303
科普宣讲活动覆盖村（社区）	(个)	—	8205	—	29879	—	85388
举办实用技术培训	(次)	—	11193	—	13421	—	37733
实用技术培训人数	(人次)	—	4516921	—	1965987	—	4900548
推广新技术、新品种	(项)	—	210	—	3079	—	9753

7-1 续表 4

指 标		合 计		科协小计		中国科协机关及直属单位	
		2018 年	2019 年	2018 年	2019 年	2018 年	2019 年
青少年科技教育							
举办青少年科技竞赛	（项）	4884	5680	4228	4909	1	0
参加人数	（人次）	99052016	30565465	93888630	26111770	102	0
获奖人数	（人次）	1392353	1414101	1012854	1067429	8	0
青少年参加国际及港澳台地区科技交流活动	（次）	230	10729	147	7158	—	0
参加人数	（人次）	33650	66702	5899	40024	—	0
举办青少年高校科学营活动	（次）	1095	1288	847	1016	3	5
参加人数	（人次）	190769	160051	154010	126714	1907	22149
编印青少年科技教育资料	（种）	1019	5096	739	4679	2	2
总印数	（册）	6984551	7478394	5318717	5511735	20500	32400
举办青少年科技教育活动和培训	（次）	7566	43574	6702	39880	4	23298
参加人数	（人次）	14882474	14292907	14342009	13368869	1337513	1677144
面向青少年的各类人才培养计划培养学生数	（人次）	—	263320	—	210120	—	—
# 中学生英才计划培养学生数	（人次）	45909	61235	45074	44532	—	—
科普传播							
纸质媒体							
编著科技图书	（种）	2451	4078	1439	2176	10	18
总印数	（册）	15518281	18864406	9435219	10883193	51000	16150

7-1 续表 5

指 标		省级科协		地市级科协		县级科协	
		2018 年	2019 年	2018 年	2019 年	2018 年	2019 年
青少年科技教育							
举办青少年科技竞赛	(项)	186	207	1047	1377	2994	3325
参加人数	(人次)	9284009	12050198	77137436	7410052	7467083	6651520
获奖人数	(人次)	183713	236048	501038	469496	328095	361885
青少年参加国际及港澳台地区科技交流活动	(次)	43	60	52	537	52	6561
参加人数	(人次)	1067	13060	1452	14091	3380	12873
举办青少年高校科学营活动	(次)	86	95	303	533	455	383
参加人数	(人次)	23514	30194	20497	17336	108092	57035
编印青少年科技教育资料	(种)	55	48	115	1709	567	2920
总印数	(册)	552837	432514	1112100	1286372	3633280	3760449
举办青少年科技教育活动和培训	(次)	1200	6209	1312	3500	4186	6873
参加人数	(人次)	8738336	6821885	836627	1181021	3429533	3688819
面向青少年的各类人才培养计划培养学生数	(人次)	—	7396	—	80368	—	122356
# 中学生英才计划培养学生数	(人次)	1014	1117	1001	961	43059	42454
科普传播							
纸质媒体							
编著科技图书	(种)	328	168	149	256	952	1734
总印数	(册)	1411241	1803212	1949260	2238555	6023718	6825276

7-1 续表 6

指 标		合 计		科协小计		中国科协机关及直属单位	
		2018 年	2019 年	2018 年	2019 年	2018 年	2019 年
主办科技报纸	（种）	141	581	85	481	—	—
总印数	（份）	68290438	76199823	62232277	58289449	—	—
制作科普挂图	（种）	2510	58311	1797	21752	—	182
总印数	（张）	8463350	11685722	5820654	5764280	—	182
非纸质媒体							
制作科技广播、影视节目	（套）	1503	9895	1026	7467	1	679
制作节目播放时间	（分钟）	16990817	2172530	1256578	1803290	16440	16771
播放科技广播、影视节目时长	（分钟）	—	6658185	—	6245123	—	21812
# 电台、电视台播放科技节目时长	（分钟）	—	2978435	—	2668270	—	21812
制作科普动漫作品	（套）	2354	1842	1660	1158	11	25
科普动漫作品播放时间	（分钟）	2823404	1641582	2407500	722935	601	4092
主办科普 App 或设置科普栏目的综合类 App	（个）	114	118	74	63	—	1
科普 App 下载安装数	（次）	3842478	9497066	1724325	8363721	—	5060847
科普 App 更新频次	（次）	—	1879312	—	1874261	—	12
主办科普微信公众号	（个）	2055	1909	1231	1276	2	11
关注数	（个）	833463064	38535040	819488490	27863589	890000	3633937
全年阅读量	（个）	—	671698259	—	336855457	—	158849671
主办科普微博	（个）	459	579	310	289	1	7
关注数	（个）	33241184	52412743	14407878	19523290	8000000	11528200

7-1 续表 7

指 标		省级科协		地市级科协		县级科协	
		2018 年	2019 年	2018 年	2019 年	2018 年	2019 年
主办科技报纸	(种)	30	27	17	17	38	437
总印数	(份)	54043558	49481826	7133808	7474208	1054911	1333415
制作科普挂图	(种)	101	333	300	3918	1396	17319
总印数	(张)	1683507	1484849	1212278	1149719	2924869	3129530
非纸质媒体							
制作科技广播、影视节目	(套)	164	1149	189	3650	672	1989
制作节目播放时间	(分钟)	381188	205335	222272	547859	636678	1033325
播放科技广播、影视节目时长	(分钟)	—	2733845	—	2461856	—	1027610
# 电台、电视台播放科技节目时长	(分钟)	—	1522991	—	319954	—	803513
制作科普动漫作品	(套)	64	789	1386	116	199	228
科普动漫作品播放时间	(分钟)	56803	678019	394737	12183	1955359	28641
主办科普 App 或设置科普栏目的综合类 App	(个)	22	17	17	18	35	27
科普 App 下载安装数	(次)	1351774	1378567	160583	175318	211968	1748989
科普 App 更新频次	(次)	—	2594	—	6130	—	1865525
主办科普微信公众号	(个)	141	131	333	360	755	774
关注数	(个)	806306435	8875266	7466497	10378965	4825558	4975421
全年阅读量	(个)	—	78172282	—	66139842	—	33693662
主办科普微博	(个)	42	43	81	67	186	172
关注数	(个)	5170171	6643861	630307	843578	607400	507651

7–2 2019年全国学会、省级学会科学普及汇总表

指 标		学会小计		全国学会		省级学会	
		2018年	2019年	2018年	2019年	2018年	2019年
科普基础设施建设							
实体科技馆	（座）	—	94	—	15	—	79
# 实行免费开放的科技馆	（座）	—	52	—	11	—	41
建筑面积	（平方米）	—	213431	—	43694	—	169737
展厅面积	（平方米）	—	127484	—	28375	—	99109
全年参观人数	（人次）	—	2930384	—	526743	—	2403641
数字科技馆及科技馆官方网站个数	（个）	—	42	—	7	—	35
日均页面浏览量	（次）	—	74623	—	4447	—	70176
科普资源总量	（个）	—	3563544	—	3645	—	3559899
流动科技馆	（个）	—	53	—	8	—	45
全年流动科技馆巡展站点数	（个）	—	319	—	23	—	296
全年流动科技馆巡展受众人数	（人次）	—	1448378	—	1021426	—	426952
科普（技）活动站（室、中心）	（个）	—	745	—	270	—	475
全年参加活动（培训）人数	（人次）	—	389905	—	67311	—	322594
科普大篷车	（辆）	—	41	—	0	—	41
科普大篷车下乡次数	（次）	—	92	—	0	—	92
科普大篷车覆盖人数	（人次）	—	168751	—	0	—	168751
科普大篷车行驶里程	（千米）	—	40458	—	0	—	40458
科普大篷车展品数量	（件）	—	326	—	0	—	326

7-2 续表 1

指　标		学会小计		全国学会		省级学会	
		2018 年	2019 年	2018 年	2019 年	2018 年	2019 年
科普中国 e 站	（个）	—	174	—	1	—	173
科普画廊建筑面积	（平方米）	—	37113	—	700	—	36413
科普画廊展示面积	（平方米）	—	28201	—	400	—	27801
科普宣讲活动							
举办科普宣讲活动	（次）	—	128190	—	40606	—	87584
# 专家科普报告会	（次）	—	20315	—	13281	—	7034
# 专题展览	（次）	—	5477	—	2721	—	2756
# 开展科技咨询	（次）	—	51011	—	8897	—	42114
# 全国科普日、科普周活动	（次）	—	23972	—	8504	—	15468
# 青少年科普活动	（次）	—	15267	—	7567	—	7700
科普活动受众人数	（人次）	—	915230894	—	63427124	—	851803770
# 全国科普日、科普周活动受众人数	（人次）	—	113079049	—	31656999	—	81422050
# 青少年科普活动受众人数	（人次）	—	41799736	—	5505033	—	36294703
参加活动的科技人员、专家人数	（人次）	—	695195	—	201295	—	493900
参加科普宣讲活动的学会、协会、研究会	（个）	—	9298	—	7891	—	1407
科普宣讲活动覆盖村（社区）	（个）	—	91411	—	45347	—	46064
举办实用技术培训	（次）	—	22330	—	20317	—	2013
实用技术培训人数	（人次）	—	2674363	—	2473810	—	200553
推广新技术、新品种	（项）	—	5801	—	4925	—	876

7-2 续表 2

指 标		学会小计		全国学会		省级学会	
		2018 年	2019 年	2018 年	2019 年	2018 年	2019 年
青少年科技教育							
举办青少年科技竞赛	（项）	656	761	121	637	535	124
参加人数	（人次）	5163386	4222095	2581572	2317242	2581814	1904853
获奖人数	（人次）	379499	326672	74729	244709	304770	81963
青少年参加国际及港澳台地区科技交流活动	（次）	83	3571	26	3492	57	79
参加人数	（人次）	27751	26678	2583	24705	25168	1973
举办青少年高校科学营活动	（次）	248	272	59	221	189	51
参加人数	（人次）	36759	33337	11229	27456	25530	5881
编印青少年科技教育资料	（种）	280	417	62	355	218	62
总印数	（册）	1665834	1966659	919910	1041369	745924	925290
举办青少年科技教育活动和培训	（次）	864	3828	95	3224	769	604
参加人数	（人次）	540465	988038	206134	609788	334331	378250
面向青少年的各类人才培养计划培养学生数	（人次）	—	53200	—	23847	—	29353
# 中学生英才计划培养学生数	（人次）	835	16703	111	16001	724	702
科普传播							
纸质媒体							
编著科技图书	（种）	1012	1940	335	1552	677	388
总印数	（册）	6083062	7511213	1493770	5964682	4589292	1546531

7-2 续表 3

指 标		学会小计		全国学会		省级学会	
		2018 年	2019 年	2018 年	2019 年	2018 年	2019 年
主办科技报纸	(种)	56	100	4	87	52	13
总印数	(份)	6058161	17910374	861600	17284237	5196561	626137
制作科普挂图	(种)	713	40003	97	38936	616	1067
总印数	(张)	2642696	6024501	158231	4789141	2484465	1235360
非纸质媒体							
制作科技广播、影视节目	(套)	477	2428	122	2026	355	402
制作节目播放时间	(分钟)	15734239	369240	15016391	344007	717848	25233
播放科技广播、影视节目时长	(分钟)	—	413062	—	387886	—	25176
# 电台、电视台播放科技节目时长	(分钟)	—	310165	—	303578	—	6587
制作科普动漫作品	(套)	694	684	210	463	484	221
科普动漫作品播放时间	(分钟)	415904	918648	27451	21291	388453	897357
主办科普 App 或设置科普栏目的综合类 App	(个)	40	55	16	44	24	11
科普 App 下载安装数	(次)	2118153	1142941	1189313	873700	928840	269241
科普 App 更新频次	(次)	—	5051	—	4503	—	548
主办科普微信公众号	(个)	824	921	212	696	612	225
关注数	(个)	13974574	12555451	5344540	8208566	8630034	4346885
全年阅读量	(个)	—	334842802	—	118212972	—	216629830
主办科普微博	(个)	149	296	46	132	103	164
关注数	(个)	18833306	33219453	12853894	30149277	5979412	3070176

7–3 2019年各省级科协科学普及情况

地区	实体科技馆				
	数量（座）	#实行免费开放的科技馆（座）	建筑面积（平方米）	展厅面积（平方米）	全年参观人数（人次）
合计	**26**	**26**	**802834**	**391073**	**21963060**
北京	1	1	43500	16237	480000
天津	1	1	18000	11861	725889
河北	1	1	28000	8400	731818
山西	1	1	30000	13209	1211817
内蒙古	1	1	48300	28830	1003000
辽宁	1	1	102508	47937	1400000
吉林	1	1	43000	15000	620000
黑龙江	1	1	25000	12000	1132200
上海	0	0	0	0	0
江苏	0	0	0	0	0
浙江	1	1	30452	16042	980000
安徽	1	1	12000	5000	188000
福建	1	1	8000	4000	325000
江西	0	0	0	0	0
山东	1	1	21000	12000	700000
河南	1	1	21334	1200	15000
湖北	0	0	0	0	0
湖南	1	1	28113	15248	1934856
广东	1	1	7979	1000	370000
广西	1	1	38988	22500	1450000
海南	0	0	0	0	0
重庆	1	1	48388	31805	2624700
四川	1	1	41800	25000	2217000
贵州	1	1	15865	7040	530000
云南	1	1	9590	3550	359291
西藏	1	1	31727	13160	127011
陕西	1	1	9770	4736	153678
甘肃	1	1	50075	30000	1010000
青海	1	1	33179	18100	548000
宁夏	1	1	29664	16101	660000
新疆	1	1	26602	11117	465800
新疆生产建设兵团	0	0	0	0	0

7-3 续表 1

地 区	数字科技馆及科技馆官方网站个数（个）	日均页面浏览量（次）	科普资源总量（个）	流动科技馆（个）	全年流动科技馆巡展站点数（个）	全年流动科技馆巡展受众人数（人次）
合 计	**28**	**54886**	**102704**	**328**	**848**	**45280377**
北 京	1	19563	1	0	0	0
天 津	1	300	1	0	0	0
河 北	2	200	80000	23	79	1840000
山 西	0	0	0	12	42	632249
内蒙古	1	274	1	28	112	1020143
辽 宁	2	1980	108	1	20	400000
吉 林	2	50	2	4	13	620000
黑龙江	2	6571	0	6	22	1150000
上 海	0	0	0	2	14	25000
江 苏	0	0	0	0	0	0
浙 江	1	6709	1	9	32	450000
安 徽	1	62	22461	5	42	330000
福 建	2	9630	1	25	25	614000
江 西	0	0	0	0	0	0
山 东	1	180	4	0	0	0
河 南	2	3000	120	1	42	2450000
湖 北	0	0	0	13	29	602000
湖 南	1	524	1	14	24	988639
广 东	1	83	1	1	4	148373
广 西	2	1000	1	15	35	1000000
海 南	0	0	0	2	6	101690
重 庆	2	1360	1	2	8	210130
四 川	0	0	0	48	48	2140000
贵 州	0	0	0	22	22	400000
云 南	0	0	0	49	49	1523522
西 藏	0	0	0	12	15	30000
陕 西	0	0	0	1	48	26160000
甘 肃	0	0	0	28	87	2180000
青 海	0	0	0	1	14	107700
宁 夏	2	3400	2	4	16	156931
新 疆	2	0	0	0	0	0
新疆生产建设兵团	0	0	0	0	0	0

7-3 续表 2

地 区	科普（技）活动站（室、中心）（个）	全年参加活动（培训）人数（人次）	科 普 大篷车（辆）	科普大篷车下乡次数（次）	科普大篷车行驶里程（千米）	科普大篷车覆盖人数（人次）	科普大篷车展品数量（件）
合 计	**101**	**293658**	**38**	**1114**	**346157**	**1210033**	**5234**
北 京	0	0	0	0	0	0	0
天 津	0	0	0	0	0	0	0
河 北	0	0	0	0	0	0	0
山 西	5	16976	1	39	5710	41304	25
内蒙古	7	1000	1	14	6000	19636	25
辽 宁	14	20000	2	44	14500	100000	100
吉 林	0	0	1	35	16000	20000	25
黑龙江	47	87840	1	60	10000	50000	24
上 海	0	0	0	0	0	0	0
江 苏	0	0	0	0	0	0	0
浙 江	0	0	1	6	4000	6500	22
安 徽	0	300	1	4	1500	5000	30
福 建	2	48000	0	0	0	0	0
江 西	0	0	0	0	0	0	0
山 东	2	3680	2	1	250	3000	20
河 南	0	0	1	10	2960	15500	36
湖 北	9	15700	1	14	3780	12600	25
湖 南	1	6835	1	25	11800	35323	28
广 东	0	0	1	42	5600	90700	20
广 西	1	31275	1	25	9500	80000	50
海 南	0	0	1	13	20000	20000	25
重 庆	0	0	1	31	7729	80690	40
四 川	0	0	2	74	22650	153000	51
贵 州	0	0	1	17	15000	30000	28
云 南	2	13499	3	89	54360	48100	67
西 藏	0	0	2	4	700	2000	27
陕 西	0	29	2	41	7000	97000	40
甘 肃	0	5098	2	36	50200	46000	24
青 海	1	31000	5	413	39218	56080	4384
宁 夏	6	1926	2	60	14700	52000	62
新 疆	4	10500	2	17	23000	145600	56
新疆生产建设兵团	0	0	0	0	0	0	0

7-3 续表 3

地 区	科普中国e站(个)	科普画廊建筑面积(平方米)	科普画廊展示面积(平方米)
合 计	**25882**	**8198**	**8139**
北 京	59	202	210
天 津	0	12	12
河 北	4143	0	0
山 西	879	879	50
内蒙古	4946	145	900
辽 宁	0	0	0
吉 林	287	574	848
黑龙江	179	764	1516
上 海	1495	0	0
江 苏	0	0	0
浙 江	0	0	0
安 徽	0	0	0
福 建	2	660	720
江 西	325	0	0
山 东	1	0	0
河 南	6059	6	20
湖 北	3	30	30
湖 南	0	0	0
广 东	223	0	0
广 西	0	0	0
海 南	3991	0	0
重 庆	236	106	400
四 川	1575	31	31
贵 州	77	0	0
云 南	6	48	48
西 藏	135	1500	700
陕 西	653	41	54
甘 肃	0	0	0
青 海	282	3000	2400
宁 夏	6	200	200
新 疆	320	0	0
新疆生产建设兵团	0	0	0

7-3 续表 4

地区	举办科普宣讲活动					
	次数（次）	# 专家科普报告会（次）	# 专题展览（次）	# 开展科技咨询（次）	# 全国科普日、科普周活动（次）	# 青少年科普活动（次）
合　计	**17016**	**4812**	**642**	**1342**	**1746**	**8192**
北　京	332	179	37	5	55	164
天　津	677	280	61	143	300	198
河　北	136	16	0	0	6	114
山　西	2644	116	2	4	15	2507
内蒙古	1220	1014	13	138	26	61
辽　宁	119	70	4	0	3	42
吉　林	61	15	6	32	17	0
黑龙江	42	6	4	0	18	14
上　海	5	0	2	0	2	1
江　苏	274	265	1	0	239	258
浙　江	175	5	7	8	21	134
安　徽	780	241	12	0	59	6
福　建	583	249	12	23	20	348
江　西	105	62	8	23	25	16
山　东	374	371	5	0	0	2
河　南	21	4	10	9	2	1
湖　北	176	83	0	0	4	93
湖　南	44	3	3	0	2	37
广　东	210	148	7	27	19	64
广　西	1312	64	63	20	26	1138
海　南	11	0	0	0	1	10
重　庆	2296	40	6	1	6	2242
四　川	70	54	9	0	2	5
贵　州	45	30	6	5	5	40
云　南	318	291	1	229	5	19
西　藏	75	6	2	12	53	0
陕　西	2204	947	1	16	711	56
甘　肃	461	89	337	12	12	238
青　海	60	2	1	0	12	45
宁　夏	262	81	12	75	18	76
新　疆	1924	81	10	560	62	263
新疆生产建设兵团	0	0	0	0	0	0

7–3 续表 5

地　区	举办科普宣讲活动					
	科普活动受众人数(人次)	# 全国科普日、科普周活动受众人数(人次)	# 青少年科普活动受众人数(人次)	参加活动的科技人员、专家人数(人次)	参加科普宣讲活动的学会、协会、研究会(个)	科普宣讲活动覆盖村(社区)(个)
合　计	**376309192**	**149556527**	**44958576**	**33367**	**1107**	**8205**
北　京	371917	22577	147960	389	6	68
天　津	3729607	2401732	1794691	1306	175	660
河　北	24900	2000	17800	48	23	10
山　西	5876300	44903	210822	952	6	33
内蒙古	2196300	364300	1824000	2614	35	896
辽　宁	438000	200000	28000	50	1	3002
吉　林	1187130	1102050	0	651	30	73
黑龙江	20000	10000	10000	300	0	0
上　海	53500	32100	5500	14500	80	0
江　苏	94800	91400	82000	2539	143	0
浙　江	300014350	100048000	28923250	52	34	28
安　徽	17548707	17008900	311000	1299	38	101
福　建	130095	22680	79295	566	51	139
江　西	3500000	3100000	1650000	362	0	2563
山　东	211280	280	211000	50	3	46
河　南	300448	100000	220000	998	23	15
湖　北	36848	17300	28848	611	40	0
湖　南	111155	4532	61155	162	25	31
广　东	13059709	11359000	1514000	1439	70	66
广　西	1893020	1123500	403500	1172	10	37
海　南	7754000	5960000	1794000	0	0	0
重　庆	5652321	1868470	3763851	353	56	2
四　川	1186100	1000000	186100	430	0	0
贵　州	575800	59800	20000	480	41	52
云　南	1714293	1406000	236293	647	1	0
西　藏	67000	67000	0	0	16	0
陕　西	5992229	1972951	17180	428	50	0
甘　肃	390000	19000	358000	180	24	9
青　海	359383	6052	353331	0	0	4
宁　夏	1180000	103000	555000	269	36	110
新　疆	640000	39000	152000	520	90	260
新疆生产建设兵团	0	0	0	0	0	0

7–3 续表 6

地区	举办实用技术培训（次）	实用技术培训人数（人次）	推广新技术、新品种（项）	举办青少年科技竞赛（项）	参加人数（人次）	获奖人数（人次）
合 计	**11193**	**4516921**	**210**	**207**	**12050198**	**236048**
北 京	64	3200	0	4	588000	3700
天 津	282	7750	83	24	21250	17200
河 北	3	10000	30	4	431776	2223
山 西	31	610	1	5	14034	2831
内蒙古	16	1546	0	2	2478	1913
辽 宁	25	3000	0	3	1085	1085
吉 林	28	5900	36	9	19117	9545
黑龙江	0	0	0	8	14594	1933
上 海	0	0	0	3	383307	8119
江 苏	12	1450	0	14	2861309	54465
浙 江	18	1170	0	4	39803	9208
安 徽	68	7060	0	10	19525	7409
福 建	2	400	0	8	123539	3345
江 西	94	9920	0	0	0	0
山 东	11	1300	0	10	337522	56319
河 南	0	0	0	6	5067130	8950
湖 北	2268	143512	0	1	1200	1170
湖 南	0	0	0	13	20382	1349
广 东	1	148	3	5	13566	9026
广 西	17	8400	0	5	3730	1561
海 南	6	473	0	6	7280	2950
重 庆	4	1100	4	12	914918	4702
四 川	0	0	0	4	350000	8000
贵 州	43	2150	21	8	26000	2500
云 南	0	0	0	5	92048	3200
西 藏	18	1095	3	8	5452	917
陕 西	4465	213239	15	3	2600	1439
甘 肃	90	5098	3	2	405000	2416
青 海	4	1500	11	3	65000	788
宁 夏	3	1500	0	13	211553	6785
新 疆	3620	4085400	0	5	7000	1000
新疆生产建设兵团	0	0	0	0	0	0

7-3 续表 7

地 区	青少年参加国际及港澳台地区科技交流活动（次）	参加人数（人次）	举办青少年高校科学营活动（次）	参加人数（人次）	编印青少年科技教育资料（种）	总印数（册）
合 计	**60**	**13060**	**95**	**30194**	**48**	**432514**
北 京	7	350	1	2500	0	0
天 津	1	1	2	3360	1	300
河 北	0	0	1	390	1	800
山 西	1	2	1	305	5	11900
内蒙古	1	11	1	400	0	0
辽 宁	1	1	3	665	0	0
吉 林	0	0	2	485	0	0
黑龙江	0	0	3	6600	1	1000
上 海	10	54	1	965	2	1000
江 苏	6	130	1	1150	0	0
浙 江	6	26	2	430	2	5160
安 徽	1	160	2	230	0	0
福 建	7	12104	5	413	1	210
江 西	0	0	0	0	0	0
山 东	1	72	4	1350	0	0
河 南	0	0	2	486	1	1000
湖 北	1	1	5	1184	9	4798
湖 南	3	3	1	512	6	381726
广 东	1	60	1	530	1	800
广 西	0	0	1	352	2	20000
海 南	1	10	1	112	0	0
重 庆	2	6	35	4429	7	430
四 川	5	37	3	480	0	0
贵 州	1	12	2	233	5	1500
云 南	0	0	1	256	3	1390
西 藏	0	0	1	128	0	0
陕 西	0	0	1	1330	0	0
甘 肃	2	3	1	390	1	500
青 海	1	5	9	144	0	0
宁 夏	1	12	1	165	0	0
新 疆	0	0	1	220	0	0
新疆生产建设兵团	0	0	0	0	0	0

7-3 续表 8

地 区	举办青少年科技教育活动和培训（次）	参加人数（人次）	面向青少年的各类人才培养计划培养学生数（人次）	# 中学生英才计划培养学生数（人次）
合 计	**6209**	**6821885**	**7396**	**1117**
北 京	43	3366	220	220
天 津	193	32240	35	35
河 北	3	3680	30	30
山 西	2526	241629	8	0
内蒙古	213	95390	25	25
辽 宁	9	61500	21	21
吉 林	9	12881	75	75
黑龙江	78	36330	41	41
上 海	12	5003	2927	76
江 苏	32	28379	80	50
浙 江	20	600	43	43
安 徽	6	1080	39	39
福 建	334	457000	50	50
江 西	0	0	0	0
山 东	6	2914	47	47
河 南	6	1500	100	100
湖 北	18	3597	45	45
湖 南	15	2344	20	20
广 东	8	150966	356	56
广 西	8	195300	0	0
海 南	36	10650	0	0
重 庆	2233	5139970	21	21
四 川	9	2015	41	41
贵 州	24	80000	0	0
云 南	167	51425	0	0
西 藏	2	169	0	0
陕 西	2	290	38	38
甘 肃	68	10600	3134	44
青 海	44	177540	0	0
宁 夏	12	3821	0	0
新 疆	73	9706	0	0
新疆生产建设兵团	0	0	0	0

7-3 续表 9

地 区	编著科技图书（种）	总印数（册）	主办科技报纸（种）	总印数（份）	制作科普挂图（种）	总印数（张）
合 计	**168**	**1803212**	**27**	**49481826**	**333**	**1484849**
北 京	44	247260	0	0	8	61905
天 津	2	1300	0	0	9	100100
河 北	1	5000	1	25000	0	0
山 西	5	43200	2	3775000	2	30000
内蒙古	19	122000	1	670000	0	0
辽 宁	2	43	0	0	0	0
吉 林	4	14000	0	0	2	19000
黑龙江	5	40000	1	400	7	422700
上 海	1	1000	1	2687540	1	3000
江 苏	0	0	1	3600000	0	0
浙 江	2	20000	0	0	0	0
安 徽	0	0	1	1207000	0	0
福 建	0	0	0	0	7	68000
江 西	2	100000	0	0	2	10000
山 东	2	50000	1	5250000	2	5000
河 南	0	0	1	1500000	10	2000
湖 北	0	0	0	0	0	0
湖 南	1	60000	1	12500000	16	6000
广 东	0	0	3	675000	10	12300
广 西	8	22800	2	6421562	6	120000
海 南	0	0	0	0	0	0
重 庆	7	82200	3	1625308	26	20256
四 川	23	142894	1	1206000	0	0
贵 州	11	108000	0	0	0	0
云 南	3	596015	1	1200000	26	412308
西 藏	0	0	2	2029800	0	0
陕 西	6	16000	1	3620316	6	180000
甘 肃	15	75000	1	480000	3	54
青 海	0	0	2	1008900	15	10226
宁 夏	5	56500	0	0	0	0
新 疆	0	0	0	0	175	2000
新疆生产建设兵团	0	0	0	0	0	0

7-3 续表 10

地 区	制作科技广播、影视节目（套）	制作节目播放时间（分钟）	播放科技广播、影视节目时长（分钟）	# 电台、电视台播放科技节目时长（分钟）
合 计	**1149**	**205335**	**2733845**	**1522991**
北 京	52	1740	420	420
天 津	56	427	687	687
河 北	0	0	0	0
山 西	78	3203	1680	1440
内蒙古	6	5930	6130	6130
辽 宁	0	0	0	0
吉 林	356	5435	124955	124955
黑龙江	9	41935	152500	108040
上 海	1	31200	31200	31200
江 苏	3	19144	0	0
浙 江	34	25850	228940	53482
安 徽	0	0	0	0
福 建	0	0	276000	0
江 西	0	0	0	0
山 东	0	0	0	0
河 南	240	15000	65700	0
湖 北	8	254	200	200
湖 南	30	110	50	0
广 东	5	26	85800	20
广 西	2	2100	2100	2100
海 南	1	2190	2190	2190
重 庆	3	75	498340	0
四 川	0	0	0	0
贵 州	1	1000	0	0
云 南	7	22651	1011888	960042
西 藏	2	3120	3120	3120
陕 西	0	0	0	0
甘 肃	0	0	1200	400
青 海	0	0	0	0
宁 夏	250	12665	12745	8585
新 疆	5	11280	228000	219980
新疆生产建设兵团	0	0	0	0

7-3 续表 11

地区	制作科普动漫作品(套)	科普动漫作品播放时间(分钟)	主办科技传播类网站(个)	浏览量(次)	主办科普App或设置科普栏目的综合类App(个)	科普App下载安装数(次)	科普App更新频次(次)
合　计	**789**	**678019**	**87**	**126566905**	**17**	**1378567**	**2594**
北　京	8	26	9	12286128	1	483200	9
天　津	4	15	3	3802945	0	0	0
河　北	0	0	4	112000	0	0	0
山　西	26	105	5	4641620	2	5149	245
内蒙古	1	5500	3	940607	1	3310	1
辽　宁	8	10	1	722510	0	0	0
吉　林	1	300	2	6936951	0	0	0
黑龙江	29	17556	1	183420	3	625855	737
上　海	0	0	1	9084681	0	0	0
江　苏	1	5000	4	3183628	1	100200	1323
浙　江	1	156	3	3569832	1	2973	10
安　徽	0	0	3	1670971	1	76	242
福　建	0	0	3	1799466	0	0	0
江　西	0	0	0	0	0	0	0
山　东	0	0	2	268776	0	0	0
河　南	0	0	4	465287	1	110800	1
湖　北	0	0	4	1594022	1	13466	1
湖　南	69	50	2	1572406	1	20000	2
广　东	0	0	4	3386433	0	0	0
广　西	3	629612	6	12382820	2	3538	21
海　南	0	0	0	0	0	0	0
重　庆	1	29	8	4615632	1	10000	2
四　川	15	30	2	4402800	0	0	0
贵　州	0	0	2	189418	0	0	0
云　南	2	17520	1	79870	0	0	0
西　藏	0	0	2	77298	1	0	0
陕　西	1	15	2	313000	0	0	0
甘　肃	0	0	2	47615070	0	0	0
青　海	0	0	2	192238	0	0	0
宁　夏	27	95	1	17076	0	0	0
新　疆	592	2000	1	460000	0	0	0
新疆生产建设兵团	0	0	0	0	0	0	0

7-3 续表 12

地 区	主办科普微信公众号（个）	关注数（个）	全年阅读量（个）	主办科普微博（个）	关注数（个）
合 计	**131**	**8875266**	**78172282**	**43**	**6643861**
北 京	13	340946	4959084	5	1365447
天 津	3	96284	1471232	3	2200
河 北	2	24891	566927	2	1503
山 西	23	185311	1665777	0	0
内蒙古	4	80870	760687	2	12609
辽 宁	1	520000	600405	0	0
吉 林	1	25351	95270	0	0
黑龙江	3	251480	3556647	1	100
上 海	0	0	0	0	0
江 苏	7	320299	1472601	2	78321
浙 江	4	79076	429581	2	652243
安 徽	3	114981	377898	0	0
福 建	3	154495	1812844	0	0
江 西	2	853817	752510	0	0
山 东	4	798798	3344653	0	0
河 南	3	68400	5079018	2	133102
湖 北	3	1127	1592	0	0
湖 南	4	1276712	13917725	1	3500
广 东	3	57817	1136767	1	33800
广 西	9	128968	2517230	2	20000
海 南	1	195000	420389	0	0
重 庆	11	1008139	28614490	6	2950030
四 川	4	1381046	2273640	3	358118
贵 州	2	97727	421061	0	0
云 南	2	24303	124834	1	41912
西 藏	3	20650	25880	0	0
陕 西	4	108343	1005179	3	955079
甘 肃	2	237156	238752	0	0
青 海	3	78471	225365	2	615
宁 夏	3	94808	154244	0	0
新 疆	1	250000	150000	5	35282
新疆生产建设兵团	0	0	0	0	0

7–4　2019年各地区地市级科协科学普及情况

地　区	实体科技馆				
	数　量（座）	# 实行免费开放的科技馆（座）	建筑面积（平方米）	展厅面积（平方米）	全年参观人数（人次）
合　计	**173**	**164**	**1700364**	**899688**	**28915585**
北　京	4	4	12200	5580	27200
天　津	3	3	3658	3261	122600
河　北	4	4	49480	30830	484000
山　西	2	2	31600	15580	300000
内蒙古	7	7	78982	41252	623971
辽　宁	6	6	38850	19028	372500
吉　林	3	2	7300	3416	41800
黑龙江	5	5	21949	13401	1200000
上　海	6	5	18123	9200	276127
江　苏	5	5	105500	60160	2546149
浙　江	8	7	182983	80441	3702199
安　徽	12	12	159571	69760	2707006
福　建	6	6	80273	40269	1337299
江　西	7	7	52582	39811	488121
山　东	11	11	142564	77634	1912024
河　南	8	8	93172	50892	2594319
湖　北	12	11	92222	47486	2377283
湖　南	5	5	27755	18211	776900
广　东	12	12	111610	49684	1437210
广　西	3	3	54020	25006	706797
海　南	1	1	1000	1000	15000
重　庆	4	4	15431	11200	834000
四　川	6	6	35988	18844	604340
贵　州	3	2	39970	23399	460000
云　南	6	6	47796	29358	687854
西　藏	2	2	610	410	3350
陕　西	5	4	42150	25000	300031
甘　肃	3	2	15799	8167	139800
青　海	2	2	8034	5663	56021
宁　夏	5	4	33584	21335	891728
新　疆	5	5	80609	47480	805956

7-4 续表 1

地　区	数字科技馆及科技馆官方网站个数（个）	日均页面浏览量（次）	科普资源总量（个）	流动科技馆（个）	全年流动科技馆巡展站点数（个）	全年流动科技馆巡展受众人数（人次）
合　计	**33**	**783871**	**13561**	**352**	**1182**	**9254424**
北　京	1	425	1	0	1	2000
天　津	0	0	0	1	5	1650
河　北	0	0	0	14	54	548731
山　西	0	0	0	11	10	45022
内蒙古	0	0	0	11	29	327700
辽　宁	0	0	0	3	19	45200
吉　林	0	0	0	1	11	222624
黑龙江	1	239	0	0	2	400000
上　海	1	2000	11056	6	186	67150
江　苏	3	8110	190	4	55	230400
浙　江	4	22533	566	25	71	272780
安　徽	2	535	242	9	45	186200
福　建	2	442072	0	15	39	466348
江　西	0	0	0	7	5	409000
山　东	4	1640	2	25	100	180100
河　南	4	2658	1331	10	42	507310
湖　北	3	1048	61	9	17	229500
湖　南	0	0	0	5	10	593000
广　东	6	15663	93	47	113	271250
广　西	2	476	19	17	22	287500
海　南	0	0	0	1	2	44903
重　庆	0	0	0	0	0	0
四　川	0	0	0	38	56	2091413
贵　州	0	0	0	2	5	82611
云　南	0	0	0	9	43	307221
西　藏	0	0	0	9	18	26260
陕　西	0	286472	0	5	9	220000
甘　肃	0	0	0	22	59	478380
青　海	0	0	0	2	65	19940
宁　夏	0	0	0	4	10	74003
新　疆	0	0	0	34	63	563260

7-4 续表 2

地区	科普（技）活动站（室、中心）（个）	全年参加活动（培训）人数（人次）	科普大篷车（辆）	科普大篷车下乡次数（次）	科普大篷车行驶里程（千米）	科普大篷车覆盖人数（人次）	科普大篷车展品数量（件）
合计	**8366**	**10535487**	**262**	**7144**	**1407303**	**6625625**	**32254**
北京	1122	1759017	6	155	20901	33000	1083
天津	1269	803007	10	243	13639	54186	230
河北	150	102160	3	79	19000	69000	106
山西	13	171620	3	156	12800	26800	79
内蒙古	96	105650	12	226	96350	216994	296
辽宁	217	54501	7	82	19200	52675	175
吉林	13	226120	4	234	21700	16700	74
黑龙江	18	76200	10	204	45380	284152	393
上海	816	999840	1	28	1400	1400	2
江苏	459	2808920	4	160	17000	108046	95
浙江	16	73845	7	305	30605	246720	354
安徽	72	23200	10	208	28590	152030	308
福建	44	76120	5	150	20499	189630	117
江西	5	11500	5	155	15510	99417	115
山东	505	470850	13	319	31730	284360	303
河南	351	66600	13	348	58000	271346	271
湖北	6	11600	11	310	17812	259598	273
湖南	19	536626	8	130	28188	254620	173
广东	10	148428	9	400	47238	367175	444
广西	145	143858	13	328	113184	244533	353
海南	0	10000	1	0	0	0	0
重庆	2380	669647	12	331	57800	202000	265
四川	301	133970	15	442	113450	306643	389
贵州	19	65212	8	96	21964	134160	212
云南	17	95012	10	217	120476	1543180	331
西藏	77	45870	14	366	148394	138930	5024
陕西	11	52350	8	162	43340	107850	189
甘肃	51	94004	12	561	113546	399100	366
青海	5	3420	6	104	42500	122700	18533
宁夏	6	98890	4	183	23083	176000	102
新疆	24	466670	11	426	46523	251620	1299

7-4 续表 3

地 区	科普中国e站 (个)	科普画廊建筑面积 (平方米)	科普画廊展示面积 (平方米)
合 计	**24416**	**272852**	**666331**
北 京	29	17776	49714
天 津	2102	15658	31609
河 北	953	1497	1759
山 西	603	4184	10606
内蒙古	1675	2439	3986
辽 宁	396	30565	66257
吉 林	377	2847	1885
黑龙江	50	3635	3790
上 海	925	27209	75744
江 苏	1847	22682	34136
浙 江	1501	2133	1993
安 徽	497	17422	11064
福 建	811	5420	9750
江 西	230	5222	14994
山 东	1643	6082	26710
河 南	1544	4955	14055
湖 北	695	5989	13476
湖 南	488	832	3016
广 东	301	24226	129541
广 西	428	1349	3877
海 南	55	1500	1500
重 庆	256	32476	109656
四 川	1099	16262	13590
贵 州	414	689	2422
云 南	1998	523	1060
西 藏	53	733	2417
陕 西	260	5949	6056
甘 肃	191	4502	11022
青 海	79	224	224
宁 夏	361	552	819
新 疆	2409	1962	2502

7-4 续表 4

地区	举办科普宣讲活动					
	次数(次)	# 专家科普报告会(次)	# 专题展览(次)	# 开展科技咨询(次)	# 全国科普日、科普周活动(次)	# 青少年科普活动(次)
合计	**42056**	**8480**	**1775**	**7939**	**9129**	**11915**
北京	1408	431	229	426	419	191
天津	10125	1471	68	4212	2757	1592
河北	225	60	25	10	106	49
山西	239	178	2	6	38	75
内蒙古	1065	282	123	250	187	205
辽宁	607	127	50	60	135	219
吉林	40	18	4	6	9	4
黑龙江	158	39	5	22	31	72
上海	1489	91	38	93	985	229
江苏	3060	557	106	304	545	1467
浙江	4867	1400	110	53	294	2133
安徽	535	130	61	51	87	285
福建	819	36	31	28	443	69
江西	163	77	13	30	34	73
山东	3552	1735	157	1133	521	271
河南	4124	87	198	155	430	76
湖北	379	97	18	7	26	251
湖南	194	64	21	43	45	41
广东	1449	842	72	71	258	666
广西	3196	110	41	52	438	2596
海南	54	8	4	20	18	8
重庆	1722	161	138	227	504	692
四川	407	40	31	73	166	104
贵州	170	53	24	18	28	24
云南	223	67	13	24	95	58
西藏	26	1	1	11	14	8
陕西	514	52	69	253	87	95
甘肃	333	38	43	96	113	63
青海	93	11	17	23	52	22
宁夏	171	12	7	5	87	65
新疆	649	205	56	177	177	212

7–4 续表 5

地区	举办科普宣讲活动					
	科普活动受众人数（人次）	# 全国科普日、科普周活动受众人数（人次）	# 青少年科普活动受众人数（人次）	参加活动的科技人员、专家人数（人次）	参加科普宣讲活动的学会、协会、研究会（个）	科普宣讲活动覆盖村（社区）（个）
合　计	**51188773**	**28417246**	**9186305**	**115985**	**5631**	**29766**
北　京	1251890	578440	190890	3100	251	1689
天　津	1640947	942330	436446	4935	40	3498
河　北	1159970	720320	256700	3359	163	931
山　西	521030	290320	116910	8399	75	976
内蒙古	1037980	659940	171120	1776	100	669
辽　宁	450100	325300	107800	2333	184	1336
吉　林	24055	17755	4300	291	8	32
黑龙江	313528	141770	125078	1111	73	68
上　海	2721364	642467	282577	10185	162	1837
江　苏	3770150	1989050	1200600	19316	1015	2509
浙　江	8176396	3471101	1414200	3399	341	1644
安　徽	256112	104844	90648	840	142	307
福　建	1590068	1185658	98100	3774	100	1206
江　西	515388	89826	19785	535	42	55
山　东	589600	300000	226900	2384	182	959
河　南	1046239	398050	386889	5197	195	1436
湖　北	1345873	999314	344850	435	42	56
湖　南	2465460	837739	236916	2089	240	345
广　东	4656460	1720700	1312252	10098	853	2843
广　西	852298	337730	456930	1202	124	224
海　南	85740	50000	35740	36	7	4
重　庆	534819	283189	251470	3539	277	1539
四　川	9163933	8868400	247400	8729	232	1437
贵　州	628220	280700	165300	3159	160	205
云　南	2314986	432674	102074	3665	229	1287
西　藏	47200	30645	6550	81	9	138
陕　西	1932000	1486500	284500	4329	185	506
甘　肃	714400	314587	184620	4052	59	106
青　海	166395	140915	18480	304	67	352
宁　夏	266000	172000	98000	324	25	59
新　疆	950172	604982	312280	3009	49	1513

7-4 续表 6

地 区	举办实用技术培训（次）	实用技术培训人数（人次）	推广新技术、新品种（项）	举办青少年科技竞赛（项）	参加人数（人次）	获奖人数（人次）
合 计	**13303**	**1942771**	**3012**	**1365**	**7358127**	**467209**
北 京	176	12800	25	86	180770	18067
天 津	922	52323	148	172	63958	11605
河 北	61	15136	4	39	273650	24381
山 西	94	8506	565	23	193931	9306
内蒙古	151	21630	144	21	31472	3772
辽 宁	305	36780	103	44	60825	10014
吉 林	16	644	12	22	26523	10062
黑龙江	706	57900	36	29	12947	3541
上 海	284	16569	75	100	1129174	14168
江 苏	249	24302	159	113	1030645	97106
浙 江	373	18719	40	55	51221	10507
安 徽	58	4336	24	31	102487	8303
福 建	284	8833	29	33	61110	6700
江 西	48	3857	8	21	28379	6505
山 东	206	24695	67	61	140400	26746
河 南	363	118583	38	38	1171270	37944
湖 北	43	3726	9	17	317676	9080
湖 南	99	10120	654	33	83479	13432
广 东	59	10511	33	146	356466	23121
广 西	359	29458	17	22	153894	13919
海 南	31	2800	0	7	2808	1485
重 庆	407	57945	96	95	214089	15191
四 川	1123	937782	260	31	831499	58482
贵 州	110	8465	103	25	124242	7080
云 南	775	60641	53	20	164587	7480
西 藏	19	943	13	2	490	8
陕 西	618	63550	56	21	357824	6999
甘 肃	98	11897	25	20	99337	4526
青 海	132	5404	67	6	16244	394
宁 夏	207	8065	143	13	54940	5690
新 疆	4927	305851	6	19	21790	1595

7-4 续表 7

地 区	青少年参加国际及港澳台地区科技交流活动（次）	参加人数（人次）	举办青少年高校科学营活动（次）	参加人数（人次）	编印青少年科技教育资料（种）	总印数（册）
合 计	**537**	**14091**	**325**	**12221**	**15213**	**1286372**
北 京	1	2	1	200	1	30000
天 津	421	7117	7	262	4	42
河 北	0	0	10	305	6	14560
山 西	0	0	10	267	1	3000
内蒙古	0	0	9	290	3	12000
辽 宁	1	2	6	165	0	0
吉 林	5	25	2	75	0	0
黑龙江	0	0	12	274	7	5000
上 海	49	631	12	2958	7	546450
江 苏	2	16	14	618	10	25150
浙 江	3	15	20	309	8	22500
安 徽	6	19	9	244	25	14000
福 建	1	9	9	208	4	1850
江 西	1	6	9	121	0	0
山 东	0	0	20	862	6	20290
河 南	2	9	15	209	31	49240
湖 北	1	12	18	717	7	24710
湖 南	2	21	14	615	23	46720
广 东	16	5273	21	525	18	46500
广 西	6	637	6	197	7	121850
海 南	0	0	0	10	3	210
重 庆	9	100	4	912	2	5000
四 川	2	30	17	480	16	136000
贵 州	1	10	7	183	2	10000
云 南	6	150	8	152	0	0
西 藏	0	0	4	110	5	5200
陕 西	0	0	9	186	3	91600
甘 肃	0	0	12	345	8	22000
青 海	1	6	2	50	6	17500
宁 夏	0	0	5	186	0	0
新 疆	1	1	33	186	15000	15000

7-4 续表 8

地 区	举办青少年科技教育活动和培训（次）		面向青少年的各类人才培养计划培养学生数（人次）	
		参加人数（人次）		# 中学生英才计划培养学生数（人次）
合 计	**3485**	**1178256**	**80368**	**961**
北 京	171	149183	31	26
天 津	284	47314	20	20
河 北	102	102262	508	10
山 西	8	10580	0	0
内蒙古	42	22504	0	0
辽 宁	520	26652	0	0
吉 林	9	6070	59	59
黑龙江	24	19705	0	0
上 海	117	152755	3180	170
江 苏	117	50603	1036	13
浙 江	28	130581	94	0
安 徽	211	19037	0	0
福 建	19	13134	58	58
江 西	4	13360	0	0
山 东	40	10492	15000	0
河 南	299	43150	5538	138
湖 北	302	32699	40	0
湖 南	225	13977	3540	0
广 东	133	84381	604	304
广 西	137	23733	0	0
海 南	5	710	0	0
重 庆	328	41966	0	0
四 川	66	16956	50360	163
贵 州	23	37964	0	0
云 南	54	20975	0	0
西 藏	11	4143	300	0
陕 西	18	32599	0	0
甘 肃	148	38592	0	0
青 海	11	5209	0	0
宁 夏	16	2325	0	0
新 疆	13	4645	0	0

7-4 续表 9

地 区	编著科技图书（种）	总印数（册）	主办科技报纸（种）	总印数（份）	制作科普挂图（种）	总印数（张）
合 计	**246**	**2228555**	**17**	**7474208**	**3907**	**1128719**
北 京	7	118000	0	0	3	40496
天 津	1	5000	1	2500000	3031	38962
河 北	4	31000	0	0	1	25
山 西	9	54000	0	0	4	8040
内蒙古	7	20600	1	3800	25	22980
辽 宁	20	112100	1	30000	27	95450
吉 林	1	1000	1	700	0	0
黑龙江	2	38000	0	0	0	0
上 海	6	24200	0	0	56	93308
江 苏	17	464800	0	0	97	45931
浙 江	22	152230	3	122000	30	106040
安 徽	5	14000	0	0	18	5230
福 建	1	2000	0	0	0	0
江 西	1	20000	0	0	0	0
山 东	9	33000	0	0	27	114126
河 南	6	32500	0	0	28	60400
湖 北	13	15000	3	6208	4	40
湖 南	33	329000	0	0	17	8200
广 东	3	26375	2	4301500	382	107557
广 西	3	44500	0	0	5	57500
海 南	3	21500	0	0	0	0
重 庆	6	84950	0	0	7	40650
四 川	20	130100	0	0	15	34500
贵 州	1	5000	0	0	7	228000
云 南	15	130300	3	60000	63	280
西 藏	12	25000	0	0	10	7000
陕 西	3	151500	1	90000	2	6000
甘 肃	6	21200	0	0	16	5590
青 海	3	28500	0	0	32	2414
宁 夏	3	33200	1	360000	0	0
新 疆	4	60000	0	0	0	0

7-4 续表 10

地 区	制作科技广播、影视节目（套）	制作节目播放时间（分钟）	播放科技广播、影视节目时长（分钟）	# 电台、电视台播放科技节目时长（分钟）
合 计	**3650**	**547859**	**2449476**	**307574**
北 京	9	2600	48200	24200
天 津	61	9070	36945	21765
河 北	0	0	615	595
山 西	5	1910	40410	40410
内蒙古	40	1982	1976	1910
辽 宁	1	420	9357	9357
吉 林	2	2400	2400	2400
黑龙江	0	0	5	5
上 海	3	70807	141320	720
江 苏	425	283665	182698	6240
浙 江	106	11393	35349	28604
安 徽	65	1735	11274	11274
福 建	7	6125	13245	13245
江 西	2	2824	2824	2824
山 东	16	7641	14837	9277
河 南	10	1401	5580	5430
湖 北	280	16052	19617	19617
湖 南	4	733	43	38
广 东	11	8026	17821	17791
广 西	6	341	1752598	7340
海 南	2	2	780	780
重 庆	6	110	12250	11220
四 川	57	3522	29392	8512
贵 州	53	256	7008	7008
云 南	84	104312	38550	38550
西 藏	3	2512	2512	2512
陕 西	102	1280	5480	5380
甘 肃	105	2600	9770	4370
青 海	730	2190	5390	5390
宁 夏	15	510	630	210
新 疆	1440	1440	600	600

7-4 续表 11

地 区	制作科普动漫作品（套）	科普动漫作品播放时间（分钟）	主办科技传播类网站（个）	浏览量（次）	主办科普 App 或设置科普栏目的综合类 App（个）	科普 App 下载安装数（次）	科普 App 更新频次（次）
合 计	**116**	**12083**	**231**	**502667879**	**17**	**175318**	**6130**
北 京	0	0	5	70000	3	53265	637
天 津	1	300	1	15426	0	0	0
河 北	0	0	8	8850648	1	1100	40
山 西	24	72	6	47358	0	0	0
内蒙古	0	0	12	528785	0	0	0
辽 宁	0	0	8	1665301	0	0	0
吉 林	0	0	2	15000	0	0	0
黑龙江	0	0	4	163500	1	45671	195
上 海	0	0	4	4029902	0	0	0
江 苏	60	8945	14	4463506	0	0	0
浙 江	15	75	13	4924387	1	29492	15
安 徽	2	1040	13	4563255	0	0	0
福 建	0	0	8	848665	1	0	2300
江 西	0	0	5	25011	1	160	2000
山 东	2	78	19	1005153	2	15800	119
河 南	3	20	16	11014983	1	6300	12
湖 北	0	0	12	1751906	1	1257	1
湖 南	0	0	8	457024	1	15	20
广 东	1	1079	21	1700047	1	11668	1
广 西	0	0	7	1234976	0	0	0
海 南	0	0	1	1000	0	0	0
重 庆	0	0	3	23936	0	0	0
四 川	4	55	9	1022430	2	590	590
贵 州	0	0	3	69428	1	10000	200
云 南	0	0	9	4415525	0	0	0
西 藏	1	4	0	0	0	0	0
陕 西	3	415	10	449369162	0	0	0
甘 肃	0	0	6	259824	0	0	0
青 海	0	0	0	0	0	0	0
宁 夏	0	0	4	131741	0	0	0
新 疆	0	0	0	0	0	0	0

7-4 续表 12

地 区	主办科普微信公众号(个)	关注数(个)	全年阅读量(个)	主办科普微博(个)	关注数(个)
合 计	**359**	**10378965**	**66139842**	**67**	**843578**
北 京	15	184610	2656507	1	221
天 津	12	12975	217354	3	156
河 北	14	146598	1977331	2	1534
山 西	11	5021776	12710731	0	0
内蒙古	13	40042	778118	3	4714
辽 宁	12	17606	116600	0	0
吉 林	2	6800	11500	0	0
黑龙江	6	32822	710586	0	0
上 海	17	267575	6749590	3	22473
江 苏	15	526294	7718179	5	25013
浙 江	16	509498	3163428	2	14049
安 徽	17	233276	3734894	2	65
福 建	9	42313	830457	2	217
江 西	10	308482	1416360	2	8637
山 东	19	186596	1317148	1	170
河 南	21	740660	3832985	5	5060
湖 北	17	274529	4028771	1	78560
湖 南	11	436224	4500661	0	0
广 东	21	258525	1537761	7	71115
广 西	11	59827	637654	2	2800
海 南	2	30462	48159	0	0
重 庆	18	76834	453484	9	4681
四 川	14	443088	3482151	3	114646
贵 州	9	107093	784025	0	0
云 南	14	94375	414766	4	28279
西 藏	1	25000	60000	0	0
陕 西	11	155011	1391902	2	171
甘 肃	10	25381	210738	3	2154
青 海	3	51250	58522	0	0
宁 夏	5	54749	449414	5	458863
新 疆	3	8694	140066	0	0

7–5 2019 年各地区县级科协科学普及情况

地区	实体科技馆				
	数量（座）	# 实行免费开放的科技馆（座）	建筑面积（平方米）	展厅面积（平方米）	全年参观人数（人次）
合计	**679**	**629**	**1478538**	**810401**	**16726669**
河北	26	25	63465	43162	453255
山西	17	16	23940	14278	118492
内蒙古	53	48	67675	47343	1077488
辽宁	5	5	3230	2276	37100
吉林	25	23	24930	13781	184900
黑龙江	23	23	48572	15828	139508
江苏	11	10	67013	36547	596792
浙江	40	38	106732	54814	1398095
安徽	35	34	61737	34793	372892
福建	31	30	131520	65883	908430
江西	11	10	31050	10960	284900
山东	74	70	255355	138349	1903958
河南	25	23	85640	51984	1291166
湖北	57	53	125730	60993	1276568
湖南	12	9	6666	4250	99628
广东	17	16	68469	39691	1587543
广西	1	0	0	0	0
海南	3	3	780	760	3800
重庆	1	1	1800	1400	28000
四川	52	47	62514	40672	2235124
贵州	7	6	6520	4680	352000
云南	22	22	61072	12730	239146
西藏	41	36	7479	5014	76244
陕西	20	19	36139	30934	292065
甘肃	12	12	35630	22344	442790
青海	8	6	3090	2350	28089
宁夏	17	16	10840	6440	138663
新疆	33	28	80949	48145	1160033

注：本表数据不含北京、天津和上海地区。

7-5 续表 1

地 区	数字科技馆及科技馆官方网站个数（个）			流动科技馆（个）		
		日均页面浏览量（次）	科普资源总量（个）		全年流动科技馆巡展站点数（个）	全年流动科技馆巡展受众人数（人次）
合 计	**34**	**33528**	**191553**	**713**	**3083**	**11229167**
河 北	0	0	0	42	74	766704
山 西	0	0	0	27	38	198260
内蒙古	2	12013	525	35	141	242868
辽 宁	0	0	0	4	35	109700
吉 林	0	0	0	11	15	220952
黑龙江	1	20	1	18	20	218482
江 苏	4	870	3067	30	1158	453160
浙 江	2	1600	50	20	98	126160
安 徽	8	16202	139975	22	77	405138
福 建	1	357	126	27	102	499681
江 西	0	0	0	17	25	436352
山 东	1	56	0	58	173	214243
河 南	1	8	6	32	110	1949718
湖 北	0	0	0	27	65	403166
湖 南	7	180	30669	18	27	968816
广 东	0	0	0	7	125	334774
广 西	0	0	0	18	24	247364
海 南	0	0	0	4	5	75270
重 庆	0	0	0	0	0	0
四 川	3	968	200	41	86	1097787
贵 州	0	7	52	18	30	260098
云 南	2	1046	16801	27	62	342475
西 藏	1	200	80	8	11	2320
陕 西	0	0	0	13	18	519829
甘 肃	0	0	0	38	92	719934
青 海	0	0	0	4	34	22763
宁 夏	0	0	0	8	16	61140
新 疆	1	1	1	139	422	332013

7-5 续表 2

地 区	科普（技）活动站（室、中心）（个）	全年参加活动（培训）人数（人次）	科普大篷车（辆）	科普大篷车下乡次数（次）	科普大篷车行驶里程（千米）	科普大篷车覆盖人数（人次）	科普大篷车展品数量（件）
合 计	**47087**	**29562955**	**885**	**27076**	**5583688**	**10338754**	**29768**
河 北	574	554838	15	356	50834	142451	566
山 西	245	230810	19	758	77728	63683	513
内蒙古	682	651016	77	1686	393519	477775	2074
辽 宁	2775	801146	4	117	15590	17500	179
吉 林	836	223577	29	986	235121	196187	614
黑龙江	832	431595	24	791	166230	333439	2324
江 苏	3861	3388858	20	587	147150	374986	357
浙 江	4055	3192460	16	510	128977	220549	481
安 徽	1371	1261612	20	586	119490	182450	285
福 建	2919	1041092	18	273	42581	103368	1572
江 西	854	454140	23	823	110109	401790	344
山 东	7863	3425023	41	1194	267937	398821	995
河 南	3230	1751244	45	2121	228606	919621	953
湖 北	2396	2561442	28	527	107004	199882	479
湖 南	1877	749588	21	685	290703	473436	541
广 东	1527	1173935	10	161	101628	169310	182
广 西	981	476991	22	809	115928	543044	360
海 南	181	63226	9	845	57147	74330	445
重 庆	703	63970	5	136	23500	58200	244
四 川	2520	2975585	54	1659	207615	607013	1720
贵 州	1324	739716	66	1347	186771	559538	1471
云 南	2572	1200683	71	1394	293946	724217	2727
西 藏	264	129037	45	1114	625694	362388	980
陕 西	677	479753	46	1360	285342	443536	1668
甘 肃	430	343868	51	2356	439793	781060	1933
青 海	43	123302	20	542	142990	320803	744
宁 夏	111	181991	17	798	121525	278192	321
新 疆	1384	892457	69	2555	600230	911185	4696

7-5 续表 3

地 区	科普中国e站（个）	科普画廊建筑面积（平方米）	科普画廊展示面积（平方米）
合 计	**42903**	**1448639**	**3634015**
河 北	2648	29895	165771
山 西	768	42754	57813
内蒙古	2875	26014	31903
辽 宁	1373	43374	155311
吉 林	428	10855	19588
黑龙江	144	41356	65834
江 苏	5437	113656	214094
浙 江	3295	126105	400072
安 徽	843	45295	162188
福 建	2602	62247	213966
江 西	260	30021	35586
山 东	1903	334487	798735
河 南	3131	129859	217366
湖 北	633	81817	148212
湖 南	495	52840	71925
广 东	385	42260	127512
广 西	760	27036	78478
海 南	135	1517	4618
重 庆	111	14610	54090
四 川	2898	53401	297277
贵 州	879	40162	75622
云 南	4588	24960	93506
西 藏	44	1431	2743
陕 西	420	17658	51329
甘 肃	412	11714	19125
青 海	114	1878	2488
宁 夏	578	17805	18911
新 疆	4744	23632	49954

7-5 续表 4

地区	举办科普宣讲活动					
	次数（次）	# 专家科普报告会（次）	# 专题展览（次）	# 开展科技咨询（次）	# 全国科普日、科普周活动（次）	# 青少年科普活动（次）
合　计	**53884**	**7466**	**4421**	**13177**	**15719**	**11521**
河　北	1466	130	140	425	401	369
山　西	2773	160	74	1876	548	179
内蒙古	1739	359	81	551	397	243
辽　宁	1414	151	145	341	438	304
吉　林	901	23	28	93	519	112
黑龙江	943	97	35	300	281	110
江　苏	5037	473	335	740	2191	916
浙　江	7448	2167	187	1000	1327	1688
安　徽	2384	357	198	490	1058	372
福　建	3429	717	269	432	793	1425
江　西	694	72	76	150	217	153
山　东	1851	412	152	395	486	475
河　南	1277	155	136	322	438	267
湖　北	3596	472	689	450	1473	450
湖　南	1931	130	88	1040	403	302
广　东	3037	608	503	408	676	1213
广　西	1101	117	125	263	299	463
海　南	307	100	47	71	80	136
重　庆	400	54	19	34	120	173
四　川	3431	66	264	635	946	599
贵　州	881	57	53	354	267	239
云　南	1451	159	173	301	344	279
西　藏	334	7	10	59	166	106
陕　西	1239	96	160	738	324	227
甘　肃	923	49	157	335	281	169
青　海	272	15	18	65	116	63
宁　夏	228	21	21	98	58	71
新　疆	3397	242	238	1211	1072	418

7−5 续表 5

地 区	举办科普宣讲活动					
	科普活动受众人数（人次）	# 全国科普日、科普周活动受众人数（人次）	# 青少年科普活动受众人数（人次）	参加活动的科技人员、专家人数（人次）	参加科普宣讲活动的学会、协会、研究会（个）	科普宣讲活动覆盖村（社区）（个）
合 计	**55019406**	**33176064**	**11636561**	**211556**	**13303**	**85388**
河 北	1345611	653296	445206	3825	308	4541
山 西	947632	549837	206017	1820	235	3286
内蒙古	650485	286658	206913	2667	186	2424
辽 宁	397495	181370	76105	1425	302	2285
吉 林	1116150	912141	142370	1073	81	739
黑龙江	443688	196249	112471	2200	236	1411
江 苏	4815496	2916126	1309232	14279	911	5154
浙 江	3373905	2007865	753840	27778	1264	7460
安 徽	1973220	715381	403871	6275	680	2720
福 建	2846414	1399723	527741	9980	897	4917
江 西	902161	273637	163216	2090	428	1424
山 东	1685104	715061	547893	7871	831	7826
河 南	2341257	821669	747447	5846	601	4340
湖 北	1512395	679767	527402	5043	432	3951
湖 南	2353153	1265850	967868	10005	714	5177
广 东	2776907	872086	847647	12230	764	3278
广 西	1290933	608988	472748	4305	496	1860
海 南	170099	89103	83476	500	21	398
重 庆	432880	255000	177880	2662	162	462
四 川	16290943	14330520	1065548	23933	1181	5828
贵 州	972233	522685	259124	7885	411	2130
云 南	2274944	1114145	483146	21951	936	2769
西 藏	46613	33458	11746	168	6	1627
陕 西	1344864	671045	300917	10397	543	2690
甘 肃	764569	378834	218595	2139	313	1563
青 海	243139	120507	74668	934	141	653
宁 夏	232450	109030	77420	592	75	482
新 疆	1474666	496033	426054	21683	148	3993

7-5 续表 6

地 区	举办实用技术培训（次）	实用技术培训人数（人次）	推广新技术、新品种（项）	举办青少年科技竞赛（项）	参加人数（人次）	获奖人数（人次）
合 计	**37733**	**4900548**	**9753**	**3325**	**6651520**	**361885**
河 北	1855	100747	1184	123	123996	7791
山 西	542	91642	196	87	110355	9578
内蒙古	932	88509	321	101	68843	6478
辽 宁	423	49571	108	93	51103	3727
吉 林	411	34513	94	48	22910	2660
黑龙江	973	129420	195	80	33006	1329
江 苏	2000	227915	456	284	921888	58380
浙 江	3914	229120	215	234	659483	33171
安 徽	479	52589	369	136	105387	16554
福 建	439	66817	354	185	70781	6719
江 西	402	46921	92	53	25967	2327
山 东	687	188631	272	238	350722	26312
河 南	1714	329787	246	155	474909	17253
湖 北	1440	194419	244	122	425960	16616
湖 南	2269	178926	499	188	328817	23626
广 东	440	55944	1103	156	332598	28829
广 西	851	67484	208	128	392035	10019
海 南	368	24520	51	42	27873	1484
重 庆	156	40420	12	27	287594	4034
四 川	2088	276701	611	210	883960	37878
贵 州	577	93443	106	111	261612	8991
云 南	3613	375423	274	112	164733	11651
西 藏	200	9495	64	14	1889	95
陕 西	1463	265098	264	135	207945	8429
甘 肃	572	117313	379	115	210221	11633
青 海	222	17261	85	23	22355	1000
宁 夏	255	80584	41	29	17154	1832
新 疆	8448	1467335	1710	96	67424	3489

7–5 续表 7

地 区	青少年参加国际及港澳台地区科技交流活动（次）	参加人数（人次）	举办青少年高校科学营活动（次）	参加人数（人次）	编印青少年科技教育资料（种）	总印数（册）
合 计	**6561**	**12873**	**383**	**57035**	**2920**	**3760449**
河 北	3	50	13	796	40	254000
山 西	33	31	5	37	53	150800
内蒙古	2	34	19	1513	26	186800
辽 宁	4	36	6	107	6	8750
吉 林	70	73	4	42	4	17010
黑龙江	51	16	18	783	15	46320
江 苏	4199	6257	40	12740	22	49900
浙 江	13	305	17	2394	25	70001
安 徽	641	746	22	3975	46	240230
福 建	65	203	35	4200	20	79300
江 西	0	0	8	388	24	108430
山 东	5	321	25	4157	41	133113
河 南	0	0	20	1608	75	541300
湖 北	242	220	15	4645	1050	264600
湖 南	9	44	27	1232	1057	247500
广 东	986	3319	14	1790	51	262200
广 西	4	312	8	2180	40	171800
海 南	1	1	6	34	35	129370
重 庆	0	0	0	0	1	2000
四 川	14	62	16	12101	64	336505
贵 州	38	33	7	226	24	97153
云 南	10	128	12	788	19	118460
西 藏	0	0	0	0	13	41741
陕 西	1	1	13	700	14	68906
甘 肃	168	416	9	74	22	80400
青 海	0	0	5	22	26	41400
宁 夏	0	0	4	110	4	11000
新 疆	2	265	15	393	103	1460

7-5 续表 8

地 区	举办青少年科技教育活动和培训（次）	参加人数（人次）	面向青少年的各类人才培养计划培养学生数（人次）	# 中学生英才计划培养学生数（人次）
合 计	**6873**	**3688819**	**122356**	**42454**
河 北	157	84360	6442	3322
山 西	144	69259	884	811
内蒙古	313	115125	0	0
辽 宁	93	52232	200	200
吉 林	50	16655	10	1
黑龙江	130	90192	36535	5830
江 苏	426	252082	11693	3545
浙 江	652	171156	433	123
安 徽	171	60501	1020	143
福 建	795	77842	4362	362
江 西	61	53061	461	376
山 东	505	339822	15266	2211
河 南	243	312056	9730	6632
湖 北	442	401137	122	0
湖 南	332	185845	15441	13587
广 东	547	302546	847	215
广 西	199	86315	2611	1441
海 南	95	39633	3	3
重 庆	139	38000	3000	0
四 川	383	303560	5425	116
贵 州	111	100579	289	200
云 南	211	89850	3959	800
西 藏	29	8941	56	30
陕 西	189	146821	786	633
甘 肃	135	130532	50	0
青 海	30	14564	0	0
宁 夏	138	25523	1600	1600
新 疆	153	120630	1131	273

7-5 续表 9

地区	编著科技图书(种)	总印数(册)	主办科技报纸(种)	总印数(份)	制作科普挂图(种)	总印数(张)
合计	**1734**	**6825276**	**437**	**1333415**	**17319**	**3129530**
河北	60	234500	1	35000	2314	187780
山西	67	227103	7	36003	121	45833
内蒙古	70	415252	1	1800	175	58194
辽宁	25	137080	1	4500	931	121926
吉林	39	88000	0	0	41	16375
黑龙江	15	59370	1	1800	70	22211
江苏	12	61000	3	506600	630	111885
浙江	42	126035	4	135000	291	379213
安徽	30	83720	1	6000	197	92546
福建	33	129200	0	0	93	12942
江西	33	161301	1	1	43	27965
山东	36	233490	3	64460	363	726561
河南	150	1368835	3	333000	152	90120
湖北	30	173436	2	1020	137	95303
湖南	96	638940	1	280	157	87720
广东	11	59900	1	400	139	13523
广西	23	121500	0	0	1464	27938
海南	60	96200	0	0	112	7160
重庆	2	23500	0	0	3	3000
四川	87	564529	2	148000	6123	327981
贵州	70	395660	0	0	77	63751
云南	33	206301	2	50450	69	72866
西藏	18	117560	0	0	25	16860
陕西	47	363600	1	7500	47	222480
甘肃	70	449200	1	1200	278	11632
青海	516	57000	400	400	225	10784
宁夏	21	121500	0	0	11	45500
新疆	38	111564	1	1	3031	229481

7–5 续表 10

地　区	制作科技广播、影视节目（套）	制作节目播放时间（分钟）	播放科技广播、影视节目时长（分钟）	# 电台、电视台播放科技节目时长（分钟）
合　计	**1989**	**1033325**	**1027610**	**803513**
河　北	21	5986	37164	32234
山　西	42	18874	16471	14871
内蒙古	25	25612	9802	9302
辽　宁	13	1845	9905	9905
吉　林	6	1390	392	324
黑龙江	16	5971	14860	13980
江　苏	686	15221	110985	108735
浙　江	86	83208	108360	92860
安　徽	62	16757	67830	55973
福　建	32	26280	59689	59286
江　西	10	2411	1824	1624
山　东	79	16298	16150	16150
河　南	34	16343	10451	10001
湖　北	19	38323	44843	42250
湖　南	60	14378	137536	110034
广　东	91	3050	42001	42001
广　西	17	16646	16576	12466
海　南	305	8008	8965	8965
重　庆	0	0	0	0
四　川	98	11986	178032	60877
贵　州	11	10216	17767	6697
云　南	133	12176	44435	32141
西　藏	2	150	1852	18
陕　西	28	659615	9048	8548
甘　肃	34	17980	9856	9856
青　海	2	3000	7260	7260
宁　夏	67	395	960	960
新　疆	10	1206	44596	36195

7-5 续表 11

地 区	制作科普动漫作品(套)	科普动漫作品播放时间(分钟)	主办科技传播类网站(个)	浏览量(次)	主办科普 App 或设置科普栏目的综合类 App(个)	科普 App 下载安装数(次)	科普 App 更新频次(次)
合 计	**228**	**28641**	**281**	**13898040**	**139**	**1748989**	**1865525**
河 北	0	0	10	62891	2	0	0
山 西	7	20	3	11289	4	340	1382
内蒙古	21	630	22	360048	19	139491	1369342
辽 宁	0	0	3	12390	1	360	1200
吉 林	0	0	0	0	5	25484	70269
黑龙江	0	0	2	160000	4	14933	134
江 苏	5	81	24	1427493	3	1072	2030
浙 江	23	22	24	3781085	8	1227051	12912
安 徽	1	630	22	1095816	4	820	3836
福 建	1	3	12	628930	4	10644	181
江 西	0	0	4	6468	3	2043	416
山 东	4	35	15	155833	4	22257	432
河 南	11	35	39	1678708	5	3493	2083
湖 北	21	700	18	799863	6	4152	7
湖 南	8	32	10	169076	2	3211	1304
广 东	32	8	11	1886964	3	6855	2595
广 西	0	0	2	1500	0	0	0
海 南	0	0	0	0	0	0	0
重 庆	0	0	1	170000	1	1280	100
四 川	36	17139	25	1091871	7	4325	24430
贵 州	1	9130	7	166451	11	143036	7559
云 南	52	150	11	114212	5	7491	169947
西 藏	0	0	0	0	1	0	0
陕 西	0	0	10	116587	9	101143	989
甘 肃	0	0	0	0	14	15920	51094
青 海	3	15	3	500	4	250	170
宁 夏	1	10	0	0	3	8122	142747
新 疆	1	1	3	65	7	5216	366

7-5 续表 12

地 区	主办科普微信公众号（个）	关注数（个）	全年阅读量（个）	主办科普微博（个）	关注数（个）
合 计	**774**	**4975421**	**33693662**	**172**	**507651**
河 北	26	264576	358703	4	203
山 西	28	32082	275810	1	30
内蒙古	38	44653	495458	5	861
辽 宁	17	14581	82232	1	300
吉 林	6	405077	316987	0	0
黑龙江	13	70457	298841	0	0
江 苏	39	158098	3719460	5	4806
浙 江	56	533728	2793260	20	175300
安 徽	28	986081	514692	16	29420
福 建	32	83231	795266	5	1000
江 西	41	197755	1303451	4	636
山 东	62	339739	11078297	8	1106
河 南	57	245277	1010412	16	19760
湖 北	45	664686	3532350	2	1101
湖 南	16	157843	597316	4	22400
广 东	28	80020	658734	0	0
广 西	7	4706	64761	0	0
海 南	6	5335	146488	0	0
重 庆	4	326	24500	9	86
四 川	59	287914	1725136	17	20759
贵 州	14	12401	122875	11	1892
云 南	70	84172	1574174	35	218597
西 藏	1	15	240	0	0
陕 西	35	225785	1717060	8	9002
甘 肃	20	30846	103999	1	392
青 海	5	379	14837	0	0
宁 夏	13	29732	201718	0	0
新 疆	8	15926	166605	0	0

7-6 2019年各地区省级学会科学普及情况

地 区	实体科技馆				
	数 量（座）	# 实行免费开放的科技馆（座）	建筑面积（平方米）	展厅面积（平方米）	全年参观人数（人次）
合 计	**79**	**41**	**169737**	**99109**	**2403641**
北 京	0	0	0	0	0
天 津	3	0	0	0	0
河 北	2	2	28800	9000	732300
山 西	0	0	0	0	0
内蒙古	1	1	45	30	3000
辽 宁	4	3	4210	4200	15840
吉 林	2	2	19804	8993	300600
黑龙江	0	0	0	0	0
上 海	0	0	0	0	0
江 苏	0	0	0	0	0
浙 江	4	2	2886	1936	3452
安 徽	4	3	2655	2154	2100
福 建	1	1	0	800	1600
江 西	1	0	0	0	0
山 东	3	3	5734	5694	44100
河 南	0	0	0	0	0
湖 北	6	3	2950	1250	12100
湖 南	8	8	30000	15870	554094
广 东	0	0	0	0	0
广 西	0	0	0	0	0
海 南	0	0	0	0	0
重 庆	0	0	0	0	0
四 川	3	1	5500	4000	15000
贵 州	6	2	2800	2200	3270
云 南	8	1	15	7365	1300
西 藏	2	0	0	0	0
陕 西	10	3	24000	11050	167500
甘 肃	1	0	0	0	0
青 海	3	1	500	150	500
宁 夏	2	2	10536	6600	78105
新 疆	5	3	29302	17817	468780

7-6 续表 1

地 区	数字科技馆及科技馆官方网站个数（个）	日均页面浏览量（次）	科普资源总量（个）	流动科技馆（个）	全年流动科技馆巡展站点数（个）	全年流动科技馆巡展受众人数（人次）
合 计	**35**	**70176**	**3559899**	**45**	**296**	**426952**
北 京	3	1818	3014638	2	6	500
天 津	0	0	0	0	0	0
河 北	4	2001	3000	1	15	280080
山 西	0	0	0	0	0	0
内蒙古	2	758	262	0	0	0
辽 宁	0	0	0	0	0	0
吉 林	0	0	0	0	0	0
黑龙江	2	1324	32	0	24	120000
上 海	0	0	0	0	0	0
江 苏	0	0	0	0	0	0
浙 江	1	200	20	21	16	6110
安 徽	2	20	123	1	1	230
福 建	2	10100	2	0	0	0
江 西	1	3000	3000	0	0	0
山 东	1	45000	535313	0	0	0
河 南	0	0	0	0	0	0
湖 北	0	0	0	0	1	200
湖 南	3	2012	2001	2	6	1152
广 东	0	0	0	0	0	0
广 西	1	50	150	0	0	0
海 南	1	174	0	1	2	1000
重 庆	0	0	0	0	0	0
四 川	6	3050	170	3	3	600
贵 州	1	0	0	2	201	260
云 南	2	109	2	0	0	0
西 藏	1	10	100	0	0	0
陕 西	1	500	86	1	7	6200
甘 肃	0	0	0	0	0	0
青 海	0	0	0	0	0	0
宁 夏	1	50	1000	1	4	5000
新 疆	0	0	0	10	10	5620

7-6 续表 2

地 区	科普（技）活动站（室、中心）（个）	全年参加活动（培训）人数（人次）	科 普 大篷车（辆）	科普大篷车下乡次数（次）	科普大篷车行驶里程（千米）	科普大篷车覆盖人数（人次）	科普大篷车展品数量（件）
合 计	**475**	**322594**	**41**	**92**	**40458**	**168751**	**326**
北 京	4	992	2	2	40	6000	2
天 津	0	0	2	0	0	0	0
河 北	23	43663	0	0	0	0	0
山 西	17	13879	0	0	0	0	0
内蒙古	8	9975	0	0	0	0	0
辽 宁	6	12673	1	0	0	0	0
吉 林	7	5560	0	0	0	0	0
黑龙江	1	9200	0	0	0	0	0
上 海	0	0	0	0	0	0	0
江 苏	87	42967	0	0	0	0	0
浙 江	64	8781	1	37	12500	9250	30
安 徽	12	3877	0	0	0	0	0
福 建	82	11143	0	0	0	0	0
江 西	3	1680	1	0	0	0	0
山 东	5	2450	0	0	0	0	0
河 南	11	27230	0	0	0	0	0
湖 北	10	3065	2	0	0	0	0
湖 南	33	25602	1	5	2478	1090	200
广 东	0	0	2	0	0	0	0
广 西	3	642	0	0	0	0	0
海 南	11	17270	0	0	0	0	0
重 庆	0	0	0	0	0	0	0
四 川	10	9659	2	0	0	0	0
贵 州	7	5924	7	29	650	5701	5
云 南	19	26616	5	0	0	0	0
西 藏	20	1072	0	0	0	0	0
陕 西	6	5463	8	2	930	1100	33
甘 肃	0	0	1	0	0	0	0
青 海	0	0	2	0	0	0	0
宁 夏	18	14140	0	0	0	0	0
新 疆	8	19071	4	17	23860	145610	56

7-6 续表 3

地 区	科普中国e站（个）	科普画廊建筑面积（平方米）	科普画廊展示面积（平方米）
合 计	**173**	**36413**	**27801**
北 京	0	0	0
天 津	0	0	0
河 北	1	706	706
山 西	0	0	0
内蒙古	0	66	50
辽 宁	0	0	0
吉 林	166	9133	9075
黑龙江	0	0	0
上 海	0	0	0
江 苏	0	14770	7540
浙 江	0	1128	1034
安 徽	2	101	200
福 建	1	37	287
江 西	0	0	0
山 东	0	0	0
河 南	0	3550	2715
湖 北	0	0	200
湖 南	0	4000	4000
广 东	0	0	0
广 西	0	130	125
海 南	0	85	95
重 庆	0	0	0
四 川	2	730	630
贵 州	0	0	0
云 南	0	90	45
西 藏	0	610	610
陕 西	0	1200	400
甘 肃	0	0	0
青 海	0	0	0
宁 夏	1	55	55
新 疆	0	22	34

7-6 续表 4

地区	举办科普宣讲活动					
	次数(次)	# 专家科普报告会(次)	# 专题展览(次)	# 开展科技咨询(次)	# 全国科普日、科普周活动(次)	# 青少年科普活动(次)
合计	**40606**	**13281**	**2721**	**8897**	**8504**	**7567**
北京	2310	1415	83	478	106	970
天津	1218	522	90	128	454	106
河北	960	282	80	248	125	126
山西	447	138	30	47	82	78
内蒙古	394	165	46	66	71	56
辽宁	1274	468	101	326	342	57
吉林	425	169	13	172	51	26
黑龙江	378	43	8	10	12	307
上海	3026	626	62	254	291	706
江苏	1658	795	174	287	223	402
浙江	2183	524	88	175	431	173
安徽	614	231	61	125	81	74
福建	2561	666	269	933	272	753
江西	1087	347	41	164	431	162
山东	2557	989	37	500	175	236
河南	853	412	75	236	85	223
湖北	845	101	38	219	106	63
湖南	2255	418	604	402	288	420
广东	3302	1024	117	757	830	397
广西	824	443	69	179	37	94
海南	332	39	20	192	46	53
重庆	2791	216	57	798	1528	859
四川	637	328	38	90	122	75
贵州	273	130	26	41	38	35
云南	963	548	27	175	171	168
西藏	169	55	18	32	57	22
陕西	1324	220	159	485	450	167
甘肃	390	167	26	174	34	143
青海	331	63	33	116	68	51
宁夏	368	168	36	33	74	163
新疆	3857	1569	195	1055	1423	402

7-6 续表 5

地 区	举办科普宣讲活动					
	科普活动受众人数（人次）	# 全国科普日、科普周活动受众人数（人次）	# 青少年科普活动受众人数（人次）	参加活动的科技人员、专家人数（人次）	参加科普宣讲活动的学会、协会、研究会（个）	科普宣讲活动覆盖村（社区）（个）
合 计	**63427124**	**31656999**	**5505033**	**201295**	**7891**	**45347**
北 京	2567296	170171	836753	25192	422	2216
天 津	1257918	172465	95492	4725	209	1115
河 北	3338192	3156498	39937	2357	172	849
山 西	155626	72055	33350	1241	179	457
内蒙古	126878	75528	55287	1562	60	505
辽 宁	1749898	1547026	81468	4588	259	1299
吉 林	666858	552950	24668	13851	105	327
黑龙江	1220145	60000	36080	903	15	108
上 海	1589897	818451	359237	14865	220	4734
江 苏	1022851	368666	230169	5645	442	677
浙 江	5307130	2033539	158541	11262	369	3678
安 徽	369504	262651	41473	1926	204	220
福 建	465045	185935	93587	4619	251	556
江 西	914793	788112	52141	8016	274	10378
山 东	2174114	226908	257438	20758	566	3040
河 南	623669	232250	20911	5592	263	1122
湖 北	821707	49485	492547	3493	101	527
湖 南	22530313	16631619	87994	21130	451	1120
广 东	10215977	2444930	260190	9024	431	3423
广 西	468564	303245	115144	5159	117	205
海 南	80307	25575	21676	1506	74	153
重 庆	876889	523519	276014	7943	591	1526
四 川	1365512	43279	79102	2700	119	1575
贵 州	59005	11201	23893	3765	115	193
云 南	316916	152716	123455	1985	237	704
西 藏	57440	24819	27028	813	28	193
陕 西	280857	104870	71705	3468	298	1790
甘 肃	66164	31120	22238	1255	108	216
青 海	106645	53474	29158	1407	83	206
宁 夏	92668	36920	40518	1583	34	116
新 疆	2538346	497022	1417839	8962	1094	2119

7-6 续表 6

地 区	举办实用技术培训（次）	实用技术培训人数（人次）	推广新技术、新品种（项）	举办青少年科技竞赛（项）	参加人数（人次）	获奖人数（人次）
合 计	**20317**	**2473810**	**4925**	**637**	**2317242**	**244709**
北 京	201	14822	111	28	63089	16390
天 津	223	16198	252	25	33570	3203
河 北	423	22590	586	9	73099	1613
山 西	3702	184323	662	10	10280	4260
内蒙古	82	5724	22	10	21643	2306
辽 宁	362	14379	126	14	83903	7609
吉 林	107	7930	70	18	61966	10766
黑龙江	5	185	5	8	2582	295
上 海	274	46052	160	41	67521	8949
江 苏	303	33163	134	53	262496	50594
浙 江	478	32398	498	39	130045	23682
安 徽	182	14467	149	35	27237	10566
福 建	264	22617	80	29	32047	4933
江 西	112	7930	41	12	77188	2114
山 东	316	48688	280	40	241767	19827
河 南	592	85479	201	13	23951	3295
湖 北	113	9108	44	8	4743	844
湖 南	833	48291	123	29	109900	4703
广 东	543	44510	164	37	40231	15983
广 西	196	19819	84	17	186172	21744
海 南	335	21456	209	9	3209	578
重 庆	286	26602	104	38	123932	7976
四 川	261	32465	113	20	161666	5467
贵 州	108	8734	74	26	48088	4159
云 南	499	28067	44	9	201681	3748
西 藏	243	27873	65	3	1246	167
陕 西	126	8744	53	20	78001	3478
甘 肃	187	11616	212	1	11000	360
青 海	130	8438	37	6	66716	1209
宁 夏	86	6855	25	7	5545	660
新 疆	8745	1614287	197	23	62728	3231

7-6 续表 7

地 区	青少年参加国际及港澳台地区科技交流活动（次）	参加人数（人次）	举办青少年高校科学营活动（次）	参加人数（人次）	编印青少年科技教育资料（种）	总印数（册）
合 计	**3492**	**24705**	**221**	**27456**	**355**	**1041369**
北 京	807	1061	41	2180	10	6240
天 津	2	4500	9	500	4	4100
河 北	0	0	2	60	17	25000
山 西	0	0	0	0	4	1000
内蒙古	0	0	0	0	5	13200
辽 宁	1	35	5	540	12	11000
吉 林	2301	121	2	220	6	36000
黑龙江	0	0	0	0	2	55300
上 海	7	2140	16	1431	19	38960
江 苏	171	891	28	2833	46	109129
浙 江	10	787	14	1733	10	13312
安 徽	1	500	6	455	4	7590
福 建	0	0	5	861	14	160120
江 西	1	700	3	450	12	50860
山 东	0	0	11	1685	8	5600
河 南	4	5638	5	2423	2	260
湖 北	140	120	4	1150	16	89250
湖 南	2	21	4	426	25	44500
广 东	3	400	5	826	26	164050
广 西	2	794	1	350	10	850
海 南	1	12	6	1507	5	2200
重 庆	1	25	2	357	12	108000
四 川	3	105	1	110	5	5578
贵 州	1	16	4	209	10	8600
云 南	1	6653	8	2291	10	30690
西 藏	0	0	0	0	0	0
陕 西	33	185	20	3922	16	28580
甘 肃	0	0	0	0	0	0
青 海	0	0	9	158	13	14000
宁 夏	0	0	3	252	1	500
新 疆	0	1	7	527	31	6900

7-6 续表 8

地 区	举办青少年科技教育活动和培训（次）	参与人数（人次）	面向青少年的各类人才培养计划培养学生数（人次）	# 中学生英才计划培养学生数（人次）
合 计	**3224**	**609788**	**23847**	**16001**
北 京	977	47982	366	58
天 津	73	17763	11	11
河 北	37	6112	0	0
山 西	14	1986	620	0
内蒙古	23	1537	5	5
辽 宁	580	158759	0	0
吉 林	30	10158	5	5
黑龙江	110	5000	0	0
上 海	214	33902	116	86
江 苏	247	36997	378	115
浙 江	72	18236	71	43
安 徽	12	2530	0	0
福 建	42	7444	31	21
江 西	7	1130	128	0
山 东	70	19135	131	33
河 南	12	1309	51	40
湖 北	7	922	0	0
湖 南	51	11928	15413	13500
广 东	103	13520	1485	1075
广 西	81	20198	100	0
海 南	43	12688	1320	450
重 庆	63	7366	433	89
四 川	22	3382	700	200
贵 州	35	10875	750	0
云 南	66	17812	80	0
西 藏	3	100	0	0
陕 西	130	106441	1511	140
甘 肃	21	10060	10	0
青 海	17	11016	0	0
宁 夏	7	1632	0	0
新 疆	55	11868	132	130

7–6 续表 9

地 区	编著科技图书（种）	总印数（册）	主办科技报纸（种）	总印数（份）	制作科普挂图（种）	总印数（张）
合 计	**1552**	**5964682**	**87**	**17284237**	**38936**	**4789141**
北 京	42	116062	2	4600	35	462382
天 津	26	155501	2	3	25	106811
河 北	90	97217	8	317017	71	23598
山 西	12	57920	1	8000	71	13944
内蒙古	36	51030	1	12000	21	159115
辽 宁	41	92600	6	15000	95	27012
吉 林	13	37300	4	17240	64	28459
黑龙江	1	200	0	0	11	280
上 海	38	1338060	3	34000	90	65165
江 苏	54	379450	2	80300	166	36108
浙 江	49	242700	11	3540000	40	190942
安 徽	32	94501	2	18140	60	99551
福 建	37	121650	0	0	77	302391
江 西	19	192300	2	15850	42	41840
山 东	26	385780	2	321500	36	83274
河 南	22	63960	13	20400	18	16837
湖 北	71	674907	1	6	20022	40390
湖 南	46	273014	3	12690000	75	476437
广 东	113	757437	3	9200	103	98749
广 西	12	44800	1	80000	87	42092
海 南	6	27280	0	0	17	88
重 庆	28	62050	0	0	75	91235
四 川	34	72261	1	400	43	105832
贵 州	34	44292	2	14100	5045	309869
云 南	16	252140	2	26000	38	51034
西 藏	12	18100	0	0	4	6000
陕 西	447	162789	3	22650	147	167434
甘 肃	140	60201	2	101	12204	16549
青 海	12	37320	3	9700	30	61806
宁 夏	20	13880	1	2400	15	15090
新 疆	23	37980	6	25630	109	1648827

7-6 续表 10

地 区	制作科技广播、影视节目（套）	制作节目播放时间（分钟）	播放科技广播、影视节目时长（分钟）	# 电台、电视台播放科技节目时长（分钟）
合 计	**2026**	**344007**	**387886**	**303578**
北 京	249	4566	4243	388
天 津	15	1666	27620	7920
河 北	52	17686	22690	17180
山 西	14	124	1049	949
内蒙古	6	520	485	480
辽 宁	1	120	160	160
吉 林	51	2580	1070	1070
黑龙江	181	11985	11895	11895
上 海	53	6127	1387	687
江 苏	134	1911	4135	3225
浙 江	75	4231	11845	11675
安 徽	34	1065	2770	60
福 建	68	6725	5761	5236
江 西	2	36	6	6
山 东	25	1060	10233	233
河 南	14	330	190	190
湖 北	4	3690	75	30
湖 南	156	7245	21184	3979
广 东	16	1161	5968	4991
广 西	0	0	15	15
海 南	0	0	240	120
重 庆	18	457	12300	8500
四 川	63	253701	8053	40
贵 州	1	1	2	2
云 南	23	920	450	450
西 藏	4	45	3	3
陕 西	39	2184	2460	2375
甘 肃	53	135	80	80
青 海	64	1121	1391	2
宁 夏	7	47	130	10
新 疆	604	12569	229996	221627

7-6 续表 11

地 区	制作科普动漫作品（套）	科普动漫作品播放时间（分钟）	主办科技传播类网站（个）	浏览量（次）	主办科普 App 或设置科普栏目的综合类 App（个）	科普 App 下载安装数（次）	科普 App 更新频次（次）
合 计	**463**	**21291**	**509**	**126149503**	**44**	**873700**	**4503**
北 京	6	57	43	4870822	1	720000	1
天 津	7	35	6	102637	2	0	0
河 北	34	600	13	1163875	0	0	0
山 西	17	755	6	647842	0	0	0
内蒙古	10	100	11	2386984	0	0	0
辽 宁	9	10020	23	354191	3	0	0
吉 林	2	304	9	693454	0	0	0
黑龙江	0	0	2	51000	0	0	0
上 海	1	2	50	59648594	0	0	0
江 苏	38	220	57	19261314	2	0	0
浙 江	11	185	20	599337	0	0	0
安 徽	31	33	9	576785	0	0	0
福 建	23	424	13	1113400	0	0	0
江 西	0	0	7	185043	2	0	0
山 东	21	4341	34	11598777	0	0	0
河 南	33	1301	10	527311	0	0	0
湖 北	0	0	5	186000	3	0	0
湖 南	93	590	25	4646049	5	128300	4426
广 东	3	151	44	1740637	4	14260	7
广 西	2	24	5	380548	1	2300	1
海 南	0	0	4	51290	0	0	0
重 庆	1	29	20	4839168	0	0	0
四 川	1	20	22	439987	3	8000	28
贵 州	100	120	8	951410	2	0	0
云 南	5	60	15	6196430	4	0	0
西 藏	0	0	0	0	0	0	0
陕 西	0	0	19	1188847	7	240	20
甘 肃	0	0	3	14539	1	0	0
青 海	2	88	9	187325	2	0	0
宁 夏	7	21	7	802886	0	0	0
新 疆	6	1811	10	743021	2	600	20

7-6 续表 12

地区	主办科普微信公众号(个)	关注数(个)	全年阅读量(个)	主办科普微博(个)	关注数(个)
合计	**696**	**8208566**	**118212972**	**132**	**30149277**
北京	54	1019715	8509687	9	32881
天津	17	59440	2547492	5	16015
河北	14	28078	758303	4	100116
山西	15	17480	133949	1	3500
内蒙古	10	34845	7470930	3	21075
辽宁	26	26449	373327	4	33954
吉林	13	146335	8180062	0	0
黑龙江	2	3100	5200	0	0
上海	60	750553	3979340	5	218440
江苏	56	356966	2550629	15	8336
浙江	38	471550	5915879	21	3582479
安徽	13	80987	10728928	5	137570
福建	25	179342	4139349	6	343452
江西	7	7170	478494	1	3013
山东	42	1065365	2895952	5	69210
河南	11	60625	406097	3	1372549
湖北	12	6186	69833	2	45706
湖南	41	1481789	49258120	6	22506001
广东	63	483280	2601647	7	107267
广西	10	12893	79842	2	312
海南	2	1066	7021	0	0
重庆	27	89009	2442571	6	1030680
四川	21	55820	556046	6	134471
贵州	8	58305	930427	0	0
云南	14	859162	1083683	3	273113
西藏	0	0	0	0	0
陕西	27	513791	1287817	7	104350
甘肃	4	730	1410	3	327
青海	39	53768	435188	3	4260
宁夏	12	22752	129616	0	200
新疆	13	262015	256133	0	0

八、科技决策咨询

简要说明

本篇统计资料为：

1. 汇总数据，反映中国科协、地方科协、全国学会和省级学会科技决策咨询情况。

2. 地方科协和省级学会统计数据，分别反映各省级科协及其所属学会、地市级科协、县级科协开展的科技决策咨询工作。

3. 相关统计指标包括举办决策咨询活动、科技评估、组织参与立法咨询、组织政协科协界委员协商或调研活动、提供决策咨询报告、反映科技工作者建议、答复人大政协代表（委员）提案、组织政策解读活动、发布政策解读文章等情况。

8–1　2019 年各级科协科技决策咨询汇总表

指　标		合　计		科协小计		中国科协机关及直属单位	
		2018 年	2019 年	2018 年	2019 年	2018 年	2019 年
队伍建设							
研究人员	（人）	—	175813	—	5849	—	40
# 本单位研究人员	（人）	—	59024	—	2949	—	40
# 副高级职称及以上人员	（人）	—	79730	—	2228	—	26
# 硕士学历及以上人员	（人）	—	99180	—	2773	—	24
决策咨询活动							
开展科技评估	（项）	3173	7341	79	455	—	114
参加决策咨询活动专家人数	（人次）	33092	54219	14656	17961	173	92
组织政协科协界委员协商或调研活动	（次）	619	1714	516	1285	—	0
组织政策解读活动	（次）	669	1855	281	901	—	6
组织参与立法咨询	（次）	528	439	204	158	32	1

8-1 续表 1

指 标		省级科协		地市级科协		县级科协	
		2018 年	2019 年	2018 年	2019 年	2018 年	2019 年
队伍建设							
研究人员	(人)	—	730	—	3468	—	1611
# 本单位研究人员	(人)	—	203	—	2607	—	99
# 副高级职称及以上人员	(人)	—	207	—	1575	—	420
# 硕士学历及以上人员	(人)	—	404	—	1742	—	603
决策咨询活动							
开展科技评估	(项)	10	112	14	50	55	179
参加决策咨询活动专家人数	(人次)	3417	4390	3269	3748	7797	9731
组织政协科协界委员协商或调研活动	(次)	17	30	113	683	386	572
组织政策解读活动	(次)	5	26	49	466	227	403
组织参与立法咨询	(次)	13	23	9	8	150	126

8-1 续表 2

指 标		合 计		科协小计		中国科协机关及直属单位	
		2018 年	2019 年	2018 年	2019 年	2018 年	2019 年
专项调查							
开展各类专项调查	（次）	—	3851	—	1235	—	0
# 开展科技工作者状况专项调查	（次）	—	2174	—	727	—	0
形成专项调查报告数	（篇）	—	1465	—	601	—	0
反映科技工作者建议							
反映科技工作者建议篇数	（篇）	11785	10554	9509	8629	22	0
答复人大政协代表（委员）提案							
答复人大政协代表（委员）提案数	（件）	419	845	382	614	1	33
科技决策咨询报告、书籍、刊物及宣传							
提供决策咨询报告篇数	（篇）	2415	4353	1572	1915	10	51
发表论文、文章等	（篇）	—	23842	—	939	—	43
# 发布政策解读文章	（篇）	—	971	—	121	—	0
出版科技决策咨询类图书	（种）	—	291	—	78	—	7
印刷量	（册）	—	1022661	—	243472	—	7000
在网络与新媒体上宣传科技决策成果数	（次）	—	17458	—	2250	—	246
传播量或浏览量	（个）	—	21196578	—	1412324	—	84680

8-1 续表 3

指 标		省级科协		地市级科协		县级科协	
		2018 年	2019 年	2018 年	2019 年	2018 年	2019 年
专项调查							
开展各类专项调查	（次）	—	75	—	403	—	757
# 开展科技工作者状况专项调查	（次）	—	48	—	218	—	461
形成专项调查报告数	（篇）	—	35	—	127	—	439
反映科技工作者建议							
反映科技工作者建议篇数	（篇）	1472	1413	2214	2396	5801	4820
答复人大政协代表（委员）提案							
答复人大政协代表（委员）提案数	（件）	24	71	160	206	197	304
科技决策咨询报告、书籍、刊物及宣传							
提供决策咨询报告篇数	（篇）	200	364	665	743	697	757
发表论文、文章等	（篇）	—	94	—	621	—	181
# 发布政策解读文章	（篇）	—	8	—	86	—	27
出版科技决策咨询类图书	（种）	—	9	—	25	—	37
印刷量	（册）	—	5801	—	21471	—	209200
在网络与新媒体上宣传科技决策成果数	（次）	—	378	—	124	—	1502
传播量或浏览量	（个）	—	104780	—	1072982	—	149882

8-2　2019 年全国学会、省级学会科技决策咨询汇总表

指　标		学会小计		全国学会		省级学会	
		2018 年	2019 年	2018 年	2019 年	2018 年	2019 年
队伍建设							
研究人员	（人）	—	169964	—	20097	—	149867
# 本单位研究人员	（人）	—	56075	—	9822	—	46253
# 副高级职称及以上人员	（人）	—	77502	—	8428	—	69074
# 硕士学历及以上人员	（人）	—	96407	—	10710	—	85697
决策咨询活动							
开展科技评估	（项）	3094	6780	1224	1927	1870	4853
参加决策咨询活动专家人数	（人次）	18436	36258	7158	12316	11278	23942
组织政协科协界委员协商或调研活动	（次）	103	399	25	53	78	346
组织政策解读活动	（次）	388	937	81	142	307	795
组织参与立法咨询	（次）	324	293	63	71	261	222

8-2 续表 1

指 标		学会小计		全国学会		省级学会	
		2018 年	2019 年	2018 年	2019 年	2018 年	2019 年
专项调查							
开展各类专项调查	(次)	—	2616	—	248	—	2368
# 开展科技工作者状况专项调查	(次)	—	1447	—	100	—	1347
形成专项调查报告数	(篇)	—	864	—	80	—	784
反映科技工作者建议							
反映科技工作者建议篇数	(篇)	2276	2050	342	228	1934	1822
# 获上级领导批示的建议篇数	(篇)	530	505	40	26	490	479
答复人大政协代表（委员）提案							
答复人大政协代表（委员）提案数	(件)	37	256	10	143	27	113
科技决策咨询报告、书籍、刊物及宣传							
提供决策咨询报告篇数	(篇)	843	2252	233	661	610	1591
发表论文、文章等	(篇)	—	22903	—	5570	—	17333
# 发布政策解读文章	(篇)	—	813	—	378	—	435
出版科技决策咨询类图书	(种)	—	213	—	46	—	167
印刷量	(册)	—	779189	—	276784	—	502405
在网络与新媒体上宣传科技决策成果数	(次)	—	15208	—	7760	—	7448
传播量或浏览量	(个)	—	19784254	—	7496739	—	12287515

8–3 2019 年各省级科协科技决策咨询情况

地 区	研究人员（人）	# 本单位研究人员（人）	# 副高级职称及以上人员（人）	# 硕士学历及以上人员（人）
合 计	**730**	**203**	**207**	**404**
北 京	0	0	0	0
天 津	2	2	2	1
河 北	216	0	73	165
山 西	170	2	20	100
内蒙古	5	5	2	3
辽 宁	0	0	0	0
吉 林	0	0	0	0
黑龙江	0	0	0	0
上 海	0	0	0	0
江 苏	21	2	12	21
浙 江	83	59	11	6
安 徽	8	0	1	7
福 建	0	0	0	0
江 西	0	0	0	0
山 东	39	25	11	8
河 南	7	7	3	3
湖 北	56	0	41	44
湖 南	19	19	4	3
广 东	0	0	0	0
广 西	6	5	3	1
海 南	0	0	0	0
重 庆	59	38	22	37
四 川	0	0	0	0
贵 州	0	0	0	0
云 南	39	39	2	5
西 藏	0	0	0	0
陕 西	0	0	0	0
甘 肃	0	0	0	0
青 海	0	0	0	0
宁 夏	0	0	0	0
新 疆	0	0	0	0
新疆生产建设兵团	0	0	0	0

8-3 续表 1

地 区	开展科技评估（项）	举办决策咨询活动			组织政协科协界委员协商或调研活动（次）
		次 数（次）	# 接受媒体采访或发表声明（次）	参加活动专家人数（人次）	
合 计	**112**	**172**	**15**	**4390**	**30**
北 京	1	10	0	230	1
天 津	2	5	0	120	3
河 北	0	0	0	0	0
山 西	12	10	0	300	3
内蒙古	0	0	0	0	0
辽 宁	1	1	0	5	0
吉 林	0	8	0	77	0
黑龙江	0	6	0	1200	1
上 海	0	30	0	450	3
江 苏	4	2	1	26	2
浙 江	2	4	0	50	3
安 徽	0	0	0	0	0
福 建	0	0	0	0	0
江 西	0	1	0	7	0
山 东	3	24	8	470	1
河 南	77	0	0	0	2
湖 北	0	13	0	195	0
湖 南	5	0	0	0	0
广 东	4	36	3	492	0
广 西	0	0	0	0	0
海 南	0	6	0	18	0
重 庆	1	13	3	633	6
四 川	0	0	0	0	0
贵 州	0	1	0	25	0
云 南	0	0	0	0	0
西 藏	0	0	0	0	0
陕 西	0	0	0	0	0
甘 肃	0	0	0	0	0
青 海	0	0	0	0	0
宁 夏	0	1	0	12	4
新 疆	0	1	0	80	1
新疆生产建设兵团	0	0	0	0	0

8-3 续表 2

地 区	组织政策解读活动（次）	组织参与立法咨询（次）	开展研究项目（项）	开展各类专项调查（次）	#开展科技工作者状况专项调查（次）	形成专项调查报告数（篇）
合 计	**26**	**23**	**393**	**75**	**48**	**35**
北 京	0	0	14	3	2	3
天 津	2	0	23	6	4	4
河 北	0	0	1	2	2	0
山 西	2	4	23	5	2	10
内蒙古	0	0	0	1	1	1
辽 宁	0	1	0	3	1	1
吉 林	0	0	11	1	1	1
黑龙江	0	0	0	4	2	0
上 海	0	1	26	3	1	4
江 苏	1	3	14	2	1	2
浙 江	0	0	16	2	2	0
安 徽	0	0	15	3	1	0
福 建	0	0	11	0	0	2
江 西	0	0	0	0	0	0
山 东	1	1	35	3	3	1
河 南	10	0	64	0	0	0
湖 北	0	0	50	2	0	0
湖 南	0	0	5	0	0	0
广 东	0	13	20	3	0	0
广 西	2	0	5	3	3	0
海 南	0	0	0	3	3	0
重 庆	2	0	35	3	2	3
四 川	0	0	1	3	2	1
贵 州	1	0	0	3	3	0
云 南	0	0	0	2	2	0
西 藏	0	0	3	4	4	0
陕 西	0	0	0	2	2	1
甘 肃	0	0	0	2	2	0
青 海	0	0	0	3	1	1
宁 夏	5	0	21	2	0	0
新 疆	0	0	0	2	1	0
新疆生产建设兵团	0	0	0	0	0	0

8-3 续表 3

地区	反映科技工作者建议篇数（篇）	答复人大政协代表（委员）提案数（件）	提供决策咨询报告篇数（篇）	发表论文、文章等（篇）	# 发布政策解读文章（篇）
合计	**1413**	**71**	**364**	**94**	**8**
北京	121	6	18	0	0
天津	5	0	8	0	0
河北	102	3	34	0	0
山西	26	2	30	0	0
内蒙古	18	5	0	0	0
辽宁	116	1	4	0	0
吉林	69	0	3	0	0
黑龙江	6	1	6	0	0
上海	14	8	11	0	0
江苏	13	4	3	0	0
浙江	12	3	15	4	0
安徽	26	6	10	0	0
福建	0	7	10	0	0
江西	0	0	6	0	0
山东	24	5	31	32	5
河南	2	4	4	1	0
湖北	1	0	57	0	0
湖南	0	2	7	0	0
广东	121	4	0	0	0
广西	7	1	6	1	1
海南	14	1	0	0	0
重庆	48	3	48	50	2
四川	125	0	9	6	0
贵州	0	0	5	0	0
云南	352	0	5	0	0
西藏	1	1	0	0	0
陕西	116	0	0	0	0
甘肃	0	0	0	0	0
青海	6	0	15	0	0
宁夏	8	3	17	0	0
新疆	60	1	2	0	0
新疆生产建设兵团	0	0	0	0	0

8-3 续表 4

地 区	出版科技决策咨询类图书（种）	印刷量（册）	在网络与新媒体上宣传科技决策成果数（次）	传播量或浏览量（个）
合 计	**9**	**5801**	**378**	**104780**
北 京	0	0	0	0
天 津	0	0	0	0
河 北	0	0	0	0
山 西	3	200	30	10000
内蒙古	0	0	0	0
辽 宁	0	0	0	0
吉 林	0	0	0	0
黑龙江	0	0	0	0
上 海	0	0	0	0
江 苏	1	200	20	10000
浙 江	0	0	0	0
安 徽	0	0	0	0
福 建	0	0	0	0
江 西	0	0	0	0
山 东	1	800	270	83580
河 南	0	0	0	0
湖 北	0	0	0	0
湖 南	0	0	36	1000
广 东	0	0	0	0
广 西	1	1	2	100
海 南	0	0	0	0
重 庆	1	3000	20	100
四 川	0	0	0	0
贵 州	0	0	0	0
云 南	0	0	0	0
西 藏	0	0	0	0
陕 西	0	0	0	0
甘 肃	0	0	0	0
青 海	0	0	0	0
宁 夏	1	1000	0	0
新 疆	1	600	0	0
新疆生产建设兵团	0	0	0	0

8-4　2019年各地区地市级科协科技决策咨询情况

地　区	研究人员(人)	#本单位研究人员(人)	#副高级职称及以上人员(人)	#硕士学历及以上人员(人)
合　计	**3468**	**2607**	**1575**	**1742**
北　京	0	0	0	0
天　津	0	0	0	0
河　北	38	5	18	23
山　西	0	0	0	0
内蒙古	788	785	334	294
辽　宁	82	14	15	12
吉　林	0	0	0	0
黑龙江	0	0	0	0
上　海	0	0	0	0
江　苏	6	1	2	6
浙　江	50	0	50	50
安　徽	21	0	2	3
福　建	0	0	0	0
江　西	0	0	0	0
山　东	37	11	29	21
河　南	3	0	2	1
湖　北	3	0	0	0
湖　南	460	210	154	155
广　东	283	0	110	134
广　西	28	0	22	6
海　南	0	0	0	0
重　庆	38	21	12	5
四　川	32	12	10	10
贵　州	0	0	0	0
云　南	12	0	4	8
西　藏	0	0	0	0
陕　西	0	0	0	0
甘　肃	0	0	0	0
青　海	0	0	0	0
宁　夏	0	0	0	0
新　疆	2	2	1	0

8-4 续表 1

地　区	开展科技评估（项）	举办决策咨询活动			组织政协科协界委员协商或调研活动（次）
		次　数（次）	# 接受媒体采访或发表声明（次）	参加活动专家人数（人次）	
合　计	**50**	**355**	**30**	**3748**	**683**
北　京	0	12	0	48	5
天　津	0	0	0	0	0
河　北	2	3	1	20	3
山　西	0	1	0	15	0
内蒙古	0	14	0	33	2
辽　宁	3	10	3	243	2
吉　林	0	6	0	150	0
黑龙江	0	3	0	41	5
上　海	1	38	1	368	9
江　苏	10	15	2	58	15
浙　江	9	33	7	331	26
安　徽	2	11	0	58	12
福　建	0	31	4	279	0
江　西	0	4	0	75	0
山　东	1	16	1	200	6
河　南	0	9	0	242	2
湖　北	1	11	0	180	6
湖　南	2	13	1	172	18
广　东	0	5	0	88	6
广　西	2	5	0	100	10
海　南	0	0	0	0	0
重　庆	1	22	0	256	38
四　川	3	48	7	429	9
贵　州	1	1	1	10	6
云　南	0	0	0	0	1
西　藏	5	3	1	15	3
陕　西	1	11	1	115	2
甘　肃	3	1	0	112	0
青　海	0	0	0	0	0
宁　夏	1	24	0	20	7
新　疆	0	0	0	0	0

8-4 续表 2

地 区	组织政策解读活动（次）	组织参与立法咨询（次）	开展研究项目（项）	开展各类专项调查（次）	# 开展科技工作者状况专项调查（次）	形成专项调查报告数（篇）
合 计	**466**	**8**	**392**	**403**	**218**	**127**
北 京	3	0	0	11	10	2
天 津	3	0	0	5	5	0
河 北	3	0	2	12	4	12
山 西	2	0	18	3	3	3
内蒙古	4	0	1	1	0	0
辽 宁	1	0	1	10	5	4
吉 林	0	0	0	0	0	0
黑龙江	1	0	1	3	3	1
上 海	215	0	23	123	40	12
江 苏	1	0	2	18	13	15
浙 江	2	2	28	2	2	1
安 徽	0	0	0	9	7	4
福 建	2	0	0	10	0	10
江 西	0	0	0	1	1	4
山 东	0	0	33	8	5	6
河 南	8	0	0	2	2	0
湖 北	2	0	9	6	6	7
湖 南	63	0	0	8	8	2
广 东	5	1	178	7	2	4
广 西	9	0	1	13	11	5
海 南	0	0	0	0	0	0
重 庆	4	1	0	0	0	1
四 川	5	0	0	8	5	5
贵 州	12	0	1	7	5	2
云 南	2	0	13	6	3	1
西 藏	4	4	0	3	3	1
陕 西	6	0	0	72	45	12
甘 肃	0	0	0	1	0	1
青 海	0	0	0	6	2	0
宁 夏	0	0	0	5	3	5
新 疆	1	0	0	3	3	0

8-4 续表 3

地区	反映科技工作者建议篇数（篇）	答复人大政协代表（委员）提案数（件）	提供决策咨询报告篇数（篇）	发表论文、文章等（篇）	#发布政策解读文章（篇）
合计	**2396**	**206**	**743**	**621**	**86**
北京	48	5	7	0	0
天津	0	0	0	0	0
河北	326	4	3	0	0
山西	185	0	1	0	0
内蒙古	71	6	2	0	0
辽宁	142	7	37	56	0
吉林	10	1	10	0	0
黑龙江	31	0	6	1	0
上海	64	41	33	23	23
江苏	220	16	145	0	0
浙江	110	11	59	0	0
安徽	58	9	13	1	0
福建	46	4	46	0	0
江西	121	1	14	0	0
山东	97	10	17	0	0
河南	60	4	21	3	0
湖北	220	8	60	2	0
湖南	39	8	23	9	7
广东	23	25	14	148	0
广西	123	3	7	0	0
海南	0	1	0	0	0
重庆	154	12	76	3	0
四川	48	18	14	21	0
贵州	7	3	58	70	50
云南	14	3	7	1	0
西藏	2	1	2	0	0
陕西	26	0	22	0	0
甘肃	19	2	1	0	0
青海	4	0	0	0	0
宁夏	109	0	20	0	0
新疆	15	0	10	0	0

8–4 续表 4

地 区	出版科技决策咨询类图书（种）	印刷量（册）	在网络与新媒体上宣传科技决策成果数（次）	传播量或浏览量（个）
合 计	**25**	**21471**	**124**	**1072982**
北 京	0	0	0	0
天 津	0	0	1	1320
河 北	0	0	2	200
山 西	0	0	0	0
内蒙古	0	0	0	0
辽 宁	1	100	0	0
吉 林	0	0	0	0
黑龙江	0	7000	3	100
上 海	1	200	2	100
江 苏	0	0	2	30000
浙 江	0	0	0	0
安 徽	0	50	0	0
福 建	0	0	0	0
江 西	0	0	1	1500
山 东	0	0	0	0
河 南	0	0	2	650
湖 北	4	2000	2	600
湖 南	6	1	5	22000
广 东	0	0	0	0
广 西	1	120	0	0
海 南	0	0	0	0
重 庆	0	0	0	0
四 川	0	0	0	0
贵 州	0	0	10	1000000
云 南	0	0	0	0
西 藏	0	0	0	0
陕 西	0	0	0	0
甘 肃	12	12000	0	0
青 海	0	0	0	0
宁 夏	0	0	0	0
新 疆	0	0	0	0

8-5 2019年各地区县级科协科技决策咨询情况

地 区	研究人员（人）	#本单位研究人员（人）	#副高级职称及以上人员（人）	#硕士学历及以上人员（人）
合 计	**1611**	**99**	**420**	**603**
河 北	11	2	4	0
山 西	2	0	0	2
内蒙古	4	1	0	3
辽 宁	1	0	0	0
吉 林	15	0	7	2
黑龙江	51	0	15	16
江 苏	614	5	184	389
浙 江	42	5	10	8
安 徽	52	4	23	15
福 建	87	14	50	30
江 西	93	7	35	62
山 东	21	3	2	1
河 南	201	4	0	0
湖 北	53	25	17	15
湖 南	241	0	37	24
广 东	14	2	1	0
广 西	0	0	0	0
海 南	0	0	0	0
重 庆	3	0	2	0
四 川	50	17	16	24
贵 州	13	1	10	3
云 南	5	0	0	0
西 藏	2	2	0	0
陕 西	1	0	1	0
甘 肃	23	0	1	5
青 海	0	0	0	0
宁 夏	1	0	0	1
新 疆	11	7	5	3

注：本表数据不含北京、天津和上海地区。

8-5 续表 1

地 区	开展科技评估（项）	举办决策咨询活动 次 数（次）	# 接受媒体采访或发表声明（次）	参加活动专家人数（人次）	组织政协科协界委员协商或调研活动（次）
合 计	**179**	**602**	**45**	**9731**	**572**
河 北	8	16	5	84	24
山 西	0	8	0	99	16
内蒙古	3	10	0	44	12
辽 宁	3	14	1	17	8
吉 林	2	3	1	15	7
黑龙江	1	4	0	28	10
江 苏	25	29	1	222	53
浙 江	11	53	4	544	73
安 徽	5	16	2	170	21
福 建	3	18	4	76	16
江 西	7	39	1	115	16
山 东	13	78	7	900	67
河 南	13	63	1	417	29
湖 北	15	28	0	231	31
湖 南	12	28	8	308	39
广 东	2	12	3	70	3
广 西	1	1	0	20	8
海 南	1	0	0	0	0
重 庆	5	10	0	121	12
四 川	16	67	6	769	53
贵 州	6	10	0	137	15
云 南	3	26	0	886	27
西 藏	8	7	1	4042	5
陕 西	2	33	0	192	9
甘 肃	1	11	0	103	4
青 海	1	0	0	0	0
宁 夏	0	9	0	37	4
新 疆	12	9	0	84	10

8–5 续表 2

地 区	组织政策解读活动（次）	组织参与立法咨询（次）	开展研究项目（项）	开展各类专项调查（次）	# 开展科技工作者状况专项调查（次）	形成专项调查报告数（篇）
合 计	**403**	**126**	**101**	**757**	**461**	**439**
河 北	15	8	0	21	10	10
山 西	26	5	0	14	11	9
内蒙古	16	3	0	13	9	4
辽 宁	3	3	0	5	4	3
吉 林	18	1	0	3	1	3
黑龙江	3	0	0	6	3	4
江 苏	23	6	13	46	27	42
浙 江	37	6	15	35	10	27
安 徽	16	5	6	87	15	9
福 建	12	0	0	16	10	6
江 西	9	2	0	26	15	22
山 东	27	5	6	87	58	54
河 南	16	11	4	4	2	3
湖 北	14	5	24	53	43	28
湖 南	29	9	17	87	66	44
广 东	4	2	0	38	33	14
广 西	4	5	0	25	20	17
海 南	2	0	0	5	4	3
重 庆	3	0	1	0	0	0
四 川	48	10	0	63	34	35
贵 州	16	5	0	13	9	5
云 南	19	10	1	11	8	10
西 藏	12	9	0	9	7	1
陕 西	9	6	0	32	16	64
甘 肃	2	1	10	9	4	11
青 海	1	3	1	1	0	0
宁 夏	6	0	3	5	3	4
新 疆	13	6	0	43	39	7

8-5 续表 3

地 区	反映科技工作者建议篇数（篇）	答复人大政协代表（委员）提案数（件）	提供决策咨询报告篇数（篇）	发表论文、文章等（篇）	# 发布政策解读文章（篇）
合 计	**4820**	**304**	**757**	**181**	**27**
河 北	159	7	18	8	0
山 西	123	6	6	1	0
内蒙古	164	18	13	0	0
辽 宁	69	3	11	0	0
吉 林	12	2	1	0	0
黑龙江	191	5	2	0	0
江 苏	527	35	88	7	1
浙 江	377	27	145	7	0
安 徽	145	23	22	43	6
福 建	105	8	10	3	0
江 西	213	4	41	0	0
山 东	696	13	108	9	2
河 南	376	23	60	15	7
湖 北	224	30	28	39	5
湖 南	342	13	32	31	4
广 东	25	17	0	0	0
广 西	54	2	6	0	0
海 南	6	7	1	0	0
重 庆	51	0	9	0	0
四 川	352	26	75	4	2
贵 州	98	5	5	0	0
云 南	114	14	13	3	0
西 藏	7	1	4	2	0
陕 西	119	5	34	9	0
甘 肃	153	1	13	0	0
青 海	1	1	0	0	0
宁 夏	103	3	4	0	0
新 疆	14	5	8	0	0

8-5 续表 4

地 区	出版科技决策咨询类图书（种）	印刷量（册）	在网络与新媒体上宣传科技决策成果数（次）	传播量或浏览量（个）
合 计	**37**	**209200**	**1502**	**149882**
河 北	8	115000	4	485
山 西	0	0	39	14200
内蒙古	1	5000	0	0
辽 宁	0	0	0	0
吉 林	1	2000	0	0
黑龙江	0	3000	0	0
江 苏	0	0	134	3700
浙 江	2	5200	61	34750
安 徽	5	32000	18	20247
福 建	0	0	2	1330
江 西	2	9000	15	712
山 东	0	0	12	1607
河 南	0	0	28	6200
湖 北	5	300	32	1450
湖 南	1	5000	29	5210
广 东	0	0	0	0
广 西	3	2000	10	10000
海 南	0	0	0	0
重 庆	0	0	0	0
四 川	0	0	7	5003
贵 州	3	15000	0	0
云 南	1	200	1025	23046
西 藏	0	0	0	0
陕 西	5	15500	21	15180
甘 肃	0	0	0	0
青 海	0	0	50	6000
宁 夏	0	0	0	0
新 疆	0	0	15	762

8–6 2019年各地区省级学会科技决策咨询情况

地 区	研究人员(人)	#本单位研究人员(人)	#副高级职称及以上人员(人)	#硕士学历及以上人员(人)
合 计	**149867**	**46253**	**69074**	**85697**
北 京	2059	1072	959	1695
天 津	2525	1463	1495	1439
河 北	2084	974	1012	923
山 西	1183	925	532	673
内蒙古	1212	505	515	621
辽 宁	1191	437	766	890
吉 林	3481	2503	1396	2042
黑龙江	334	137	210	283
上 海	1912	1029	1094	1565
江 苏	6817	2100	3537	4657
浙 江	5780	2473	2100	1981
安 徽	4119	1783	1807	2494
福 建	10787	2486	6820	7495
江 西	6337	3836	4385	3902
山 东	62473	1377	25404	33193
河 南	3165	2614	1698	2520
湖 北	3689	2633	1370	1819
湖 南	4792	3188	2086	2928
广 东	3242	1434	1877	1914
广 西	2084	1450	913	1580
海 南	297	171	132	110
重 庆	818	411	480	347
四 川	2595	1457	1413	1385
贵 州	1160	673	531	378
云 南	3484	2038	1406	2310
西 藏	828	497	193	209
陕 西	4082	2188	1535	2719
甘 肃	3437	2561	1356	1716
青 海	271	183	113	88
宁 夏	1113	782	689	545
新 疆	2516	873	1250	1276

8-6 续表 1

地区	开展科技评估（项）	举办决策咨询活动			组织政协科协界委员协商或调研活动（次）
		次数（次）	#接受媒体采访或发表声明（次）	参加活动专家人数（人次）	
合计	**4853**	**2665**	**338**	**23942**	**346**
北京	331	120	4	910	2
天津	20	35	3	905	6
河北	32	28	15	202	2
山西	110	25	1	170	3
内蒙古	18	25	4	271	4
辽宁	442	85	12	358	17
吉林	70	20	2	244	2
黑龙江	9	23	1	92	0
上海	357	91	6	952	4
江苏	213	170	10	2334	20
浙江	239	112	20	1280	28
安徽	84	100	31	883	17
福建	167	76	25	1137	13
江西	35	60	12	607	10
山东	399	316	12	2327	9
河南	154	37	10	762	13
湖北	47	49	5	331	6
湖南	184	175	42	3062	9
广东	800	314	28	1497	11
广西	33	73	7	148	1
海南	17	16	4	76	5
重庆	95	109	25	725	2
四川	165	203	19	1353	103
贵州	66	33	1	230	4
云南	204	69	12	526	11
西藏	36	71	2	36	0
陕西	123	41	7	816	4
甘肃	71	24	3	200	26
青海	161	23	8	161	6
宁夏	39	30	0	354	4
新疆	132	112	7	993	4

8-6 续表 2

地 区	组织政策解读活动(次)	组织参与立法咨询(次)	开展研究项目(项)	开展各类专项调查(次)	# 开展科技工作者状况专项调查(次)	形成专项调查报告数(篇)
合 计	**795**	**222**	**6878**	**2368**	**1347**	**784**
北 京	75	7	139	58	29	38
天 津	24	0	105	12	7	9
河 北	10	5	285	21	14	20
山 西	4	3	36	12	2	4
内蒙古	7	2	33	658	655	6
辽 宁	32	11	237	31	9	15
吉 林	11	4	179	130	17	14
黑龙江	3	1	35	0	0	1
上 海	14	5	224	14	4	6
江 苏	56	19	126	47	23	32
浙 江	36	6	202	102	12	36
安 徽	28	9	628	102	12	88
福 建	17	7	342	56	21	28
江 西	9	2	304	26	17	17
山 东	25	14	233	131	84	38
河 南	20	7	268	30	26	8
湖 北	8	7	294	16	8	24
湖 南	65	4	490	72	36	50
广 东	80	14	164	307	180	161
广 西	8	4	147	11	5	10
海 南	1	1	21	6	0	3
重 庆	51	10	91	15	1	5
四 川	67	12	135	247	107	55
贵 州	6	9	58	39	4	7
云 南	33	17	447	37	17	29
西 藏	4	4	149	55	9	12
陕 西	11	11	751	17	8	32
甘 肃	23	3	312	10	2	6
青 海	15	11	68	17	13	6
宁 夏	6	7	25	33	10	9
新 疆	46	6	350	56	15	15

8-6 续表 3

地 区	反映科技工作者建议篇数（篇）	答复人大政协代表（委员）提案数（件）	提供决策咨询报告篇数（篇）	发表论文、文章等（篇）	#发布政策解读文章（篇）
合 计	**1822**	**113**	**1591**	**17333**	**435**
北 京	296	6	68	432	1
天 津	24	2	18	153	4
河 北	7	2	18	380	1
山 西	7	0	5	210	2
内蒙古	53	15	47	113	0
辽 宁	40	3	40	112	19
吉 林	85	1	10	212	11
黑龙江	13	0	5	510	20
上 海	14	1	51	92	3
江 苏	102	2	199	458	49
浙 江	120	6	67	184	36
安 徽	52	3	51	3521	15
福 建	81	7	23	492	5
江 西	18	1	36	682	0
山 东	126	14	98	208	20
河 南	17	5	6	863	22
湖 北	77	1	27	926	15
湖 南	54	4	85	1370	42
广 东	127	4	163	1360	56
广 西	16	0	4	386	1
海 南	7	0	7	158	2
重 庆	191	0	35	164	4
四 川	33	0	253	495	47
贵 州	11	1	19	192	2
云 南	46	0	41	999	18
西 藏	3	5	1	369	1
陕 西	31	3	22	308	2
甘 肃	75	15	21	837	20
青 海	18	5	61	267	0
宁 夏	18	2	29	202	4
新 疆	60	5	81	678	13

8-6 续表 4

地 区	出版科技决策咨询类图书(种)	印刷量(册)	在网络与新媒体上宣传科技决策成果数(次)	传播量或浏览量(个)
合 计	**167**	**502405**	**7448**	**12287515**
北 京	5	1750	101	2200
天 津	0	0	27	2105
河 北	2	600	8	9011108
山 西	1	2150	0	0
内蒙古	3	1500	31	200799
辽 宁	3	5000	112	40000
吉 林	1	50	13	1300
黑龙江	3	18200	0	0
上 海	11	302000	21	120000
江 苏	7	11050	259	81597
浙 江	10	29300	277	559936
安 徽	0	0	70	24641
福 建	2	10300	121	59410
江 西	1	6000	4	2002
山 东	3	401	332	95830
河 南	22	13060	172	127907
湖 北	7	5501	2	2000
湖 南	17	28200	4178	1006325
广 东	10	9910	161	410037
广 西	0	0	61	7000
海 南	0	2150	6	3041
重 庆	0	0	35	11518
四 川	2	5000	1379	372394
贵 州	3	5200	0	0
云 南	7	10600	6	1001
西 藏	0	0	5	482
陕 西	15	8600	3	1320
甘 肃	21	9700	14	5236
青 海	2	3000	1	12000
宁 夏	1	3081	26	17050
新 疆	8	10102	23	109276

主要指标解释

中国科协基层组织 各级科协在科技工作者集中的企业、事业单位，高等院校，有条件的乡镇（街道）、村（社区）、农村等建立的科学技术协会（科学技术普及协会）等。主要包括企业科协、高校科协、乡镇（街道）科协、村（社区）科协、农技协等。

企业（园区）科协 截至2019年12月31日，各级科协批复由企业（园区）成立的科协基层组织，以及在民政部门登记、经各级科协正式审批接纳的在国家和各级地方政府批准成立的自主创新示范区、经济技术开发区和高新技术产业开发区等企业密集区域和众创空间等新经济组织内建立的科协组织。

企业（园区）科协个人会员 截至2019年12月31日，企业（园区）建立的科学技术协会（科学技术普及协会）发展的个人会员。

高校科协 截至2019年12月31日，各级科协批复由高等院校成立的科协基层组织。

高校科协个人会员 截至2019年12月31日，高等院校建立的科学技术协会（科学技术普及协会）发展的个人会员（取得本协会会员资格的人员）。

乡镇（街道）科协 截至2019年12月31日，在乡镇、街道设立的科学技术协会（科学技术普及协会）等。

乡镇（街道）科协个人会员 截至2019年12月31日，乡镇、街道建立的科学技术协会（科学技术普及协会）发展的个人会员（取得本协会会员资格的人员）。

农村（社区）科协 截至2019年12月31日，在村、社区一级设立的科学技术协会（科学技术普及协会）等。

农村（社区）科协个人会员 截至2019年12月31日，村、社区一级建立的科学技术协会（科学技术普及协会）发展的个人会员（取得本协会会员资格的人员）。

农技协 截至2019年12月31日，经各级科协正式审批接纳或登记备案的农村专业技术协会及各类农村专业技术研究会（农研会）等。

农技协个人会员 截至2019年12月31日，农技协发展的个人会员（取得本协会会员资格的人员），其中，农村一户计为一个农技协个人会员。

本级科协代表大会人数 截至2019年12月31日，本届本级科协代表大会的代表人数。

委员会委员人数 截至2019年12月31日，本届本级科协代表大会委员会委员的人数。

常务委员会委员人数 截至2019年12月31日，本届本级科协代表大会常务委员会委员的人数。

从业人员平均人数 2019年度平均拥有的从业人员数。

本级科协部门经费总收入 2019年度本级科协部门经费总收入，包括科协本级经费总收入和直属单位经费总收入。

本级科协部门经费总支出 2019年度本级科协部门经费总支出，包括科协本级经费总收入和直属单位经费总支出。

上级补助收入 2019年度上一级科协以项目资助或委托等形式拨付的经费。

事业收入 2019年度本部门开展业务活动及其辅助活动取得的收入，包括科研经费、技术收入、学术活动收入、科普活动收入和试制产品收入等。

经营收入 2019年度本部门在专业业务活动及辅助活动之外开展的非独立核算的生产经营活动取得的收入，包括产品销售收入、经营服务收入、工程承包收入、租赁收入和其他经营收入等。

其他收入 2019年度本单位经费筹集总额中除上述收入外的所有收入。

学会分支结构 学会按机构管理要求设置的常设专业委员会、工作委员会、分会和专项基金管理委员会等。

学会团体（单位）会员 截至2019年12月31日，在学会注册登记，通过无条件提供经费、志愿服务、物品等方式积极支持本学会事业发展的个人会员或单位会员。

理事会理事 截至2019年12月31日，经会员代表大会选举产生的学会理事。

常务理事 截至2019年12月31日，经学会会员代表大会或理事会选举产生的常务理事。

学会个人会员 截至2019年12月31日，在学会注册登记，并取得会员资格的人员（包括外籍会员）。

高级（资深）会员 截至2019年12月31日，符合学会章程所规定的高级会员或资深会员标准的会员。如果章程中无此项规定，则按具备高级专业技术资格的会员数填报。

交纳年度会费会员 截至2019年12月31日，在学会登记注册，并取得本学会会员资格并按年长期缴纳会费的人员。

学会个人会员中党员人数 截至2019年12月31日，在学会登记注册，并取得本学会会员资格的中共党员。

从业人员平均人数 2019年度平均拥有的从业人员数。

举办各类思想政治教育培训班及活动 2019年度本单位主办或牵头组织的以传播党的政治理论观点、路线方针政策、科学学风道德为主要内容，增强科技工作者对党的政治认同、思想认同、理论认同和情感认同的各类培训及活动，包括科协党校主题教育培训、科学道德与学风建设宣讲培训及活动等，不包括日常业务培训及活动等。

科协党校主题教育培训班 2019年度本单位组织或牵头组织的，以学习习近平新时代中国特色社会主义思想，学习党的政治理论观点、路线方针政策，学习党的光辉历史和优良传统为主要内容，通过课堂讲授、现场体验、研讨交流、情景教学、音像教学、座谈会等方式开展教学的各类主题培训班。

科学道德与学风建设宣讲活动 2019年度本单位主办或牵头组织宣讲科学精神、科学道德、科学伦理和科学规范的会议、培训及活动。

向省部级（含）以上科技奖项、人才计划（工程）举荐获奖人才数 2019年度本单位向省部级（含）以上科技奖项（人物奖）、人才计划（工程）举荐并获得奖励、支持的人才数。

向省部级（含）以上科技奖项推荐获奖项目数 2019年度本单位向省部级（含）以上科技奖项（成果奖）举荐的项目数，以及获得奖励的项目数。

科技人才信息库 截至2019年12月31日，本单位或本单位牵头建设、运行维护、开发利用的，为充分发挥科协联系科技工作者的桥梁纽带作用，进一步推进科技决策的科学化和民主化水平，推动科技领域专家发挥在科技管理和决策中的咨询和参谋作用，建设的主要以自然科学领域各主要学科与行业的高层次科技人才专家为主体的信息库，包括科技人才库、科技工作者信息库、学会会员信息库等。

举荐院士候选人次 2019年度本单位向中国科协推选的院士候选人数。

科技奖项名称 截至2019年12月31日，本单位设立的奖项名称，涵盖人物奖、成果奖、科技奖和科普类奖项等，不包括一般的表扬鼓励和专门针对本单位工作人员的表彰奖励。注意，由本单位设立的奖项，包括本年度暂未开展表彰活动但奖项实际存在的奖项，不包括本单位或单位人员在其他单位获得的奖项。

表彰奖励科技工作者 2019年度本单位正式行文表彰（含命名）的，在科技工作中有特殊贡献的科技人员。不包括一般的表扬鼓励和专门针对本单位工作人员的表彰奖励。

通过媒体宣传科技工作者人次 2019年度本单位从宣传党和政府对科技事业的重视和支持、展示我国科技事业的重大进展和成就、推出优秀科技工作者和团队典型、弘扬科学精神和科学思想及传播科学知识和科学方法五个重点宣传内容方面宣传的科技工作者。

科技志愿服务活动 2019年度本单位或本单位牵头组织科技志愿者、科技志愿服务组织为服务科技工作者、服务创新驱动发展、服务全民科学素质提高、服务党和政府科学决策，在科技攻关、成果转化、人才培养、智库咨询、科学普及、脱贫攻坚等方面自愿、无偿向社会或他人提供的公益性科技类服务活动。

科技志愿服务组织 截至2019年12月31日，各级科协、学会和相关机构成立的科技志愿者协会、科技志愿者队伍、科技志愿服务团（队）等。

科技志愿者人数 截至2019年12月31日，本单位登记注册的科技志愿者人数，包括原科普志愿者。科技志愿者指不以物质报酬为目的，利用自己的时间、科技技能、科技成果、社会影响力等，自愿为社会或他人提供公益性科技类服务的科技工作者、科技爱好者和热心科技传播的人士等。

科普专职人员 截至2019年12月31日，本级科协系统中从事科普工作时间占其全部工作时间60%及以上且领取报酬的人员。包括科普管理工作者，从事专业科普研究和创作的人员，专职科普作家，各类科普场馆的相关工作人员，科普类图书、报刊科技（科普）专栏版的编辑，电台、电视台科普频道、栏目的编导，科普网站信息加工人员等。

科普兼职人员 截至2019年12月31日，在本级科协系统非职业范围内从事科普工作，仅在某些科普活动中从事宣传、辅导、演讲等工作的人员，以及工作时间不能满足科普专职人员要求的从事科普工作且领取报酬的人员。包括进行科普讲座等科普活动的科技人员、中小学兼职科技辅导员等。

开展维护科技工作者权益活动 2019年度本单位组织开展或牵头组织开展的，主动代表科技工作者通过合法渠道、正常途径，合理伸展利益诉求，以加强服务科技工作者和维护科技工作者合法权益为目的，为科技工作者提供创业就业、心理疏导、法律援助、大病救助、困难群体慰问、婚恋交友、居家养老等服务的活动。

通过群众来信、信访热线等方式服务科技工作者 2019年度本单位通过群众来信、信访热线等方式接到服务科技工作者诉求，并提供有效服务的次数及受益人数。

加入国际民间科技组织 截至2019年12月31日，本单位代表国家、地区或学科加入国际民间科技组织的数量，其中正式国际民间科技组织是经所在国正式注册，具有法人资质的国际组织。

任职专家 截至2019年12月31日，经本单位培养推荐且已在国际民间科技组织中任职的专家总数。

高级别任职专家 截至2019年12月31日，在核心领导层任职专家为高级别任职专家，包括主席、副主席、执委、秘书长、司库或相当职务的任职专家等。

一般级别任职专家 截至2019年12月31日，在核心领导层以外的专委会或其他常设机构任职的专家。

普通工作人员 截至2019年12月31日，经本单位培养推荐、且已在国际民间科技组织中任职的普通工作（非专家）人员总数。

参加国际科学计划 截至2019年12月31日，本单位及所联系的专家参与国际民间科技组织发起或主导的国际科学计划。

参加大陆境外科技活动人数 2019年度本单位组织参加的大陆境外（含港、澳、台地区）会议、展览、经贸、访问考察、科研、培训等科技活动的总人数。

接待大陆境外专家学者 2019年度本单位单独或牵头接待的来自境外（含港、澳、台地区）参加学术交流活动、科技人文交流活动、专业技术培训、应用项目对接洽谈、科学教研等科技活动的专家学者。

海外人才离岸创新创业基地 截至2019年12月31日，本级科协已建立或认定的，为促进海内外创新创业服务机构和创新创业团队的交流合作，促进海外人才离岸创新创业工作，推动更多海外人才回国创业及更多海外创新成果在中国落地转化的创新创业基地。

海智计划工作基地 截至2019年12月31日，本级科协已建立或认定的，为加强与海外华人科技团体的联系，充分发挥海外人才和智力优势，切实发挥出海智平台以才引才、以才聚才的作用，发动全国学会和地方科协共同参与，为海外人才回国工作、为国服务搭建的海智计划工作平台。

开展推进创新创业活动 2019年度本单位为推进创新创业而开展的各项工作、举办的各项活动。活动期间在中国各地举办政策宣传、展览展示、经验交流、信息发布、文化传播、互动对接、投资交易、成果转化等活动，促进各类创业创新要素聚集、交流、对接，在全社会营造良好的创业创新氛围。

举办竞赛、论坛、展览等 2019年度本单位主办或承办的各种创新创业竞赛、论坛、对话会、座谈会、讨论会、展览、展示等营造创业创新氛围、展示“双创”成果、探讨“双创”理论与实践的活动。

开展咨询、教育、培训等 2019年度本单位主办或承办的各种创新创业咨询、启蒙、培训、教育等宣传创新创业理念、培育创新创业人才、解答疑惑、助力发展的活动。

开展投融资、成果转化等 2019年度本单位开展或参加的各种创新创业项目路演、发布、投融资、对接、洽谈、交易、转化、技术咨询、课题攻关等推进创新创业项目健康发展和转化的活动。

参与服务的科技工作者 2019年度本单位在组织实施创新创业活动过程中，参与中国科协、地方科协和各级学会组织的决策咨询、评价评估、成果转化、技术推广、项目对接、技术服务、培训讲座等“双创”工作的科技工作者。

专家 在学术、技术等方面有专项技能和专业知识的副高级职称及以上人员。

专家服务工作站（中心） 截至2019年12月31日，本单位同有关单位，为高层次专家直接参与经济建设和社会服务而组建的专家科技服务机构。

专家进（站、中心）人数 截至2019年12月31日，本单位以设站单位名义聘请进入专家工作站的专家人数。由颁发证书单位填报。

专家服务团队 截至2019年12月31日，本单位根据项目合作需要，按专业特点牵头组织的专家服务团队，打破单位界限，进行专家资源的整合，承担科学普及、科技攻关、决策咨询、工程论证、技术指导、科技扶贫等相关合作。

参加服务团队专家人数 截至2019年12月31日，参加本单位牵头组织专家服务团队的专家人数。

技术标准研制数量 截至2019年12月31日，经公认机构批准的、非强制执行的、供通用或重复使用的产品或相关工艺和生产方法的规则、指南或特性的文件等，其实质是对一个或几个生产技术设立的必须符合要求的条件及能达到此标准的实施技术。团体标准研制数量由团体按照团体确立的标准制定程序自主制定发布，由社会自愿采用的标准。

团体标准研制数量 截至2019年12月31日，由团体按照团体确立的标准制定程序自主制定发布，由社会自愿采用的标准。

国内学术会议 2019年度在我国境内，由本单位主办或牵头主办的综合交叉性、专业性高端前沿等系列学术研讨会、交流会、报告会和论坛等。注意，同一会议分论坛场次不重复统计。

学术年会 学术年会是学术会议中一种制度性的会议形式，通常是定期（一年或多年）召开的一种大型综合性或主题型学术年会会议，与会代表涵盖全学科或全专业领域。

国内学术会议参加人数 2019年度本单位主办的国内学术会议参加总人数。

国内学术会议交流论文、报告 2019年度本单位主办的国内学术会议交流论文、报告等的篇数。

境内国际学术会议 2019年度在我国境内，由本单位主办或牵头主办及受国际组织委托承办的以学术交流为目的研讨会、交流会、报告会和论坛等。与会代表来自3个或3个以上国家或地区（不含港、澳、台地区）。以提交学术论文、做学术报告、展示学术海报等形式参与交流。注意，同一会议分论坛场次不重复统计。

境内国际学术会议参加人数 2019年度本单位主办的境内国际学术会议参加总人数。

境外专家学者 2019年度本单位主办的境内国际学术会议参加人员中境外专家人数。

境内国际学术会议交流论文、报告 2019年度本单位主办的境内国际学术会议交流论文、报告等的篇数。

港澳台地区学术会议 2019年度由本单位和港澳台地区有关组织联合主办的以学术交流为目的研讨会、交流会、报告会和论坛等。来自港澳台地区的与会代表人数占参会总数的1/3以上。以提交学术论文、作学术报告、展示学术海报等形式参与交流。注意，同一会议分论坛场次不重复统计。

港澳台地区学术会议参加人数 2019年度本单位主办的港澳台地区学术会议参加总人数。

港澳台地区学术会议交流论文、报告 2019年度本单位主办的港澳台地区学术会议交流论文、报告等的篇数。

主办科技期刊 截至2019年12月31日，由本单位主办，具有固定刊名、刊期、年卷或年月顺序编号、印刷成册、以报道科学技术为主要内容的连续出版物。包括学术期刊、综合期刊、技术期刊、科普期刊和检索期刊，不包括各类内部刊物。两个以上主办单位合办期刊须确定一个主办单位。

实行开放存取的期刊 截至2019年12月31日，由本单位主办的开放获取期刊，是在线出版物，采用数字化出版、网络传播、作者或机构付费（版权属于作者）、读者免费获得的出版模式。

科技期刊发行量 2019年度本单位主办的本科技期刊的发行量。

实体科技馆数量 截至2019年12月31日，本单位拥有所有权或使用权，具备展览教育、培训教育、实验教育等功能，面向公众已建成且常年开馆的社会科技教育固定设施。

实行免费开放的科技馆 截至2019年12月31日，本级科协所属，符合科技馆建设标准，具有展教功能，免费向公众开放的科技馆。

实体科技馆建筑面积 截至2019年12月31日，本单位拥有所有权或使用权的科技馆的展览教育、公众服务、业务研究、管理保障等用房主体建筑面积总和。

实体科技馆展厅面积 截至2019年12月31日，本单位拥有所有权或使用权的科技馆内专门用于布置常设展览和短期展览的用房（场所）的使用面积。

科技馆参观人次 2019年度接待参观科技馆的总人次。

数字科技馆数量 截至2019年12月31日，本单位以激发公众科学兴趣、提高公众科学素质为目标，面向全体公众，特别是青少年群体，搭建的基于互联网传播的公益性科普服务平台或网络科普园地。

流动科技馆 截至2019年12月31日，本单位获得中国科协配发或自行研发的用于科普活动的流动科技馆。由配发或自行研发单位填报。

流动科技馆巡展受众人数 2019年度本单位单独或牵头组织的流动科技馆巡展所覆盖的总人数。

科普活动站（中心、室）数量 截至2019年12月31日，长期或定期从事向青少年科普，向公众进行科学技术传播，开展示范性、导向性科学普及活动，开展青少年科技教育，组织青少年科技竞赛等工作的社会公益性机构和场所。

全年参加活动（培训）人数 2019年度参加科普活动站（中心、室）举办活动的总人数。

科普大篷车数量 截至2019年12月31日，本单位获得中国科协配发和自行开发的用于科普活动的大篷车。由使用大篷车单位填报。省级科协负责审核各级数量。

科普大篷车下乡次数 2019年度本单位科普大篷车当年下乡开展科普活动的次数。

科普大篷车覆盖人数 2019年度本单位科普大篷车当年下乡开展科普活动所覆盖的总人数。

科普大篷车行驶里程 2019年度本单位科普大篷车当年开展科普活动累计行驶的千米数。

科普大篷车展品数量 2019年度本单位科普大篷车全部展品的数量。

科普画廊建筑面积（宣传栏、科技宣传橱窗） 截至2019年12月31日，由本单位单独或牵头联合有关单位共同在广场、社区、村寨、公园、路边等建设的、直接向公众宣传科学技术信息的具有展示功能的宣传栏、橱窗等固定科普设施。按实际建筑面积计算，单面的计算单面面积，双面的计算双面面积。单个建筑面积之和等于总面积。

科普画廊展示面积 截至2019年12月31日，在本单位单独或牵头联合有关单位共同建设的科普画廊（宣传栏、橱窗）中，展示科学技术信息图片、文字的实际面积。按实际展示面积计算，单面的计算单面面积，双面的计算双面面积。单个年展示面积之和等于年展示总面积。单个年展示面积＝每次展示面积 × 展示次数。

举办科普宣讲活动 2019年度本单位单独或牵头组织的以报告会、广播、电视、报刊、网络或其他形式举办的科普讲座和报告，以陈列实物及展示图片等形式举办的各类科普展览，组织相关专业专家组成智力团体，以科学技术为依据，向社会和公众提供的智力服务。按实际举办次数统计。包括青少年科普活动次数。

科普活动受众人数 2019年度本单位单独或牵头组织的科普宣讲活动所覆盖的总人数。

参加活动科技人员总数 2019年度参与本单位单独或牵头组织的各类科普活动的全部科技人员，包括志愿者、被邀请的专家和科技专业人员等。

专家人数 2019年度参与本单位单独或牵头组织的各类科普活动的全部科技人员中专家的数量。

参加活动的学会、协会、研究会 2019年度参与本单位单独或牵头组织的各类科普活动的各类学会、协会、研究会的数量。

推广新技术、新品种 2019年度本单位推广的用于农业生产方面的科学新技术及农作物新产品，包括种植、养殖、化肥农药的用法、各种生产资料的鉴别、高效农业生产模式等。

青少年 泛指18周岁以下的人。

举办青少年科技竞赛 2019年度本单位独立举办或牵头组织举办的旨在推动青少年科技活动蓬勃开展，培养青少年创新精神和实践能力，提高青少年科技素质，鼓励优秀人才涌现，推进科技普及发展的各类科技竞赛活动。

参加人数 2019年度本单位举办的青少年科技竞赛参加人数。

获奖人数 2019年度本单位举办的青少年科技竞赛获奖人数。

青少年参加国际及港澳台科技交流活动 2019年度本单位组织国内优秀青少年参加国际及港澳台地区青少年科技竞赛、交流活动及代表国家参加国际奥林匹克学科竞赛。

举办青少年高校科学营 2019年度由中国科协、教育部共同主办的青少年高校科学营活动。

参加人数 2019年度由中国科协、教育部共同主办的青少年高校科学营活动参加人数。

编印青少年科技教育资料 2019年度本单位编印的以青少年科技教育为题材的论文集、画册、活动指导手册、宣传资料、汇编等。

举办青少年科技教育活动和培训次数 2019年度本单位单独或牵头组织的向青少年、科技辅导员和各级管理工作者普及科学技术、提供展示和交流平台的主题性科普活动，以及相关的实用技术和技能培训活动。

中学生英才计划培养学生 2019年度本单位根据中国科协和教育部联合开展、落实“支持有条件的高中与大学、科研院所合作开展创新人才培养研究和试验，建立创新人才培养基地”的要求，发现和培养一批有潜质的科技创新后备人才的数量。

编著科技图书种数 截至2019年12月31日，本单位组织编著的科技综合类、信息类、普及类、专业技术类等图书。只统计在新闻出版机构登记、有正式书号的科技图书。

科技图书总印数 2019年度本单位编著科技图书的总出版册数。

主办科技报纸种数 截至2019年12月31日，本单位出版的自然科学和科学技术方面的报刊，主要任务是介绍先进科学技术、传播科技信息、交流科学方法、开发智力资源、培养科技人才、促进科研成果转化为生产力、普及科技知识、提高全民科学技术文化水平。

报纸总印数 2019年度本单位主办的科技报纸的总印数。

制作科普挂图种数 截至2019年12月31日，本单位独立或牵头组织编创的，用于各项科普宣传活动的挂图。以主题进行统计，一个主题计为一种。

科普挂图总印数 2019年度本单位制作的科普挂图的总印数。

制作科技广播、影视节目套数 截至2019年12月31日，本单位本年度独立或牵头组织制作的以宣传科学技术为主要内容的广播节目、电影和电视节目的套数。

制作科普动漫作品套数 截至2019年12月31日，本单位以“科普创意”为核心，以动画、漫画为表现形式，以网络为技术传播手段制作的动漫作品的套数。

制作科普动漫播放时间 2019年度本单位制作动漫的总播放时间，按分钟计。

开设科教栏目的电视台 截至2019年12月31日，开设专门科教栏目，利用固定时段播放科普节目的电视台。由各级科协填报本级电视台数据。

开设科教栏目的广播电台 截至2019年12月31日，开设专门科教栏目，利用固定时段播放科普节目的广播电台。由各级科协填报本级广播电台数据。

主办科技传播网站 截至2019年12月31日，本单位主办的面向社会公众弘扬科学精神、传播科学知识、普及科学技术的网站。

科技传播网站浏览人数 2019年度本单位主办的科技传播网站的浏览人次。

主办科普App 截至2019年12月31日，本单位开发运营的科普类手机移动端应用个数。

科普App下载安装数 截至2019年12月31日，主办科普App的下载安装数。

主办科普微信公众号 截至2019年12月31日，本单位在微信公众平台上申请的，主要用于面向公众弘扬科学精神、传播科学知识、普及科学技术等的应用账号。

科普微信公众号关注数 截至2019年12月31日，本单位主办科普微信公众号的关注数。

科普微信公众号年度总阅读数 2019年度本单位主办科普微信公众号发表文章的总阅读数。

主办科普微博 截至2019年12月31日，本单位在新浪微博上申请，主要用于面向公众弘扬科学精神、传播科学知识、普及科学技术等的应用账号个数。

科普微博关注数 截至2019年12月31日，主办科普微博的关注数。

研究人员数量 截至2019年12月31日，本单位具有较强研究能力，掌握着本学科领域内的国际、国内最新进展，取得过高水平的研究成果，主要负责参与并完成科研任务的人员，包括在职研究人员、兼职研究人员及连续工作一年及以上的非在编研究人员数。不包括单位管理人员及短期合作的研究人员。

本单位研究人员数量 截至2019年12月31日，在本单位主要从事研究工作、并领取劳动报酬的在编人员和连续工作一年及以上的非在编研究人员数。

举办决策咨次数 2019年度本单位举办的会议、论坛、调研等决策咨询活动的次数。

组织政协科协界委员协商或调研活动 2019年度本单位组织的政协科协界委员协商或调研活动的次数。

组织参与立法咨询次数 2019年度本单位或本部门组织专家或专业研究人员参与的立法咨询的次数。

开展科技工作者专项调查次数 2019年度本单位或本部门组织开展的科技工作者专项调查次数。

组织政策解读活动 2019年度本单位主办的政策解读活动的次数。

开展科技创新评估 2019年度本单位牵头开展的对科技政策、计划、项目、成果、专有技术、产品机构、人才等科技活动有关的评估行为，遵循一定的原则、程序和标准，运用科学、公正和可行的方法进行的专业判断活动的次数。

提供决策咨询报告 2019年度本单位向党和国家机关提交的科技工作者建议、科技界情况、调研动态评估报告等，有助于提升决策质量的咨询报告的数量。

获上级领导批示条数 2019年度本单位向党和国家机关提交的科技工作者建议、科技界情况、调研动态评估报告等，有助于提升决策质量的咨询报告获得上级领导批示的数量，包括报同级单位党委领导批示的条数。

答复人大政协代表（委员）提案 2019年度本单位负责并完成答复人大和政协的有关机构交办的议案的数量。